# 县供电企业安全性评价查评
# 工 作 指 南

本书编委会　编著

中国水利水电出版社
www.waterpub.com.cn
·北京·

## 内 容 提 要

　　本书围绕 Q/GDW 11710—2017《国网县供电企业安全性评价查评规范》，从加强县供电企业安全生产规范化管理、夯实安全生产基础、提升本质安全水平出发，就县供电企业安全性评价工作的开展，报告的形成及"综合安全、电网安全、设备安全、供用电安全、工程安全、作业安全、电力通信及信息网络安全、交通消防及防灾安全"等8个专业，结合作者在实际评价工作中的经验积累，围绕"查什么？在哪查？如何查？"进行了详细论述，可为县供电企业开展安全性评价自查评和专家查评工作提供参考。

**图书在版编目（ＣＩＰ）数据**

县供电企业安全性评价查评工作指南 / 《县供电企业安全性评价查评工作指南》编委会编著. -- 北京 ： 中国水利水电出版社，2018.7（2018.9重印）
ISBN 978-7-5170-6719-1

Ⅰ．①县… Ⅱ．①县… Ⅲ．①供电—工业企业—县级企业—安全评价—工作—中国—指南 Ⅳ．①TM72-62

中国版本图书馆CIP数据核字(2018)第180508号

| | |
|---|---|
| 书　　　名 | **县供电企业安全性评价查评工作指南**<br>XIAN GONGDIAN QIYE ANQUANXING PINGJIA CHAPING GONGZUO ZHINAN |
| 作　　　者 | 本书编委会　编著 |
| 出 版 发 行 | 中国水利水电出版社<br>（北京市海淀区玉渊潭南路1号D座　100038）<br>网址：www.waterpub.com.cn<br>E-mail：sales@waterpub.com.cn<br>电话：（010）68367658（营销中心） |
| 经　　　售 | 北京科水图书销售中心（零售）<br>电话：（010）88383994、63202643、68545874<br>全国各地新华书店和相关出版物销售网点 |
| 排　　　版 | 中国水利水电出版社微机排版中心 |
| 印　　　刷 | 北京合众伟业印刷有限公司 |
| 规　　　格 | 184mm×260mm　16开本　19.5印张　462千字 |
| 版　　　次 | 2018年7月第1版　2018年9月第2次印刷 |
| 印　　　数 | 4001—8000册 |
| 定　　　价 | **78.00元** |

# 本书编委会

主　编　李　坚
副主编　郑晓梅
参　编　牛　彬　扈观义　杨晓兰　石　军　茹旭苗
　　　　席忠华　武福建　刘志强　殷德成　陈艳华
　　　　徐昌前　成智刚　李　承

# 前　言

　　安全性评价是运用安全系统工程的方法，通过对被评价系统的不安全因素及对企业当前安全管理和生产中可能引发的危险因素进行辨识，并定性、定量地对发生危险可能性的严重程度进行评估，提出消除不安全因素和危险的具体对策措施，以寻求最低的事故率和事故损失，最终通过有计划地实施治理或防控措施，消除不安全因素，达到被评价企业超前控制事故的目的，从而提高企业的本质安全水平，使安全生产标准化、规范化，实现企业的最优安全投资效益。安全性评价在我国经过 30 年的工作实践，无论是在理论上还是在实践中，都对减少人身伤害和工程事故起到了积极作用，而且也成为企业安全管理和政府决策的科学依据，并逐步走上了规范化、法制化轨道。可以说安全性评价已在现代企业安全管理中占据了重要地位，同时也是电网安全风险管理的基础工作之一。为此，国家电网公司通过对输电网安全性评价、城市电网安全性评价和县供电企业安全性评价工作的开展，在国网系统形成了上至省公司各专业和220kV 及以上电网，中至地市供电公司各专业和从城市超高压供电电源点到城市客户用电，下至广大的县级供电公司各部门及其所辖输配电网和农村客户用电的安全生产全覆盖的主要安全性评价体系。

　　县供电企业安全性评价是通过自查评和专家查评相结合的方式来诊断企业安全基础现状，通过排查县供电企业在安全生产过程中客观存在的人身安全、设备安全、工作环境和社会不良风险等方面存在的问题，并为其薄弱环节制定对策措施提供治理建议，以达到事先控制、防范事故，从而实现安全生产长治久安的目的。开展县供电企业安全性评价是国家电网公司安全发展和管理提升的客观要求，是公司"保人身、保电网、保设备"安全目标在县供电企业层面的得力抓手，也是有效防范县供电企业安全风险、提升公司整体本质安全的重要手段。为此，作者结合 2007—2008 年"供电企业安全性评价"专家查评，2012—2013 年国家电网公司组织的对北京、冀北、河北输电网及石家庄、乌鲁木齐城市电网等的安全性专家查评，2014 年以来组织的对山西 60 个县市和天津宁河区、重庆大足区、冀北三和市开展的县供电企业安全性评价专家查评，及国家电网公司开展的对甘肃和新疆县供电企业安全性评价工作复查所得，以《国网县供电企业安全性评价查评规范》（国家电网企管〔2018〕304号）为基础，编辑整理了《县供电企业安全性评价查评工作指南》。希望本书的出版，在围绕"查什么？在哪查？如何查？"的主题思想基础上，能对广大县供电企业开展安全性评价工作，提高企业自身安全基础有所帮助，同时也为各单位开展安全性评价自查评和专家查评提供参考。

本书第一章、第二章、第十一章内容由李坚编写，同时负责对全书的审核整理；第三章内容由牛彬编写；第四章主要内容由扈观义编写（其中，第四节主要部分由殷德成编写）并整理；第五章内容由李坚、杨晓兰和刘志强编写；第六章内容由石军编写；第七章内容由茹旭苗和武福建编写；第八章内容由郑晓梅编写；第九章、第十章内容由席忠华编写。江西公司陈艳华对第三章、第八章和第十章内容，四川公司徐昌前对第七章内容，成智刚对第九章内容进行了审核和修订。

在此借本书出版之际，特向《国网县供电企业安全性评价查评规范》的有关参编专家表示衷心感谢。同时由于编者经验水平有限，再加上时间比较匆促，难免出现错误和不足之处，欢迎广大读者及有关专家给予批评指正（联系电话0351-4266997或15333666997）。

**作者**

2018 年 5 月

# 目　录

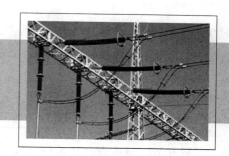

# 第一章

# 企业安全性评价工作概要

## 第一节　安全性评价工作的开展历程及背景

　　生产事故的发生虽然有其突发性和偶然性，但事故可以预测、预防和控制，这也是现代安全管理的基本原则，安全性评价就是要通过对企业生产过程的评价来达到这一目的。安全性评价（safety assessment）又称危险性评价或风险性评价（西方也叫风险评估），是一门软科学，起源于 20 世纪 30 年代的美国保险行业，在发达国家得到了企业和政府的高度重视。它是综合运用安全系统工程的方法对安全性进行度量和预测，通过对系统存在的危险性不安全因素进行定性和定量分析，确认系统发生危险的可能性及其严重程度，并提出消除不安全因素和危险的具体对策措施，以寻求最低的事故率、最小的事故损失和最优的安全投资效益；同时采用闭环过程管理，通过安全管理标准化、规范化地实施治理或防控措施，消除不安全因素，从本质安全上获得最低的事故率和事故损失，以及最优的安全投资效益，从而提高安全生产水平，达到超前控制事故的目的。其核心内容是"危险辨识、评价和控制"。企业通过开展安全性评价，检查各项安全生产管理规定和技术规定是否得到贯彻落实，安全生产各环节是否存在隐患和薄弱环节，可以全面、客观、真实地反映被评价单位安全生产管理水平。对电网企业而言，坚持"自查、自检、自改"以及基层自查与专家查评相结合的原则，按照"评价、分析、评估、整改、提高"的过程循环推进，通过对评价发现的问题不断整改完善，提高安全生产基础水平，同时逐步建立基于风险管理的安全生产长效管理机制，从而实现电网安全、稳定、优质、经济运行。

　　我国自 20 世纪 80 年代初期引入安全检查表（SCL）、故障树分析（FTA）、事件树分析（ETA）、预先危险分析（PHA）、故障模式及影响分析（EMFA）、危险可操作性研究（HAZOP）、火灾爆炸指数评价方法（FEI）、人的可靠性分析（HRA）等系统安全分析方法和安全性评价方法，从 1988 年开始，国家先后在机械、化工、石化、冶金等工业部门先后研究和开发适用于各行业的安全性评价方法或标准，在许多企业得到推广和应用，尤其是 1988 年和 1990 年由国家在机械行业和石化行业率先开展的安全性评价工作，促进了我国企业安全管理的科学化，同时也对电力工业有着很大启发。

经过 30 年的发展，安全性评价无论是在理论上还是在实践中，对于减少工程事故和人身伤害事故均起到了积极的作用，且取得了令人瞩目的成绩。安全性评价也成为我国企业安全管理和政府决策的科学依据，并逐步走上了规范化、法制化轨道。可以说安全性评价已在现代企业安全管理中占有重要地位，也是电力企业安全风险管理的基础工作之一。

电力系统的安全性评价工作开始于原华北电业管理局（现国家电网公司华北分部），1990 年开始，华北电网总结我国电力企业安全管理的实践和经验，率先进行电力企业安全性评价探索，组织华北地区各省市电力公司安全监察部门及相关专业有关人员，开始电力安全性评价应用。在分析、总结电力系统历年发生各类事故教训的基础上，制定了《发、供电生产单位安全性（安全基础）评价编写提纲》，分别由网、省公司组织有经验的工程技术人员，编写了《发、供电生产单位安全性（安全基础）评价表》，并于 1992 年、1993 年分别在邢台电厂和大同二电厂进行试评，以检验其科学性和可操作性。之后，又根据试评情况和专业人员意见进行了多次修改，于 1995 年 6 月正式发布和出版《火力发电厂安全性评价》。随后，1996 年 1 月《供电生产单位安全性评价》由华北局发布试行。1999 年 2 月，为保证政府职能转移后的电力企业生产安全，确保电网的安全管理和可靠运行，国家电力公司委托华北电网公司，编写了《输电网安全性评价》，并于 2000 年 10 月向全国发布试行。

2003 年，在我国加入世界贸易组织背景下，随着电网企业与发电企业分离的电力体制改革，国家电网公司分别对试行的发电厂、供电生产单位和输电网安全性评价进行修订，发布了《供电企业安全性评价》（电网生〔2003〕374 号）、《火力发电厂安全性评价》（电网生〔2003〕409 号）和《输电网安全性评价》（电网生〔2003〕404 号），同年国家电网公司农电部、调通中心等其他部门还先后发布了《县供电企业安全性评价》《电网调度系统安全性评价》《发电厂并网运行安全性评价》和《直流输电系统安全性评价》，形成了国家电网公司电网企业总体评价体系。2006 年，国家电网公司在华北公司 2002 年 9 月形成的《电网调度系统安全性评价（地区调度部分）》讨论稿的基础上，出版发行了《电网调度系统安全性评价（地区调度部分）》等。

从以上评价体系发布部门以及国网系统各单位实际评价情况来看，由于政出多门，评价组织单位各自为政，造成实际查评中的重复评价。如《供电企业安全性评价》涉及供电企业的方方面面，内容既包含输电网和县供电企业安全性评价的部分内容，也包含《电网调度系统安全性评价（地区调度部分）》的相关内容；同样《输电网安全性评价》又包含了《电网调度系统安全性评价》的相关内容。如此，实际评价工作中由于不同专家组的组成人员参差不齐，再加上评价标准的不一致，造成同一单位、同一评价对象的评价结果不一致，从而使安全性评价工作失去了应有的严肃性。

为此，国家电网公司从安全生产的组织管理体系"一个责任制，两个体系（保证体系和监督体系）"着手，依据责任体系高于监督体系、监督体系高于保证体系，监督体系具有对保证体系的牵头督办的机制，由国家电网公司安质部牵头，2011 年修订《输电网安全性评价》，编制《城市电网安全性评价》，2014 年修订《县供电企业安全性评价》。至此《输电网安全性评价》《城市电网安全性评价》（2016 年重新修订）和《县供电企业安全性评价》（2018 年重新修订）在国网系统形成了上至省公司各专业和 220kV 及以上电网层面，中至地市供电公司各专业和从城市超高压供电电源点到城市客户用电，下至广大的县级供电公司各部门及其所辖输配电网和农村客户用电的安全生产全覆盖的主要安全性评价体系。

# 第二节 安全性评价基本概念

## 一、安全性评价的闭环过程管理及定位

安全性评价是对运行中的现有系统进行评价，只要危险因素在查评时仍然存在就要列入评价范围，而对此前发生过的事故即使是特大、重大事故，只要隐患已消除，问题已整改，就不再评价。

评价闭环过程管理是通过对被评价系统的危险性不安全因素进行辨识，经定性、定量分析，对系统中存在的发生危险可能性及严重程度进行评估，并提出消除不安全因素和危险的具体对策措施，最终通过有计划地实施治理或防控措施的闭环过程管理，消除不安全因素来提高安全生产水平，以寻求最低的事故率和事故损失，来达到超前控制事故的目的，从而使安全管理标准化、规范化，并最终实现被评价企业的最优安全投资效益。

从定位上来讲，安全性评价与企业常规开展的安全检查、隐患排查、同业对标、可靠性分析和事故调查不同。

安全性评价对被评价企业而言，由于评价内容是根据不同企业的特点，针对不同的子系统以及子系统中的不同分项目和子项目等，对照查评标准，进行详细认真的查评分析，以相对得分率来反映被评价单位的现有"安全基础"，并对今后的安全工作给予宏观指导，是系统、完整、全面性的检查，由于项目全、内容广，因此相当于全身体检；尤其是自查评后由上级单位组织开展的专家查评，由于抽调专家的组成面广、水平高，使得专家查评的查评深度和查评高度必然更上一层楼，可以说相当于"专家门诊"。为此，通过实事求是地认真开展安全性自查评和专家查评，可以整体上起到宏观指导与反映并提高安全生产基础的作用。

而企业常规开展的安全检查、隐患排查、事故调查、可靠性分析和同业对标，则各有侧重。如：安全检查相当于"一般体检""一般门诊"，是季节性、即时性的；而安全性评价则具备系统性、完整性和全面性，其无论从专家组成，还是查评深度和广度，都远非安全大检查可比。隐患排查，由于隐患排查治理工作是针对生产运行中不同专业、不同子系统中所暴露问题而开展的专项排查，其相当于专项体检，专科门诊；可靠性分析是针对设备运维及状态以指标的形式体现；而同业对标注重并反映的是企业宏观状况主要指标；同样电力事故发生后进行的事故调查分析，则是对事故发生后的已成事实的调查和分析，并对暴露的隐患采取相应控制措施，从中寻找发生事故的规律和经验教训，是对过去规律的总结和对今后类似事故再次发生的防范。因此它们各自针对的内容和涉及的面相对于安全性评价工作而言，均有不足之处。

因此，企业开展安全性评价工作，无论从防范事故的发生，还是提高或追求企业投资、生产或运行经济效益，都将是百益而无一害。

## 二、安全性评价的分类

（1）安全性评价按系统投运时间，可分为三类。

1）事前评价（事先评价）：在系统可研或设计阶段进行，通过对系统建设和建成后可能存在的危险性及其严重程度进行评估和辨识，计算出某些特定事故发生的概率和危险指数，并与法定或公认可接受的指标进行比较，以决定设计是否允许实施，或按评价要求修改设计，它对系统的整体安全水平和投资效益十分有益，如工程设计列项前的可研性调查（研）等。

2）跟踪评价（现状评价）：在系统运行过程中，为了辨识系统中存在的、不断变化的危险因素，及时采取措施，超前控制事故而进行的安全性评价，是对现运行阶段进行的评价，分为不定期评价和定期评价两类。不定期评价是根据特定的目的和任务而开展的跟踪评价，如国家电网公司《信息通信安全性评价（2015 版）》、《电网调度系统安全性评价（地区调度部分）》和《直流输电系统安全性评价》等。定期评价是考虑因生产不断发展、安全基础条件不断变化而导致危险因素也在不断变化，以及为了及时掌握这些变化情况和超前控制事故发生而开展的跟踪评价，如目前电网各企业每 3～5 年为一轮回开展的《输电网安全性评价》《城市电网安全性评价》和《县供电企业安全性评价》，以及发电企业开展的《火力发电厂安全性评价》《水力发电厂安全性评价》等。

3）事后评价（回顾评价）：通过对系统以往事故资料的分析，评价系统的危险因素和危险程度，以寻求改进安全状况的对策，是对系统过去状态的评价，如某一事故或事件发生后的事故调查分析、设备可靠性统计等。

（2）安全性评价按评价的内容可分为对管理工作的评价、对设备状况的评价和对人员素质的评价三类。

（3）安全性评价按评价的方法同样可分为三类。

1）定性评价：对系统危险性进行全面综合分析辨识，对各种危险因素的严重程度进行定性和分级，并量化表示整个系统危险性的严重程度，常用的量化方法为逐项赋值评分法、单项加权计分法和指数法。虽然定性评价不能确定系统的事故概率，但运用广泛。

2）定量评价：利用精确数学方法求得系统事故发生的概率，并与一定的安全指标（或预期的指标）进行比较，以评价系统的安全水平是否满足要求。定量评价方法主要有可靠性分析、事故树分析（FTA）、事件树分析（ETA）等。

3）模糊评价：集合各方面因素依靠专家群体的知识和经验对多个子系统和多因素综合评价，得出评价结果为：好、较好、中、较差、差。

## 三、安全性评价的主要评价因素及其选择原则

（1）评价因素一般主要考虑 7 个方面：

1）安全生产主要规章制度的建立、健全和贯彻执行情况。

2）生产设备、工机具管理水平是否到位。

3）生产设备是否符合安全条件。

4）重要生产工具、机具是否符合安全条件。

5）上级颁发的反事故主要措施是否落实。

6）劳动环境是否符合安全条件。

7）重大自然灾害抗灾、减灾措施的落实情况。

（2）选择上述评价因素时的主要原则是：

1）关键的、重要的不能遗漏。

2）以直接反映安全基础的因素为主。

3）以对事故发生影响大的因素为主。

4）一般挂靠因素，若无特殊需要不予列入。

# 第三节　电力企业安全性评价的意义和特点

安全性评价是分析和掌握企业安全水平的有效手段，通过安全性评价工作的开展，可以全面检查被查评企业的各项管理及技术规定的制定、贯彻落实和是否存在问题、隐患，是不断改进和加强企业安全生产管理，夯实安全基础、有效提升本质安全的有效手段。

**一、电力企业安全性评价的目的**

电力企业的安全性评价是针对发电、供电企业安全生产管理、生产设备系统、劳动安全和作业环境、社会风险（重点在营销）四个方面可能引发的危险因素，从防止人身伤亡事故，电力生产特大、重大、恶性和频发性事故及社会风险出发，反映上述事件的危险因素，以评价一个单位的"安全基础"。安全性评价实行闭环动态管理，采用按照评价标准自查评和专家查评相结合的方式，以防止人身事故、特大和重大事故为重点，采用危险性评估的方法进行查评诊断，按照"评价、分析、评估、整改、提高"的过程循环推进。各企业单位应对开展的自查评和专家查评过程中发现的问题进行原因分析，根据危害程度对存在的问题进行评估和分类，按照评估结论对存在的问题制定并落实整改措施，然后在此基础上进行新一轮的循环。

电力企业安全性评价的目的主要是摸清一个企业的安全基础情况，掌握存在的危险因素及严重程度，明确反事故工作的重点和需采取的反事故措施，以实现超前控制、减少和消灭事故。

**二、电力企业安全性评价的意义**

（1）电力企业是技术密集型行业，把安全性评价作为安全工作的基础来抓，通过全面的安全性评价诊断，发现薄弱环节和事故隐患，起到预知事故的作用，同时通过问题暴露的类型和涉及范围大小，对各级领导分析和掌握电力企业安全水平，做到对本单位安全现状心中有数。因此也是为企业生产决策提供依据的有效手段。

（2）通过评价，将安全性评价结果作为企业制定"两措"计划的依据，使"两措"计划的编制不但可以充实，而且更有针对性。

（3）通过评价，全面检查各项安全生产管理规定、技术规定是否得到贯彻落实，安全生产各环节是否存在问题和隐患等；并通过对评价发现问题的认真整改，有利于推动各项规章制度和反事故措施的落实，最终提高电力企业安全生产水平。

（4）通过自下而上与自上而下相结合的安全性评价，是熟悉设备系统、规章制度、技术标准的好途径，有利于提高职工的安全意识、自我保护能力和业务水平，是对全体干部职工进行安全教育和业务培训的有效手段。

（5）开展安全性评价有利于全体职工特别是领导干部克服自我感觉良好的情绪，从而增强忧患意识，进一步提高企业安全生产管理规范化、标准化、科学化水平，是夯实安全基础、促进企业同业对标创一流工作深入开展的有效手段。

可以说，安全性评价是提高电力企业安全生产水平、保证电网安全稳定运行和安全可靠供电的需要，也是夯实企业安全基础、减少事故发生、从根本上提高企业本质安全的有效手段。

### 三、电力企业安全性评价的特点

（1）电力企业开展安全性评价采用企业自查评与专家查评相结合，评价的内容广泛而细致，涉及安全生产的人身、设备、环境、管理等各个方面，是对运行中的"系统"进行评价，评价的目的是防止人身事故、重大事故、恶性事故、频发性事故和社会不良风险事件。

（2）安全性评价的原则是"贵在真实，重在整改，旨在提高"。为保证评价能客观真实地反映企业安全生产状况和存在问题，评价结果不作为对被评价企业、机构和人员的安全生产考核依据。但为保证安全性评价收到实效，对查评发现的问题则应认真组织制定整改计划，落实整改资金及措施，并从制度上进行监督完成整改。

（3）实行以人为本的管理，评价的着眼点是安全基础而不是事故概率。事故概率的求取需应用事故树分析、事件树分析和可靠性分析等定量分析和评价方法，需要大量的时间和精力，这对电力企业没有必要，为此评价只要能起事故预测预防的作用、为企业领导科学决策提供必要参考和依据就可以。

（4）安全性评价应与企业日常安全生产管理相结合，针对电网运行、设备工况、生产环境、作业过程等随时做出评价，分析安全生产中存在的问题，发现危险因素和安全隐患，制定针对性措施，从而逐步建立基于风险管理的安全生产长效管理机制。

（5）安全性评价应与现代安全管理相结合，吸收国内外先进的管理理念与管理方法，并融合技术监督、可靠性管理、反事故措施、危险点分析、现场作业程序标准化等行之有效的安全管理方法，逐步建立与国际接轨的安全生产管理体系。

（6）安全性评价工作实行闭环动态管理，评价的形式是单位自我评价与专家评价相结合；评价的目的是以防止人身伤亡事故，电力生产特大、重大、恶性和频发事故为重点，以 3~5 年为一个周期，按照"评价、分析、评估、整改、提高"的过程循环推进，即企业按照评价标准开展自查评、专家查评和复查评，对评价过程中发现的问题进行原因分析，根据危害程度对存在问题进行评估和分类，并制定整改措施予以整改，然后在此基础上进行新一轮的循环。

（7）评价方法是采用综合评价的方法，即定性和定量结合，文字说明和数字分析相结合，采用"评分法"来判断企业以及企业各专业的安全水平。虽然相对得分率（实得分/应得分×100%）对不同的单位具有可比性，但评价结果在公司范围内不评比，也不进行考核。

## 县供电企业安全性评价工作的组织及开展

### 第一节  县供电企业安全性评价介绍

县供电企业安全性评价是运用安全系统工程的方法，诊断企业安全管理现状，评价企业安全风险，对企业安全生产过程中可能引发的危险因素进行辨识，并为查评出的问题提出建议制定对策，通过问题整改达到事先控制、防范事故的目的。开展县供电企业安全性评价工作是国家电网公司实现安全生产"保人身、保电网、保设备"在县供电企业层面的得力抓手，是公司加强精细化管理、安全发展和管理提升的客观要求，也是有效防范县供电企业安全风险、提升公司整体本质安全的重要手段。

县供电企业安全性评价采用企业自评价和专家评价相结合的方式，由各县供电企业自行组织自评价，上级单位组织专家评价。评价应结合安全生产实际在评价周期内实行闭环动态管理，一般分为企业自查评、专家查评、整改提高、复查评四个阶段，各查评阶段均按照"评价、分析、评估、整改、提高"的过程循环推进，评价原则是"贵在真实、重在整改、旨在提高"。它通过评价、整改、管理标准化的过程循环，不断夯实安全管理基础，推进县供电企业安全管理标准化、规范化，从而持续提升县供电企业安全生产水平。

为规范县供电企业安全性评价工作，促进县供电企业安全管理提升，安全性评价应依据国家、行业和国家电网公司所颁布的有关法律法规和规程规定等，结合公司"三集五大"体系建设和安全生产实际，针对县供电企业安全生产可能引发的危险因素，依据国家电网公司"保人身、保电网、保设备"原则和年度安全生产目标，结合县供电企业自身生产实际，在县公司层面以防止人身事故、设备事故、社会不良风险和电网事故为重点，采用风险评估的方法进行评价诊断。目的是摸清安全基本情况，掌握存在的危险因素及严重程度，明确反事故工作重点和需采取的措施，通过有效防范及治理做到超前控制，减少和消灭事故。

下面以《国家电网公司县供电企业安全性评价查评规范》（国家电网企管〔2018〕304号，以下简称《查评规范》）查评标准为例进行介绍。

　　《查评规范》不仅明确了县供电企业安全性评价工作的职责分工、工作流程及方法和检查与考核等要求，同时从综合安全、电网安全、设备安全、供用电安全、工程建设安全、作业安全、电力通信及信息网络安全、交通消防及防灾安全8个方面，明确了评价内容、标准及评分办法。下面着重对评价内容、占分及评分办法进行介绍。

　　县供电企业安全性评价标准分为10000分，评价项共44个评价要素，90个评价项目，457个评价小项。

　　综合安全评价是县供电企业日常安全管理的基础部分，综合安全评价共有11个评价要素，78个评价小项，总分值1800分。包括：安全目标管理140分，安全责任制落实180分，规章制度60分，安措管理120分，安全培训250分，安全例行工作250分，反违章工作150分，安全风险管理150分，隐患排查治理150分，应急工作200分，事故调查及安全考核与奖惩150分。

　　电网安全评价共有5个评价要素，16个评价项目，66个评价小项，总分值1380分。包括：电网规划160分，其中电网规划管理120分、电网规划目标40分；电网结构220分，其中接线方式70分、供电安全水平50分、正常负荷电流容载比40分、中性点接地60分；供电（包括：变电站、中压线路、分布式电源、配电网）可靠性80分；调度控制800分，其中方式计划160分、继电保护整定110分、调度运行280分、电压无功60分、集中监控190分；调度自动化运行与管理120，其中调度自动化系统30分、配网自动化系统30分、基础保障40分、运行管理20分。

　　设备安全评价共有6个评价要素，23个评价项目，121个评价小项，总分值2200分。包括：变电设备940分，其中主变压器120分，母线及架构40分，高压开关设备80分，电压电流互感器40分，防误闭锁装置80分，过电压保护及接地装置70分，设备编号、标志及其他安全设施40分，无功补偿设备40分，变电站站内电缆及电缆构筑物50分，站用电系统20分，继电保护及安全自动装置50分，直流系统170分，蓄电池60分，维护管理120分；输配电架空线路及设备660分，其中6kV及以上架空线路280分，配电变压器140分，柱上开关设备50分，开闭所、配电室和箱式变电站70分，0.4kV线路及设备120分；电力电缆线路230分（包括：分界管理规定、附属设备、电缆标志、电缆沟、电缆防火阻燃措施、电缆沟荷载及环境、安全距离、电缆隧道、巡视管理）；设备综合管理120分（包括：图纸、资料，计划制定，备品备件管理，缺陷管理，检修项目与报告）；反事故措施100分（包括："反措"计划编制、"反措"计划"四落实"、班组"反措"计划落实与检查、企业"反措"计划落实与检查）；电力设施保护150分（包括：组织、宣传、重点工作内容、划分电力设施保护就地责任区段、政企联合机制、防外力破坏）。依据"三集五大"体系"大检修"的要求，县公司负责县域内35kV及以下电网设备运维检修、分布式电源（储能装置）接入工程管理、县域范围内35kV及以上输电线路通道维护、清障和防外破工作。

　　供用电安全评价共有5个评价要素，32个评价小项，总分值1000分。包括：业扩报装、计量安全（300分），用户侧安全（150分），农村用电安全（300分），双电源、自备电源安全（150分），分布式电源安全（100分）。

　　工程建设安全评价共有4个评价要素，32个评价小项，总分值1000分。包括：承发包、分包安全管理 300 分，业主方安全管理 350 分，监理方安全管理 150 分，施工方安全管理 200 分。按照"大建设"的要求，县供电企业承担了部分 35kV 及以下电网建设的工程管理任务，特别是农网工程建设的管理，通过对工程参与各方进行安全性评价，来反映县供电企业作为工程建管方、业主方的安全责任落实情况。

作业安全评价共有 6 个评价要素，16 个评价项目，68 个评价小项，总分值 1500 分。包括：作业计划 100 分（包括：计划，编制，发布和管控）；作业准备 200 分（包括：现场勘察，风险评估，承载力分析，作业指导书、"三措一案"编制，"工作票""操作票"及作业票填写，班前会、班后会）；作业实施 200 分（包括：倒闸操作，安全措施布置，许可开工，安全交底，现场作业，作业监护，监督考核及到岗到位，验收及工作终结）；机具管理 700 分，其中电动工器具 100 分、安全工器具 200 分、带电作业机具 150 分、起重机械 100 分、焊接切割机具 50 分、其他工器具 100 分；作业环境安全 200 分，其中安全标志及围栏 30 分、生产区域照明 50 分、生产区域梯台 30 分、生产厂房及楼板地面状况 40 分、有限空间作业 50 分；职业健康 100 分，其中一般防护 50 分、职业病防治 50 分。机具管理部分重点突出安全工器具的购置、验收、试验、使用、保管、报废等环节的管理。

电力通信及信息网络安全评价共有 2 个评价要素，9 个评价项目，27 个评价小项，总分值 520 分。包括：电力通信安全 120 分，其中运行管理 40 分、设备管理 20 分、通信电源 20 分、通信站防雷 20 分、基础设施 20 分；信息网络安全 400 分，其中信息管理及运检 80 分、信息安全防护 220 分、机房及电源 90 分。

交通消防及防灾安全评价共有 5 个评价要素，6 个评价项目，33 个评价小项，总分值 600 分。包括：交通安全 100 分、消防安全 200 分、防汛安全 200 分、防气象灾害安全 40 分、抗震安全 60 分。

由于安全性评价工作采用自查评和专家查评相结合的方式，科学、客观、真实地查评县供电企业安全水平，涉及企业安全的多个方面，既是对企业全体员工从安全到技能的一次全方位的全面培训，也是对被查评县供电企业安全生产基础水平的全面评价，对专家人员的专业水平要求相对较高。同时安全性评价工作是以提高员工素质、控制安全风险、消除事故隐患为目的，通过评价、整改、管理标准化的过程循环使企业安全水平得到实质性提高，也是贯彻国家电网公司推进实施县供电公司实现安全管理提升工程目标的具体举措。

为使安全性评价查评工作扎实有效开展，县供电企业安全性评价，应结合"三集五大"等体系建设和安全生产实际，严格按照安全性评价查评的有关要求、标准和依据（如《××公司电力生产安全性评价工作实施办法》《××公司县供电企业安全性评价查评规范》《××公司县供电企业安全性评价查评依据》等），按照"贵在真实、重在整改、旨在提高""起好步、严把关"和"不评比、不考核"为原则。针对被查评县公司现有实际现状，按涉及安全部室全面查评，班组、现场抽点查评的方式对照评价标准逐条逐项开展专家查评。

安全性评价工作组织单位应充分利用安全性评价工作不排队、不考核的特点，利用安评平台，围绕县供电企业"防人身、保设备"重点工作，以"促管理、固基础、理流程、留痕迹"为查评指导思想，尤其在专家查评中本着"培养一个专家，带动一片工作"的工作方式，遵循"经验共享、问题点透、通过安评、共同提高"的宗旨，贯彻"交流、学习、帮扶、提高"的工作方法。同时查评中专家组宜采取听取汇报、查阅和分析资料、交流互动、现场检查（实物检查或抽样检查、仪表指示观测和分析）、现场考问、调查和询问、综合点评等多种方式，深入县公司综合管理部，安全监察质量部，发展建设部，运维检修（配网办）部，营销（乡镇供电所管理）部，电力调度控制中心，110kV 和 35kV 变电站，10kV 开闭站，110kV、35kV 和 10kV 输配电线路，有关供电所及其所辖 10kV 配电台区、箱变、环网柜和用电客户等开展县供电企业安全性评价专家查评。通过查评过程环节中的查评人和被查评人对评价标准的相互交流学习，使被查评单位各专业的安全工作通过安全性评价工作的开展，能得到一次全面而系统的培训和梳理。

安全性评价查评资料留存时间至少一个评价周期。通过资料的留档，不仅为被查评单位日常安全工作的开展提供了书面资料，也为新一轮安全性评价工作的开展提供了支撑。同时通过前后安全性评价工作的比较，既可通过被查评单位对上一轮安全性评价查评发现问题的整改和防控，使上级单位在本轮评价中了解被查评单位的安全性评价工作成效，同时通过比较，被查评单位也可看到本单位在安全生产工作中所取得的成绩，从而为促进被查评单位安全生产水平、打牢安全工作基础起到积极正向的激励作用。

## 第二节　县供电企业安全性评价自查评的组织及开展程序

县供电企业安全性评价工作的正常开展主要依据上级管理部门制定的《县供电企业安全性评价工作计划》，按照"自查评—专家查评—整改提高—复查评"的流程，依据"评价、分析、评估、整改、提高"的过程循环推进，评价周期一般为 3～5 年。电力企业安全性评价的查评方法和要点是在严格按照安全性评价查评标准和依据的前提下，综合运用多种查证方法，以对评价项目做出全面、准确的评价。因此，开展县供电企业安全性评价的自查评工作前，被查评单位应认真进行宣传动员活动，提高员工特别是班组人员的认识，鼓励通过安全性评价发现安全生产中的各类问题，并提出相应措施，使安全性评价工作通过员工的自觉行动深入到企业的安全生产管理之中。

县供电企业安全性评价工作自查评的组织及开展程序包括：

（1）成立查评组。由企业主要负责人（或分管产生的领导）任组长，分管领导、相关部门（包含综合管理部，安全监察质量部，发展建设部，运维检修（配网办）部，营销（乡镇供电所管理）部，电力调度控制中心等）负责人及专业人员参加，并按专业分为若干自查评小组，负责具体专业查评工作。

（2）制定自查评工作计划。根据上级下达的县供电企业安全性评价工作计划，县供电企业自查评组应结合日常工作，按照落实工作责任制要求，自查评组依据专业查评小组人员组成，按部门（工区）和班组按安评查评计划，将查评项目层层分解、落实到人，使每个人都明确各自应查评的项目内容、依据、方法及评分标准。自查评范围包括所有下属单位、部门、班组、场所、设备等。

（3）宣传培训。企业在实施每一轮查评前，应充分做好安全性评价的宣传和动员工作，逐级开展安全性评价工作培训，邀请专家对自查评工作进行指导，使企业员工明确评价目的、必要性、指导思想和具体开展方法，解决为什么要开展、怎样进行的问题；同时使参评人员准确理解安全性评价的项目和评价内容，掌握评价方法，从而为企业正确而顺利地开展安全性评价创造有利条件。

（4）班组自查评。班组（或工区）按照《查评规范》进行自查，评价范围包括本班组管辖全部设备、场所。发现问题可登记在表 2-1 中，并及时将自查评结果汇总专业评价小组。班组自查评一般不打分。班组自查评后对本班组职责范围内能立即整改的问题要及时进行整改。

表 2-1　　　　　　　　　　安全性评价检查发现问题及整改措施表

| 序号 | 项目序号 | 问题 | 整改措施 | 是否已整改 | 备注 |
|---|---|---|---|---|---|
| | | 1.…… 2.…… 3.…… ⋮ | 1.…… 2.…… 3.…… ⋮ | 1.已（未或部分）整改 2.…… 3.…… ⋮ | |
| | | | | | |
| | | | | | |

（5）分专业开展自查评。专业评价小组由专业部门负责人牵头，在班组（或工区）自查评的基础上开展专业评价工作，提出专业查评小结和安全性评价发现的主要问题、整改建议及分项评分结果。评价范围包括所有管辖的 35kV 及以上输变电设施，不少于 30% 的 10kV（6kV、20kV）配电网络及设备，不少于 10% 的低压配电网络及设备。

（6）形成自查评报告。企业查评组分专业根据专业自查评情况编制《县供电企业安全性评价自查评报告》（参见第十一章第一节），报告内容应包括：县供电企业基本概况，县供电企业安全性评价总体情况，县供电企业安全性评价评分表（表 2-2），县供电企业安全性评价问题和整改建议表（表 2-3），存在的主要问题和整改建议，评价组成员名单，以及包含评价结果明细表在内的分专业查评小结。

表 2-2　　　　　　　　　　县供电企业安全性评价评分表

| 序号 | 项目 | 标准分/分 | 应得分/分 | 实得分/分 | 得分率/% | 序号 | 项目 | 标准分/分 | 应得分/分 | 实得分/分 | 得分率/% |
|---|---|---|---|---|---|---|---|---|---|---|---|
| 4 | 综合安全 | 1800 | | | | 4.9 | 隐患排查治理 | 150 | | | |
| 4.1 | 安全目标管理 | 140 | | | | 4.10 | 应急工作 | 200 | | | |
| 4.2 | 安全责任制落实 | 180 | | | | 4.11 | 事故调查、安全考核与奖惩 | 150 | | | |
| 4.3 | 规章制度 | 60 | | | | | | | | | |
| 4.4 | 安措管理 | 120 | | | | 5 | 电网安全 | 1380 | | | |
| 4.5 | 安全培训 | 250 | | | | 5.1 | 电网规划管理 | 160 | | | |
| 4.6 | 安全例行工作 | 250 | | | | 5.2 | 电网结构 | 220 | | | |
| 4.7 | 反违章工作 | 150 | | | | 5.3 | 供电可靠性 | 80 | | | |
| 4.8 | 安全风险管理 | 150 | | | | 5.4 | 调度控制 | 800 | | | |

续表

| 序号 | 项目 | 标准分/分 | 应得分/分 | 实得分/分 | 得分率/% | 序号 | 项目 | 标准分/分 | 应得分/分 | 实得分/分 | 得分率/% |
|---|---|---|---|---|---|---|---|---|---|---|---|
| 5.5 | 调度自动化运行与管理 | 120 | | | | 8.3 | 监理方安全管理 | 150 | | | |
| | | | | | | 8.4 | 施工方安全管理 | 200 | | | |
| 6 | 设备安全 | 2200 | | | | 9 | 作业安全 | 1500 | | | |
| 6.1 | 变电设备 | 940 | | | | 9.1 | 作业计划 | 100 | | | |
| 6.2 | 输配电架空线路及设备 | 660 | | | | 9.2 | 作业准备 | 200 | | | |
| 6.3 | 电力电缆线路 | 230 | | | | 9.3 | 作业实施 | 200 | | | |
| 6.4 | 设备综合管理 | 120 | | | | 9.4 | 机具管理 | 700 | | | |
| 6.5 | 反事故措施 | 100 | | | | 9.5 | 作业环境 | 200 | | | |
| 6.6 | 电力设施保护 | 150 | | | | 9.6 | 职业健康 | 100 | | | |
| 7 | 供用电安全 | 1000 | | | | 10 | 电力通信及信息网络安全 | 520 | | | |
| 7.1 | 业扩报装、计量安全 | 300 | | | | 10.1 | 电力通信安全 | 120 | | | |
| 7.2 | 用户侧安全 | 150 | | | | 10.2 | 信息网络安全 | 400 | | | |
| 7.3 | 农村用电安全 | 300 | | | | 11 | 交通消防及防灾安全 | 600 | | | |
| 7.4 | 双电源、自备电源安全 | 150 | | | | 11.1 | 交通安全 | 100 | | | |
| 7.5 | 分布式电源安全 | 100 | | | | 11.2 | 消防安全 | 200 | | | |
| 8 | 工程建设安全 | 1000 | | | | 11.3 | 防汛安全 | 200 | | | |
| 8.1 | 承发包、分包安全管理 | 300 | | | | 11.4 | 防气象灾害安全 | 40 | | | |
| 8.2 | 业主方安全管理 | 350 | | | | 11.5 | 抗震安全 | 60 | | | |
| | | | | | | | 总分 | 10000 | | | |

表 2-3　　　　　　　　　　县供电企业安全性评价问题和整改建议表

| 序号 | 项目序号 | 问　题 | 标准分 | 扣分 | 实得分 | 整改建议 | 是否重点问题 |
|---|---|---|---|---|---|---|---|
| 1 | | | | | | | |
| 2 | | | | | | | |
| 3 | | | | | | | |
| ⋮ | | | | | | | |

（7）自查评整改。企业对自查评发现的问题制定整改计划（表 2-4），按照轻重缓急程度，对能立即进行整改的问题要及时整改，对危险程度较大或可能导致后果进一步恶化的问题要及时采取有效的措施进行防控，同时对主要或较大问题要落实责任、措施、资金、期限和预案，并按计划整改。

表 2 - 4　　　　　　　　　　　　县供电企业安全性评价问题整改计划

| 序号 | 整改内容 | 整改措施 | 是否重点问题 | 完成期限 | 整改负责人 | 验收人 | 备注 |
|------|---------|---------|------------|---------|-----------|-------|------|
| 1 | | | | | | | |
| 2 | | | | | | | |
| 3 | | | | | | | |
| ⋮ | | | | | | | |

（8）提出专家查评申请。县供电企业完成自评价工作后，要向上级单位申请专家查评，由上级单位组织专家或委托安全性评价机构开展专家查评。

## 第三节　县供电企业安全性评价专家查评的组织及开展程序

县供电企业安全性评价专家查评工作是评价组织单位和被查评单位贯彻落实《中共中央　国务院关于安全生产领域改革发展意见》，进一步加强县供电企业安全生产规范化管理，夯实安全生产基础，提升本质安全水平的得力抓手，也是其是否能起到安全性评价成效的根本。为此，评价组织单位如何组织本单位所辖企业的专家查评，其专家的组成、查评工作的指导思想及工作流程，将对安全性评价专家查评工作的好坏起到举足轻重的作用。

### 一、专家查评工作的组织及专家组成

由于安全性评价工作对查评专家的专业水平较高，业务能力大小、个人素质高低直接影响安全性评价专家查评工作的质量，因此能否将好的技术人才纳入安评专家队伍，是一个单位能否开展好安全性评价工作的关键。为保证专家组成人员选拔的广度和专家人员自身技术水平的高度，及充分调动基层单位技术骨干参与安全性评价工作的积极性，一般安全性评价专家查评宜由省公司层面组织相对合适，当然对技术力量强、整体业务水平高的地市公司，从减轻省公司专家查评工作压力来说，由地市公司牵头也不失为一种好的选择。

安全性评价专家组由综合安全、电网安全、设备安全、供用电安全、工程建设安全、作业安全、电力通信及信息网络安全、交通消防及防灾安全 8 个方面的专家组成，专家组成员含组长在内一般不超过 10 人。由于县供电企业不但涉及 35kV（大的供电公司还负责 110kV）及以下输配电网的设备运维检修，而且涉及广大的农村用电客户，其 10kV 及以下配电网点多面广，施工和运维检修工作人员以及广大的用电人员相对主网和城市而言素质偏低，因此人身安全是县供电企业层面所面临的主要问题，而人身安全又涉及供电公司自身人员和供电客户两个方面，因此县供电企业安全管理工作的重点与电网企业的主网管理截然不同。为此，县供电企业安全性评价工作是否能够围绕供电和用电设备方面的人身安全开展，在侧重强化安全防护技防完善的基础上，将管理和环境因素作为安评的重点，即将排除涉及人身安全因素作为评价的首要前提下，再将设备安全作为评价目标，是安全性评价自查评和专家查评，尤其是专家查评成功与否的关键。

基于以上原因，一般专家组人员选拔应遵循下述原则：

(1)组长:由熟悉县供电企业安全生产管理,并对电网、设备、供用电、工程建设、作业现场、通信和信息等所有查评专业都有所了解的人员,且具有一定组织能力的人员担任,一般由省公司派人,或抽调曾担任过县供电企业经理(或生产副经理)的地市公司副总工程师及以上领导担任。

(2)成员组成:由于评价涉及县供电企业的方方面面,而专家成员每个人针对不同的专业,查评各自的专业,没有互补性,同时各专业查评中涉及的专业标准和技术规范众多,再加上国家电网公司及各省公司随着专业管理的细化和对已发生问题的不断总结分析,其应用于实际工作的标准或规范也会不断地发生变化,因此,被抽调专家是否对被查评内容具有专家级水平,是否能对现执行标准或规范准确把握,是否能发现问题,是专家查评能否起到应有成效的关键。为此专家组人员选定,一般应由熟悉县供电企业所查评专业的地市县专业在职或退二线时间不久的专业人员组成,在除综合安全和交通消防及防灾安全外的其他专业,专家的选取应避免由未从事过所查评专业工作的纯安监人员或对县公司工作不熟悉的省级公司单位人员构成,防止出现由非专业人员开展或跨专业开展查评。否则,不但会使查评工作事倍功半,而且还会在无形中给被查评单位造成不必要的负担。尤其是电网安全和设备安全的查评内容,由于涉及领域多,包含专业广泛,且评价内容相对较多,因此对专家人选的专业知识面、专业水平以及人员素质要求就更高,如电网安全不但涉及规划、结构、供电可靠性、调度控制和自动化,而且横跨电网调度、监控、继电保护、自动化多个专业;同样设备安全不但横跨多个专业,而且涉及变电、输电、配电等领域不同高低压设备的运维、检修和设备综合管理,以及反事故措施、电力设施保护等内容,再加上配电又是广大农村供电和用电的人身事故高发区域。因此电网和设备安全专家的选定也就显得尤为关键,一般根据所选专家的专业方向和专业水平素养,电网和设备各组宜分别由1~2人组成。

**二、专家查评工作程序**

(1)专家查评是在被开展单位完成自查评的前提下进行,一般由完成自查评的企业向上级单位提出申请,由上级单位组织专家或委托中介机构实施。专家查评时间根据县供电企业规模一般为3~5天。

(2)专家查评前,专家组织单位要召开专家准备会,做好查评专家的培训工作,明确查评范围、比例。查评专家要熟悉评价项目及内容、查评方法、评分标准等。其中,评分标准为:得分率=(实得分/应得分)×100%。

县供电企业要做好准备和动员工作,向专家组提供自查评和整改情况总结,整改情况用完成整改率、部分整改率、综合整改率衡量。其中,部分整改是指经上级单位主管部门确认,已制定短期整改计划或采取临时措施,但仍需立项、物资采购等项目才能完成全部整改的评价项目。整改率如下:

1)完成整改率=完成整改项目数/应整改项目数×100%。

2)部分整改率=部分整改项目数/应整改项目数×100%。

3)综合整改率=(完成整改项目数+部分整改项目数)/应整改项目数×100%。

(3)查评专家组到达后,被查评单位应召开有自查评专业组成员和全公司技术骨干参加的查评首次会,向专家查评组汇报自查评工作的开展情况,同时双方分别介绍专家组人员和被查评单位联络员，使双方对应专业人员相识并建立联系。

（4）专家组通过一段时间的现场查看、询问、检查、核实，与企业领导和专业管理人员交换意见，完成专家查评工作。查评范围一般包括不低于30%且有代表性的县供电企业下属单位、部门、班组、场所，不少于30%所管辖的35kV及以上输变电设施（及其管理单位），不少于5%的10kV（6kV、20kV）配电网络及设备，并抽查不少于1%的低压配电网络及设备。

（5）查评工作结束后，专家组应当面反馈查评问题、提出整改建议，并于10个工作日内向上级组织单位和被查评企业提交正式的《县供电企业安全性评价专家查评报告》（参见第十一章第二节），包括总体情况、主要问题和整改建议。对由地市公司组织专家查评的，专家组应在查评工作结束后10个工作日内向地市供电企业提交正式的专家查评报告；地市供电企业应在收到报告后5个工作日内审核并下发，同时向省公司上报专家查评完成情况及相关资料。

## 第四节　县供电企业安全性评价问题整改及复查程序

### 一、安全性评价问题整改程序

（1）各单位在完成安全性评价专家查评工作后，应立即依据专家组反馈问题，积极着手制定初步整改计划，并对能立即进行整改的问题进行整改。在收到正式的专家查评报告后，要根据专家查评评价报告组织有关部门制定整改计划，整改计划要明确整改内容、整改措施、整改完成时限、工作负责人和验收人；部门整改计划应由部门负责人审查批准，全公司整改计划由公司主管领导审查批准；全公司整改计划应上报上级主管部门备案。

（2）各单位应定期检查和督促各部门整改计划完成情况，对未完成和整改效果不好的部门应进行考核。

（3）在整改年度中期和年末，对本单位安全性评价整改计划完成情况进行总结，及时提出意见和建议，对未完成整改的项目和已整改的重点项目进行风险评估，必要时，应修改计划，实行闭环管理。

（4）各单位应将安全性评价整改计划和年度总结上报上级主管部门。

（5）地市公司应对所辖县供电企业安全性评价工作中发现的重点问题的整改，从资金、计划和技术上给予支持，并在安全性评价工作完成后每半年对县公司整改计划完成情况进行检查指导，对因人为原因造成的未按期整改进行考核。

### 二、安全性评价复查程序

（1）企业自查评的复查可在专家查评的半年或一年后进行，一般结合本单位专项活动或在某一合适时间由单位统一开展；专家查评复查应在评价一年后，一般由原查评的专家组织单位组织专家进行复查，此时复查专家人数不宜过多。

（2）专家复查前，被复查单位要同初评价时一样做好准备和动员工作，并在专家查评复查时向专家组提供整改情况总结，整改情况总结应包括：

1）完成整改率＝完成整改项目数/应整改项目数×100%。

2）部分整改率＝部分整改项目数/应整改项目数×100%。

3）综合整改率=(完成整改项目数+部分整改项目数)/应整改项目数×100％。

对完成整改率、部分整改率和未整改率要分一般项目和重点项目。重点项目要对诸如完成整改情况、部分整改情况、未整改情况详细介绍，其中部分整改和未整改的要对已采取临时整改或防控措施、整改资金来源、计划列项、责任人、计划完成时间、应急预案等情况进行说明。

（3）专家现场复查程序与专家查评相同，时间和专家人数可少于专家查评人数。

（4）复查完成后专家组应提交正式的复查报告。

# 第三章

# 综合安全查评指南

## 第一节 安全目标管理

### 一、查评目的

安全目标管理是指企业内部各个部门乃至每个职工，从上到下围绕企业安全生产总目标，层层明确各自的目标，通过逐级落实安全目标管控措施，确保企业安全目标如期实现。查评安全目标管理的目的就是要了解和掌握被查评县供电公司安全管理目标的制定、实施、评价与考核等，是否结合工作实际制定切实可行的安全生产目标，是否存在制定的安全生产目标过高或过低，是否做到了安全目标层层分解、制定措施层层落实，从而使安全目标的制定和落实渗透到公司每个环节。

安全目标管理的查评内容共 4 项合计 140 分，主要包括：目标制定 20 分，目标防控措施 20 分，目标分级控制 20 分，目标检查及完成情况 80 分。安全目标管理查评主要是深入县供电公司安质部、调控中心、运检部、营销（乡镇供电所管理）部、生产班组和供电所等，通过查阅相关资料、现场问询等方式，对被查单位的安全目标管理情况进行查评。

### 二、查评方法及重点

1. 目标制定

（1）查评方法。根据《国家电网公司安全工作规定》〔国网（安监/2）406—2014〕（以下简称《安全工作规定》）第十一条，"地市公司级单位直属单位、县供电企业、公司直属单位下属单位子企业（以下简称'县公司级单位'）的安全目标：（一）不发生五级及以上人身事故；（二）不发生六级及以上电网、设备事件；（三）不发生一般及以上火灾事故；（四）不发生七级及以上信息系统事件；（五）不发生煤矿一般及以上非伤亡事故；（六）不发生本单位负同等及以上责任的重大交通事故；（七）不发生其他对公司和社会造成重大影响的事故（事件）"相关规定，深入县供电公司安质部、调控中心、生产班组、供电所等，查看被查评单位的安全目标制定是否紧紧围绕上级对目标的要求，是否结合本单位的工作特点对安全目标层层进行了分解，是否制定了切合实际的安全目标和措施。

（2）查评重点。

1）查阅地市供电公司与县供电公司、县供电公司主要负责人与部门所签订的安全生产目标责任书、安全目标控制措施相关文件等资料。

依据评价标准，县供电公司未制定本企业安全生产目标，不得分；县供电公司、部门未结合自身实际制定安全目标，扣5～10分。

2）查阅生产班组、供电所与县供电公司签订的安全生产目标责任书以及其安全目标控制措施等相关资料。

依据评价标准，生产班组、供电所未结合自身实际制定安全目标，扣5～10分。

2．目标防控措施

（1）查评方法。根据《国家电网公司安全职责规范》（国家电网安质〔2014〕1528号，以下简称《安全职责规范》）第10～14条"分管专业工作行政副职的安全职责"的相关规定，深入县供电公司安质部、调控中心等专业管理部门，查评被查评单位的安全目标防控措施是否逐级进行了分解、细化，是否针对各自的专业特点明确了相应的安全目标，并制定与之相适应的防控措施。

（2）查评重点。查阅专业管理部门年度安全工作目标计划、重点工作相关文件等资料。

依据评价标准，未分解、细化各专业防控措施，一处扣10分；防控措施不切合实际，一处扣2～10分。

3．目标分级控制

（1）查评方法。根据《安全职责规范》第8条"行政正职的安全职责：（二）组织确定本单位年度安全工作目标，实行安全目标分级控制，审定有关安全工作的重大举措"，和《电网企业安全生产标准化规范及达标评级标准》（国能安全〔2014〕254号，以下简称《电网企业达标评级标准》）第5.1.2条"目标的控制与落实：根据确定的安全生产目标，基层管理部门按照在生产经营中的职能，制定相应的安全指标、实施计划。企业应按照基层单位或部门安全生产职责，将安全生产目标自上而下逐级分解，层层落实目标责任、指标，并实施企业与员工双向承诺。遵循分级控制的原则，制定保证安全生产目标实现的控制措施，措施应明确、具体，具有可操作性"相关规定，深入县供电公司安质部、调控中心、生产班组、供电所等，查评被查评单位部门、班组的安全目标是否遵循分级控制的原则制定了保证安全生产目标实现的控制措施，控制措施是否明确、具体，具有可操作性。

（2）查评重点。

1）查阅部门安全生产目标责任书、年度安全工作目标计划、重点工作相关文件等资料。

依据评价标准，部门未落实安全目标责任制，一项扣10分；未制定具体措施和落实责任，一项扣2～5分。

2）查阅生产班组、供电所与县供电公司签订的安全生产目标责任书以及安全目标控制措施等相关资料。

依据评价标准，生产班组、供电所未落实安全目标责任制，一项扣 10 分；未制定具体措施和落实责任，一项扣 2～5 分。

4. 目标检查及完成情况

(1) 查评方法。根据《国家电网公司安全事故调查规程》(国家电网安监〔2011〕2024 号)，以下简称《安全事故调查规程》第 7.2～7.4 条"发生五级以上人身事故，负同等责任以上的重大以上交通事故，以及七级电网、设备和信息系统事件"；《电网企业达标评级标准》第 5.1.3 条"目标的监督与考核：制定安全生产目标考核办法。定期对安全生产目标实施计划的执行情况进行监督、检查与纠偏。对安全生产目标完成情况进行评估与考核、奖惩"相关规定，深入县供电公司安质部、运检部、调控中心等部门，查评被查评单位是否对安全生产目标实施计划情况进行监督、检查与纠偏，安全生产目标是否如期完成等。

(2) 查评重点。查阅安监部门安全监督报表、事故报表、安全检查记录，查阅运检部故障分析记录、输变配故障报告，查阅调控中心调度运行日志等资料。

依据评价标准，发生人身死亡事故，安全目标管理项不得分（即扣 140 分）；发生其他突破本企业安全目标的事件，扣 80 分；发生未突破安全目标但被上级考核的安全事件，一次扣 5 分；未定期监督、检查与纠偏，扣 2～10 分。

# 第二节　安全责任制落实

## 一、查评目的

安全责任制是各级领导、职能部门、工程技术人员、岗位操作人员在劳动生产过程中对安全生产层层负责的制度。查评安全生产责任制的目的是了解和掌握县供电企业主要领导、各职能部门对安全生产的责任制落实情况，调控、运维、检修、营销等部门、岗位安全职责落实情况，是否做到了各级人员安全责任制明确、各司其责。

安全责任制落实的查评内容共 9 项，合计 180 分，主要包括：安全工作"五同时"20分，安全设施"三同时"20 分，安全生产委员会 20 分，安全保证体系 20 分，安全监督体系 20 分，行政正职安全职责 25 分，党组（党委）书记安全职责 25 分，行政副职安全职责 15 分，部门、岗位安全职责 15 分。安全责任制落实查评主要是深入县供电公司安质部、调控中心等部门，通过查阅相关资料、现场问询等方式，对被查评单位的安全责任制落实情况进行查评。

## 二、查评方法及重点

1. 安全工作"五同时"

(1) 查评方法。根据《安全工作规定》第六条"公司系统各单位应贯彻'谁主管谁负责、管业务必须管安全'的原则，做到计划、布置、检查、总结、考核业务工作的同时，计划、布置、检查、总结、考核安全工作"相关规定，深入县供电公司运检部、调控中心等业务管理部门，查评被查评单位是否按照"谁主管谁负责"和"管业务必须管安全"的原则，做到安全工作与生产工作同时计划、同时布置、同时检查、同时总结、同时考核"五同时"。

（2）查评重点。查阅年度安全工作计划、调度日志、检修计划实施记录、现场安全检查记录、会议纪要、工作总结等相关资料。

依据评价标准，安全工作未做到与生产工作同时计划、同时布置、同时检查、同时总结、同时考核情况时，酌情扣 5～20 分。

2. 安全设施"三同时"

（1）查评方法。根据《中华人民共和国安全生产法》第 28 条"生产经营单位新建、改建、扩建工程项目（以下统称建设项目）的安全设施，必须与主体工程同时设计、同时施工、同时投入生产和使用。安全设施投资应当纳入建设项目概算"相关规定，深入县供电公司运检部、网改办等工程管理部门，查评被查评单位是否将安全设施投资纳入建设项目概算，安全设施是否做到与主体工程"三同时"。

（2）查评重点。查阅建设项目工程设计、概算、工程施工记录、现场检查记录、会议纪要等相关资料，深入工程施工作业现场检查安全设施设计、施工和使用情况等。

依据评价标准，安全设施投资未纳入建设项目概算，不得分；安全设施未做到与主体工程同时设计、同时施工、同时投入生产和使用，一处扣 10 分。

3. 安全生产委员会

（1）查评方法。根据《安全工作规定》第二十四条"公司各级单位应设立安全生产委员会，主任由单位行政正职担任，副主任由党组（委）书记和分管副职担任，成员由各职能部门负责人组成。安全生产委员会办公室设在安全监督管理部门"；第五十三条"省公司级单位至少每半年，地市公司级单位、县公司级单位每季度召开一次安全生产委员会议，研究解决安全重大问题，决策部署安全重大事项"相关规定，深入县供电公司安质部，查评被查评单位是否按规定成立安委会，安委会成员组成是否符合要求，是否建立相关工作制度和例会制度，并定期召开例会。

（2）查评重点。查阅安委会、例会相关制度文件，安委会会议记录或会议纪要等资料。

依据评价标准，县供电公司未成立安委会，不得分；安委会成员组成不符合规定，扣 5～10 分；安委会成员未根据人员变动情况及时发文调整，扣 5 分；未建立健全工作制度和例会制度，扣 10 分。

4. 安全保证体系

（1）查评方法。根据《电网企业达标评级标准》第 5.2.1.2 条"安全生产保障体系：建立由各管理部门和有关单位的主要负责人组成的安全生产保障责任体系。明确安全生产保障责任体系各部门、各单位安全生产职责范围，将安全生产管理职责分解到相应岗位。保障安全生产所需的人员、物资、费用等资源需要"相关规定，深入县供电公司安质部、运检部等部门，查评被查评单位是否按照"管业务必须管安全"的要求，建立由各部门和所属相关单位的主要负责人组成的安全保障责任体系，人员、物资、费用是否能够满足安全生产需要。

（2）查评重点。查阅安全保证体系相关文件、记录等资料，听取相关人员汇报。

依据评价标准，安全保证体系不健全，职责不落实，扣 5～10 分；人员、物资、费用等资源不满足安全生产需要，扣 5～10 分。

5. 安全监督体系

（1）查评方法。根据《安全工作规定》第十八条"县供电企业，应设立安全监督管理机构"和机构设置及人员配置执行"地市供电企业、县供电企业两级单位所属的建设部、调控中心、业务支撑和实施机构及其二级机构（工地、分场、工区、室、所、队等，下同）等部门、单位，应设专职或兼职安全员。地市供电企业、县供电企业两级单位所属业务支撑和实施机构下属二级机构的班组应设专职或兼职安全员"；第二十条"安全监督管理机构应满足以下基本要求：（一）从事安全监督管理工作的人员符合岗位条件，人员数量满足工作需要；（二）专业搭配合理，岗位职责明确；（三）配备监督管理工作必需的装备"相关规定，深入县供电公司安质部、人资部，查评被查评单位是否按规定成立安全监督机构，安全监督人员配置是否符合要求，班组是否按照规定设置专职或兼职安全员。

（2）查评重点。查阅人资岗位设置文件、资料，查看安全监督网、组织体系图等资料。

依据评价标准，未按规定成立安全监督机构，不得分；安全监督人员配置不符合要求，一人扣2分；未按规定设置班组专职或兼职安全员，扣5～10分。

6. 行政正职安全职责

（1）查评方法。根据《安全工作规定》第十二条"公司各级单位行政正职是本单位的安全第一责任人，对本单位安全工作和安全目标负全面责任"；第十三条"公司各级单位行政正职安全工作的基本职责：（一）建立、健全本单位安全责任制；（二）批阅上级有关安全的重要文件并组织落实，及时协调和解决各部门在贯彻落实中出现的问题；（三）全面了解安全情况，定期听取安全监督管理机构的汇报，主持召开安全生产委员会议和安全生产月度例会，组织研究解决安全工作中出现的重大问题；（四）保证安全监督管理机构及其人员配备符合要求，支持安全监督管理部门履行职责；（五）保证安全所需资金的投入，保证反事故措施和安全技术劳动保护措施所需经费，保证安全奖励所需费用；（六）组织制定本单位安全管理辅助性规章制度和操作规程；（七）组织制定并实施本单位安全生产教育和培训计划；（八）组织制定本单位安全事故应急预案；（九）督促、检查本单位安全工作，及时消除安全事故隐患；（十）建立安全指标控制和考核体系，形成激励约束机制；（十一）及时、如实报告安全事故；（十二）其他有关安全管理规章制度中所明确的职责"；第十九条"地市供电企业、县供电企业安全监督管理机构由行政正职主管"；和《安全职责规范》第3条"各级行政正职是本单位的安全第一责任人，对安全工作负全面领导责任"相关规定，深入县供电公司安质部、人资部，查评被查评单位行政正职作为本单位安全第一责任人，是否按照规定履行安全职责。

（2）查评重点。查阅安全职责文件、领导分工文件、上级重要文件批阅记录、安委会、月度安全例会会议纪要等资料。

依据评价标准，行政正职安全生产职责不明确，扣10～20分；未履行主要职责（如未主持安委会、月度安全例会，未批阅上级重要文件并组织落实，未及时协调和解决安全工作问题等），扣10～20分；未主管安全监督部门，扣10分。

7. 党组（党委）书记安全职责

（1）查评方法。根据《安全职责规范》第3条"各级党委（党组）书记与行政正职负同等责任"；第 9 条"党组（党委）书记的安全职责：（一）在思想政治、组织宣传工作中，突出安全工作的基础地位，坚持党政工团齐抓共管的原则，充分发挥党、团员模范带头作用，以及党群组织对安全工作的保证和监督作用。（二）把安全工作列入党委的重要议事日程，参加有关安全工作的重要会议和活动。（三）在干部考核、选拔、任用及思想政治工作检查评比中，把安全工作业绩作为重要的考核内容。（四）领导和组织党群部门、党团组织，紧密围绕安全目标开展思想政治工作，增强员工的安全意识，提高员工的思想素质；做好安全生产先进事例的选树工作，及时组织总结宣传典型经验。（五）做好事故责任人和责任单位的思想政治工作，稳定员工队伍。（六）加强安全文化建设，紧密围绕安全工作，开展思想政治工作，对职工进行安全思想、敬业精神、遵章守纪等教育，营造良好的安全工作环境和安全文化氛围"相关规定，深入县供电公司安质部、人资部，查评被查评单位党委书记是否按照安全工作党政同责的要求和相关规定履行安全职责，是否将安全工作列入党委的重要议事日程。

（2）查评重点。查阅领导分工文件、安委会会议纪要、参加安全工作的重要会议和安全检查、到岗到位记录等资料。

依据评价标准，党委书记安全职责不明确，扣 5～10 分；未履行主要职责（如未参加安委会、安全例会，未参加季节性安全大检查、未履行到岗到位要求等），扣 5～10 分。

8. 行政副职安全职责

（1）查评方法。根据《安全工作规定》第十四条"公司各级单位行政副职对分管工作范围内的安全工作负领导责任，向行政正职负责；总工程师对本单位的安全技术管理工作负领导责任；安全总监协助负责安全监督管理工作"和《安全职责规范》第 3 条"各级行政副职协助行政正职开展工作，是分管工作范围内的安全第一责任人，对分管工作范围内的安全工作负领导责任"相关规定，深入县供电公司安质部、人资部，查评被查评单位行政副职是否按照"谁主管谁负责"的原则，对分管工作范围内的安全工作依据相关规定履行安全职责。

（2）查评重点。查阅领导分工文件、安委会会议纪要、参加安全工作的重要会议和安全检查、到岗到位记录等资料。

依据评价标准，行政副职安全职责不明确，扣 5～10 分；未履行主要职责（如未参加安委会、安全例会，未参加季节性安全大检查、未履行到岗到位要求等），扣 5～10 分。

9. 部门、岗位安全职责

（1）查评方法。根据《安全工作规定》第十五条"公司各级单位的各部门、各岗位应有明确的安全管理职责，做到责任分担，并实行下级对上级的安全逐级负责制。安全保证体系对业务范围内的安全工作负责，安全监督体系负责安全工作的综合协调和监督管理"和《安全职责规范》等相关规定，深入县供电公司安质部、调控中心、运检部等部门，查评被查评单位是否明确了各部门、岗位安全管理职责，做到责任分担，并按规定实行下级对上级的安全逐级负责制。

（2）查评重点。查阅调控、运维、检修、营销等部门、岗位安全职责文件等资料。

依据评价标准，未建立各部门、各岗位安全职责，扣 10～15 分；安全管理责任部门、关联业务部门、岗位之间的安全责任界面不明确，扣 5～10 分；各部门、各岗位安全职责不全，扣 5～10 分。

# 第三节　规　章　制　度

## 一、查评目的

建立健全安全规章制度是生产经营单位的法定责任，有效执行安全规章制度，对防范生产、经营过程安全生产风险具有重要意义。查评安全规章制度的目的是了解和掌握县供电企业贯彻落实国家有关生产法律法规、国家标准和行业标准的情况，查评是否建立健全了安全规章制度，是否做到了"有章可循、有章可依"，现场规程是否定期修订等。

规章制度的查评内容共 3 项，合计 60 分，主要包括：建立健全规章制度 20 分，现场规程修订 20 分，规章制度清单 20 分。规章制度查评主要是深入县供电公司运检部、调控中心等部门，通过查阅规章制度相关资料、现场问询等方式，对被查评单位的规章制度落实情况进行查评。

## 二、查评方法及重点

1. 建立健全规章制度

（1）查评方法。根据《安全工作规定》第二十七条"公司各级单位应建立健全保障安全的各项规程制度：（一）根据上级颁发的制度标准及其他规范性文件和设备厂商的说明书，编制企业各类设备的现场运行规程和补充制度，经专业分管领导批准后按公司有关规定执行；（二）在公司通用制度范围以外，根据上级颁发的检修规程、技术原则，制定本单位的检修管理补充规程，根据典型技术规程和设备制造说明，编制主、辅设备的检修工艺规程和质量标准，经专业分管领导批准后执行；（三）根据国务院颁发的《电网调度管理条例》和国家颁发的有关规定以及上级的调控规程或细则，编制本系统的调控规程或细则，经专业分管领导批准后执行；（四）根据上级颁发的施工管理规定，编制工程项目的施工组织设计和安全施工措施，按规定审批后执行"相关规定，深入县供电公司运检部、调控中心等部门及相关班组和变电站，查评被查评单位是否结合工作实际建立了相应的现场运行、调控等规程，并严格执行审批手续。

（2）查评重点。查阅现场运行规程、调控、检修工艺规程配置记录、审批手续及相关记录等资料。

依据评价标准，现场运行、调控、检修工艺规程等配置不齐全，一项扣 5 分；未审批或审批手续不全，一项扣 2 分。

2. 现场规程修订

（1）查评方法。根据《安全工作规定》第二十八条"公司所属各级单位应及时修订、复查现场规程，现场规程的补充或修订应严格履行审批程序：（一）当上级颁发新的规程和反事故技术措施、设备系统变动、本单位事故防范措施需要时，应及时对现场规程进行补充或对有关条文进行修订，书面通知有关人员；（二）每年应对现场规程进行一次复查、修订，并书面通知有关人员；不需修订的，也应出具经复查人、审核人、批准人签名的'可以继续执行'的书面文件，并通知有关人员；（三）现场规程宜每 3～5 年进行一次全面修订、审定并印发"相关规定，深入县供电公司运检部、调控中心等部门，查评被查评单位是否按规定要求及时对现场规程进行补充或修订。

（2）查评重点。查阅现场运行规程、调控、检修工艺规程修订、审定记录等资料，现场询问有关人员是否知晓现场规程。

依据评价标准，未及时补充或修订现场规程，或修订后未书面通知有关人员，一项扣2分。

3. 规章制度清单

（1）查评方法。根据《安全工作规定》第二十九条"县公司级单位应每年至少一次对安全法律法规、标准规范、规章制度、操作规程的执行情况进行检查评估，公布一次本单位现行有效的现场规程制度清单，并按清单配齐各岗位有关的规程制度"相关规定，深入县供电公司安质部、运检部、调控中心等部门，查评被查评单位是否定期公布现行有效的规章制度清单，并按清单要求配齐各岗位有关的规章制度。

（2）查评重点。查阅每年公布的有效的规章制度清单文件、会议记录等资料，现场核查岗位规章制度执行情况。

依据评价标准，未按期公布本企业现行有效规章制度清单的，扣20分；各岗位有关的规章制度不齐，一项扣2分。

# 第四节　安　措　管　理

## 一、查评目的

安措是指以改善劳动条件，防止工伤事故，防止职业病和职业中毒等引起伤害的保护措施，有效落实安措对预控人身和企业安全风险具有重要意义。查评安措管理的目的就是了解和掌握县供电企业安措计划编制、实施、验收、总结等方面的情况。

安措管理的查评内容共6项，合计120分，主要包括：安措计划管理20分，安措计划编制20分，安措计划实施20分，安措计划实施检查20分，安措计划实施验收20分，安措计划完成总结20分。安措管理查评主要是深入县供电公司安质部，通过查阅安措管理相关资料、现场问询等方式，对被查评单位的安措落实情况进行查评。

## 二、查评方法及重点

1. 安措计划管理

（1）查评方法。根据《安全工作规定》第十三条"公司各级单位行政正职安全工作的基本职责：（五）保证安全所需资金的投入，保证反事故措施和安全技术劳动保护措施所需经费，保证安全奖励所需费用"和第三十三条"年度反事故措施计划应由分管业务的领导组织，以运维检修部门为主，各有关部门参加制定；安全技术劳动保护措施计划应由分管安全工作的领导组织，以安全监督管理部门为主，各有关部门参加制定"；《国家电网公司安全技术劳动保护措施计划管理办法（试行）》（国家电网安监〔2006〕1114号，以下简称《安措管理办法》）第7条"企业安全生产第一责任人对本企业安措计划管理负全面领导责任，要保证安措计划所需资金的提取和使用"相关规定，深入县供电公司安质部等部门，查评被查评单位行政正职是否履行安措管理相关职责，是否能够保障安措计划所需资金的提取和使用，安措计划制定是否做到分管领导组织、多部门协同参与。

（2）查评重点。查阅安措制度文件、安措计划、会议记录、安措所需资金提取和使用记录等资料，现场核查安措落实情况。

依据评价标准，行政正职未履行安措管理领导职责，或未保证安措计划所需资金的提取和使用，不得分；安措计划制定未做到分管安全工作的领导亲自组织，有关部门参加，扣5～10分。

2. 安措计划编制

（1）查评方法。根据《安全工作规定》第三十五条"安全技术劳动保护措施计划、安全技术措施计划应根据国家、行业、公司颁发的标准，从改善作业环境和劳动条件、防止伤亡事故、预防职业病、加强安全监督管理等方面进行编制；项目安全施工措施应根据施工项目的具体情况，从作业方法、施工机具、工业卫生、作业环境等方面进行编制"；《安措管理办法》第6条"安措计划的内容包括：（一）安全工器具和安全设施。1. 为防止人员触电、高处坠落、机械伤害、物体打击、环境（粉尘、毒气、噪声、电磁、高温）伤害等事故，保障工作人员安全的各种电力安全工器具（见《国家电网公司电力安全工器具管理规定》国家电网安监〔2005〕516号）配备及其维护。2. 安全围栏（网、带）、安全警示牌（线）等确保作业过程中人员安全的设备与设施，及其维护。3. 对电力安全工器具和安全设施进行检测、试验所用的设备、仪器、仪表等。4. 安全工器具和安全设施外委试验。5. 其他保护员工安全的设备与设施。（二）改善劳动条件和环境。1. 防止误操作事故所需要的各种装置、工器具、带电检测设备、计算机和软件等。2. 高空作业车、高空检修架等安全作业装备的配置及维护。3. 安全工器具的保管、存放场所和所需设施。4. 生产场所必需的各种消防器材、工具、消防水系统以及火灾探测、报警、火灾隔离等设施和措施。5. 蓄电池室、油罐室、油处理室、氧气和乙炔气瓶库等易燃易爆品的防火、防爆、防雷、防静电、通风、照明等措施、设施。6. 生产场所工作环境（如照明、护栏、盖板等）的改善。7. 危险品储存、使用、运输、销毁所需要的设备、器材和应采取的安全措施。8. 事故照明、抢修现场的移动照明设备。9. 对可能存在有毒有害危险的作业环境进行检测的设施和设备。（三）教育培训和宣传。1. 企业领导和安全生产管理人员从事生产经营活动相应的安全生产知识和管理能力等的培训。2. 企业员工相应的安全生产知识、正确使用安全工器具和安全防护用品、紧急救护知识、消防器材使用等的培训。3. 购置或编印安全技术劳动保护的资料、器具、刊物、宣传画、标语、幻灯及电影片等。4. 举行安全技术劳动保护展览，设立陈列室、安全教育室等。5. 安全生产知识的考试以及试题库的建立、完善、维护和使用。（四）其他。1. 人员伤亡应急处理预案的演练。2. 安全监察工作必需的交通、录音、录像、摄影等设备和装备。3. 安全信息网络平台建设"，第10条"企业应根据安措计划项目内容和下一年度生产经营情况预测，结合生产实际情况编制下一年度安措计划。安措计划中应明确项目及其内容、资金、执行和完成时间、责任部门/单位、执行部门/单位"相关规定，深入县供电公司安质部，查评被查评单位安措计划编制是否具有针对性，安措计划内容是否进行细化分解，并具有可操作性。

（2）查评重点。查阅安措计划文件等资料，核查安措计划内容。

依据评价标准，未编制安措计划，不得分；安措计划内容不全或不符合要求，一项扣2分。

3. 安措计划实施

（1）查评方法。根据《安措管理办法》第 16 条"安措计划项目实施要严格计划管理，列入企业工作计划，在规定的期限内完成所承担的安措计划项目"相关规定，深入县供电公司安质、运检等部门，查评被查评单位安措计划是否列入企业工作计划，是否在规定的期限内完成所承担的安措计划项目。

（2）查评重点。查阅企业工作计划文件、安措计划实施情况记录等资料，现场核查安措落实情况。

依据评价标准，安措计划未列入企业工作计划，扣 10 分；安措计划未在规定的期限内完成，一项扣 2 分。

4. 安措计划实施检查

（1）查评方法。根据《安措管理办法》第 20 条"企业安全监察部门应按季度对安措计划项目实施情况进行监督检查，及时发现问题，采取措施，保证安措计划项目按时完成"相关规定，深入县供电公司安质部，查评被查评单位安措计划是否每季度进行检查，是否按期执行。

（2）查评重点。查阅安措计划实施记录、安措计划检查记录等资料，现场核查安措计划执行情况。

依据评价标准，未按期检查计划执行情况，一次扣 5 分。

5. 安措计划实施验收

（1）查评方法。根据《安措管理办法》第 18 条"安措计划项目完成后，应由项目责任部门组织进行验收。对于重大安措项目，应由企业主管领导组织相关部门，会同项目责任部门进行竣工验收。安措计划项目验收报告应汇总至安全监察部门备案"相关规定，深入县供电公司安质部，查评被查评单位安措计划项目完成后，是否组织验收，验收报告是否按要求备案。

（2）查评重点。查阅项目责任部门验收记录、报告等相关资料或现场了解核实。

依据评价标准，未组织验收，一项扣 5 分；验收报告未备案，一项扣 5 分。

6. 安措计划完成总结

（1）查评方法。根据《安措管理办法》第 21 条"企业安全监察部门应全面掌握安措计划的完成情况，及时进行年度工作总结，正确评价安措计划项目在安全生产中的效果，并逐级上报本企业安措计划的执行情况"相关规定，深入县供电公司安质部，查评被查评单位安监部门对安措计划执行情况是否做到全面掌握，是否对安措计划项目执行情况进行了客观的评价和总结。

（2）查评重点。查阅安措计划完成情况总结、评价报告等相关资料或现场了解核实。

依据评价标准，未全面掌握安措计划完成情况，扣 5～10 分；未总结、评价或上报本企业安措计划执行情况，扣 2～5 分。

# 第五节　安　全　培　训

## 一、查评目的

安全培训在企业安全生产管理过程中的企业文化形成、人员素质提升等方面起着非常重要作用。查评安全培训的目的是了解和掌握县供电企业是否建立完善安全培训机制，是否按照规定针对不同的人群开展相关的教育培训、考试，培训是否具有针对性，培训效果如何等。

安全培训的查评内容共 14 项，合计 250 分，主要包括：培训计划及经费保障 20 分，新参加工作人员培训 15 分，新上岗生产人员培训 15 分，在岗生产人员培训 15 分，在岗生产人员再培训 15 分，生产岗位班组长培训 15 分，企业主要负责人、安全生产管理人员培训 15 分，急救及疏散培训 15 分，"三种人"培训 30 分，特种作业人员培训 20 分，定期考试 20 分，外来人员培训 15 分，安全培训档案 20 分，责任者培训 20 分。安全培训查评主要是深入县供电公司安质、人资等部门，通过查阅安全培训管理相关资料、现场问询等方式，对被查评单位的安全培训落实情况进行查评。

**二、查评方法和重点**

1. 培训计划及经费保障

(1) 查评方法。根据《安全工作规定》第四十八条"县公司级单位应按规定建立安全培训机制，制定年度培训计划，定期检查实施情况；保证员工安全培训所需经费；建立员工安全培训管理档案，详细、准确记录企业主要负责人、安全生产管理人员、特种作业人员培训和持证情况、生产人员调换岗位和其岗位面临新工艺、新技术、新设备、新材料时的培训情况以及其他员工安全培训考核情况"相关规定，深入县供电公司安质部，查评被查评单位是否按规定制定安全培训年度计划，计划执行过程中是否定期进行检查，安全培训费用是否有效落实。

(2) 查评重点。查阅安全培训年度计划文件、检查记录、财务台账等相关资料。

依据评价标准，未制定年度安全培训计划，或未定期检查实施情况，扣 5～10 分；未保证培训费用，扣 5 分。

2. 新参加工作人员培训

(1) 查评方法。根据《安全工作规定》第四十条"新入单位的生产人员（含实习、代培人员），应进行安全教育培训，经《电力安全工作规程》考试合格后方可进入生产现场工作"；Q/GDW 1799.1—2013《国家电网公司电力安全工作规程》（以下简称《安规》）等相关规定，深入县供电公司安质部、人资部，查评被查评单位新参加工作人员是否存在未经安全教育培训或安规考试不合格进入生产现场的情况。

(2) 查评重点。查阅新入企业的生产人员、新参加电气工作的人员、实习人员和临时参加劳动的人员安全培训记录、考试档案等相关资料或现场核查。

依据评价标准，新入企业生产人员未经安全教育和安规考试合格，一人扣 5 分；新参加电气工作的人员、实习人员和临时参加劳动的人员未经安全知识教育进入生产现场，一人扣 2 分。

3. 新上岗生产人员培训

(1) 查评方法。根据《安全工作规定》第四十一条"新上岗生产人员应当经过下列培训，并经考试合格后上岗：（一）运维、调控人员（含技术人员）、从事倒闸操作的检修人员，应经过现场规程制度的学习、现场见习和至少 2 个月的跟班实习；（二）检修、试验人员（含技术人员），应经过检修、试验规程的学习和至少 2 个月的跟班实习；（三）用电检查、装换表、业扩报装人员，应经过现场规程制度的学习、现场见习和至少 1 个月的跟班实习"相关规定，深入县供电公司安质部、人资部，查评被查评单位新上岗人员是否存在未参加规程制度学习、现场见习或跟班学习时间不足的情况，是否存在未经考试合格上岗的情况。

（2）查评重点。查阅新上岗人员的培训考核记录、档案等相关资料。

依据评价标准，新上岗的人员未参加规程制度的学习、现场见习或跟班学习时间不足，一人扣 5 分；未经过考试合格上岗，一人扣 5 分。

4. 在岗生产人员培训

（1）查评方法。根据《安全工作规定》第四十二条"（二）因故间断电气工作连续 3 个月以上者，应重新学习《电力安全工作规程》，并经考试合格后，方可再上岗工作；（三）生产人员调换岗位或者其岗位需面临新工艺、新技术、新设备、新材料时，应当对其进行专门的安全教育和培训，经考试合格后，方可上岗"和《安规》等相关规定，深入县供电公司安质部、人资部，查评被查评单位在岗生产人员是否存在未经专门培训和考试即上岗的情况，是否存在考试不合格仍上岗的情况。

（2）查评重点。查阅在岗生产人员培训考试记录、档案等相关资料。

依据评价标准，未经专门培训和考试即上岗的，一人扣 5 分；考试不合格，仍上岗，一人扣 10 分。

5. 在岗生产人员再培训

（1）查评方法。根据《安全工作规定》第四十二条"（一）在岗生产人员应定期进行有针对性的现场考问、反事故演习、技术问答、事故预想等现场培训活动；（八）在岗生产人员每年再培训不得少于 8 学时"相关规定，深入县供电公司安质部、人资部，查评被查评单位在岗生产人员是否存在每年再培训时间不足情况，是否存在未定期进行针对性地现场培训活动情况。

（2）查评重点。查阅在岗生产人员再培训档案、培训活动记录等相关资料。

依据评价标准，在岗生产人员每年再培训少于 8 学时，一人扣 2 分；未定期进行现场考问、反事故演习、技术问答、事故预想等现场培训活动，一次扣 2 分。

6. 生产岗位班组长培训

（1）查评方法。根据《安全工作规定》第四十二条"（七）生产岗位班组长应每年进行安全知识、现场安全管理、现场安全风险管控等知识培训，考试合格后方可上岗"相关规定，深入县供电公司安质部、人资部，查评被查评单位生产岗位班组长是否存在未经专门培训和考试即上岗的情况，是否存在考试不合格仍上岗的情况。

（2）查评重点。查阅生产岗位班组长培训考试记录、档案等相关资料。

依据评价标准，未经专门培训和考试即上岗的，一人扣 5 分；考试不合格，仍上岗，一人扣 10 分。

7. 企业主要负责人、安全生产管理人员培训

（1）查评方法。根据《安全工作规定》第四十四条"企业主要负责人、安全生产管理人员、特种作业人员应由取得相应资质的安全培训机构进行培训，并持证上岗"相关规定，深入县供电公司安质部、人资部门，查评被查评单位主要负责人、安全生产管理人员

是否存在未经具备相应资质的安全培训机构进行培训和考试不合格的情况。

（2）查评重点。查阅主要负责人、安全生产管理人员培训考试记录、档案等相关资料。

依据评价标准，主要负责人、安全生产管理人员未参加培训，一人扣2分；考试不合格，一人扣2分。

8. 急救及疏散培训

（1）查评方法。根据《安全工作规定》第四十二条"（五）所有生产人员应学会自救互救方法、疏散和现场紧急情况的处理，应熟练掌握触电现场急救方法，所有员工应掌握消防器材的使用方法"和《安规》等相关规定，深入县供电公司安质部、抽问作业现场人员，查评被查评单位生产人员是否开展急救及疏散相关培训，是否掌握触电现场急救、消防器材的使用方法等。

（2）查评重点。查阅生产人员急救及疏散培训台账、活动记录等相关资料。

依据评价标准，生产人员未学习自救互救、疏散和现场紧急情况的处理方法，一人扣2分；生产人员不能掌握触电现场急救、消防器材的使用方法，一人扣2分。

9. "三种人"培训

（1）查评方法。根据《安全工作规定》第四十七条"县公司级单位每年应对工作票签发人、工作负责人、工作许可人进行培训，经考试合格后，书面公布有资格担任工作票签发人、工作负责人、工作许可人的人员名单"相关规定，深入县供电公司安质部，查评被查评单位"三种人"是否按规定组织培训、考试，"三种人"资格认定名单是否以正式文件下发。

（2）查评重点。查阅工作票签发人、工作负责人、工作许可人培训记录，"三种人"资格认定文件等相关资料。

依据评价标准，"三种人"未经培训考试，不得分；"三种人"资格未行文公布，扣5～10分。

10. 特种作业人员培训

（1）查评方法。根据《安全工作规定》第四十一条"（四）特种作业人员，应经专门培训，并经考试合格取得资格、单位书面批准后，方能参加相应的作业"和第四十二条"（九）离开特种作业岗位6个月的作业人员，应重新进行实际操作考试，经确认合格后方可上岗作业"相关规定，深入县供电公司安质部、人资部门，查评被查评单位特种作业人员是否经过专业培训，是否存在无证上岗或证件有效期过期现象，离开特种作业岗位6个月的人员是否重新进行考试，做到考试合格后上岗。

（2）查评重点。查阅特种作业人员培训档案资料、特种作业证等相关资料。

依据评价标准，特种作业人员未经过专业培训或无证上岗（含证件有效期过期），一人扣5分；离开特种作业岗位6个月，未重新进行实际操作考试并经确认合格后上岗作业，一人扣2分。

11. 定期考试

（1）查评方法。根据《安全工作规定》第四十五条"安全法律法规、规章制度、规程规范的定期考试：（四）地市公司级单位、县公司级单位每年至少组织一次对班组人员的安全规章制度、规程规范考试"相关规定，深入县供电公司安质部、生产班组、供电所，查评被查评单位是否按规定组织进行了安全规章制度、规程规范考试。

（2）查评重点。查阅生产班组人员安全规章制度培训记录、考试成绩单等相关资料。

依据评价标准，未按规定组织进行安全规章制度、规程规范考试，一人扣2分。

12. 外来人员培训

（1）查评方法。根据《安规》等相关规定，深入县供电公司安质部，采取现场核查等形式，查评被查评单位是否组织外来人员进行了安全培训，并经考试合格，工作前是否告知外来人员现场电气设备接线情况、危险点和安全注意事项。

（2）查评重点。查阅外来人员安全培训记录、考试成绩单等相关资料。

依据评价标准，未经过安全培训并考试合格，不得分；未告知现场电气设备接线情况、危险点和安全注意事项，一次扣5分。

13. 安全培训档案

（1）查评方法。根据《安全工作规定》第四十八条"县公司级单位应按规定建立安全培训机制，制定年度培训计划，定期检查实施情况；保证员工安全培训所需经费；建立员工安全培训管理档案，详细、准确记录企业主要负责人、安全生产管理人员、特种作业人员培训和持证情况、生产人员调换岗位和其岗位面临新工艺、新技术、新设备、新材料时的培训情况以及其他员工安全培训考核情况"相关规定，深入县供电公司安质、人资等部门，查评被查评单位是否建立员工安全培训档案资料，是否及时将考试成绩记入个人档案。

（2）查评重点。查阅员工安全培训管理档案、记录等相关资料。

依据评价标准，未建立员工安全培训管理档案，不得分；未将考试成绩记入个人档案，一人扣2分。

14. 责任者培训

（1）查评方法。根据《安全工作规定》第四十九条"对违反规程制度造成安全事故、严重未遂事故的责任者，除按有关规定处理外，还应责成其学习有关规程制度，并经考试合格后，方可重新上岗"相关规定，深入县供电公司安质部，查评被查评单位是否组织相关责任人对有关规章制度进行学习培训，是否存在未经考试合格上岗的情况。

（2）查评重点。查阅事故材料，违反规程制度造成安全事故、严重未遂事故的责任者的培训记录等相关资料。

依据评价标准，相关责任人未学习有关规程制度，或未经考试合格后上岗，不得分。

# 第六节　安全例行工作

## 一、查评目的

安全例行工作是企业日常安全管理工作的重要组成部分。查评安全例行工作的目的是了解和掌握县供电企业安全例会、安全日活动、安全检查以及问题整改、"两票"管理等方面的例行工作开展情况，各项例行工作是否得到认真安排、组织落实，安全检查发现问题是否整改并监督落实到位等。

安全例行工作的查评内容共 10 项，合计 250 分，主要包括：年度安全工作会 20 分，安委会会议 30 分，安全生产例会 60 分，专项安全活动 20 分，安全日活动 20 分，安全检查 20 分，问题整改 20 分，"两票"管理 20 分，安全监督例会 20 分，安全通报 20 分。安全例行工作查评主要是深入县供电公司安质部，通过查阅安全例会记录、安全日活动材料等相关资料、现场问询等方式，对被查评单位的安全例行工作落实情况进行查评。

**二、查评方法及重点**

1. 年度安全工作会

（1）查评方法。根据《安全工作规定》第五十四条"公司系统各单位应定期召开各类安全例会。（一）年度安全工作会。公司各级单位应在每年初召开一次年度安全工作会，总结本单位上年度安全情况，部署本年度安全工作任务"相关规定，查评被查评单位是否按规定召开了年度安全工作会议，是否结合本单位实际对本年度安全重点工作针对性地安排部署。

（2）查评重点。查阅年度安全工作会议资料、记录等相关资料。

依据评价标准，未召开年度安全工作会议，不得分；重点工作未进行有针对性安排布置，一项扣 2 分。

2. 安委会会议

（1）查评方法。根据《安全工作规定》第五十三条"县公司级单位每季召开一次安全生产委员会议，研究解决安全重大问题，决策部署安全重大事项。按要求成立安全生产委员会的承、发包工程和委托业务项目，安全生产委员会应在项目开工前成立并召开第一次会议，以后至少每季召开一次会议"相关规定，查评被查评单位是否每季度至少召开一次安委会，安委会主任是否亲自主持会议，会议内容是否涉及研究、解决重大安全问题和事项的相关内容。

（2）查评重点。查阅安委会会议资料、记录等相关资料。

依据评价标准，未按规定召开安委会，扣 5～10 分；安委会主任未亲自主持会议，一次扣 5 分；未研究、解决重大安全问题和事项，扣 5～10 分。

3. 安全生产例会

（1）查评方法。根据《安全工作规定》第五十四条"（二）月、周、日安全生产例会。县公司级单位应建立安全生产月、周、日例会制度，对安全生产实行'月计划、周安排、日管控'，协调解决安全工作存在的问题，建立安全风险日常管控和协调机制"相关规定，查评被查评单位是否建立了安全生产月、周、日例会制度；是否按照"月计划、周安排、日管控"的要求，及时协调安全工作存在的问题；月度例会是否定期召开，且由行政正职主持，并形成会议记录。

（2）查评重点。查阅安全生产月、周、日例会会议资料、记录等相关资料。

依据评价标准，未建立安全生产月、周、日例会制度，不得分；未及时召开月度安全生产例会，一次扣 5 分；未及时协调解决安全工作存在的问题，一次扣 5 分；月例会未由行政正职主持，一次扣 2 分；月例会未形成会议记录，一次扣 5 分。

4. 专项安全活动

（1）查评方法。根据《安全工作规定》第五十六条"公司各级单位应定期组织开展各项安全活动。(一)年度安全活动。根据公司年度安全工作安排,组织开展专项安全活动,抓好活动各项任务的分解、细化和落实。(二)安全生产月活动。根据全国安全生产月活动要求,结合本单位安全工作实际情况,每年开展为期一个月的主题安全月活动"相关规定,查评被查评单位是否按要求组织开展专项安全活动,活动任务是否逐项进行了分解、细化,各项活动内容是否得到有效落实。

(2)查评重点。查阅专项安全活动文件、记录等相关资料,如安全月活动资料等。

依据评价标准,未按要求开展专项安全活动,不得分;活动任务未分解、细化和落实,一次扣5分。

5. 安全日活动

(1)查评方法。根据《安全工作规定》第五十六条"(三)安全日活动。班组每周或每个轮值进行一次安全日活动,活动内容应联系实际,有针对性,并做好记录。班组上级主管领导每月至少参加一次班组安全日活动并检查活动情况"相关规定,查评被查评单位班组是否按规定开展安全日活动,活动次数是否符合要求,活动内容是否针对本班组工作实际,上级主管领导是否按要求每月至少参加一次班组安全日活动。

(2)查评重点。查阅班组安全日活动记录、抽查班组安全日活动录音等资料。

依据评价标准,未开展安全日活动,不得分;少一次活动扣5分;活动内容未结合班组具体情况,一次扣2分;上级主管领导未按要求参加,一次扣2分。

6. 安全检查

(1)查评方法。根据《安全工作规定》第五十七条"公司各级单位应定期和不定期进行安全检查,组织进行春季、秋季等季节性安全检查,组织开展各类专项安全检查。安全检查前应编制检查提纲或'安全检查表',经分管领导审批后执行"相关规定,查评被查评单位是否定期开展安全检查,安全检查内容是否结合春季、秋季等季节性特点和本单位实际制定,并编制安全检查表。

(2)查评重点。查阅安全检查文件、会议纪要、现场安全检查记录等相关资料。

依据评价标准,未定期开展安全检查,不得分;检查内容未结合季节特点和本企业实际,一次扣5分;未编制检查表,一次扣2分。

7. 问题整改

(1)查评方法。根据《安全工作规定》第五十七条"安全检查。对查出的问题要制定整改计划并监督落实"相关规定,查评被查评单位安全检查整改问题是否制定整改计划,发现的问题是否按计划整改到位,做到问题闭环管理。

(2)查评重点。查阅安全检查文件、问题整改计划、问题整改反馈记录等相关资料。

依据评价标准,未制定整改计划并监督落实,一次扣5分;未按计划整改,一次扣5分。

8. "两票"管理

(1)查评方法。根据《安全工作规定》第五十八条"公司所属各级单位应建立'两票'管理制度,分层次对操作票和工作票进行分析、评价和考核,班组每月一次,基层单位所属的业务支撑和实施机构及其二级机构至少每季度一次,基层单位至少每半年一次。基层单位每年至少进行一次'两票'知识调考"相关规定,查评被查评单位是否按规定执行"两票"管理制度，是否分层次分析、评价和考核"两票"，是否按要求调考"两票"知识。

（2）查评重点。查阅"两票"管理制度文件、"两票"分析报告、"两票"调考及考核记录等相关资料。

依据评价标准，未执行"两票"管理制度，不得分；未分层次分析、评价和考核两票，一次扣 2 分；未按期调考"两票"知识，一次扣 10 分。

9. 安全监督例会

（1）查评方法。根据《安全工作规定》第五十四条"（三）安全监督例会。县公司级单位应每月召开一次安全网例会"；《电网企业达标评级标准》第 5.2.1.4.2 条"企业安全监督部门负责人应定期主持召开安全监督网例会，安全网成员参加，传达安全分析会精神，分析安全生产和安全监督现状，制定对策"相关规定，查评被查评单位是否按要求召开安全网会议，是否存在参会人员缺席情况，安全网例会内容是否存在与实际工作不符等情况。

（2）查评重点。查阅安全网会议纪要或记录、与会人员签到表等相关资料。

依据评价标准，未按要求召开安全网会议，不得分；安全网参会成员缺席，一人次扣 5 分；安全网例会与实际工作不符，一次扣 5 分。

10. 安全通报

（1）查评方法。根据《安全工作规定》第六十条"公司系统各单位应编写安全通报、快报，综合安全情况，分析事故规律，吸取事故教训"相关规定，查评被查评单位是否存在漏转发上级通报、转发上级通报不及时的情况，编制的安全通报是否分析了事故原因，并制定防范措施。

（2）查评重点。查阅安全通报、安全简报，班组核实安全通报传达情况。

依据评价标准，漏转发上级通报，一次扣 10 分；转发上级通报不及时，一次扣 5 分；安全通报未分析事故规律，吸取事故教训，一次扣 2 分。

# 第七节　反违章工作

## 一、查评目的

反违章工作主要是指企业在预防违章、查处违章、整治违章等过程中，在制度建设、培训教育、现场管理、监督检查、评价考核等方面开展的相关工作，通过常态化开展违章查纠活动，督促员工自觉遵守安全工作规程规定，从而杜绝人身死亡、重伤和误操作事故的发生。查评反违章工作的目的是了解和掌握县供电企业反违章工作机制建立情况，反违章队伍建立情况，以及针对查处的违章是否进行认真分析、总结，涉及违章相关人员是否进行安全教育培训、考试等。

反违章工作的查评内容共 7 项，合计 150 分，主要包括：反违章工作的归口管理 20 分，违章查纠 20 分，违章原因分析 20 分，违章统计 30 分，反违章专兼职队伍建设 20 分，违章曝光 20 分，违章人员培训 20 分。反违章工作查评主要是深入县供电公司安质部，通过查阅反违章档案、违章记录等相关资料、现场问询等方式，对被查评单位的反违章工作开展情况进行查评。

**二、查评方法及重点**

1. 反违章工作的归口管理

（1）查评方法。根据《关于印发〈国家电网公司安全生产反违章工作管理办法〉的通知》（国家电网企管〔2014〕70号，以下简称《反违章工作管理办法》）第10条"各级安监部门是本单位反违章工作领导机构办公室，负责反违章工作的归口管理，对反违章工作进行监督、评估、考核"，第11条"各级规划、设计、物资、运检、农电、基建、营销、调控等安全生产保证体系部门，按照'谁组织、谁负责，谁实施、谁负责'原则，负责本专业管理范围内的反违章工作"相关规定，查评被查评单位安监部门是否做到对反违章工作进行监督、评估、考核，安全保证部门是否在本专业管理范围内开展反违章工作。

（2）查评重点。查阅反违章文件、安监或运检等专业部门反违章档案、违章整改通知书等相关资料。

依据评价标准，安监部门未对反违章工作进行监督、评估考核，扣5～10分；运检、营销、调控等保证部门未负责本专业管理范围内的反违章工作，扣5～10分。

2. 违章查纠

（1）查评方法。根据《反违章工作管理办法》第28条"反违章监督检查一旦发现违章现象，应立即加以制止、纠正，说明违章判定依据，做好违章记录，必要时由上级单位下达违章整改通知书，督促落实整改措施"相关规定，查评被查评单位对现场发现的违章现象是否及时进行制止、纠正，并下发违章整改通知，违章整改措施是否落实到位。

（2）查评重点。查阅违章检查记录、违章整改通知书等相关资料。

依据评价标准，发现违章现象，未立即加以制止、纠正，一次扣5分；无违章监督检查记录，一次扣2分；对于下达的违章整改通知书，未督促落实整改，一次扣2分。

3. 违章原因分析

（1）查评方法。根据《反违章工作管理办法》第17条"执行违章'说清楚'。对查出的每起违章，应做到原因分析清楚，责任落实到人，整改措施到位。在分析违章直接原因的同时，还应深入查找背后的管理原因，着力做好违章问题的根治。对性质特别恶劣的违章、反复发生的同类性质违章，以及引发安全事件的违章，责任单位要到上级单位'说清楚'"相关规定，查评被查评单位对查处的违章是否认真进行了原因分析，深入查找其背后的管理原因，相关责任是否落实到位，整改措施是否到位。

（2）查评重点。查阅违章检查记录、"说清楚"记录等相关资料。

依据评价标准，对查处的违章，未做到原因清楚、责任落实、整改措施到位，一次扣2分；未深入查找其背后的管理原因，扣2～5分；对性质特别恶劣的违章、反复发生的同类性质违章以及引发安全事件的违章，未组织"说清楚"，一次扣5分。

4. 违章统计

（1）查评方法。根据《反违章工作管理办法》第21条"开展违章统计分析。以月、季、年为周期，统计违章现象，分析违章规律，研究制定防范措施，定期在安委会会议、安全生产分析会、安全监督（安全网）例会上通报有关情况"相关规定，查评被查评单位是否按期对反违章情况进行统计分析，是否定期在安委会、安全生产例会等会议上通报违章情况。

（2）查评重点。查阅月度、季度、年度反违章统计分析记录，安全例会会议纪要等相关资料。

依据评价标准，未按期开展违章统计分析，不得分，少一次扣 5 分；未定期通报违章情况，少一次扣 2 分。

5. 反违章专兼职队伍建设

（1）查评方法。根据《反违章工作管理办法》第 25 条 "根据实际需要，应安排或聘请熟悉安全生产规章制度、具备较强业务素质、反违章工作经验且责任心强的人员，组成反违章监督检查专职或兼职队伍"，第 27 条 "配足反违章监督检查必备的设备（如照相、摄像器材，望远镜等），保证交通工具使用，提高监督检查效率和质量" 相关规定，查评被查评单位是否建立反违章专兼职队伍，是否配足反违章监督检查必备设备。

（2）查评重点。查阅反违章专兼职队伍成立文件、记录等相关资料，抽查反违章设备。

依据评价标准，未建立反违章专兼职队伍，不得分；未配足反违章监督检查必备设备，扣 2～10 分。

6. 违章曝光

（1）查评方法。根据《反违章工作管理办法》第 18 条 "建立违章曝光制度。在网站、报刊等内部媒体上开辟反违章工作专栏，对事故监察、安全检查、专项监督、违章纠察（稽查）等查出的违章现象，予以曝光，形成反违章舆论监督氛围" 相关规定，查评被查评单位是否建立网站、公示栏等内部媒体反违章工作专栏，是否对典型违章现象进行曝光。

（2）查评重点。查阅违章曝光制度、反违章工作记录、公司反违章网站等相关资料。

依据评价标准，未建立网站、公示栏等内部媒体反违章工作专栏，不得分；未对典型违章现象予以曝光，一次扣 2 分。

7. 违章人员培训

（1）查评方法。根据《反违章工作管理办法》第 19 条 "开展违章人员教育。对严重违章的人员，应集中进行教育培训；对多次发生严重违章或违章导致事故发生的人员，应进行待岗教育培训，经考试、考核合格后方可重新上岗" 相关规定，查评被查评单位是否对严重违章人员进行教育培训，是否经考试合格后重新上岗。

（2）查评重点。查阅违章人员档案，违章人员教育培训记录等相关资料。

依据评价标准，对严重违章的人员，未进行教育培训，一人次扣 2 分；对多次发生严重违章的人员，未进行待岗教育培训和考试，一人次扣 5 分。

# 第八节　安全风险管理

## 一、查评目的

安全风险管理就是通过识别生产过程中存在的危险、有害因素，运用定性或定量的统计分析方法确定其风险严重程度，并采取有效的防控措施，降低安全生产风险。查评安全风险管理的目的是了解和掌握县供电企业安全风险管理工作体系建立情况，是否建立企业、部门（中心）、班组逐级风险管控机制，作业现场安全风险管控措施是否得到有效落实，以及电网风险、供用电风险防控措施落实情况等。

安全风险管理的查评内容共 5 项，合计 150 分，主要包括：企业风险管控措施 20 分，部门、中心和班组风险管控措施 20 分，作业安全风险管控 30 分，电网风险管理 60 分，供用电风险管理 20 分。安全风险管理的查评主要是深入县供电公司安质部、运检部、调控中心、营销（乡镇供电所管理）部等部门，通过查阅安全风险管理方案、安全风险预警等相关资料、现场问询等方式，对被查评单位的安全风险管理工作情况进行查评。

**二、查评方法及重点**

1. 企业风险管控措施

（1）查评方法。根据《国家电网公司安全风险管理工作基本规范（试行）》（国家电网安〔2011〕139 号，以下简称《安全基本规范》）第 4.4 条"供电企业、超高压公司、施工企业、发电企业等重点控制人身伤亡、设备损坏、供电中断等事故风险，负责本企业风险管控具体方案和措施，定期通报各类风险的识别（发现）、评估和整改情况，对本企业存在的重大和一般风险承担闭环管理责任"相关规定，查评被查评单位是否结合工作实际制定本单位风险管控的具体方案，措施是否具有针对性，并定期通报各类风险的识别（发现）、评估和整改情况。

（2）查评重点。查阅安全风险管控文件、工作方案、检查记录或安监一体化安全风险管理相关内容等资料。

依据评价标准，未制定风险管控的具体方案和措施，扣 5～10 分；未定期通报各类风险的识别（发现）、评估和整改情况，扣 5～10 分。

2. 部门、中心和班组风险管控措施

（1）查评方法。根据《安全基本规范》第 4.5 条"工区、班组、个人重点控制现场环境中的人身伤害、设备损坏、电网故障等安全风险，做好班组、现场风险评估、预警和控制工作，落实安全性评价、隐患排查、安全检查等具体整改措施和要求，并结合日常工作及时排查、发现、上报安全隐患、缺陷和问题"相关规定，查评被查评单位的部门、中心和班组在人员安排、任务分配、安全交底、工作组织等方面风险管控措施落实情况，是否存在风险管控措施针对性不强，到岗到位监督不到位等情况。

（2）查评重点。查阅现场勘察记录、施工方案、"两票""三措"、班前会会议记录、到岗到位记录等相关资料。

依据评价标准，部门、中心和班组在人员安排、任务分配、安全交底、工作组织等方面如风险管控措施不落实、针对性不强，扣 5～10 分；作业人员不熟悉、掌握风险及管控措施，扣 5～10 分；到岗到位人员未监督检查方案、预案、措施的落实和执行，扣 5～10 分。

3. 作业安全风险管控

（1）查评方法。根据《国家电网公司关于印发生产作业安全管控标准化工作规范（试行）的通知》（国家电网安质〔2016〕356 号）第 1.1.2 条"本规范系统梳理了生产作业工作流程，逐项分解和明确了流程中作业计划、作业准备、作业实施、监督考核等各环节安全工作主要内容及其管控要求，实现生产作业安全管控流程化"，第 1.1.3 条"本规范全面规范了生产作业各环节安全管控工作标准和措施，推进生产作业超前策划和超前准备，有效落实各级人员安全责任，严格执行'两票三制'，实现生产作业安全管控标准化"相关规定，查评被查评单位是否按照规定开展标准化作业，作业管理人员是否对流程清楚，作业前是否做到超前筹划和准备，并采取风险预控措施等。

（2）查评重点。查阅现场作业安全风险过程管控材料，现场检查记录等相关资料并与管理人员进行现场交流。

依据评价标准，未按照规定形成标准化作业流程，扣 10～20 分；作业管理人员对流程不清楚，一人扣 5 分；作业未超前策划和超前准备，一项扣 5 分。

4. 电网风险管理

（1）查评方法。根据《安全工作规定》第六十三条"年度方式分析。公司各级单位应开展电网 2～3 年滚动分析校核及年度电网运行方式分析工作，全面评估电网运行情况、安全稳定措施落实情况及其实施效果，分析预测电网安全运行面临的风险，组织制定专项治理方案。开展月度计划、周计划电网运行方式分析工作，评估临时方式、过渡方式、检修方式的电网风险，建立电网运行风险预警管控机制，分级落实电网风险控制的技术措施和组织措施"，《国家电网公司关于印发电网运行风险预警管控工作规范的通知》（国家电网安质〔2016〕407 号）第 3 条"本规范明确了各级电网运行风险预警管控评估、发布、实施等各环节主要工作，规范了各层级职责及相关工作措施和要求，建立健全体系完整、责任明确、科学规范、运转高效的电网运行风险预警管控机制"，第 27 条"预警发布后，应强化'专业协同、网源协调、供用协助、政企联动'，有效提升管控质量和实效"相关规定，查评被查评单位是否开展年度电网运行方式分析，评估电网安全风险并制定专项治理方案；是否开展月度、周计划电网运行方式分析，评估电网安全风险并分级落实管控措施；电网运行风险预警流程是否存在缺失，是否存在职责不清、措施不明等情况，是否建立健全横向协调、纵向贯通、内外联动机制等。

（2）查评重点。在安监一体化系统或有关电网风险管理档案中，查阅电网预警流程管理文件、电网风险预警单和反馈单、会议记录等相关资料。

依据评价标准，未开展年度方式分析，评估、分析电网安全风险并制定专项治理方案，一次扣 20 分；未开展月度计划、周计划电网运行方式分析，评估电网风险，分级落实电网风险控制的技术措施和组织措施，一次扣 10 分；电网运行风险预警流程缺失，一次扣 10 分；职责不清、措施不明，一次扣 10 分；横向协调、纵向贯通、内外联动机制不健全，一次扣 10 分。

5. 供用电风险管理

（1）查评方法。根据《安全职责规范》第 41 条"（三）组织供用电合同签订，明确供用电双方应承担的安全责任。做好重要、高危客户（如电铁、煤矿、冶炼、化工、医院等）的用电指导并履行供电安全风险告知，与本单位内部相关部门协调配合，强化用电安全管理等"相关规定，查评被查评单位签订的供用电合同中是否明确了供用电双方应承担的安全责任，对重要、高危用户的供电安全风险是否履行告知义务等。

（2）查评重点。查阅供用电合同、安全风险告知单、会议记录等相关资料。

依据评价标准，未明确供用电双方应承担的安全责任，扣 2～5 分；未履行供电安全风险告知，扣 2～5 分。

# 第九节 隐 患 排 查 治 理

## 一、查评目的

隐患排查治理是企业风险防控的最基本有效手段之一。查评隐患排查治理目的是了解和掌握县供电企业隐患排查治理工作体系建立情况，是否做到隐患排查治理与日常工作相结合，安全隐患"发现—评估—治理（控制）—验收—销号"各环节是否有效衔接，发现的安全隐患是否得到及时管控，隐患档案是否规范、完善，并做到闭环管理。

隐患排查治理的查评内容共 6 项，合计 150 分，主要包括：工作机制 20 分，闭环管理 20 分，隐患治理（控制）50 分，隐患验收 20 分，承包、承租隐患管理 20 分，定期评估 20 分。隐患排查治理查评主要是深入县供电公司安质部、运检部等部门，或利用安监一体化系统通过查阅安全隐患排查治理制度、安全隐患档案等相关资料、现场问询和核查等方式，对被查评单位的隐患排查治理工作情况进行查评。

## 二、查评方法及重点

1. 工作机制

（1）查评方法。根据《国家电网公司安全隐患排查治理管理办法》〔国网（安监/3）481—2014〕（以下简称《隐患管理办法》）第 11 条"根据'统一领导、落实责任、分级管理、分类指导、全员参与'的要求，公司建立总部分部、省、地市和县公司级单位组成的四级隐患排查治理工作机制"，第 12 条"各级单位主要负责人对本单位隐患排查治理工作负全责"，第 13 条"安全隐患所在单位是安全隐患排查、治理和防控的责任主体。发展策划、人力资源、运维检修、调度控制、基建、营销、农电、科技（环保）、信息通信、消防保卫、后勤和产业等部门是本专业隐患的归口管理部门，负责组织、指导、协调专业范围内隐患排查治理工作，承担闭环管理责任"，第 14 条"各级安全监察部门是隐患排查治理的监督部门，负责督办、检查隐患排查治理工作，归口管理相关数据的汇总、统计、分析、上报"，第 19 条"县公司级单位的主要职责是：（一）负责本单位安全隐患的排查和评估定级。对评估为重大和一般事故隐患的，及时报地市公司级单位审核。（二）根据地市公司级单位的安排，负责重大和一般事故隐患控制、治理方案编制、实施、验收申请等相关工作，负责安全事件隐患治理的闭环管理。（三）负责本单位隐患排查治理情况的汇总、统计、分析和上报工作。（四）协调当地政府相关部门或其他行业单位，促进隐患排查治理"，第 20 条"班组、乡镇供电所的主要职责是：（一）结合设备运维、监测、试验或检修、施工等日常工作排查安全隐患。（二）根据上级安排开展专项安全隐患排查和治理工作。（三）负责职责范围内安全隐患的上报、管控和治理工作"相关规定，查评被查评单位是否建立健全安全隐患排查治理工作机制，是否明确和落实各级、各专业管理部门和人员隐患排查治理责任，做到专业全覆盖。

（2）查评重点。利用安监一体化系统或在安监、运检等部门和供电所查阅安全隐患排查治理制度文件、会议记录等相关资料。

依据评价标准，未健全安全隐患排查治理工作机制，不得分；未明确和落实各级、各专业管理部门和人员隐患排查治理责任，扣5～10分。

2. 闭环管理

（1）查评方法。根据《隐患管理办法》第23条"隐患排查治理应纳入日常工作中，按照'排查（发现）—评估报告—治理（控制）—验收销号'的流程形成闭环管理"，和《国网安质部关于实施"两单一表"制度强化重大安全隐患整改管控的通知》（安质二〔2016〕10号）"为落实公司2016年安全工作意见，加强重大安全隐患整改闭环管控，公司决定实施'两单一表'（安全督办单、安全整改反馈单和安全整改过程管控表）制度。二、管控流程。重大安全隐患的整改闭环管控，按照'签发督办单—制定管控表—上报反馈单'的流程开展"等相关规定，查评被查评单位安全隐患是否做到闭环管理，重大安全隐患是否严格执行"两单一表"制度。

（2）查评重点。在安监一体化系统查阅安全隐患排查报表、隐患档案及其流转信息、重大安全隐患"两单一表"等相关资料。

依据评价标准，隐患未形成闭环管理，一条扣5分；重大安全隐患整改闭环管控未落实"两单一表"制度，一条扣5分。

3. 隐患治理（控制）

（1）查评方法。根据《隐患管理办法》第26条"安全隐患治理（控制）包括：安全隐患一经确定，隐患所在单位应立即采取防止隐患发展的控制措施，防止事故发生，同时根据隐患具体情况和急迫程度，及时制定治理方案或措施，抓好隐患整改，按计划消除隐患，防范安全风险"相关规定，查评被查评单位在安全隐患确定后是否立即采取控制措施；是否根据隐患具体情况和急迫程度，及时编制隐患治理方案，是否做到责任、措施、资金、期限和应急预案"五落实"，是否存在安全隐患未及时整改或未按计划消除的情况。

（2）查评重点。查阅安全隐患排查报表、会议记录、隐患治理方案、应急预案等相关资料。

依据评价标准，安全隐患未立即采取控制措施，一条扣5分；未编写隐患治理方案，一条扣2分；未及时整改、按计划消除，一条扣2分；未做到职责范围内的"五落实"，一条扣2分。

4. 隐患验收

（1）查评方法。根据《隐患管理办法》第27条"安全隐患治理验收销号包括：（一）隐患治理完成后，隐患所在单位应及时报告有关情况、申请验收。省公司级单位组织对重大事故隐患治理结果和第17条第四款规定的安全隐患进行验收，地市公司级单位组织对一般事故隐患治理结果进行验收，县公司级单位或地市公司级单位二级机构组织对安全事件隐患治理结果进行验收。（二）事故隐患治理结果验收应在提出申请后10天内完成。验收后填写'重大、一般事故或安全事件隐患排查治理档案表'。重大事故隐患治理应有书面验收报告，并由专业部门定稿后3天内抄送省公司级单位安全监察部门备案，受委托管理设备单位应在定稿后5天内抄送委托单位相关职能部门和安全监察部门备案。（三）隐患所在单位对已消除并通过验收的应销号，整理相关资料，妥善存档；具备条件的应将书面资料扫描后上传至信息系统存档"相关规定，查评被查评单位在隐患治理完成后是否履行相关验收手续,验收资料是否齐全、完善。

(2)查评重点。查阅安全隐患排查报表、记录、安全隐患验收报告等相关资料。

依据评价标准,未及时验收或申请验收,一条扣2分;验收资料不完善,一条扣2分。

5.承包、承租隐患管理

(1)查评方法。根据《隐患管理办法》第23条"各单位将生产经营项目、工程项目、场所、设备发包、出租的应当与承包、承租单位签订安全生产管理协议,并在协议中明确各方对安全隐患排查、治理和防控的管理职责;对承包、承租单位隐患排查治理负有统一协调和监督管理的职责"相关规定,查评被查评单位与承包、承租单位是否签订安全生产管理协议,是否存在对承包、承租单位隐患排查治理统一协调和监督管理不到位的情况。

(2)查评重点。查阅安全隐患排查报表、与承包承租单位签订的安全协议等相关资料。

依据评价标准,未与承包、承租单位签订安全生产管理协议,不得分;对承包、承租单位隐患排查治理统一协调和监督管理不到位,扣5~10分。

6.定期评估

(1)查评方法。根据《隐患管理办法》第30条"县公司应开展定期评估,全面梳理、核查各级各类安全隐患,做到准确无误。定期评估周期一般为县公司每月一次,可结合安委会会议、安全分析会等进行"相关规定,查评被查评单位是否定期梳理、核查安全隐患,是否定期评估安全隐患,是否做到安全隐患、评估报告及时录入安监一体化系统;是否按规定对安全隐患进行汇总、统计、分析等工作。

(2)查评重点。在安监一体化查阅安全隐患评估会议记录或会议纪要、安全隐患档案等相关资料。

依据评价标准,未定期梳理、核查各级各类安全隐患,一次扣2分;未定期评估安全隐患,一次扣2分;未及时将安全隐患、评估报告录入安监一体化平台,一次扣2分;未按规定进行安全隐患的汇总、统计、分析、数据录入、报送等,一条扣2分。

# 第十节 应 急 工 作

## 一、查评目的

加强应急工作是提高企业安全生产意识和应急处置能力、减少人员伤亡和财产损失的重要措施。查评应急工作的目的是了解和掌握县供电企业应急工作体系建立和运转情况,是否做到应急管理职责明确、应急预案完善、应急工作流程规范、应急演练切合实际等。

应急工作的查评内容共8项,合计200分,主要包括:组织机构20分,应急救援队伍20分,应急预案60分,应急保障20分,应急培训20分,应急演练20分,应急指挥中心管理20分,应急处置评估20分。应急工作查评主要是深入县供电公司安质部等部门,通过查阅应急组织机构、应急预案、演练等相关资料、现场问询等方式,对被查评单位的应急工作情况进行查评。

**二、查评方法及重点**

1. 组织机构

（1）查评方法。根据《安全工作规定》第六十七条"公司各级单位应贯彻国家和公司安全生产应急管理法规制度，坚持'预防为主、预防与处置相结合'的原则，按照'统一指挥、结构合理、功能实用、运转高效、反应灵敏、资源共享、保障有力'的要求，建立系统和完整的应急体系"，第六十八条"公司各级单位应成立应急领导小组，全面领导本单位应急管理工作，应急领导小组组长由本单位主要负责人担任；建立由安全监督管理机构归口管理、各职能部门分工负责的应急管理体系"相关规定，查评被查评单位是否成立以本企业主要负责人为组长的应急管理组织机构，是否明确各职能部门各自应急管理职责。

（2）查评重点。查阅应急管理文件、应急组织机构图、会议记录等相关资料。

依据评价标准，未成立以本企业主要负责人为组长的应急领导小组，不得分；未按要求明确各职能部门分工负责，扣5～10分。

2. 应急救援队伍

（1）查评方法。根据《安全工作规定》第七十条"公司各级单位应按照'平战结合、一专多能、装备精良、训练有素、快速反应、战斗力强'的原则，建立应急救援基干队伍。加强应急联动机制建设，提高协同应对突发事件的能力"相关规定，查评被查评单位是否建立应急救援队伍，是否按要求与政府、上级以及同级单位建立相关应急联动机制。

（2）查评重点。查阅应急救援队伍成立文件、应急联动协议、会议记录等相关资料。

依据评价标准，未建立应急救援队伍，不得分；未按要求与政府、上级以及同级单位建立相关应急联动机制，扣5～10分。

3. 应急预案

（1）查评方法。根据《安全工作规定》第七十一条"公司各级单位应按照'实际、实用、实效'的原则，建立横向到边、纵向到底、上下对应、内外衔接的应急预案体系。应急预案由本单位主要负责人签署发布，并向上级有关部门备案"；《国家电网公司应急管理工作规定》[国网（安监/2）483—2014，以下简称《应急管理工作规定》]第21条和《国家电网公司应急预案管理办法》[国网（安监/3）484—2014，以下简称《应急预案管理办法》]第7条"县级供电企业设总体预案、专项预案、现场处置方案"，第9条"应急预案的内容应突出'实际、实用、实效'的原则，既要避免出现与现有安全生产管理规定、规程重复或矛盾，又要避免以应急预案替代规定、规程的现象"，第11条"应急预案编制完成后，应征求应急管理归口部门和其他相关部门的意见，并组织桌面推演进行论证。涉及政府有关部门或其他单位职责的应急预案，应书面征求相关部门和单位的意见"，第18条"应急预案经评审、修改，符合要求后，由本单位主要负责人（或分管领导）签署发布"，第31条"公司各级单位应每年至少进行一次应急预案适用情况的评估，分析评价其针对性、实效性和操作性，实现应急预案的动态优化，并编制评估报告"，第32条"应急预案每三年至少修订一次"相关规定，查评被查评单位应急预案体系是否完善，应急预案是否按要求组织评审和发布，并备案；是否每年组织应急预案进行评估，形成评估报告，并按规定及时进行预案修订。

（2）查评重点。查阅应急综合预案、专项预案、现场处置方案，应急预案备案表、评估报告、会议记录等相关资料。

依据评价标准，应急预案体系不全，缺一项扣 20 分；未按要求组织预案评审和发布，扣 20 分；预案未向有关部门备案，一项扣 10 分；未按期评估，编制评估报告，一项扣 10 分；未按规定及时修订，一项扣 20 分。

4. 应急保障

(1) 查评方法。根据《安全工作规定》第七十二条"公司各级单位应建立应急资金保障机制，落实应急队伍、应急装备、应急物资所需资金，提高应急保障能力；以 3～5 年为周期，开展应急能力评估"相关规定，查评被查评单位是否落实应急装备和物资，是否按要求开展应急能力评估，并明确改进措施。

(2) 查评重点。查阅应急工作文件、应急装备和物资记录、应急能力评估报告等相关资料。

依据评价标准，未落实应急装备、物资，不得分；未开展应急能力评估，明确改进措施，扣 2～10 分。

5. 应急培训

(1) 查评方法。根据《安全工作规定》第五十二条"公司所属各级单位应加大应急培训和科普宣教力度，针对所属应急救援基干分队、应急抢修队伍、应急专家队伍人员，定期开展不同层面的应急理论和技能培训，结合实际经常向全体员工宣传应急知识"，《应急预案管理办法》第 22 条"各级单位应当将应急预案培训作为应急管理培训的重要内容，对与应急预案实施密切相关的管理人员和作业人员等组织开展应急预案培训"，第 24 条"各级单位应制定年度应急演练和培训计划，并将其列入本单位年度培训计划。总体应急预案的培训和演练每两年至少组织一次，各专项应急预案的培训和演练每年至少组织一次，各现场处置方案的培训和演练每半年至少组织一次"相关规定，查评被查评单位是否制定年度应急培训计划，是否按期开展应急培训，应急培训和宣传内容是否符合工作实际并具有针对性。

(2) 查评重点。查阅年度应急培训计划、应急培训和宣传记录等相关资料。

依据评价标准，未按期开展应急培训，扣 5～10 分；应急培训和宣传内容不符合要求，扣 5～10 分；未制定年度应急培训计划，扣 10 分。

6. 应急演练

(1) 查评方法。根据《安全工作规定》第七十二条"公司各级单位应定期组织开展应急演练，每两年至少组织一次综合应急演练或社会应急联合演练，每年至少组织一次专项应急演练"；《应急预案管理办法》第 24 条"各级单位应制定年度应急演练和培训计划，并将其列入本单位年度培训计划。总体应急预案的培训和演练每两年至少组织一次，各专项应急预案的培训和演练每年至少组织一次，各现场处置方案的培训和演练每半年至少组织一次"相关规定，查评被查评单位是否按要求开展综合或专项应急演练，演练内容是否符合要求。

(2) 查评重点。查阅应急工作文件、应急演练记录等相关资料。

依据评价标准，未按要求开展综合或专项应急演练，一次扣 10 分；演练内容不符合有关要求，一处扣 2 分。

7. 应急指挥中心管理

（1）查评方法。根据《安全工作规定》第四十一条"总部及公司各单位应加强应急指挥中心运行管理，定期进行设备检查调试，组织开展相关演练，保证应急指挥中心随时可以启用"相关规定，查评被查评单位是否成立应急指挥中心，对设备是否定期进行检查，是否存在维护管理不到位等情况。

（2）查评重点。查阅应急工作文件、应急设备维护记录等相关资料。

依据评价标准，未成立应急指挥中心，不得分；设备维护管理不到位，一项扣5分。

8. 应急处置评估

（1）查评方法。根据《安全工作规定》第七十五条"突发事件应急处置工作结束后，相关单位应对突发事件应急处置情况进行调查评估，提出防范和改进措施"；《应急管理工作规定》第61条"公司及相关单位要对突发事件的起因、性质、影响、经验教训和恢复重建等问题进行调查评估，同时，要及时收集各类数据，开展事件处置过程的分析和评估，提出防范和改进措施"相关规定，查评被查评单位是否存在未对应急处置情况进行调查评估的情况，是否提出防范和改进措施。

（2）查评重点。查阅应急工作文件、应急处置工作评估报告等相关资料。

依据评价标准，未对应急处置情况进行调查评估，一次扣5分；未提出防范和改进措施，一次扣5分。

# 第十一节　事故调查及安全考核与奖惩

**一、查评目的**

查评事故调查及安全考核与奖惩目的是了解和掌握县供电企业事故调查处理流程是否规范，对已发生的事故是否做到了"四不放过"，安全考核与奖惩是否执行到位。

事故调查及安全考核与奖惩的查评内容共6项，合计150分，主要包括：事故调查处理原则20分，事故原始材料20分，事故报告20分，事故责任追究和处罚30分，实行安全事故"说清楚"20分，安全生产奖励40分。事故调查及安全考核与奖惩的查评主要是深入县供电公司安质部、运检部等部门，通过查阅事故报告、处罚记录等相关资料，对被查单位的事故调查及安全考核与奖惩工作情况进行查评。

**二、查评方法及重点**

1. 事故调查处理原则

（1）查评方法。根据《安全事故调查规程》第1.6条"安全事故调查应坚持实事求是、尊重科学的原则，及时、准确地查清事故经过、原因和损失，查明事故性质，认定事故责任，总结事故教训，提出整改措施，并对事故责任者提出处理意见。做到事故原因未查清不放过、责任人员未处理不放过、整改措施未落实不放过、有关人员未受到教育不放过（简称'四不放过'）"；《安全工作规定》第七十八条"事故处理做到'四不放过'。事故调查和处理的具体办法按照国家、行业和公司的有关规定执行"相关规定，查评被查评单位事故调查处理是否坚持"四不放过"原则，是否存在吸取事故教训、总结经验走形式的现象，是否对事故原因认真进行分析，并提出有针对性的防范措施。

（2）查评重点。查阅事故（事件）报表、故障记录、事故报告等相关资料。

依据评价标准，未落实"四不放过"等原则要求，不得分；吸取事故教训、总结经验走形式，整改不力，一次扣5～20分；未根据事故发生、扩大的原因和责任分析，提出有针对性的防范措施，一次扣5～10分。

2. 事故原始材料

（1）查评方法。根据《安全事故调查规程》第5.2.2.1条"事故发生后，事故发生单位安监部门或其指定的部门应立即组织当值值班人员、现场作业人员和其他有关人员在离开事故现场前，分别如实提供现场情况并写出事故的原始材料。应收集的原始资料包括：有关运行、操作、检修、试验、验收的记录文件，系统配置和日志文件，以及事故发生时的录音、故障录波图、计算机打印记录、现场影像资料、处理过程记录等。安监部门或指定的部门要及时收集有关资料，并妥善保管"，第5.2.2.3条"事故调查组在收集原始资料时应对事故现场搜集到的所有物件（如破损部件、碎片、残留物等）保持原样，并贴上标签，注明地点、时间、物件管理人"，第5.2.2.4条"事故调查组要及时整理出说明事故情况的图表和分析事故所必需的各种资料和数据"相关规定，查评被查评单位在事故发生后是否如实提供现场情况，收集的原始资料是否齐全。

（2）查评重点。查阅事故（事件）报表、原始记录、事故报告等相关资料。

依据评价标准，未如实提供现场情况，不得分；应收集的原始材料不齐，扣5～10分。

3. 事故报告

（1）查评方法。根据《安全事故调查规程》第1.5条"安全事故报告应及时、准确、完整，任何单位和个人对事故不得迟报、漏报、谎报或者瞒报"相关规定，查看被查评单位安全事故报告是否及时、准确，是否存在隐瞒不报、谎报等情况。

（2）查评重点。查阅事故（事件）报表、事故报告等相关资料。

依据评价标准，隐瞒不报、谎报，不得分；报告不及时、不准确，扣5～10分。

4. 事故责任追究和处罚

（1）查评方法。根据《安全工作规定》第一〇六条"公司系统按照职责管理范围，从规划设计、招标采购、施工验收、生产运行和教育培训等各个环节，对发生安全事故（事件）的单位及责任人进行责任追究和处罚。对造成后果的单位和个人，在评先、评优等方面实行'一票否决制'"相关规定，查评被查评单位是否按照职责管理范围，对发生安全事故（事件）的相关单位及责任人进行责任追究和处罚，并在评先、评优、晋级等方面实行"一票否决"。

（2）查评重点。查阅事故（事件）记录、安全通报等相关资料。

依据评价标准，未按职责管理范围，对发生安全事故（事件）的单位及责任人进行责任追究和处罚，一次扣10分；对造成后果的单位和个人，未在评先、评优、晋级等方面实行"一票否决制"，一次扣10分。

5. 实行安全事故"说清楚"

（1）查评方法。根据《安全工作规定》第一〇七条"公司实行安全事故'说清楚'制度，发生事故的单位应在限定时间内向上级单位说清楚"相关规定，查评被查评单位对于安全事故是否按规定进行"说清楚",相关整改要求是否得到有效落实。

（2）查评重点。查阅事故（事件）报表、事故报告等相关资料。

依据评价标准,对安全事故未按规定进行"说清楚",不得分;未落实相关整改要求,一次扣10分。

6. 安全生产奖励

（1）查评方法。根据《安全工作规定》第一〇五条"公司各级单位应设立安全奖励基金,对实现安全目标的单位和对安全工作做出突出贡献的个人予以表扬和奖励;至少每年一次以适当的形式表彰、奖励对安全工作做出突出贡献的集体和个人";《国家电网公司关于印发〈国家电网公司安全工作奖惩规定〉的通知》（国家电网企管〔2015〕266号）第12条"表彰奖励应重点向承担主要安全责任和风险的基层单位班组生产一线人员倾斜,基层单位班组生产一线人员奖励名额所占比例不少于50%"相关规定,查评被查评单位每年对安全生产中做出突出贡献的集体和个人表彰、奖励情况。

（2）查评重点。查阅安全生产奖励文件、生产一线人员奖励统计记录等相关资料。

依据评价标准,未每年表彰、奖励在安全生产中做出突出贡献的集体和个人,扣10分;生产一线人员奖励比例少于50%,不得分。

# 第四章

# 电网安全查评指南

积极稳妥地开展以电网安全为目标的国家电网公司县供电企业安全性评价，是加强精细化管理，提升电网可靠性水平的必然要求。电网安全性评价是一个综合性的信息汇集、分析的评估工作，涉及电网规划、电网结构、供电可靠性、调度控制、调度自动化运行与管理 5 个方面。电网安全效能主要由规划性、可靠性、灵活性、安全性、维修性和保障性等指标组成，规划性是效能的前提，可靠性是重要的基础，安全性是重要的基石，维修性是管理工作的重点，保障性反映人才、技术的保证情况。

电网安全查评指南是在《查评规范》的有关查评标准和依据的基础上进行编制的，是发挥电网安全保证体系作用的重要查评手段，是查评电网安全的方法，符合电网安全的专业特点。

## 第一节 电网规划

### 一、查评目的

电网规划安全性评价是针对当前供电区域存在的薄弱环节及未来电网发展的前景，提出改进和发展蓝图，是保证电网安全、供电可靠性、企业效益的基础。一个优秀的电网规划必须以坚实的前期工作为基础。首先是数据的准确性，要对收集的所有资料数据进行认真审核；其次是数据的全面性，包括基础年电量、最大负荷、分区负荷、经济发展指标、电网及设备现状等基础数据；最后是数据的针对性，要根据电网现状分析和负荷预测需求分析的具体要求，有针对性地收集资料，如导线型号、供电半径、分段情况等。查评主要目的是衡量电网规划管理和电网规划目标是否严谨、科学、合理，包括组织管理与职责分工是否全面落实，电网规划时间、电网规划评估与滚动调整是否经过科学论证，是否结合本地区发展规划与上级电网合理衔接，并纳入当地经济和社会发展总体规划。

电网规划的查评内容共 2 项，合计 160 分，主要包括：电网规划管理 120 分、电网规划目标 40 分。电网规划查评主要是深入到县公司发展建设部、调控中心、运检部及供电所，通过查阅资料及问询的方法，对被查评单位的电网规划进行查评。

### 二、查评方法及重点

**（一）电网规划管理**

**1. 组织结构**

（1）查评方法。为了规范电网规划的管理工作，提高电网规划的全面性、精确性、时效性，电网规划必须实行统一管理、分级负责科学分工的原则。因此依据《国家电网公司电网规划管理办法》[国网（发展/2）357—2017]第11～14条及《国家电网公司配电网规划管理规定》[国网（发展/3）154—2014]第二章"职责分工"第七条的规定要求，同时结合《查评规范》评分标准，查评人员需深入到县公司发展建设部，查评被查评单位电网规划组织机构是否健全、有无电网规划领导小组、职责分工是否明确。

（2）查评重点。

1）查评近期本单位下发的组织机构、领导小组及职责分工文件是否与《国家电网公司县供电企业安全性评价查评依据》要求相符。

2）结合上一年度电网改造实施完成情况查评电网总体规划、电网发展专项规划及规划滚动编制工作的准确性和各级电网规划人员的履责完成情况。要求本单位公司规划编制领导小组，负责审定本单位公司规划工作方案，确定规划边界条件和指标体系，审查本单位总体规划和专项规划。县供电企业发展建设部是本单位配电网规划的归口管理部门，履行以下职责：一是协助地市供电企业开展35kV及以下电网规划，负责搜集资料数据、提出配电网现状问题与发展需求；二是负责开展辖区内负荷调查及预测；三是提出10kV及以下电网建设改造项目；四是配合地市供电企业与地方政府部门协调落实属地内配电网规划。

**2. 电网规划时间**

（1）查评方法。一般情况下，电网规划的类型包括近期、中期及远期规划，在其实际的划分过程中应充分结合电网运行情况，如近期规划应有细致的安排，以确保规划迅速完成，中期和远期规划应选好目标，确保规划的年限与当地国民经济发展年相符，并有能力保证日益增加的供电需求。因此查评"电网规划时间"要依据《关于印发国家电网公司配电网规划内容深度规定的通知》（国家电网发展〔2012〕560号）要求，同时结合《查评规范》评分标准，查评人员需深入到县公司发展建设部、调控中心、运检部，查评县级电网是否有近期、中期、远期规划，其中10kV及以下电网应给出2年内的网架规划和各年度新建与改造项目，并估算5年的建设规模和投资规模（对县公司电网规划已纳入市公司电网规划的，可不另行规划）。

（2）查评重点。

1）查阅近期、中期、远期电网规划报告编制前的由相关单位参加的电网规划专题讨论会会议纪要。查阅的主要内容有：一是开展基于可靠性的现状电网分析，找出影响供电可行性的主要因素和薄弱环节，基于此制定目标网架规划实施细则，从而构建目标网架，形成项目库实施方案，同时结合电网综合规划，确定规划网架走廊图；二是根据上级电网规划中的负荷总量、电源布点和投资总量，作为中期负荷预测和中压目标网架构建的基础；三是按片区划分确定差异性和适应性的接线模式，在分析各种接线模式和提高可靠性措施的适应性基础上确定各供区及其接线模式。

2）按照近期规划应有细致的安排以确保规划迅速完成，中期和远期规划应选好目标的原则，查阅近期、中期、远期电网规划报告初稿完成后由上级主管部门组织专家评审提出的评审意见。

3）查阅依据电网规划专题讨论会会议纪要和专家评审意见编制且经过审定的电网规划报告，主要内容是以负荷预测和电源为基础，确定何时何地投建何种类型的线路及其回路数、选择电压等级、确定变电站布局和规模、确定网架结构以达到规划期内的供电能力要求，在满足各项技术指标的前提下使系统的费用最小。

4）查阅相关规划设计文本、本企业和上级审批文件。

3．电网规划评估与滚动调整

（1）查评方法。就任何事物都有相对时间问题，在电网初始规划时，用电负荷和企业并不多，但随着时间的推移，用电企业会越来越多，用电负荷增大，以前的规划就不符合现在的运行条件了，主管部门可根据经济发展情况和规划实施情况针对存在的问题有计划地对原有规划进行滚动调整。因此依据《国家电网公司配电网规划管理规定》［国网（发展/3）154—2014］的要求，同时结合《查评规范》评分标准，查评人员应深入到县公司发展建设部、调控中心、运检部，查评被查评单位在配电网规划中是否实行动态管理，每年是否对配电网发展现状、负荷预测、电源发展、规划项目实施等情况开展分析、评估，针对存在的问题有计划地进行滚动调整工作。

（2）查评重点。

1）查阅历年对所属电网发展现状、负荷预测、电源发展、规划项目实施等情况开展的分析、评估报告、电网规划滚动调整计划。

2）结合规划原本和历年修订资料，查阅经过有关部门进行评审、审定和发布的电网规划评估与滚动调整报告。电网规划滚动调整要坚持科学论证、民主决策的原则，并依照原有程序进行调整。电网规划滚动调整报告要重点阐述调整的必要性、调整内容、调整前后的对比分析等。

3）查阅电网规划评估与滚动调整工作总结，总结本期电网规划的编制和实施情况，对成功经验进行保留，对暴露的问题进行分析并提出相关建议，以达到不断提高电网规划水平的目的，增强电网规划的有效性。

4．结合本地区发展规划

（1）查评方法。电网规划必须结合本地区经济发展规划，科学分析电网现状，准确掌握电网的薄弱环节，如此才能提出电网建设与改造的具体措施，规划好电网发展建设目标。因此依据《国家电网公司配电网规划管理规定》［国网（发展/3）154—2014］的要求，同时结合《查评规范》评分标准，查评人员应深入到县公司发展建设部、调控中心，查评被查评单位县网规划是否根据本地区经济、技术条件制定，内容是否符合本地区电网发展、改造要求，是否与上级电网合理衔接，并纳入当地经济和社会发展总体规划。

（2）查评重点。

1）查评县网规划工作基础资料的收集分析。电网规划的最终结果主要取决于原始资料及规划方法，如果没有足够和可靠的原始资料，那么任何优秀的规划方法也不可取得切合实际的规划方案。为了保证电网规划的真实性和合理性，电网规划必须以坚实的前期工作为基础，包括收集整理规划基础年的电量、最大负荷、分区负荷、当地经济发展指标、产业电量发展指标、电网及设备现状等基础数据，以及对这些数据进行的分析和预测，确保规划的年限与当地国民经济发展年相符。同时，不管是老城区还是新开发的城区，在进行电网规划时，必须要适应当前的形势和经济发展对供电的要求，并有能力应付日益增加的供电需求。

2）查阅经过审查发布的电网规划报告，重点是内容是否符合本地区电网发展、改造要求，与上级电网衔接是否合理，是否纳入当地经济和社会发展总体规划。

（二）电网规划目标

1. 供电可靠率（RS-1）

（1）查评方法。供电可靠性是持续供电能力的量度，供电可靠率是供电可靠性的变量表示，是以某一统计期内实际供电时间与本统计期全部用电时间的百分数表示。因此依据DL/T 5729—2016《配电网规划设计技术导则》（以下简称《技术导则》）4.1"供电区域划分"要求，查评人员需深入到县公司调控中心、运检部及供电所，查评被查评单位是否做到：A类供电区域用户年平均停电时间不高于52min（≥99.990%）；B类供电区域用户年平均停电时间不高于3h（≥99.965%）；C类供电区域用户年平均停电时间不高于12h（≥99.863%）；D类供电区域用户年平均停电时间不高于24h（≥99.726%）；E类供电区域用户年平均停电时间不低于向社会承诺的指标。

（2）查评重点。

1）查阅上年度供电区域用户年平均停电时间计算供电可靠率。停电时间应包括事故停电、计划检修停电、临时性停电等时间。其中事故停电通过查阅调度运行日志、继电保护及自动装置动作统计报表等来确定，计划检修停电通过查阅停电检修计划和调度日志来确定，临时性停电通过查阅调度日志等来确定。

2）查阅电网规划报告与质量管理系统的年度、月度报表数据与计算的供电可靠率进行核对。

3）与有关专业人员交流座谈，了解本项工作操作流程及自查评工作开展情况，针对自查评发现的问题制定的整改计划。

2. 综合电压合格率

（1）查评方法。电压质量直接关系到电力设备能否正常运行，同时也是综合电压合格率的重要指标，也是电力部门向社会承诺的本供电区域的供电质量指标之一。因此依据《技术导则》4.1"供电区域划分"要求，查评人员需深入到县公司调控中心、运检部及供电所，查评被查评单位是否做到：A类供电区域，≥99.97%；B类供电区域，≥99.95%；C类供电区域，≥98.79%；D类供电区域，≥97.00%；E类供电区域，不低于向社会承诺的指标。

（2）查评重点。

1）查阅提高综合电压合格率的组织措施。包括健全无功电压管理组织机构，定期召开电压无功专题会议，以及针对存在的问题采取的相应措施。

2）查阅本区域内在年度运行方式计算分析中进行的系统大、小方式下及重大检修方式变化时的电压计算分析报告及电压无功曲线执行情况。

3）查阅电压监测、统计管理工作流程。要求：一是制定各类电压监测点电压质量标准；二是按照国网公司电网电压质量和无功管理要求设置电压监测点；三是电压监测点数据收集、统计，包括各类电压监测点数据收集汇总，统计月度电压合格率，根据月度电压合格率及电压监测点数据统计年度各类电压合格率及综合电压合格率。

4）现场检查提高综合电压合格率的技术措施。建设电压无功监测系统，对电网各类供电电压监测点的数据进行自动收集汇总；建立电压无功 AVC 系统，实现对系统电压无功的优化和动态补偿。

5）对照调度自动化系统报表、电网规划报告与综合电压管理系统的年度、月度报表到用户侧查评电压质量是否满足规定标准。

6）与有关专业人员交流座谈，了解本项工作操作流程及自查评工作开展情况，以及针对自查评发现的问题制定的整改计划。

# 第二节 电 网 结 构

## 一、查评目的

县供电企业安全性评价查评电网结构的主要目的，是根据本区域电网运行现状在制定电网规划时是否充分考虑了不同区域的负荷特点和供电可靠性要求，是否合理选择了适合本地区特点的规范化网架结构，是否达到结构规范、运行灵活、适应性强，并提高了配电网的负荷转移能力和对上级电网事故时的支撑能力。具体要求是县城供电的变电站应满足供电"N−1"准则；城镇配电网宜采用多分段适度联络接线方式，导线及设备应满足转供负荷要求；35kV 电网的容载比宜控制在 1.8～2.1，负荷增长快的地区取高值；架空线路正常负荷应控制在安全电流 70% 以下，双射、单环电缆线路的正常方式最大负荷电流应控制在安全电流 1/2 以下；35kV 及 10kV 系统根据实际运行方式，按照《技术导则》要求，应综合考虑可靠性与经济性，选择合理的中性点接地方式，同一区域内宜统一中性点接地方式，以利于负荷转供，中性点接地方式不同的配电网应避免互带负荷；220/380V 配电网，从安全出发，均采用中性点直接接地的方式。

电网结构的查评内容共 4 项，合计 220 分，主要包括：电网接线方式 70 分，供电安全水平 50 分，正常负荷电流、容载比 40 分，中性点接地 60 分。电网结构查评主要是深入到县公司发展建设部、调控中心、运检部、变电站及供电所，通过查阅资料及问询的方法，对被查评单位的电网结构进行查评。

## 二、查评方法及重点

（一）电网接线方式

1. 高压配电网

（1）查评方法。依据《技术导则》高压电网供电安全准则要求，高压配电网接线方式应满足"N−1"准则，即在主网单一元件停运时不对电网运行方式造成影响和电力用户正常供电造成限制，在发生双重元件停运时应限制停电时间和范围，并有控制停电及故障范围扩大的措施。对于 110kV、35kV 变电站，当一台主变或一段母线故障时应保证正常供电，在计划检修状态下当一台主变或一段母线故障时允许失去部分负荷；对于 110kV、

35kV 线路，当一条线路故障时应保证正常供电，在计划检修状态下当一条线路故障时允许失去部分负荷。同时结合《查评规范》评分标准，查评人员应深入到县公司发展建设部、调控中心，查评被查评单位供电区域高压配电网变压器和线路是否能满足"N－1"准则配置。

（2）查评重点。

1）按照准则要求到调控室、变电站查阅电网地理接线图、电网一次系统接线图、变电站一次接线图，查阅年度方式报告和年度方式审定会会议纪要。

2）查阅调度管辖范围内在正常方式（含计划检修方式下）35kV 及以上线路、变压器的"N－1"潮流计算分析，核查主变压器和高压线路是否符合"N－1"准则配置。

3）与相关专业人员交流座谈了解电网运行情况及存在的问题。

2. 中压配电网

（1）查评方法。按照《技术导则》中压配电网供电安全准则规定，市中心区和市区中压配电网结构应满足供电安全"N－1"准则的要求，双电源用户应满足供电安全"N－1"准则的要求，单电源用户非计划停用时，应尽量缩短停电时间，在电网运行方式发生变动和大负荷接入前，应对电网转供负荷能力进行评估。因此结合《查评规范》评分标准，查评人员应深入到县公司发展建设部、调控中心及供电所，查评被查评单位供电区域中压配电网是否采用线路合理分段、适度联络接线方式，以及配电自动化、不间断电源、备用电源、不停电作业等技术手段（A 类、B 类地区应满足"N－1"准则；C 类地区宜满足"N－1"准则；D 类地区可满足"N－1"准则；E 类地区不强制要求）。

（2）查评重点。

1）查阅中压配电网线路接线方式，线路参数，年度最大负荷，近期规划，近两年停电、报修、投诉等资料来评价所属区域配电网的合理性。要求配电网：一是应合理分布，接线灵活、简洁，公用线路应分区供电，供电范围不交叉重叠；二是城镇配电网宜采用多分段适度联络接线方式，导线及设备应满足转供负荷要求，乡村配电网宜采用放射式接线方式，有条件的乡镇也可采用双电源分段联络接线方式；三是配电网线路主干线路应根据线路长度和负荷分布情况合理分段，主干线分段宜分为 2～3 段，最多不宜超过 5 段，并装设智能分段开关及隔离开关；四是由不同电源点供电的 10kV 线路具备环网供电条件时，可采用环网供电、开环运行接线方式，导线及设备应满足转供负荷的要求；五是配电网线路导线截面选择应参考供电区域最大负荷值，按经济电流密度选取，并应满足中长期预测负荷要求。

2）对照 10kV 配电线路走径图现场查看线路是否满足该类地区"N－1"准则。

3）与配电专业人员交流座谈了解配电自动化、不间断电源、备用电源、不停电作业等技术手段的开展情况，若已经在实际工作中得到应用，则查阅相关管理规定和系统运行情况。

3. 低压配电网

（1）查评方法。低压配电网（含配电变压器）应坚持分区供电原则，低压线路应有明确的供电范围，低压配电网应结构简单、安全可靠，一般采用单电源辐射和单电源环网接线。因此依据《技术导则》低压电网供电安全准则要求，同时结合《查评规范》评分标准，查评人员应深入到县公司发展建设部、调控中心、供电所及低压台区，查评被查评单位供电区域低压配电网是否满足当一台配电变压器或低压线路发生故障时，应在故障修复后恢复供电的要求，但停电范围仅限于配电变压器或低压线路故障所影响的负荷。

（2）查评重点。

1）查阅低压配电网线路接线方式，线路参数，年度最大负荷，近期规划，近两年停电、报修、投诉等资料来评价所属区域配电网的合理性。要求：一是低压配电网坚持分区供电原则，线路应有明确的供电范围且结构简单、安全可靠；二是低压配电网线路供电半径在市中心不大于150m，在城镇地区不大于250m，在乡村不大于500m。

2）查阅调控机构管辖范围内重要用户名单和保电措施，对重要电力用户要采用双配电变压器配置或移动式配电变压器。

3）去现场低压配电变压器台区对照配电线路走径图查看线路是否满足该类地区供电需求。

（二）供电安全水平

1. 第一级供电安全水平要求

（1）查评方法。依据《技术导则》供电安全标准，配电网供电安全水平应符合DL/T 256《城市电网供电安全标准》的要求，供电安全标准规定了不同电压等级配电网单一元件故障停运后，允许损失负荷的大小及恢复供电的时间。配电网供电安全标准的一般原则为：接入的负荷规模越大、停电损失越大，其供电可靠性要求越高、恢复供电时间要求越短。根据组负荷规模的大小，配电网的供电安全水平可分为三级，三级供电安全水平目标能否实现，是电力企业规划设计水平、生产技术水平和管理水平的综合反映。因此结合《查评规范》评分标准，查评人员应深入到县公司发展建设部、运检部、调控中心及供电所，查评被查评单位供电安全水平是否满足第一级供电安全水平要求。

（2）查评重点。

1）查阅规划及运行资料。从电网结构、设备安全裕度、配电自动化等方面考虑，高压配电网应满足"N-1"准则配置主变压器和高压线路，中压配电网应采取线路合理分段、适度联络接线方式，以及配电自动化、不间断电源、备用电源、不停电作业等技术手段，低压配电网（含配电变压器）可采用双配电变压器配置或移动式配电变压器的方式。

2）通过调度管理系统、地理信息系统、95598系统查看近两年的报修、咨询、投诉、故障响应和恢复供电时间。

3）查阅保证三级供电安全水平的管理措施和技术措施。管理措施应包括：建立保证三级供电安全水平管理制度，加强线路设备巡视，严格控制停电受影响区域范围和时间；技术措施应包括：提升配电网络的防雷水平，实现线路故障定位及自动隔离技术等。

4）与相关专业人员座谈了解工作中存在的问题及解决方法。

2. 第二级供电安全水平要求

同"1. 第一级供电安全水平要求"。

3. 第三级供电安全水平要求

同"1. 第一级供电安全水平要求"。

（三）正常负荷电流、容载比

1. 线路正常负荷控制

（1）查评方法。输电线路是供电的脉络，对用户供电起着至关重要的作用，所以对输电线路的要求是安全第一，同时经济性也要跟上来，为此需要对输电线路的电力输送能力进行有效提高。因此依据《技术导则》和 Q/GDW 519—2010《配电网运行规程》的要求，同时结合《查评规范》评分标准，查评人员应深入到县公司发展建设部、运检部、调控中心及供电所，查评被查评单位线路正常负荷控制是否满足规程规定。

（2）查评重点。

1）查阅所属供电区域内线路控制电流表，其安全电流由导线型号、TA 比、继电保护装置允许最大负荷电流等因素确定。架空线路的正常负荷应控制在安全电流 70% 以下，双射、单环电缆线路的正常方式最大负荷电流应控制在安全电流 50% 以下，要求供电回路的元件如断路器、电流互感器、电缆及架空线路主干线等的载流能力应匹配，不应发生因单一元件故障而限制线路可供负荷能力，低压台区接线方式应与用户负荷分布情况和建设结构相配合。

2）查阅针对所辖电网年度、夏季、冬季方式进行的潮流分析及线路潮流报表，对发现的问题逐一提出解决措施并予以落实。

2. 容载比

（1）查评方法。容载比就是变电容量与最大负荷之比，它表明该地区变压器的安装容量与最大实际运行容量的关系，反映容量备用情况，是反映供电能力的主要经济技术指标之一，是实现控制变电容量和规划安排变电容量的依据。因此依据《技术导则》要求，同时结合《查评规范》评分标准，查评人员应深入到县公司发展建设部、调控中心、运检部及变电站，查评被查评单位配电网容载比是否控制在 1.8～2.2。

（2）查评重点。

1）对照年度运行方式报告和近期电网规划报告计算分析该供电区域电网的容载比值是否满足要求，配电网容载比应控制在 1.8～2.2，因为当容载比取值增加时在相同负荷水平下，变压器容量将增加，使电网建设投资增加，也会使电网运行成本增加，因而容载比取值不宜过大；若容载比值减小，可能使电网的适应性变差，使调度不够灵活，因而容载比取值也不宜过小。农网负荷由于季节性、时令性强、负荷峰谷差大、负荷率低、年最大负荷利用小时数低，因此以农网负荷为主的区域容载比宜取下限值。

2）与变电运行人员和调控值班员座谈，了解所属供电区域负荷变化情况、存在的问题及其应对措施。

（四）中性点接地

1. 35kV 系统

（1）查评方法。由于 35kV 供电系统中单相接地电容电流随着电网不接地的扩大和电缆线路的增加也在逐渐增加，所以优化电网中性点，选择科学合理的接线方式，成为电网安全高效运行的关键。依据《技术导则》要求，同时结合《查评规范》评分标准，查评人员应深入到县公司调控中心和变电站，查评被查评单位 35kV 系统中性点接地方式是否合理。

（2）查评重点。

1）对照设计图纸、运行资料现场查看 35kV 系统电网接地方式。从供电可靠性出发，35kV 系统可采用不接地、经消弧线圈接地或低电阻接地方式，但当线路单相接地电容电流大于 10A 时可采用经消弧线圈接地方式；对于主要有电缆线路构成的系统，由于其单相接地故障电流较大，可达 100～1000A，若采用中性点经消弧线圈接地方式，将无法完全消除接地点的电流和抑制谐振过电压，因此宜采用中性点经低电阻接地方式，该方式可将接地电流控制在 1000A 以下，并具有切除单相接地故障快和抑制谐振过电压的优点。

2）查阅线路电容电流测试工作的开展情况，验证 35kV 系统接地方式的合理性。

2. 10kV 配网

（1）查评方法。由于 10kV 配网供电系统中单相接地电容电流随着中压电网不接地的扩大和电缆线路的增加也在逐渐增加，所以优化电网中性点，选择科学合理的接线方式，成为电网安全高效运行的关键。因此依据《技术导则》要求，同时结合《查评规范》评分标准，查评人员应深入到县公司 10kV 配网系统和低压台区，查评被查评单位 10kV 配电网中性点接地方式是否合理。

（2）查评重点。

1）对照设计图纸、运行资料现场查看 10kV 配网系统接地方式。10kV 配网供电可靠性与故障后果是最主要的考虑因素，因此多采用中性点不接地方式，但当线路单相接地电容电流大于 10A 时可采用经消弧线圈接地方式，城市配电网主要由电缆线路构成，其单相接地故障电流较大，当线路单相接地电容电流大于 150A 时宜采用经低电阻接地方式，该方式可将接地电流控制在 150～800A，并具有切除单相接地故障快和抑制谐振过电压的优点。

2）查阅线路电容电流测试工作的开展情况，验证 10kV 配网接地方式的合理性。

3. 220/380V 配电网

（1）查评方法。低压电网从安全出发，均采用中性点直接接地的方式，这样可以防止单相接地时超过 250V 的危险（对地）电压。因此依据《技术导则》要求，同时结合《查评规范》评分标准，查评人员应深入到县公司 10kV 配网系统和低压台区，查评被查评单位 220/380V 配电网中性点接地方式是否合理。

（2）查评重点。

1）对照设计图纸、运行资料现场查看低压配电网接地方式。其中 TN 接地方式是指系统有一点直接接地，装置的外露导电部分用保护线与该点连接。按照中性线与保护线的组合情况，TN 接线方式有以下 3 种型式：一是 TN-S 型式，整个系统的中性线与保护线是分开的；二是 TN-C-S 型式，系统中有一部分中性线与保护线是合一的；三是 TN-C 型式，整个系统的中性线与保护线是合一的。TT 接地方式是指系统有一个直接接地点，装置的外露导电部分接至电气上与低压系统的接地点无关的接地装置。IT 接地方式是指带电部分与大地间不直接连接（经阻抗接地或不接地），而装置的外露导电部分则是接地的。

2）现场查看配电系统的三点共地，即将变压器中性点、变压器外壳以及避雷器的接地引线共同与一个接地装置相连接，这样当变压器遭受雷击时，避雷器动作，变压器外壳上只剩下避雷器的残压，减少了变压器接地部分电压，可保证人身及变压器安全。

3）查阅低压系统电源接地点接地电阻应符合规程规定要求。

# 第三节　供　电　可　靠　性

## 一、查评目的

所谓供电可靠性，是指配电网按照自身的可承受质量标准，量度配电网向用户不间断提供电力、电量的实际能力。配电网往往存在元件多、结构复杂的特点，因此供电可靠性查评的目的，首先是该供电区域是否科学分析评估了电网现状：要求高压电网分析的主要内容是主接线、供电能力与供电裕度、出线间隔等方面的分析与评估，通过评估分析要对高压电网的接线方式、供电可靠性、供电的扩展性做出评价，找出薄弱环节，制定有效整改措施；中压电网现状的评估和分析应从安全性、经济性、可靠性三方面对配电网进行重点分析，安全性可以从供电半径、主干导线截面、线路负载、配变负载率等方面进行评估，经济性评估可以从线损率、力率等方面进行分析，可靠性评估可以从线路环网情况、分段情况、电缆化率、绝缘化率、设备情况、自动化情况、带电作业开展情况等方面进行评估分析，从而找出薄弱环节，制定有效整改措施。其次是是否重视对其能力定量指标的规定，该指标不仅要求在用户接受范围之内，还需要便于在系统间进行比较，从而保证指标的合理性，最终达到提高供电可靠性的目的。

供电可靠性的查评内容共 4 项，合计 80 分，主要包括：变电站 20 分，中压线路 30 分，分布式电源 10 分，配电网 20 分。供电可靠性查评主要是深入到县公司发展建设部、调控中心，运检部、变电站及供电所，通过查阅资料及问询的方法，对被查评单位的供电可靠性进行查评。

## 二、查评方法及重点

### （一）变电站

#### 1. 查评方法

供电可靠性是指对用户连续供电的可靠程度，在实际运行中应从满足电网供电安全准则和满足用户用电要求考核。因此依据《技术导则》要求，同时结合《查评规范》评分标准，查评人员应深入到县公司发展建设部、运检部、调控中心、35kV 变电站，查评被查评单位电网结构是否满足供电可靠性、运行灵活性要求，是否实现高压、中压和低压配电网三个层级相互匹配、强简有序、相互支援的目的，达到配电网技术经济的整体最优。

#### 2. 查评重点

（1）查阅所属供电区域正常方式和检修方式下线路和变压器的"N-1"潮流计算分析、变电站地理接线图、电网主接线图、变电站一次接线图、供电线路及设备参数、继电保护装置及安全自动装置配置图、继电保护定值配置图等。要求：①变电站的布局及网架结构符合电网发展规划，各变电站应有相互独立的供电区域，且供电区不交叉、不重叠，故障或检修时，变电站之间应有一定比例的负荷转供能力，允许部分停电，但应在规定时间内恢复供电，以满足用电负荷的需求；②35kV 重要变电站、用户应双电源供电，满足供电"N-1"准则要求。

（2）查阅月度、季度、年度电网运行分析及继电保护装置动作统计分析，核查所属供电区域因设备故障造成用户供电可靠性降低的程度。

（3）去现场实际查看并与专业人员座谈。

**（二）中压线路**

**1. 查评方法**

随着配电网系统的网架扩大，中压线路以其自身的特点很容易出现污闪或绝缘老化等问题，特别是由于网络结构不合理经常造成故障或检修时，中压线路不具有转供非停运段负荷的能力。因此依据《技术导则》要求，同时结合《查评规范》评分标准，查评人员应深入到县公司发展建设部、运检部、调控中心、供电所及现场，查评被查评单位中压电网结构是否满足供电可靠性、运行灵活性要求。

**2. 查评重点**

（1）查阅所属供电区域正常方式和检修方式下线路和变压器的"N-1"潮流计算分析、中压线路走径图、电网主接线图、变电站一次接线图、供电线路及设备参数、继电保护装置及安全自动装置配置图、继电保护定值配置图等。中压配电网要求简化和规范，主干网要求清晰可靠，应有明确的供电范围，10kV线路供电半径城市配电网不宜超过 4km，乡村配电网不宜超过 15km。城镇配电网宜采用多分段适度联络接线方式，主干线分段宜分为 2~3 段，最多不宜超过 5 段，并装设智能分段开关及隔离开关，故障或检修时，导线及设备满足转供非停运段负荷的要求。

（2）查阅月度、季度、年度电网运行分析及继电保护装置动作统计分析，核查所属供电区域因设备故障造成用户供电可靠性降低的程度。

（3）去现场实际查看并与专业人员座谈。

**（三）分布式电源**

**1. 查评方法**

分布式电源的接入，使得配电系统从辐射状无源网络变为有中小型电源的有源网络，带来了单向流动的电流方向不确定性等问题。因此依据《技术导则》要求，同时结合《查评规范》评分标准，查评人员应深入到县公司发展建设部、运检部、调控中心、供电所及用户现场，查评被查评单位接入一定容量的分布式电源时，接入点选择是否合理，短路电流及电压水平控制是否满足要求。

**2. 查评重点**

（1）查阅所属供电区域分布式电源接入时的前期可研、初步设计、设备选型等评审意见，该评审意见应作为分布式电源并网点位置的依据。因为分布式电源的接入，影响了继电保护配置及整定计算，如短路电流、潮流流向变化等均易造成保护失配问题，同时，会使配电网的故障电流水平提高。

（2）查阅分布式电源并网后的有关运行资料，包括电压偏移不能超过允许范围，动热稳定电流需满足配电设备正常电流不超过额定值，短路容量不超过线路及一次设备的允许值，电压闪变、谐波骤升骤降不超过规定值。

（3）查阅并网点定期测试并网参数表，要求并网前要进行相关测试，并网后还应定期测试。

（4）去现场实际查看并与专业人员座谈。

（四）配电网

1. 查评方法

若要配电网结构具备高可靠性的网络重构能力，实现故障自动隔离功能，那么配电网应具有闭环设计，开环运行的特点。因此依据《技术导则》要求，同时结合《查评规范》评分标准，查评人员应深入到县公司发展建设部、运检部、调控中心、供电所及现场，查评被查评单位配电网结构是否具备高可靠性的网络重构能力，是否实现故障自动隔离功能。

2. 查评重点

（1）查阅所属供电区域电网主接线图、变电站一次接线图、10kV 开闭所接线图，查阅 10kV 配网地理接线图、10kV 配网线路走径图、供电线路及设备参数，查阅继电保护装置及安全自动装置配置图、继电保护定值配置图等，核查该配电网是否达到结构规范、运行方式灵活、适应性强的要求，且具备高可靠性的网络重构能力。配电网重构包括两方面：一方面，当系统发生故障时，首先快速切除故障，然后通过线路上的分段开关和联络开关的开闭改变网络的结构，从而为尽可能多的用户恢复供电，同时也会达到降低整个系统网损的目的，这种重构属于事故重构；另一方面，在系统正常运行时，通过开关的开闭，调整电网的辐射结构，可以使系统的损耗降低，并使节点电压有所改善，从而使配电网运行更经济，电能质量更佳，这种重构属于优化重构。

（2）现场查看配电自动化系统配网故障处理方式是否实现故障自动隔离功能，配网故障处理系统包括故障检测、定位、隔离与控制恢复三个层次。一是以配电终端为基础的故障检测，由终端设备检测故障，并上报配网子站；二是以配网子站为中心的区域控制，由配网子站负责处理所辖区域馈线终端的故障信息、分析故障位置及实现故障的就地隔离；三是以主站为管理中心的高层次的全局控制，由配网主站提供非故障区域的故障策略，实现恢复供电。

（3）与专业人员座谈，了解配电自动化系统使用情况。

# 第四节　调　度　控　制

## 一、查评目的

调度控制是电力系统设备安全管理中的一个重要环节。调度控制查评的主要目的就是要科学判断县公司的调度控制管理是否严谨、科学、合理。

调度控制的查评内容共 5 项，合计 800 分，主要包括：方式计划 160 分，继电保护整定 110 分，调控运行 280 分，电压无功 60 分，集中监控 190 分。调度控制查评主要是深入到县公司调控中心，通过查阅资料及问询的方法，如查阅 OMS 记录（调度运行记录）、反事故演习资料和调控运行每月分析报告等资料，对被查评单位的调度控制进行查评。

## 二、查评方法及重点

（一）方式计划

方式计划从电网方式管理，电厂并网运行管理（含分布式），并网小水电、自备电厂

（含分布式）及双电源用户管理，新设备投产及设备异动管理，检修计划工作管理，电力系统参数管理和自动低频减负荷及自动低压减负荷管理 7 个方面进行安全查评。做到：①确保电网方式安排合理，并对纳入电网范围内的电厂、分布式电源、用户等按照相应的管理规范进行管理，定时更新电网范围内电力设备的运行状态；②突出电网设备检修计划对电网安全生产的实际指导意义，减少非计划检修工作，力争做到凡是检修均有计划的目标；③电力系统内已投运设备、新建设备、改扩建设备、在建设备的设备台账均应齐全并及时更新；④保证低频、低压减负荷容量充足并能实时监测，完成低频、低压减负荷统计分析报告。

1. 电网方式管理

（1）查评方法。电网运行方式是对电网如何运行，遇到异常情况如何采取措施保证正常运行的描述。电网运行方式安排的合理性是电网安全运行的基础，依据《国家电网公司地县级调控系统安全生产保障能力评估办法》（调技〔2016〕136 号，以下简称《县级调控保障能力》）第 2.2.1 条的规定，查评人员应深入到县公司调控中心，查评被查评单位电网方式管理是否按照上级调控机构要求编制年度方式报告，并向公司主要负责领导汇报，经讨论批准后发布。

（2）查评重点。

1）查阅县公司电网运行方式，内容应包括当地电网的概况、电网运行分析、电网规划、电网设备正常运行方式安排、配电网运行方式、电网存在问题及整改措施、电网调度权归属、电网系统接线图等内容。

2）电网运行方式需每年更新，并经生产领导审核批准后发布，同时向上级调控机构汇报备案。

2. 电厂并网运行管理（含分布式）

（1）查评方法。随着用电客户的需求在逐步增长和科技的进步，大型电厂以及各类新能源的发电端需要接入电网，并网方应与电网企业根据平等互利、协商一致和确保电力系统安全运行的原则完成接入工作，根据 GB/T 31464—2015《电网运行准则》第 5 章"并网、联网与接入条件"的规定，查评人员应深入到县公司调控中心，查评被查评单位是否有电厂并网运行管理规定，其内容应至少包含安全管理、调度管理、检修管理和技术管理。

（2）查评重点。

1）查阅县公司制定的《并网电厂运行管理规定》是否满足电厂并网的各项安全技术要求。

2）检查并网电厂《并网调度协议》的基本内容是否包括：双方的责任和义务、调度指挥关系、调度管辖范围界定、拟并网方的技术参数、并网条件、并网申请及受理、调试期的并网调度、调度运行、调度计划、设备检修、继电保护及安全自动装置、调度自动化、电力通信、调频调压及备用、事故处理与调查、不可抗力、违约责任、提前终止、协议的生效与期限、争议的解决、并网点图示等内容。

3）查阅电厂并网时交送的《并网运行申请书》内容是否包括：工程名称及范围，计划投运日期，试运行联络人员、专业管理人员及运行人员名单，安全措施，调试大纲，现场运行规程或规定，数据交换及通信方式等内容。

4）检查电网并网程序是否符合电网运行准则要求。

3. 并网小水电、自备电厂（含分布式）及双电源用户管理

（1）查评方法。并网小水电、自备电厂（含分布式）及双电源用户在并（联）网前应满足工程验收、安全性评价和继电保护的要求，根据 GB/T 31464—2015《电网运行准则》第 5 章和《电网调度管理条例》（国务院令第 115 号）第六章"并网运行的发电厂或者电网，必须服从调度机构的统一调度"的规定，查评人员应深入到县公司调控中心，查评被查评单位是否签订自备电厂及调度管辖的双电源用户调度协议。

（2）查评重点。

1）结合县公司自备电厂及双电源用户明细查阅与各电厂及双电源用户签订的调度协议，做到一个用户一份协议，不得缺少。

2）查阅自备电厂与双电源用户相关资料，须有用户单位概况、用户设备台账、用户厂内一次接线图、正常情况下方式安排、用户有权接调度令名单、用户联系方式等。

3）查阅并网小水电、自备电厂（含分布式）及双电源用户的继电保护配置是否符合要求。

4）检查并网电厂的《并网调度协议》的基本内容是否满足要求。

4. 新设备投产及设备异动管理

（1）查评方法。凡新建、扩建和改建的输变电设备并入电网运行，应符合国家有关法规、标准及相关技术要求。设备验收工作结束后，只有质量符合安全运行要求，才可以重新并入电网运行，因此根据《国家电网调度控制管理规程》（国家电网调〔2014〕1405号）第六章"输变电设备投运管理"规定，查评人员应深入到县公司调控中心，查评被查评单位是否有设备新投运和设备异动管理制度，及按规范执行新设备启动和设备异动流程。

（2）查评重点。

1）查阅县公司《新设备投运及设备异动管理制度》的编制情况。

2）查阅一年内已投运设备和设备启动的相关资料，包括新设备投运申请、新设备批准书、新设备投运申请单、新设备启动方案、设备验收报告等。

3）需接入调度自动化主站系统，还应有接入调度自动化系统申请、监控信息验收结果、监控职责移交申请等资料。

5. 检修计划工作管理

（1）查评方法。电网调度机构在制定检修计划时应考虑电力系统设备的健康水平和运行能力，与申请设备检修单位进行协商，统筹兼顾，编制年度、月度检修计划。电网企业、电力用户应按照检修计划安排检修工作，加强设备运行维护，减少临时检修和事故。根据 GB/T 31464—2015《电网运行准则》第 6.3 条和《县级调控保障能力》第 2.2 条"关于设备检修和停电计划工作管理"的规定，查评人员应深入到县公司调控中心，查评被查评单位的检修计划是否包含年度、月度、日停电计划；检修工作是否履行计划、审核、批准制度；是否有规范的停电统计考核工作管理办法，并对管辖范围内的停电情况定期进行考核，考核至少包含以下几项内容：①月度停电计划完成率≥98%；②月度停电计

划执行率≥95％；③月度临时停电率≤5％；④停电申请书（工作票）按时完成率≥95％；⑤停电申请书（工作票）按时报送率≥95％。

（2）查评重点。

1）查阅停电检修计划管理规定的编制是否完善。

2）查阅一年内的年度、月度、日停电计划的编制情况。

3）查阅值班运行记录，检查停电检修计划的执行情况，执行需符合规定要求。

4）查阅每月的停电检修执行考核报告，检查考核结果是否按照规定执行。

6．电力系统参数管理

（1）查评方法。维护电力系统参数库及设备台账，是为后期设备的维护和信息查询及电网运行分析和潮流计算提供基础数据，根据《县级调控保障能力》第2.7条"电力系统参数管理"的规定，查评人员应深入到县公司调控中心，查评被查评单位是否建立设备参数台账并及时更新；对新建、改建工程项目的设备参数在投产前是否收集齐全。

（2）查评重点。

1）查阅电网设备台账建立是否完善，做到每台设备都有台账，不得有缺漏。分类抽查各设备台账参数数据录入是否正确。

2）对照年内新建、改扩建工程检查设备资料是否收集齐全、设备台账是否及时更新。

3）检查在建工程的设备资料收集是否齐全。

4）查阅参数管理规定及流程化管理要求。

5）检查建立的供电力系统计算使用的参数库，并查看是否及时更新电力系统数据库和在线应用系统设备参数。

7．自动低频减负荷及自动低压减负荷管理

（1）查评方法。当电网运行频率低于正常范围和电压过低时，自动低频减负荷及自动低压减负荷装置可根据需要自动切除一部分负荷，不仅有利于保护重要用户的用电，而且可以避免引起系统瓦解。因此根据《县级调控保障能力》第2.4条、《电网运行规则（试行）》（国家电力监管委员会令第22号）第二章和DL/T 428—2010《电力系统自动低频减负荷技术规定》第1条"电网安全自动装置"的规定，查评人员应深入到县公司调控中心，查评被查评单位的自动低频、低压减负荷容量是否符合上级调控机构的要求。

（2）查评重点。

1）查阅当年自动低频、低压减负荷方案，是否经生产领导审核批准。

2）检查低频、低压减负荷容量是否达到规定要求。

3）检查是否设立低频、低压减负荷在线监测功能。

4）检查每月低频低压减负荷统计分析报告，查阅日、月、年系统低频低压减负荷容量统计分析报表。

（二）继电保护整定

继电保护整定计算的正确性，是保证继电保护正确动作的重要基本要素，也是保证电网安全稳定运行、减轻故障设备损坏程度的一道重要防线。因此查评继电保护整定需从整定值要求、定值管理、整定资料、短路电流计算分析及对策四个方面进行，以确保继电保护整定满足选择性、灵敏性和速动性的要求，并防止继电保护误整定事故的发生。

1. 整定值要求

（1）查评方法。依据 DL/T 584—2007《3～110kV 电网继电保护装置运行整定规程》（以下简称《整定规程》）第 1 章"总则"、《国家电网公司十八项电网重大反事故措施（修订版）》（国家电网生〔2012〕352 号，以下称《十八项反措》）定值管理应注意的问题、《县级调控保障能力》继电保护及安全自动装置配置及运行指标，以及《本地区电网继电保护定值整定计算管理规定》等有关管理规程规定要求，同时结合《查评规范》标准，查评人员应深入到县公司调控中心，查评被查评单位继电保护整定值是否满足可靠性、快速性、选择性、灵敏性的要求。

（2）查评重点。

1）查阅继电保护定值管理制度，内容应包括整定计算范围划分原则、定值计算管理、计算参数管理、定值通知单编制管理、保护通知单执行管理、定值通知单执行时间管理、通知单回执管理。

2）查阅继电保护定值整定计算方案，整定方案的内容应包括对电网近期发展的考虑，各种保护装置的整定原则以及为防止电网瓦解、全厂停电或保证重要用户作特殊考虑的整定原则。整定方案编制后，须经电力调控中心内部进行全面审核，并经公司负责人批准后执行，对一些不满足规程规定的整定方案，电力调控中心应会同相关部门讨论审定，审定后的整定方案由公司负责人批准后实施。整定计算需经专人全面复核，保证整定计算的原则合理、定值计算正确。保护定值计算以电网结构（运行方式）变化为前提，以基建单位提供的继电保护整定计算资料（包括线路的设计参数，变压器、发电机、线路串并联电抗器、线路串补装置、直流设备等一次设备的实测参数、相关图纸、保护装置技术说明书等）为依据。

3）查阅继电保护定值通知单，要求继电保护定值通知单编制完成后，严格履行三级审批制度及执行规定流程，即经整定计算人、审核人及批准人签字并加盖"继电保护整定计算专用章"后下发执行。定值通知单应编号并注明编发日期、定值更改原因等，编号必须唯一，不得重复。继电保护运行管理部门应根据保护定值变动情况及时撤旧换新，确保保护定值通知单的正确性和唯一性，确保现场装置整定值与定值通知单保持一致。整定计算必须保留中间计算过程（整定书），整定书需妥善保存，以便日常运行或事故处理时核对。

4）查阅继电保护统计月报表、继电保护动作分析报告。继电保护动作统计分析工作分为两部分：一是动作指标统计；二是事故报告分析。根据 DL/T 623《电力系统继电保护及安全自动装置运行评价规程》，保护装置的动作统计分析和运行评价实行分级管理，各单位要对管辖范围内保护装置的运行情况进行综合统计分析并逐级上报。统计分析工作应严格按照保护装置运行统计评价管理规定，及时进行保护装置的动作统计和事故分析，保证统计数据的准确性。要求对每一次保护动作都应写明时间、地点、保护型号、动作原因、不正确动作的责任单位、设备投产日期及责任分析。

2. 定值管理

（1）查评方法。电网继电保护定值计算和下达实行归口管理，继电保护定值须由网调、省调、地调、县调或发电企业保护管理部门的计算专责人负责整定计算。依据《整定规程》《县级调控保障能力》软件版本管理及电厂和大用户管理要求，同时结合《查评规范》评分标准，查评人员应深入到县公司调控中心，查评被查评单位继电保护定值管理是否严格执行有关管理制度和规程规定。

（2）查评重点。

1）对照软件版本文件和定值通知单核对设备台账，现场抽查装置软件版本号与台账、文件对应及执行情况，微机保护软件版本档案应包括保护型号、制造厂家、保护说明书、软件版本、保护厂家的软件版本升级说明等。要求各级调度应定期发布允许入网的微机保护型号及软件版本，保证其管辖范围内同型号微机保护的软件版本的一致性，运行维护单位应严格执行继电保护职能部门下发的微机保护软件版本通知单，不得随意在现场更换版本，微机保护软件版本变更后，应进行现场试验工作。

2）按照继电保护整定计算分级划分原则查阅分界点处的接口定值和综合阻抗的技术管理工作。要求电网网架结构或运行方式发生变化时，所属继电保护部门应及时计算所属范围内各接口的综合阻抗（包括最大和最小方式下正序和零序阻抗），上报并下达有关继电保护部门作为定值计算的依据，接口阻抗应在整定方案编制的初始阶段提交给相关单位。各单位根据收到的综合阻抗，对所属范围内的保护定值进行整定计算方案的编制。保护整定工作原则上每年至少进行一次，各级电力调控中心继电保护专业在收到上级电力调控中心新的电网综合阻抗后，计算人员必须及时更新整定计算系统软件参数，确保参数正确，及时完成保护定值的校核任务。

3）查阅高压大用户定值计算管理工作，要求高压大用户必须明确保护整定专责人，并上报所属调度备案。整定专责人必须熟悉本单位保护的配置及性能，系统学习过保护整定计算技术，熟悉保护整定计算规程的规定，并从事过保护调试工作实习。保护定值计算工作原则上每年至少进行一次，在收到相关调度部门新的电网综合阻抗后，计算专责人必须在一个月内进行保护定值校核，整定方案及整定计算书由本单位主管领导审核批准后执行，并将相关技术资料上报所接入电网调控中心审定后备案，当系统有较大变化时，应及时校核保护定值，对不满足要求的定值进行调整。

4）现场与相关专业人员及高压用户专业人员座谈，了解保护定值计算需要协调的工作。

3. 整定资料

（1）查评方法。为保证电网安全、稳定、经济运行，便于方式合理安排和保护定值及时、正确整定，按照相关规程中的参数管理规定，各相关单位对其施工管理的电气设备在新投产、变更前，必须向相应调控中心继电保护室报送正式、完整的电气设备参数，作为调控中心继电保护整定计算、电力系统综合计算的正式依据。依据《整定规程》《十八项反措》《微机继电保护装置运行管理规程》的要求，同时结合《查评规范》评分标准，查评人员应深入到县公司调控中心，查评被查评单位继电保护整定资料管理是否严格执行有关管理制度和规程的规定。

（2）查评重点。

1）查阅继电保护及安自装置报送的资料是否包括：继电保护装置、安全自动装置、故障录波器型号及技术说明书、版本号、校验码、保护装置打印的定值清单、施工设计图。

2）查阅主变压器报送的资料是否包括：制造厂家、型号、容量比、电压比、调压方式、额定电流比、接线组别、空载损耗、短路损耗、阻抗电压、零序阻抗（实测），110kV 及以上变压器附出厂试验报告。

3）查阅 35kV、10kV 线路报送的资料是否包括：线路名称、电压等级、架空线长度、电缆长度、导线型号、最大总负荷及负荷性质。

4）查阅 TA 报送的资料是否包括：制造厂家、型号、变比、容量及饱和倍数。

5）查阅开关报送的资料是否包括：制造厂家、型号、遮断容量、热稳定、动稳定。

6）查阅电容器报送的资料是否包括：制造厂家、型号、容量、额定电压、额定电流。

7）查阅电抗器报送的资料是否包括：制造厂家、型号、容量、额定电压、额定电流、阻抗电压。

4. 短路电流计算分析及对策

（1）查评方法。短路电流计算的主要目的是为今后发展新型断路器的额定断流容量以及研究限制系统短路电流水平的措施（包括提高变压器中性点绝缘水平），并为更换断路器、选择新型断路器的额定断流容量以及继电保护定值计算提供验算依据。因此依据 DL/T 5429—2009《电力系统设计技术规程》、Q/GDW 404—2010《国家电网安全稳定计算技术规范》《县级调控保障能力》的要求，同时结合《查评规范》评分标准，查评人员应深入到县公司调控中心，查评被查评单位短路电流计算分析及对策。

（2）查评重点。

1）查阅年度运行方式报告及短路电流计算报告，要求针对年度、夏季、冬季基建投产计划，各进行一次电网大方式下短路电流计算，提出应对短路电流超标的措施和建议。

2）依据短路电流计算结果，对照一次设备台账，验算所属区域电网各电压等级开关遮断容量、TA 允许电流倍数是否全部满足电网安全生产要求，及对发现的问题提出应对解决方案和措施（包括详尽的方案、实施步骤、完成时间等）。

（三）调控运行

调控运行重点从制度、资料管理，调控运行管理，调控应急处置三个方面开展查评。做到保证各类资料完善，各项工作有据可依、有章可循；工作记录完整清楚（运行人员每日工作内容清晰可查）。运行人员在工作过程中能够按照规程执行交接班制度，操作过程履行操作管理规定并执行操作票流程化处理；定期完成电网分析，顺利完成保供电任务。在遇到重大事故时，能够按照相关规定及时汇报、快速处理。通过对照查评方法具体条目，以期达到调控运行的"可控、能控、在控"的安全目标。

1. 制度、资料管理

（1）制度及规程。

1）查评方法。为适应国家电网公司"大运行"体系建设，规范调控一体化运行管理工作，根据《国家电网公司调控机构调控运行交接班管理制度》［国网（调/4）327—2014］第一章、《国家电网公司调控机构安全工作规定》［国网（调/4）338—2014］第五章、《国家电网公司调度系统重大事件汇报规定》［国网（调/4）328—2014］第一章和《国家电网公司省级以上调控系统安全生产保障能力评估办法》［国网（调/4）339—2014，以下简称《省级调控保障能力》〕1.2.1 "调度机构应切实执行调控规程、操作管理、运行值班管理、备用调度运行管理、生产信息报送、持证上岗、反事故演习等各项管理制度"相关规定，查评人员应深入到县公司调控中心，查评被查评单位规章制度的制定及执行情况。

2）查评重点。

a. 应有经审核批准的《调度控制管理规程实施细则》，其内容应在电网或调度管理关系等发生变化后做相对应的修订。

b. 应制定《调度操作管理制度》，明确操作流程，操作要求，编写倒闸操作典型票。

c. 应制定《运行值班管理规定》，并对调控人员在运行值班提出要求，同时调控人员应严格按照规定进行调控运行工作。

d. 持证上岗资料应有相关培训方案、培训计划、培训人员、考试成绩，以及岗位合格证书等资料。检查持证上岗率 100%。

e. 调控机构《生产信息报送管理制度》，该制度要制定生产信息报送流程，内容要符合国家电网公司生产信息报送规定和本地区电网实际情况。

f. 调控机构《重大事件汇报规定》，该规定要结合本单位电网结构制定汇报流程，内容符合国网公司重大事件汇报要求。

g. 反事故演习资料应有反事故演习方案、参演记录，演习照片等。

以上规程制度应每年进行更新且经生产领导审核批准。无需更新的制度，也应每年重新审核批准。

（2）调控值班室具备的资料。

1）查评方法。调控值班是 "大运行" 体系的前沿阵地，调控值班室的资料齐备可帮助值班员在工作过程中快速解决电网运行产生的问题，提高供电可靠性。因此根据《省级调控保障能力》第 1.3.11 条的规定，查评人员应深入到县公司调控中心，查评被查评单位的调控值班室存放资料。

2）查评重点。

a. 调度值班室资料应包括：继电保护及安全自动装置调度运行规定、电网一次系统图和厂站接线图、运行日志、月计划和日计划表单、调度日方式安全措施、拉闸限电序位表、继电保护定值单、年度电网运行方式、年度电网稳定规定（或上级规定）、低频低压减载方案、电网大面积停电应急处理预案、典型事故处理预案、重大事件汇报规定及相关应急联系人员名单、调度监控运行联系人员名单、厂站现场运行规程等，不得短缺。各项资料应按照本单位实际情况每年进行更新，并经生产领导审核批准。

b. 制度要符合电网实际，满足值班需要。涉密资料管理符合有关规定。

c. 检查一年内的值班运行日志，日志需记录完善，有明确的时间、当值人员姓名、值班事件、交接班记录等内容。同时检查调控值班室具备的资料是否及时更新且符合电网实际，并满足值班需要。

2. 调控运行管理

（1）调控值班管理。

1）查评方法。调控运行需要调控员轮流值班，并根据实际情况对电网实行全天 24h

不间断的调度控制，因此为保证每值人员对电网情况熟悉，根据《国家电网公司调控机构调控运行交接班管理制度》[国网（调/4）327—2014]第二章和《省级调控保障能力》第1.3.5条交接班管理的规定，查评人员应深入到调控室，查评被查评单位是否按有关规定对调控运行场所和运行值班纪律、交接班流程进行规范化管理；尤其要强调交接班规范正确、内容清楚、手续完备。

2）查评重点。

a. 现场检查值班场所监控、OMS、"五防"、AVC 等系统的运行情况。调控室内干净整洁，值班人员着装统一、整齐。

b. 交接班制度完善，值班纪律规范，抽查运行记录和交接班记录填写内容是否规范正确。

c. 检查现场交接班过程按照规定执行，交接班需全程录音且内容全面完整。

（2）调度操作管理。

1）查评方法。根据《县级调控保障能力》第1.1.2条和《国家电网公司配网运维管理规定》[国网（运检/4）306—2014]第4节倒闸操作的规定，查评人员应深入到调控室，查评被查评单位调控值班员按调度操作规定下令操作，负责下达操作指令的正确性。

2）查评重点。

a. 查看调度运行日志、调度操作票、停电检修计划以及相应工作票等资料，对照系统接线图查看调度员的操作和记录内容正确。

b. 抽查调度员下令操作的 10 个电话录音。接发令需互报单位和姓名，使用设备双重名称，核对设备状态，执行操作复诵制度，接发指令需正确。

c. 检查调度操作执行监护复诵制度的情况。

（3）操作票流程化管理。

1）查评方法。为规范公司调度管理应用（OMS）业务流程及标准操作程序上线管理工作，提升电网调控运行管理工作绩效，根据《国家电网公司调度管理应用（OMS）业务流程及标准操作程序（SOP）上线管理规定》[国网（调/4）343—2014]第一章、第二章、第四章和《县级调控保障能力》第1.3.3条倒闸操作的相关规定，查评人员应深入到调控室，查评被查评单位是否按照规定做到调控机构根据核心业务流程化管理要求执行操作。

2）查评重点。

a. 抽查调度操作票 20 份，查看操作内容是否正确，操作流程是否规范，按照操作票管理规定对操作票的拟票、审票、下票、操作和监护各个环节进行全过程信息化管控。

b. 每月对操作票进行统计、分析、考评，并有详细分析考评报告。

c. 抽查调度操作电话录音核对操作执行过程正确。

（4）电网运行分析管理。

1）查评方法。根据《县级调控保障能力》第2.2.3条和《电网调度安全分析制度（2009年修订版）》（调技〔2009〕269号）第三章、第六章的规定，查评人员应深入到调控室，查评被查评单位是否做到调控值班员针对当前电网运行情况，评估日运行方式所存在的安全风险，特别关注检修计划变更等特殊运行方式，进行危险点分析，必要时做潮流补充计算，提出运行控制要点。

2）查评重点。

a. 结合电网运行方式、停电检修计划、保电方案等资料，检查电网运行风险分析资料及措施，对分析报告做出评价。

b. 电网运行风险危险点应分析发生电网故障的原因和处理过程。对发现的问题提出应对措施及整改意见，并检查和跟踪整改措施落实情况。

（5）调控保供电。

1）查评方法。保供电管理指为重要活动或节假日期间协调电力供应保障或支援，落实保电部署，提供应急电源支持等。确保重要用电客户的电力供应，关系到社会安定和政治影响等诸多方面，根据《国家电网公司配网运维管理规定》［国网（运检/4）306—2014］第十节、《国家电网公司调控系统预防和处置大面积停电事件应急工作规定》［国网（调/4）334—2014］第94条和第134条、《国家电网公司调控机构安全工作规定》［国网（调/4）338—2014］第八章的规定，查评人员应深入到县公司调控中心，查评被查评单位是否制定了保证重要用户的供电方案，制定重大活动、节假日和特殊时期调控保电方案，制定迎峰度冬、迎峰度夏方案，并每年根据电网变化情况及时调整方案，组织实施。

2）查评重点。

a. 查阅各项保电方案的制定，且检查方案制定的完善性，对不同的保电任务方案制定应有针对性。

b. 查看运行日志，检查值班人员对方案的实施情况。

c. 对值班人员现场考问，检查其对方案的掌握情况。

（6）重大事件汇报管理。

1）查评方法。重大事件发生时同时都伴随着大量用户停电和电力系统受到强烈冲击，因此事件发生后必须及时向上级汇报，启动应急响应措施，各专业协同配合，将电网损失降到最低。根据《县级调控保障能力》第1.3.7条和《国家电网公司调度系统重大事件汇报规定》［国网（调/4）328—2016］第一章"应急响应要求"的规定，查评人员应深入到县公司调控中心，查评被查评单位在电网发生重大事件后，调控值班员是否严格执行了重大事件汇报制度。

2）查评重点。

a. 检查重大事件汇报制度，汇报要及时、准确。

b. 调阅监控系统内事故信息，对照运行记录和录音资料对重大事件的汇报进行检查，确保事件汇报及时、准确。

3. 调控应急处置

（1）典型事故现场处置方案。

1）查评方法。根据《调控系统预防和处置大面积停电事件应急工作规范》［国网（调/4）334—2014，以下简称《调控应急工作规范》］第四章，《县级调控保障能力》第1.4.4条、第1.4.5条，《国家电网公司调控机构安全工作规定》［国网（调/4）338—2014］第61条、第63条和《国家电网公司调度系统故障处置预案管理规定》［国网（调/4）329—2014］第一章、第二章的规定，查评人员应深入到县公司调控中心，查评被查评单位是否有根据电网薄弱环节和上级调控机构有关规定编制的典型事故现场处置方案,其中至少包含调控场所突发事件、特殊时期保电、变电站重大故障(全停)、发电厂重大故障(全停)、调度自动化系统故障的现场处置方案,并根据电网结构和方式变化滚动修订;组织对方案学习、交流、演练。

2)查评重点。

a.查阅1年内所编制的各项典型事故处理预案(如果地区内无发电厂,发电厂重大故障处置方案可不编写),并根据电网结构和方式变化滚动修订,经生产领导审核批准。

b.检查预案的演练和学习记录。

c.调阅运行记录和电话录音等资料,检查预案的使用情况。

d.对值班人员现场考问,检查其对方案的掌握情况。

(2)反事故演习。

1)查评方法。通过实战演练,帮助调控员掌握事故处理流程和技术重点,演练结束后及时梳理总结演练过程中存在的不足并提出整改计划,提升调控运行人员应急处置能力。根据《调控应急工作规范》第十章、《国家电网公司调度系统电网故障处置联合演练工作规定》[国网(调/4)330—2014]第1~3章和《国家电网公司调控机构安全工作规定》[国网(调/4)338—2014]第62条的规定,查评人员应深入到县公司调控中心,查评被查评单位是否每季至少进行1次反事故演习,是否按照要求参加上级部门组织的联合反事故演习。

2)查评重点。

a.查阅反事故演习预案、演习记录、演习照片等相关资料。

b.对值班人员现场考问,检查其对反事故演习的掌握情况。

c.检查应急预案体系。主要包括:调控机构应对电网运行突发事件应急工作预案、重要厂站全停应急处置方案、调控场所突发事件应急处置方案、黑启动方案、特殊时期保电方案、电煤预警应急处置方案、调度自动化应急处置方案、电网监控系统故障应急处置方案、备调调度应急预案等。

(3)电网事故处理分析和总结。

1)查评方法。根据《调控应急工作规范》第七章、《电网调度安全分析制度(2009年修订版)》(调技〔2009〕269号)第四章和《县级调控保障能力》第1.4.12条的规定,查评人员应深入到调控室,查评被查评单位的调控值班员是否做到正确处理电网事故,事故后及时进行分析评估、总结,提出改进措施。

2)查评重点。

a.查阅电网事故处理记录,调取电话录音和监控系统事故报文,根据事故报文、电话录音和处理记录判断事故是否处理正确、及时。

b.检查事故后的事故分析报告的编写是否符合事故发生的实际情况,报告应详细,包括发生时间,现象,处理过程、对电网的影响、今后改进措施以及汇报等。

c.检查事故后值班人员进行总结学习的情况。

(四)电压无功

电压无功从电压管理、无功管理和自动电压控制系统(AVC)运行管理三个方面查评各变电站和配网无功容量配置是否合理，各时段功率因数均是否达到要求。确保电网电压监测点数量充足，并正确上送数据，值班员根据情况及时调整电压。自动电压控制系统（AVC）能够实施监测电网参数，定期检查 AVC 系统的投退情况、异常处理情况、动作情况均满足运行要求。

1. 无功管理

（1）查评方法。根据 Q/GDW 1212—2015《电力系统无功补偿配置技术原则》第 9 章、《国家电网公司电力系统电压质量和无功电力管理规定》（国家电网生〔2009〕133 号）第 17 条和 DL/T 5118—2010《农村电力网规划设计导则》第 7.8 条的规定，查评人员应深入到县公司调控中心和县级电网变电站，查评变电站无功配置的容量是否按主变压器容量的 15%～30% 配置，并满足主变压器最大负荷时其高压侧功率因数不低于 0.95，在低谷负荷时功率因数不应高于 0.95，主变压器低压侧功率因数不低于 0.90；10kV（6kV）配电网配置的无功容量符合规定；35kV 及以上的电力用户，在变压器最大负荷时，其一次侧功率因数不应低于 0.95，在任何情况下不应向电网倒送无功；100kVA 及以上 10kV 电力用户，其功率因数宜达到 0.95 以上；其他电力用户其功率因数宜达到 0.90 以上；无功补偿设备与新建、改建的变电工程项目同期投产；及时投切无功补偿设备。

（2）查评重点。

1）根据设备台账，检查各变电站、配电网的无功容量配置是否符合规定要求。

2）根据设备台账，检查无功补偿设备是否与新建、改建工程同期投产。

3）查阅运行记录和 AVC 系统，检查无功补偿设备的投退情况。

4）调阅自动化监控系统历史数据，检查各时段功率因数是否达到规定要求。

2. 电压管理

（1）查评方法。电网的无功补偿实行"分层分区、就地平衡"的原则。电网调度机构按调度管辖范围分级负责电网各级电压的调整、控制和管理。根据《国家电网公司电力系统电压质量和无功电力管理规定》（国家电网生〔2009〕133 号）第二章和 GB/T 31464—2015《电网运行准则》第 6.2.2 条的规定，查评人员应深入到调控中心，查评被查评单位所辖电网电压监测点和电压考核点设置是否满足上级调控机构要求，变电站及用户端的电压监测点 A 类、B 类、C 类、D 类设置是否符合规定要求；是否及时采用电网无功电压调整的手段进行调压。

（2）查评重点。

1）查阅电压运行管理规定的制定。

2）检查电压监测点设置明细，监测点设置数量是否充足，按照用户类别监测点设置类型要合理。

3）检查设置的电压监测点是否可以正确上传数据。

4）检查值班运行记录内的变压器有载开关调节情况和电容器投退情况，查看值班员是否及时调整电压。

3. 自动电压控制系统（AVC）运行管理

（1）查评方法。利用 AVC 自动电压控制装置进行无功优化，将电压水平维持在合理的范围内，可增强电网可靠性，减少人工操作。根据《省级调控保障能力》第 5.4.3 条、

《电网调度安全风险辨识防范手册（网、省调部分）》（国家电网公司调计〔2009〕338号）第3.3条和《十八项反措》第2.5条的规定，查评人员应深入到调控室，查评被查评单位是否定期对AVC主站及现场装置安全约束、控制策略和动作效果进行分析，编制分析报告，对存在的问题制定并落实整改措施；调控值班员是否对装置投、退，异常等情况及时记录。

（2）查评重点。

1）查阅自动电压控制系统（AVC）每月的分析报告，报告应有对AVC主站、控制策略和动作效果进行的详细分析，并对存在问题提出整改措施。

2）查阅调控值班运行记录，检查AVC系统的投退情况、异常处理情况、动作情况等的记录。

（五）集中监控

为确保监控覆盖面达到全网覆盖，各监控系统运行稳定，数据实时准确上送，集中监控从集中监控覆盖率，监控信息接入、变更和验收管理，设备台账资料管理，集中监视管理，遥控倒闸操作管理5个方面进行安全查评。监控信息管理要保证信息接入、验收和变更时符合验收流程；设备台账所包含的信息要完整并实时更新。所有变电站实行集中监控，保证监控异常信息正确处理，暂时不能集中监控的站要履行监控权移交手续。遥控操作符合监控操作流程管理。保证全网监控信息实时、准确、完整，满足集中监控达到"全过程，全时段，全覆盖"的目标。

1. 集中监控覆盖率

（1）查评方法。无人值守变电站通过自动化和通信设备将设备运行情况上送到调控室，实行集中监控，可有效提升工作效率，根据Q/GDW 231—2008《无人值守变电站及监控中心技术导则》第4条、第5.4条的规定，查评人员应深入到县公司调控中心和所辖变电站，查评被查评单位实施集中监控的变电站设备是否具备"四遥"功能，并经验收合格；变电站交直流站用电电源控母、合母电压，以及变压器运行油温指示与现场一致；消防、安防、交直流告警信号齐全，接至调控中心的远程控制视频、电量采集、在线监测系统运正常。

（2）查评重点。

1）检查调度自动化（如IES600监控）系统遥信信息表及主接线图、电压棒图、主变负荷曲线、视频监控系统等。

2）检查OMS系统四遥传动情况，尤其是直流控母、合母电压和变压器运行油温指示。

3）检查无人值守变电站自动化设备和通信系统的配置。

2. 监控信息接入、变更和验收管理

（1）查评方法。当改建、扩建，新建的厂站间隔需纳入电网范围时，应保证其满足调控人员的监控调度需求，信息上传应准确及时。根据《调控机构变电站集中监控许可管理规定》（调监〔2012〕306号）第三章相关规定，查评人员应深入到县公司调控中心，查评被查评单位的变电站监控信息接入、变更时是否提供申请单并组织验收；变更信息点表是否经审核正确后正式下发使用，对验收遗留问题制定整改计划并组织再验收。

（2）查评重点。

1）检查验收工作方案，主要内容包括：验收工作计划，安全、技术和组织措施，验收作业指导书。

2）检查 OMS 系统监控信息接入、变更验收申请单信息的完整性和审批流程是否合规。

3）检查变电站监控信息验收卡填写情况，根据验收信息检查遥信监视表包含信号的完整性。

3．设备台账资料管理

（1）查评方法。根据《调度管理应用（OMS）基础数据采集及应用规范（2012 版）》（调技〔2012〕313 号）和《省级调控保障能力》第 2.5.1 条相关规定，查评人员应深入到县公司调控中心，查评被查评单位是否建立集中监控变电站、配网智能开关设备台账。

（2）查评重点。

1）检查调度专业的基础数据库是否包括组织机构、人员信息、厂站信息、一次设备信息、二次设备信息及应用类基础数据信息。

2）抽查设备台账内填报的参数与设备铭牌上的参数是否一致。

3）在 OMS 系统中查看集中监控变电站设备台账，内容是否包括一次、二次等设备基础信息以及运行记录、修试记录、设备生命大事记等设备运行履历信息。

4．集中监视管理

（1）查评方法。根据《国家电网公司调控机构设备集中监视管理规定》〔国网（调/4）222—2014〕第三章的规定，查评人员应深入到调控室对照 OMS、调度自动化等系统，查评被查评单位是否按照正常巡视、全面巡视、特殊巡视进行监控；调控值班员在值班期间对各类告警信息及时确认，是否对无法监控的设备或变电站通道中断时将监控权移交至变电运维部门。

（2）查评重点。

1）查阅 OMS 系统监控运行日志，检查监控员是否及时将正常巡视、全面监视和特殊监视范围、时间、监视人员和监视情况记入运行日志和相关记录。

2）查看调度自动化系统遥信监视表，是否有告警未确认的信息，如果有处理不了的信息应当报送缺陷。

3）查阅电网运行监控权移交执行单，检查移交和收回是否及时。

5．遥控倒闸操作管理

（1）查评方法。遥控操作是"四遥"的一项重要功能，在计划停送电和事故处理中有非常重要的作用，规范遥控倒闸操作不仅能够预防"误操作"事件的发生，而且可以减少设备停电时间。根据《调控机构设备监控远方操作管理规定（试行）》（调调〔2012〕282 号）第三章和《国家电网调度控制管理规程》（国家电网调〔2014〕1405 号）第 11.2 条的规定，查评人员应深入到调控室，查评被查评单位是否按照调度下达的指令执行，实现监控操作流程管理，操作票填写合格，执行正确；操作结束后与变电运维人员核对设备状态。

（2）查评重点。

1）查阅 OMS 系统监控运行日志，检查遥控操作记录的完整性。

2）调取监控录音电话，执行操作时是否与下令人互通时间、姓名，按照设备双重名称接令回令，并执行复诵制度。

3）检查近 3 个月操作票是否包括核对相关变电站一次系统图、检查设备遥测遥信指示、拉合开关操作等内容。

4）调控机构值班监控员负责完成规定范围内的监控远方操作是否包括：一次设备计划停送电操作，故障停运线路远方试送操作，无功设备投切及变压器有载调压分接头操作，负荷倒供、解合环等方式调整操作，小电流接地系统查找接地时的线路试停操作，其他按调度紧急处置措施要求的开关操作。

6．监控缺陷管理

（1）查评方法。设备在运行过程中发现的设备缺陷，应通过缺陷发起、缺陷处理和消缺验收三个阶段形成缺陷处理闭环管理。根据《调控机构集中监控缺陷管理规定（试行）》（调监〔2012〕306 号）第三章的规定，查评人员应深入到调控室，查评被查评单位是否对调控值班员认定的缺陷启动缺陷管理流程，通知相应设备运维部门处理，并将缺陷内容、发现日期以及处理情况及时填写在缺陷管理记录中；值班监控员是否做好缺陷的跟踪、落实、验收工作，建立家族性缺陷管理模块并及时更新；是否对遗留缺陷定期进行分类、汇总、上报。

（2）查评重点。

1）查阅 OMS 系统缺陷管理流程，按照"闭环管理"的原则检查流程内容。

2）查阅 OMS 系统监控运行日志将缺陷如实记录在案。

3）查阅监控运行分析月报，是否将本月发生的缺陷分析全面到位，处理得当。

7．变电站监控信息处置

（1）查评方法。根据《国家电网公司调控机构设备监控信息处置管理规定》〔国网（调/4）223—2014〕第四章的规定，查评人员应深入到调控室，查评被查评单位是否按照信息收集、实时处置、分析处理三个阶段按照"分类处置、闭环管理"的原则，对监控异常信息全面收集、认真分析，参考典型监控信息释义，按照相应的处置流程进行正确处理。

（2）查评重点。

1）查阅 OMS 系统监控运行日志，是否将监控信息按照事故处理、缺陷管理、倒闸操作等类别分类记录，并根据实际处理情况完成记录，形成闭环。

2）查阅典型监控信息释义。

3）现场考问值班员遇到事故、异常、变位、越限、告知类信息的实时处置方法。

8．监控运行分析管理

（1）查评方法。定期对设备监控信息梳理、汇总和分析可使各专业对电网运行的概况有整体全面的认识，根据《调控机构设备监控运行分析管理规定》（调监〔2012〕285 号）第三章的规定，查评人员应深入到县公司调控中心，查评被查评单位的监控运行分析管理是否开展监控运行定期分析和专项分析，定期分析包括月度分析和半年度、年度分析。变电站发生越级故障跳闸、保护误动、拒动等故障时及时开展专项分析并形成分析报告。

（2）查评重点。

1）查阅监控运行分析月度、半年度、年度运行分析报告。月度分析主要内容包括监控运行总体情况、监控信息数量统计、监控信息分类分析、缺陷统计和分析等，半年度、年度分析主要内容包括周期内监控指标分析、监控信息分析等。

2）查阅事故专项分析报告。

9. 监控业务评价管理

（1）查评方法。监控能效评价以提高设备集中监控规模为导向，反映调控中心设备集中监控装备水平和技术支撑手段建设成效；监控运行评价以提高设备监控运行水平和设备运维管理水平为导向，反映监控信息的规范性和正确性、设备缺陷情况和监控运行工作量。根据《调控机构设备监控业务评价管理规定（试行）》（调监〔2012〕306号）第二章的规定，查评人员应深入到县公司调控中心，查评被查评单位监控业务评价管理是否做到定期对包括设备监控能效指标和设备监控运行指标开展评价。

（2）查评重点。

1）监控能效指标至少包括监控变电站数量、变电站集中监控覆盖率、AVC控制覆盖率、监控信息优化变电站数量、监控信息总量、缺陷处理率及缺陷处理及时率等。

2）监控运行指标至少包括人均监控信息量、监控信息错误率、监控远方操作步骤数、监控远方操作成功率及误操作次数等。

# 第五节  调度自动化运行与管理

## 一、查评目的

电力调度自动化系统是电力系统的重要组成部分，是确保电力系统安全、优质、经济运行的基础设施，是提高电力系统运行水平的重要手段。查评县供电企业调度自动化运行与管理的主要目的，是要加强和规范自动化系统设备的运行管理、检验管理、技术管理，保证电力系统安全、稳定、可靠运行。通过查评自动化系统运行是否正常，OMS自动化相关功能和基础信息库是否完整、准确，自动化运行管理规程规定是否严格执行，配电自动化系统是否在实际中应用，基础保障是否严格执行规程规定等，达到提高调度自动化运行与管理水平、工作质量和工作效率的目的。

调度自动化运行与管理的查评内容共4项，合计120分，主要包括：调度自动化系统30分，配电自动化系统30分，基础保障40分，运行管理20分。调度自动化运行与管理查评主要是深入到县公司调控中心、运检部、变电站、自动化机房，通过查阅资料及问询的方法，对被查评单位的调度自动化运行与管理进行查评。

## 二、查评方法及重点

（一）调度自动化系统

1. 稳态监视

（1）查评方法。如果电网运行监视功能维护不到位，功能有缺项或停用，将导致电网调度控制运行监控不及时、不全面。依据《省级调控保障能力》和《国网电网公司电力调度自动化系统运行管理规定》［国网（调/4）335—2014，以下简称《运行管理规定》］要求，同时结合《查评规范》评分标准，查评人员应深入到县公司调控中心、自动化班和机房，查评被查评单位调度自动化系统监视与告警功能是否满足实用化要求。

（2）查评重点。

1）现场检查调度自动化系统中主站电网拓扑画面。检查是否具备有功功率、无功功率量值，方向是否正确，相应母线及线路运行状态是否清晰，是否具备电网频率、电压、时钟等信息，厂站画面是否与实际电气接线一致。

2）随机抽取调度自动化系统中重要厂站电气接线图检查，画面应体现网络拓扑着色功能，通过改变开关刀闸位置测试自动旁路代、自动对端代功能是否生效。

3）按照电网调度运行分析制度规定，现场查看调度自动化系统电网监视重要功能，如：断面潮流越稳定限额或频率越限告警、母线电压越限告警，故障和事件前后的系统频率、电压、潮流和开关动作等变化过程并有完整记录。

4）现场有条件时，可通过模拟事故情况，根据开关变位等情况，检查主站是否具备事故自动推画面功能。

5）现场查看调度自动化系统中查询系统存储的 SOE 记录并按时间进行排序，可按时间、厂站等对 SOE 进行分类显示、查询打印等。

6）要求实现"全息"事故追忆，现场可调取系统最近的异常或事故记录进行事故反演，反演时应反映当时的电网模型、拓扑，真实反映事故发生时刻情况。

7）与自动化专业及调控值班员交流，了解存在的问题。

2. 运行分析

（1）查评方法。自动控制应用功能是提高电网安全运行的技术支持保障能力，依据《省级调控保障能力》和《运行管理规定》电网调度数据采集与监视控制功能要求，同时结合《查评规范》评分标准，查评人员应深入到县公司调控中心、自动化班和机房，查评被查评单位调度自动化系统运行分析基础数据管理是否满足完整性、准确性、及时性、可靠性、同步性要求。

（2）查评重点。

1）调取相关应用界面查看系统功能是否能实现对全网及分区低频低压减载、限电序位负荷容量的在线监测。

2）查看调度自动化系统，要求现场演示和查看历史记录，系统可通过与预设的潮流断面限值进行比较判断越稳定限额，或通过计算与已维护的电气参数比较判断越稳定限额，并在系统告警区域弹出报警信息。

3）查阅管辖范围内自动化系统运行情况的统计分析。

4）查看自动化系统相关功能和基础信息维护情况，要求自动化系统和设备基础信息库完整、准确、更新及时。

3. 运行监控

（1）查评方法。调度自动化系统应安全稳定运行，不能由于调度自动化系统原因使电网正常运行或发生事故时影响延误调度员准确监控。依据《省级调控保障能力》和《运行管理规定》的要求，同时结合《查评规范》评分标准，查评人员应深入到县公司调控中心、自动化班和机房，查评被查评单位调度自动化系统运行监控、电网模型是否满足实用化技术要求。

（2）查评重点。

1）现场查看调度自动化系统人机界面中的电网潮流图、电压棒图、变电站一次接线图色标等事项，画面更新及时并与实际相符。

2）现场查看调度自动化系统监视功能，电压、重载线路及断面潮流走向信息准确，在重载线路或断面超稳定限额运行时调度员能及时根据潮流流向合理调整相关出力及负荷。

3）查阅由于系统主接线变更，需修改相应的画面和数据库等内容时，是否有经过批准的书面通知。

（二）配电自动化系统

1. 配电自动化系统功能要求

（1）查评方法。配电自动化是电力系统发电、输电、变电、配电、用电五大环节中的重要组成部分之一，是一项集计算机技术、数据传输控制技术、现代化设备及管理于一体的信息管理系统，对于提升供电可靠性、改进电能质量、提高用户服务水平、降低运行费用、减轻运行人员的劳动强度具有重要作用。依据《国网运检部关于印发配电自动化建设相关指导意见的通知》（运检三〔2013〕527号）配网自动化技术导则和《县级调控保障能力》配电自动化系统功能要求，同时结合《查评规范》评分标准，查评人员应深入到县公司调控中心、自动化班和机房，查评被查评单位配电自动化系统功能是否满足实用化技术要求。

（2）查评重点。

1）查看配电自动化系统中的数据采集与运行监控。数据采集包括：一是模拟量测量，包括电压、电流、零序电流（电压）、有功功率、无功功率、视在功率、频率、变压器温度、直流电压等；二是状态量测量，包括开关、刀闸、变压器分接头等位置信息、接地选线动作信号、同期检测的位置状态、直流系统故障信号、设备运行告警信号（如压力低、油温高、油位低）；三是电能测量，包括接入脉冲、数字电能量数据。运行监控包括：一是对所采集的电压、电流、变压器温度等进行判断，若有越限，发出告警信号；二是监控开关、刀闸、变压器分接头等位置信息；三是接入显示SOE信息、保护信号、防盗信号、火灾报警信号等；四是能够输出中央告警信号，支持事件信息的自动打印、语音输出。

2）查看配电自动化系统中的模型/图形管理，系统通过图形编辑可绘制各种应用画面，包括接线图、地理图、系统图、趋势画面、实时数据、历史数据、潮流分布画面、动态棒图、饼图、表盘图、网络负荷图、系统索引图等。

3）抽取自动化系统中电网概况相关画面，可从画面中直接调取系统中的重要数据曲线、显示其日曲线、月曲线或年曲线及相应极大极小值，可方便地以表格形式显示曲线数据，不同数据曲线比较时应清晰直观。

4）查看馈线自动化系统实际应用功能，包括故障检测功能、故障隔离功能、非故障区域恢复控制功能、非故障区域恢复方案预演、开关拒动情况下隔离恢复控制方案实施、故障模拟仿真、最佳恢复方案确定。

5）查看配电自动化系统中的拓扑分析功能，它是根据网络连通性模型和动态开关状态来确定配电网络的结构，它为配电网络中带电和不带电的区域生成可视化和模型化的标志分别供显示和分析使用。主要查看普通设备着色模式和异常状态着色模式，普通设备着色模式包括：按馈线着色、按电压等级着色、按供电变电站着色；异常状态着色模式包括：将电压越限、负荷越限、开关异常等设备按配置着色、其他设备按照是否带电、接地分别着色。

2. 配电自动化系统指标要求

（1）查评方法。配电自动化系统各项指标的高低是衡量该区域电力企业规划设计水平、生产技术水平和管理水平的重要依据，依据《县级调控保障能力》配电自动化系统功能要求，同时结合《查评规范》评分标准，查评人员应深入到县公司调控中心、自动化班和机房，查评被查评单位配电自动化系统运行指标及覆盖率是否达到规定指标要求。

（2）查评重点。

1）根据调度范围查看配电自动化系统、查阅有关运行日志和有关运行统计数据进行各项指标计算，要求：配网主站月平均运行率≥99.9%；配电调度管辖范围内，各类接线图及模型覆盖率达100%；配电终端覆盖率≥80%；配电终端月平均在线率≥95%。

2）与专业人员座谈，了解配电自动化系统运行情况。

3. 配电网接线图标准化、电子化应用要求

（1）查评方法。配网图形和模型应遵循 IEC 61970/61968 标准，以馈线为基本单元，基于单线图进行图模一体化建模。接线图样式分为站房图、单线图、环网图、系统图，原则上要求采用横平竖直的正交布局式，线路与设备不能有交叉重叠，优先保证主干线的布局。单线图为调度控制业务的必备图，站房图、环网图、系统图为调度控制业务的辅助图形。因此依据《国网运检部关于印发配电自动化建设相关指导意见的通知》（运检三〔2013〕527号）配网自动化技术导则和《县级调控保障能力》配电自动化系统功能要求，同时结合《查评规范》评分标准，查评人员应深入到县公司调控中心、自动化班和机房，查评被查评单位配电自动化系统电网模型功能是否满足配电网接线图标准化、电子化应用要求。

（2）查评重点。

1）查看配电自动化系统中的电子接线图，包括以下：

a. 单线图。单线图是以单条馈线为单位，描述从变电站出线到线路末端或线路联络开关之间的所有调度管辖设备；组成元素：变电站、环网柜、开关站、配电室、箱式变、电缆分支箱、负荷开关、断路器、刀闸、跌落式熔断器、组合开关、架空线、电缆、配电变压器、故障指示器及其杆塔等设备。

b. 环网图，包括环网详图和环网简图。环网详图：由两条或多条有联络关系的馈线组成，用于展示馈线的环网联络细节情况的图形，包含所联络相关馈线的全部主干、分支线路上调度管辖设备；组成元素：变电站、环网柜、开关站、配电室、箱式变、负荷开关、断路器、刀闸、跌落式熔断器、组合开关、架空线、电缆、配电变压器、分支箱、故障指示器等多条馈线上主干和分支线的设备。环网简图：由两条或多条有联络关系的馈线主干部分组成，用于展示馈线环网主干的联络情况，仅包含所联络相关馈线主干线路上的调度管辖设备；组成元素：变电站、环网柜、开关站、配电室、分支箱、母线、负荷开

关、断路器、刀闸、组合开关、架空线、电缆等多条馈线主干线上的设备。

c. 站房图。站房图是以开关站、环网柜、配电室、箱式变、电缆分支箱、高压用户等站房为单位，描述站房内部接线和其间隔出线的联络关系，清晰反映站房内部的接线，直观展示站房供电范围的示意专题图形，站房图以间隔出线的电缆为边界，并在站房图完成绘制；组成元素：站内开断类设备、母线、电压互感器、站内变压器、中压电缆等。

2）查看配电自动化系统中提供操作的图形界面，应具备人工置数、设置清除、遥控、摇调、升降、报警确认、拓扑着色等功能，实现图物相符、状态一致。

3）与专业人员座谈，了解配电自动化系统人机界面管理系统的应用情况。

（三）基础保障

1. 自动化机房设备安装及机房环境要求

（1）查评方法。自动化设备的安装与接线必须以设计图纸为依据，它是保证自动化设备安全运行与今后设备检修、故障查找的基础。依据《县级调控保障能力》基础保障能力要求，同时结合《查评规范》评分标准，查评人员应深入到县公司调控中心、自动化班和机房，查评被查评单位自动化机房设备安装及机房环境是否满足基础保障要求。

（2）查评重点。

1）对照竣工图现场检查自动化设备的硬件配置、二次回路接线，要求安装可靠、图实相符，柜内缆线上的标记清晰、准确，布线整齐、有序，柜体接地符合要求。

2）现场检查自动化设备的背板接线是否有断线、短路、压接不紧、焊接不良等现象。

3）现场检查自动化设备外部电缆接线是否与设计相符，要求布线有序、整齐，接线端子接触良好、标识清楚。

4）现场检查电缆通道有无未封堵的孔洞，防止老鼠等小动物进入机房对设备造成损害。

5）现场检查机房温度计、空调的运行情况及相应管理制度，机房环境温度应在 20～25℃之间，相应管理应满足信息安全等级保护三级要求。

2. 自动化机房电源

（1）查评方法。电源是保证自动化设备安全运行的重要设备，为了加强电源设备的运行管理和维护工作，保障自动化系统稳定、可靠的运行和优质供电，自动化设备必须装设专用不停电电源。依据《县级调控保障能力》基础保障能力要求，UPS 的交流供电电源应采用两路来自不同电源点供电，且应主/备冗余配置，任一台容量在带满主站系统全部设备后，应留有 40% 以上的供电容量；UPS 在交流电消失后，主调系统不间断供电维持时间应不小于 2h；运行设备供电电源应采用分路独立开关供电。同时结合《查评规范》评分标准，查评人员应深入到县公司调控中心、自动化班和机房，查评被查评单位主站系统供电电源、接地是否满足基础保障要求。

（2）查评重点。

1）现场查看 UPS 电源工作指示灯运行状态是否正常，要求自动化设备有专用的不间断电源（UPS）装置供电，不应与信息系统、通信系统合用电源。

2）现场查看市电输入是否正常、双电源切换是否正常、UPS 外壳有无变形；查阅UPS 交流电源定期切换试验记录、查看 UPS 充放电记录（每季度）、自动化机房温度和湿度记录，要求每天对机房进行巡视并做好记录。

3）现场查看 UPS 工作负载，要求定期检查 UPS 的负载大小，对不满足容量要求的电源及时扩容技改。

4）查阅 UPS 维护作业指导书，要求考虑各类可能导致 UPS 无法正常工作的情况，同时对照作业指导书维护人员应熟练掌握现场开关状态功能和使用规范。

5）现场查看相关设备防雷装置安装是否正确、接地是否可靠，查阅接地电阻实际测量值，要求定期测量自动化机房接地电阻，并提供测试报告。

3. 监控系统安全防护要求

（1）查评方法。随着电网科学技术的不断发展，电力调度自动化网络被应用在各色各样的领域中，这就使得电力自动化网络安全的重要性愈发突出，想要电力调度自动化网络系统免受恶意攻击破坏，就需加大网络系统管理力度，建立和完善系统化的安全保障机制。依据《电力监控系统安全防护规定》（国家发展和改革委员会令第 14 号）技术管理和安全管理要求，同时结合《查评规范》评分标准，查评人员应深入到县公司调控中心、自动化班和机房，查评被查评单位监控系统安全防护是否全面落实和实施。

（2）查评重点。

1）现场查看应用系统及相关记录，并核对标签，要求主站系统安全防护体系完整，分区合理，物理隔离设备、防火墙设备、纵向加密认证装置配置完备。

2）查看网络访问控制策略、防病毒系统、入侵检测、安全审计等安全防护手段是否健全。

3）现场查看系统设备、网络设备、网络接线与系统网络结构图、清单是否一致。

4）现场查看配电自动化系统遥控操作是否进行加密认证。

5）至变电站现场查看变电站二次系统安全防护，要求分区合理、隔离措施完备可靠，现场系统设备、网络设备、网络接线与系统网络结构图、清单一致。

6）查看Ⅰ区、Ⅱ区之间是否有防火墙，Ⅰ区、Ⅲ区之间是否有隔离装置，变电站内数据网设备路由器与交换机之间是否有加密装置。

7）查看二次系统安全防护的职责与分工、日常运行管理、技术管理、工程实施、接入管理、安全评估、应急处理、保密工作等内容的实施管理规定。

（四）运行管理

1. 巡检管理

（1）查评方法。自动化管理部门应制定相应的自动化系统的运行管理制度，内容应包括设备巡视、运维检修、缺陷管理等，它是自动化专责人员及时发现自动化设备运行异常和故障的有效手段。依据《运行管理规定》运行维护管理要求，同时结合《查评规范》标准，查评人员应深入到县公司调控中心、自动化班和机房，查评被查评单位自动化系统运行情况、自动化系统运行管理规程规定执行情况以及上级布置工作完成情况。

（2）查评重点。

1）查阅自动化系统和设备定期巡视、检查、测试记录，要求定期核对自动化信息的准确性，发现异常情况及时汇报和处理并做好记录。

2）现场查看机房是否有监控设备，是否有机房管理制度，进出机房登记记录等。

3）查阅自动化系统和设备技术资料，要求应具备下列图纸资料：设备的专用检验规程、相关的运行管理规定、办法；设计单位提供的设计资料；符合实际情况的现场安装接线图、原理图和现场调试、测试记录；各类设备运行记录（如运行日志、现场检测记录、定检或临检报告等）；设备故障和处理记录（如设备缺陷记录簿）；软件资料，如程序框图、文本及说明书、软件介质及软件维护记录簿等。

2. 检修、缺陷管理

（1）查评方法。自动化设备检修及缺陷管理工作是保障调度自动化系统安全稳定运行的重要工作体系，自动化系统和设备的检修分为计划检修、临时和故障检修；调度自动化系统和设备出现异常情况均列为缺陷，根据威胁安全的程度，分为紧急缺陷、重要缺陷和一般缺陷。为了提高自动化设备检修质量和缺陷处理及时，查评工作应依据《运行管理规定》缺陷管理和检修管理要求，同时结合《查评规范》评分标准，深入到县公司自动化班和机房，查评被查评单位的检修、缺陷管理是否严格执行调度自动化系统设备检修流程和缺陷管理流程。

（2）查评重点。

1）查阅各单位根据实际情况制定的自动化系统设备检修、缺陷管理制度。要求检修管理制度要有规范的业务流程，实现检修申请单申报、审批流程化管理；缺陷管理制度应包含缺陷管理职责，缺陷的发现、登记、传递、处理、报表和注销以及检查与考核。

2）查阅年度检修计划相关规定和流程，检查当月起前推12个月的检修计划，跟踪检查流程执行情况。

3）查阅检修统计和已有的考核结果，包括检修计划完成率、临时计划完成率、检修单按时完成率。

4）查阅设备缺陷月度报表和缺陷管理流程，要求设备缺陷的处理期限应符合有关规定，消缺现场工作结束后，由维护检修人员填写缺陷注销卡并签字。

# 第五章

# 设备安全查评指南

安全性评价是企业安全管理工作的重要手段之一，是企业实现本质安全的一项基础工作，从安全生产管理、现场设备状况、人员状况、安全环境、安全辅助性的材料、仪器仪表、安全防护等各个方面，依据安全生产法、电力生产工作规程、电力企业生产各种标准、制度等进行评价，通过自查评、专家查评、复查评，用打分的形式来对一个企业、一个单位、一个班组进行地毯式的评价，从而使管理者能充分掌握企业所辖设备基础、运维、检修等各方面的安全现状，顺利开展企业设备更新、技改、反事故措施制定等工作，为确保电网安全稳定运行提供坚强的物资基础。同时县供电企业 10kV 及以下配电网由于涉及广大的县城和农村供电和用电，由于其服务的对象及从事设备运维检修及服务的工作人员相对于城市和主网而言，素质相对较低，再加上配电网点多面广，设备种类各异且安全技术防护欠缺，是供电企业人身安全的高发区域，因此也是从完善安全技防措施方面开展县供电企业安全性评价工作的重中之重。

设备安全查评指南是在《查评规范》的有关查评标准和依据的基础上进行编制，是发挥设备安全保证体系作用的重要查评手段，是查评设备安全的方法，符合设备安全的专业特点。

## 第一节 变 电 设 备

### 一、查评目的

变电设备巡视检查、日常维护和设备定期轮换、试验工作，是变电运行管理工作的一个重要部分，它是检查设备运行状况，掌握设备运行规律，确保设备安全运行的基础工作。根据设备的分布情况，科学合理地制定设备巡视线路，确保设备巡视时不遗漏、不重复，及时发现和消除变电设备缺陷及不安全因素，预防事故发生；同时对设备开展日常维护和设备定期轮换、试验工作，可以提高设备健康水平，为变电设备安全可靠稳定运行奠定坚实的基础。同样变电站配备经审批符合现场实际的典型操作票，可以规范运行人员的操作行为，从而有效地杜绝误操作事故的发生。因此，对变电设备开展安全性评价工作，运用系统工程的方法对变电设备存在的危险性进行定量和定性分析，确认系统发生危险的可能性及其严重程度，进而提出必要的有针对性的整改措施，以达到消除设备事故或降低设备事故率、减少事故损失的目的。

变电设备的查评内容共 14 项，合计 940 分，主要包括：主变压器 120 分，母线及架构 40 分，高压开关设备 80 分，电压、电流互感器 40 分，防误闭锁装置 40 分，过电压保护及接地装置 70 分，设备编号、标志及其他安全设施 40 分，无功补偿设备 40 分，变电站站内电缆及电缆构筑物 50 分，站用电系统 20 分，继电保护及安全自动装置 50 分，直流系统 170 分，蓄电池 60 分，维护管理 120 分。变电设备的查评主要是深入到县公司运检部、调控中心、生产班组、变电站，通过查阅资料、问询及现场巡视检查变电设备的实际运行情况，查评被查评单位的现场各类运行设备及其设备台账、工作记录、巡视检查记录、缺陷记录等，并按《查评规范》对变电设备开展逐项查评，真正达到充分掌控变电设备的运行情况、管理情况，确保变电设备的安全稳定可靠运行。

**二、查评方法及重点**

1. 主变压器

(1) 冷却系统及油温控制。

1) 查评方法。根据 DL/T 572—2010《电力变压器运行规程》（以下简称《变压器运行规程》）4.1.3 油浸式变压器顶层油温规定、5.1.5 温度计应在检定周期内、6.1.5 油温指示异常处理，以及《国家电网公司变电运维管理规定（试行）》[国网（运检/3）828—2017，以下简称《变电运维规定》]第 107 条"防高温管理：（五）各冷却器（散热器）的风扇、油泵、水泵运转正常，油流继电器工作正常。冷却系统及连接管道无渗漏油，特别注意冷却器潜油泵负压区出现渗漏油"的要求，深入到县公司变电检修（运维）班、变电站，通过查阅资料、问询及现场检查的方法进行查评。

2) 查评重点。查阅变电站巡视检查记录、运行维护工作记录、值班日志、缺陷记录、测温记录等，查评日常运维工作是否到位。现场检查各冷却器（散热器）的风扇、油泵、水泵运转是否正常，油流继电器工作是否正常，冷却系统及连接管道无渗漏油，特别注意冷却器潜油泵负压区出现渗漏油；检查变压器油温及温升是否正常（可利用远红外线测温仪器测温），自然循环冷却变压器的顶层油温不宜经常超过 85℃。

(2) 油箱及其他部件。

1) 查评方法。根据《变压器运行规程》3.1.2 规定，深入到县公司变电检修（运维）班及变电站，通过查阅资料、问询及现场检查的方法进行查评。

2) 查评重点。查阅值班日志，缺陷记录查评油浸式变压器本体的安全保护装置，冷却装置、油保护装置和油箱及附件符合 GB/T 6451《油浸式电力变压器技术参数和要求》的要求，同时结合测温设备现场检查变压器油箱表面温度是否分布均匀，局部过热点温升是否超过规定值；干式变压器有关装置应符合 GB/T 10228《干式电力变压器技术参数和要求》相应的技术要求。

(3) 温度测量装置。

1) 查评方法。根据《变压器运行规程》3.1.5"变压器应按下列规定装设温度测量装置：a）应有测量顶层油温的温度计。b）800kVA 及以上的油浸式和 630kVA 及以上的干式变压器，应将温度计信号接远方信号。c）800kVA 及以上的变压器应装有远方测温装置。d）强油循环水冷却的变压器应在冷却器进出口分别装设测温装置。e）测温时，温度计管座内应充有变压器油。f）干式变压器应按制造厂的规定，装设温度测量装置。"3.1.6"无人值班变电站内 20000kVA 及以上的变压器，应装设远方监视负荷电流和顶层油温的装置。无人值班的变电站内安装的强油循环冷却的变压器，应有保证在冷却系统失去电源时，变压器温度不超过规定值的可靠措施，并列入现场规程"和《变电运维规定》第 107 条"防高温管理：（七）现场温度计指示的温度、控制室温度显示装置、监控系统的温度基本保持一致，误差一般不超过 5℃"的规定，深入到县公司变电站、调控中心，通过现场检查的方法进行查评。

2）查评重点。检查变压器是否按规定装设测温装置，现场温度计指示的温度、控制室温度显示装置、调度远方监控系统的温度是否基本保持一致，误差一般不超过 5℃。必要时用红外测温仪测量温度。

（4）总体运行工况。

1）查评方法。依据《变压器运行规程》5.1.4"变压器日常巡视检查一般包括以下内容：a. 变压器的油温和温度计应正常，储油柜的油位应与温度相对应，各部位无渗油、漏油；b. 套管油位应正常，套管外部无破损裂纹、无严重油污、无放电痕迹及其他异常现象；c. 变压器声响均匀、正常；g. 引线接头、电缆、母线应无发热迹象"的规定，深入到县公司变电站、变电检修（运维）班进行查评。

2）查评重点。查阅巡视记录检查是否按规定对变压器进行日常巡视检查，检查缺陷记录，查评有无内部故障缺陷尚未消除、应退出而未退出运行的保护或附属设施等情况存在。现场检查油位器不超出规定值，现场用红外测温仪测温，检查有无接头过热现场。重点检查变压器运行中无异常噪声及放电声。

（5）主要部件运行状况。

1）查评方法。依据《变压器运行规程》5.1.4"a. 变压器的油温和温度计应正常，储油柜的油位应与温度相对应，各部位无渗油、漏油；b. 套管油位应正常，套管外部无破损裂纹、无严重油污、无放电痕迹及其他异常现象；d. 各冷却器手感温度应相近，风扇、油泵、水泵运转正常，油流继电器工作正常；e. 水冷却器的油压应大于水压（制造厂另有规定者除外）；i. 有载分接开关的分接位置及电源指示应正常；j. 气体继电器内应无气体；k. 各控制箱和二次端子箱应关严，无受潮；l. 干式变压器的外部表面应无积污；m. 变压器室的门、窗、照明应完好，房屋不漏水，温度正常；n. 现场规程中依据变压器的结构特点补充检查的其他项目"的规定，深入到县公司变电站、变电检修（运维）班，通过查阅资料、问询及现场检查的方法进行查评。

2）查评重点。查阅巡视记录、设备台账、缺陷记录、运行记录等检查变压器日常巡视检查是否到位。现场检查绕组、铁芯、压紧装置内引线接头、调压开关、套管等运行正常；油色油位正常，各部位无渗油、漏油；铁芯和铁芯夹件接地引出油箱外的接地可靠；变压器外壳接地良好，中性点应有两根与主接地网不同地点连接的接地引下线且每根接地线均应符合热稳定要求；钟罩式主变压器的钟罩与底座间用导电体（片）连接良好。按

5.1.4 规定现场检查正常应不少于 5 处。

（6）呼吸器运行状况。

1）查评方法。依据《变压器运行规程》5.1.4"f. 吸湿器完好，吸附剂干燥"及《变电运维规定》1.1.17"运行中应检查吸湿器呼吸畅通，吸湿剂潮解变色部分不应超过总量的 2/3。还应检查吸湿器的密封性需良好，吸湿剂变色应由底部开始变色，如上部颜色发生变色则说明吸湿器密封性不严"的规定，深入到县公司变电站、变电检修（运维班），通过查阅资料、问询及现场检查的方法进行查评。

2）查评重点。现场检查净油器正常投入；呼吸器运行、维护及密封情况良好，吸湿器完好且呼吸器硅胶无潮解失效，按要求更换硅胶，不存在油封干枯或存水、硅胶罐或胶管破裂现象。查阅缺陷记录，是否按照规定时限进行处理并闭环。

（7）有载调压装置运行状况。

1）查评方法。依据《国家电网公司变电检测管理规定》[国网（运检/3）829—2017]"油浸式电力变压器和电抗器的检测项目、分类、周期和标准表中第十项有载分接开关检查项目"的相关规定，深入到县公司调控中心、变电站，通过查阅资料、问询及现场检查的方法进行查评。

2）查评重点。现场检查有载调压装置是否运行正常；查阅有载调压记录、缺陷、修试记录，是否按要求动作次数、油化试验结果或规定周期进行换油、检修和试验。

（8）压力释放装置。

1）查评方法。根据《变压器运行规程》5.1.4"h. 压力释放器、安全气道及防爆膜应完好无损"的要求，深入到县公司变电站进行现场查评。

2）查评重点。现场检查压力释放器、安全气道及防爆膜是否完好无损，压力释放阀的阀芯、阀盖是否有渗漏油等异常现象。检查释放阀微动开关的电气性能是否良好，连接是否可靠，是否采取有效措施防潮防积水。释放阀的导向装置安装和朝向是否正确，查阅工作日志、缺陷记录以及校验报告等。

（9）瓦斯保护。

1）查评方法。根据《变压器运行规程》5.3.1"气体继电器：a）变压器运行时气体继电器应有两副接点，彼此间完全电气隔离。一套用于轻瓦斯报警，另一套用于重瓦斯跳闸。有载分接开关的瓦斯保护应接跳闸。当用一台断路器控制两台变压器时，当其中一台转入备用，则应将备用变压器重瓦斯改接信号。b）变压器在运行中滤油、补油、换潜油泵或更换净油器的吸附剂时，应将其重瓦斯改接信号，此时其他保护装置仍应接跳闸。c）已运行的气体继电器应每 2～3 年开盖一次，进行内部结构和动作可靠性检查。对保护大容量、超高压变压器的气体继电器，更应加强其二次回路维护工作。d）当油位计的油面异常升高或呼吸系统有异常现象，需要打开放气或放油阀门时，应先将重瓦斯改接信号。e）在地震预报期间，应依据变压器的具体情况和气体继电器的抗震性能，确定重瓦斯保护的运行方式。地震引起重瓦斯动作停运的变压器，在投运前应对变压器及瓦斯保护进行检查试验，确认无异常后方可投入"的规定，深入到县公司变电站、运检部、变电检修（运维）班，通过查阅资料、问询及现场检查的方法进行查评。

2）查评重点。查阅试验报告检查瓦斯保护是否按要求定期进行校验并合格，现场检查气体继电器及端子盒防水措施完好，运行正常；重瓦斯保护应按要求投跳闸，因重瓦斯动作停运的变压器，在投运前应对变压器及瓦斯保护进行检查试验。

（10）试验检查。

1）查评方法。依据《国家电网公司变电检测管理规定》[国网（运检/3）829—2017]中"表 A.1.1 油浸式电力变压器和电抗器的检测项目、分类、周期和标准"的相关规定，深入到县公司变电检修（运维）班及变电站，通过查阅资料、问询及现场检查的方法进行查评。

2）查评重点。查阅资料、设备台账、试验记录检查是否按照规定对油浸式电力变压器和电抗器开展试验，对照表 A.1.1 检查试验项目是否齐全。

（11）储油坑及排油管道。

1）查评方法。依据《变压器运行规程》3.2.1 "释压装置的安装应保证事故喷油畅通，并且不致喷入电缆沟、母线及其他设备上，必要时应予遮挡。事故放油阀应安装在变压器下部，且放油口朝下"，5.3.3 "压力释放阀"的相关规定，深入到县公司变电站进行查评。

2）查评重点。现场检查储油坑及排油管道是否保持良好，防火措施完善，储油坑及排油管道保持清洁良好，不积水、无杂物。

2. 母线及架构

（1）防污闪措施。

1）查评方法。根据《十八项反措》第 7 章防止输变电设备污闪事故相关规定，深入到县公司变电站、变电检修（运维）班，通过查阅资料、问询及现场检查的方法进行查评。

2）查评重点。检查是否严格执行 GB/T 26218—2011《污秽条件下使用的高压绝缘子的选择和尺寸确定》、Q/GDW 152—2006《电力系统污区分级与外绝缘选择标准》中户内外设备外绝缘爬距符合所处污秽地区（污秽图）等级要求；检查污区分布图的绘制、修订；污秽度可能达到或超过设计标准时，是否采取必要的清扫措施，并检查清扫工作记录、"两票"等。现场检查户外绝缘子表面无严重污秽及放电痕迹。

（2）设备过热现象检查。

1）查评方法。依据 DL/T 5352—2006《高压配电装置设计技术规程》第 7 章导体和电气设备的选择"载流量满足最大负荷要求且各类接头接触良好，各类触头无发热现象"的相关规定，深入到县公司变电检修（运维）班、变电站，通过查阅资料、问询及现场检查的方法进行查评。

2）查评重点。现场红外测温，检查发热有无超过规定值，一般裸导体的正常最高工作温度不应大于 70℃，在计及日照影响时，钢芯铝绞线及管形导体不宜大于 80℃，特种耐热导体的最高工作温度可根据制造厂提供的数据选择使用，但要考虑高温导体对连接设备的影响，并采取防护措施。查阅巡视维护工作记录、缺陷记录、测温记录是否完善，是否按规定周期巡视检查测温，且测温有记录、有分析并及时处理发现的问题。

（3）绝缘子绝缘试验。

1）查评方法。根据 GB 50150—2016《电气装置安装工程电气设备交接试验标准》第

17 章悬式绝缘子和支柱绝缘子相关规定，深入到县公司变电检修（运维）班及变电站，通过查阅资料、问询及现场检查的方法进行查评。

2）查评重点。查阅试验报告检查支柱绝缘子和悬式绝缘子串是否按规定进行绝缘试验，绝缘电阻值应符合下列规定：用于 330kV 及以下电压等级的悬式绝缘子的绝缘电值，不应低于 300MΩ；235kV 及以下电压等级的支柱绝缘子的绝缘电阻值，不低于 500MΩ。

（4）安全距离。

1）查评方法。根据《安规》第 5.1.4 条设备不停电时的表 1 安全距离、5.5 条装设护网要求、5.1.6 安全限高标志表 2 设置相关规定，深入到县公司变电站，通过现场检查的方法进行查评。

2）查评重点。现场检查设备不停电时带电导线相间及对地安全距离符合《安规》表 1 的安全距离。导电部分对地高度不符合要求的，现场检查裸露部分两侧和底部是否加装防护网。

3. 高压开关设备

（1）断路器及隔离开关外观。

1）查评方法。根据 Q/GDW 11074—2013《交流高压开关设备技术监督导则》（以下简称《开关技术导则》）"交流高压开关设备型式和结构选择应结合设备实际运行现状，优先考虑安全可靠、技术成熟、环保的要求，能够实现全寿命周期成本最低、价值最高，其技术性能应适应本电网现在和将来安全经济运行的需要"，及《变电运维规定》第 179 条"断路器运维细则、隔离开关运维细则、高压开关柜运维细则"的要求，深入到县公司变电站，通过现场检查的方法进行查评。

2）查评重点。现场进行外观检查，断路器有无渗漏油、气，油位、油压、气压是否正常；SF$_6$ 气体检测周期是否符合规定，室内 SF$_6$ 断路器防护措施是否符合规定；隔离开关运行工况如何，是否有缺陷。接地标志或接地螺栓是否合格，性能是否完善。现场检查断路器、隔离开关及高压开关柜是否符合"断路器运维细则、隔离开关运维细则、高压开关柜运维细则"相关要求，检查巡视记录，运行维护记录和缺陷记录是否齐全完备。

（2）断路器运行工况。

1）查评方法。根据《开关技术导则》5.7"安装调试阶段"有关要求，深入到县公司变电检修（运维）班、变电站，通过查阅资料、问询及现场检查的方法进行查评。

2）查评重点。查阅开关台账、系统短路容量及允许切断故障次数计算资料和规定文件，检查开关切断故障记录、检修记录，资料是否齐全，达到切断故障次数后有无及时检修。查阅检修记录、试验报告、缺陷记录及大修计划、状态性检修评价资料是否项目齐全；是否按规定采取开关防慢分、合措施。定期进行预防性试验，预防性试验是否有超标项目（SF$_6$ 开关进行微水测试：有电弧分解物的灭弧室≤300×10$^{-6}$、无电弧分解物的灭弧室≤1000×10$^{-6}$、其他气室≤500×10$^{-6}$，年漏气率小于 1%）；不合格开关是否退出运行。现场检查断路器运行工况是否良好，包括安装牢固，遮断容量和性能满足安装地点短路容量要求，操作机构，各传动机构应完好、灵活无卡涩锈蚀。

（3）断路器基座与机构箱。

1）查评方法。根据《十八项反措》12.1.3.7"加强操动机构的维护检查，保证机构箱密封良好，防雨、防尘、通风、防潮等性能良好，并保持内部干燥清洁"，12.1.3.8"加强辅助开关的检查维护，防止由于接点腐蚀、松动变位、接点转换不灵活、切换不可靠等原因造成开关设备损坏"和《开关技术导则》5.5"设备验收阶段"、5.7"安装调试阶段"试验监督内容及要求，深入到县公司变电站进行查评。

2）查评重点。现场检查断路器金属外壳、操作机构、接地螺栓、操作机构箱等是否符合要求，包括：金属外壳、操作机构有明显的接地标志，接地螺栓不小于M12，并接触良好；操作机构箱防水、防潮性能良好。

（4）试验检查。

1）查评方法。根据DL/T 393—2010《输变电设备状态性检修试验规程》5.7"SF$_6$断路器"、《变电运维规定》"第2分册 断路器运维细则、3.5.2 红外检测精确测温周期"的有关要求，深入到县公司运检部、变电检修（运维）班、变电检修（运维）班及变电站，通过查阅资料、问询及现场检查的方法进行查评。

2）查评重点。查阅断路器大、小修和例行试验项目是否齐全合格；现场查阅检修记录、试验报告、缺陷记录及大修计划、状态性检修评价资料无漏项。

（5）接线方式。

1）查评方法。根据《十八项反措》12.3.1.4有关要求，深入到县公司变电站，通过现场检查的方法进行查评。

2）查评重点。检查母线避雷器与电压互感器柜内部接线是否符合国家电网公司典型设计要求，要求避雷器与电压互感器必须经过隔离开关（或隔离手车）接至母线，其前面板模拟显示图必须与其内部接线一致。

4. 电压、电流互感器

（1）外观检查。

1）查评方法。依据《十八项反措》第11章"防止互感器损坏事故"有关要求，深入到县公司变电站，通过现场检查的方法进行查评。

2）查评重点。现场检查户外独立TA、TV是否符合国家电网公司《预防110（66）kV～500kV互感器事故措施》（国家电网生〔2004〕641号）、《110（66）kV～500kV互感器技术监督规定》（国家电网生技〔2005〕174号）、《预防倒立式SF$_6$TA事故措施》（国家电网生技〔2009〕80号）、《预防油浸式TA、套管设备故障补充措施》（国家电网生技〔2009〕819号）等有关规定，有可靠防雨密封措施，如防雨罩、金属膨胀器等无破损；瓷套无裂纹，无渗漏油现象，油位正常；外壳接地、保护接地良好；SF$_6$互感器压力指示正常。

（2）试验检查。

1）查评方法。依据《国家电网公司变电检测管理规定（试行）》〔国网（运检/3）829—2017〕表A.6.1电流互感器的检测项目、分类、周期和标准，表A.7.1电磁式和表A.7.2电容式电压互感器的检测项目、分类、周期和标准，深入到县公司运检部、变电检修（运维）班及变电站，通过查阅资料、问询及现场检查的方法进行查评。

2）查评重点。查阅检测及定相报告试验项目和数据齐全、合格，试验报告未超出规定周期，试验单位应有相应资质并盖章。

（3）二次接地。

1）查评方法。依据《变电运维规定》1.1.4"TV 的各个二次绕组（包括备用）均必须有可靠的保护接地，且只允许有一个接地点。接地点的布置应满足有关二次回路设计的规定。运行中的 TA 二次侧只允许有一个接地点。其中公用 TA 二次绕组二次回路只允许、且必须在相关保护柜屏内一点接地。独立的、与其他 TV 和 TA 的二次回路没有电气联系的二次回路应在开关场一点接地"的要求，深入到县公司变电站进行查评。

2）查评重点。现场检查 TV 的各个二次绕组（包括备用）均必须有可靠的保护接地，且只允许有一个接地点；TA 二次侧只允许有一个接地点。

5．防误闭锁装置

（1）维护。

1）查评方法。依据《变电运维规定》第 14 章防误闭锁装置管理第 86 条"管理原则"、第 87 条"日常管理要求"、第 88 条"接地线管理"的相关要求，深入到县公司变电检修（运维）班及变电站进行查评。

2）查评重点。查阅有无建立防误管理组织机构，有无防误管理网络，查阅防误装置维护管理制度并明确维护职责，以检查维护制度及责任人是否明确；查阅防误培训记录，现场检查防误专责人是否达到"四懂三会"要求。现场查阅站内防误闭锁装置运行维护检查记录，检查是否按规定周期进行检查维护。

（2）防误闭锁装置。

1）查评方法。依据《变电运维规定》第 14 章防误闭锁装置管理原则"防误闭锁装置应简单完善、安全可靠，操作和维护方便，能够实现'五防'功能，即：防止误分、误合断路器；防止带负载拉、合隔离开关或手车触头；防止带电挂（合）接地线（接地刀闸）；防止带接地线（接地刀闸）合断路器（隔离开关）；防止误入带电间隔。新、扩建变电工程或主设备经技术改造后，防误闭锁装置应与主设备同时投运。高压电气设备都应安装完善的防误闭锁装置，装置应保持良好状态；发现装置存在缺陷应立即处理"的要求，深入到县公司变电检修（运维）班及变电站进行查评。

2）查评重点。现场检查变电站高压电气设备是否都安装了完善的防误闭锁装置；"五防"闭锁装置各项功能完善可靠，"五防"逻辑关系正确，并按规定周期进行检查，查阅开锁检查记录、逻辑关系检查记录、防误闭锁维护记录且记录完整。

（3）解锁钥匙管理制度。

1）查评方法。依据《变电运维规定》第 14 章防误闭锁装置管理原则"防误装置解锁工具应封存管理并固定存放，任何人不准随意解除闭锁装置。若遇危及人身、电网、设备安全等紧急情况需要解锁操作，可由变电运维班当值负责人下令紧急使用解锁工具，解锁工具使用后应及时填写解锁钥匙使用记录。防误装置及电气设备出现异常要求解锁操作，应由防误装置专业人员核实防误装置确已故障并出具解锁意见，经防误装置专责人到现场核实无误并签字后，由变电站运维人员报告当值调控人员，方可解锁操作。电气设备检修需要解锁操作时，应经防误装置专责人现场批准，并在值班负责人监护下由运维人员进行操作，不得使用万能钥匙解锁。现场操作通过电脑钥匙实现，操作完毕后应将电脑钥匙中当前状态信息返回给防误装置主机进行状态更新，以确保防误装置主机与现场设备状态对应。高压电气设备的防误闭锁装置因为缺陷不能及时消除，防误功能暂时不能恢复时，可以通过加挂机械锁作为临时措施；此时机械锁的钥匙也应纳入防误解锁管理，禁止随意取用"的要求，深入到县公司变电检修（运维）班及变电站，通过查阅资料、问询的方法进行查评。

2）查评重点。现场查阅变电站内有无防误闭锁装置解锁钥匙使用管理制度，检查解锁钥匙是否封存并固定存放，查阅防误操作闭锁装置的退出和解锁记录以检查解锁钥匙的使用是否符合规定，且有使用登记记录并和使用登记记录上的时间和人员姓名一一对应，要求评价期间未发生擅自解锁行为。

（4）台账。

1）查评方法。依据《变电运维规定》第14章防误闭锁装置管理原则"变电站现场运行专用规程应明确防误闭锁装置的日常运维方法和使用规定，建立台账并及时检查"的相关要求，深入到县公司变电检修（运维）班及变电站，通过查阅资料、问询的方法进行查评。

2）查评重点。现场核对是否建立了准确完善的防误闭锁装置台账（一式两份，专责人保存一份，变电站现场存放一份）并与现场一致；防误专责人是否根据闭锁装置的变更、增加，及时完善台账记录。

6. 过电压保护及接地装置

（1）直击雷保护。

1）查评方法。依据 GB/T 50064—2014《交流电气装置的过电压保护和绝缘配合设计规范》5.4.1"发电厂和变电站的直击雷过电压保护可采用避雷针或避雷线。屋外配电装置，包括组合导线和母线廊道应装设直击雷保护装置，主控制室、配电装置室和35kV及以下变电所的屋顶上如装设直击雷保护装置时，应将屋顶金属部分接地；钢筋混凝土结构屋顶，应将其焊接成网接地；非导电结构的屋顶，应采用避雷带保护，该避雷带的网格为8m～10m，每隔10m～20m应设接地引下线。该接地引下线应与主接地网连接，并在连接处加装集中接地装置。峡谷地区的发电厂和变电所宜用避雷线保护。已在相邻高建筑物保护范围内的建筑物或设备，可不装设直击雷保护装置。屋顶上的设备金属外壳、电缆金属外皮和建筑物金属构件均应可靠接地"和5.4.2"发电厂的主厂房、主控制室、变电站控制室和配电装置室的直击雷过电压保护应符合"的有关要求，深入到县公司变电检修（运维）班及变电站，通过查阅资料、问询和现场检查的方法进行查评。

2）查评重点。查阅保护范围图检查变电站的雷电过电压保护是否符合相关要求，检查变电站避雷针（线）的防直击雷保护范围是否满足被保护设备、设施和建筑物要求，并与现场保护范围一致；现场检查避雷针上无电线、通信光缆及照明灯等其他异物。

（2）系统中性点消弧线圈或接地电阻。

1）查评方法。依据《国家电网公司变电检测管理规定》[国网（运检/3）829—2017]"带电检测系统电容电流，检测周期10kV、35kV非有效接地系统：不接地系统1年，非自动调谐消弧线圈接地系统1年，自动调谐消弧线圈接地系统2年"和《变电运维规定》"消弧线圈控制屏交直流输入电源应由站用电系统、直流系统独立供电，不宜与其他电源并接，投运前应检查交直流电源正常并确保投入。中性点经消弧线圈接地系统，应运行于过补偿状态。接地变压器二次绕组所接负荷应在规定的范围内。并联电阻投入超时跳闸出口应退出。控制器正常应置于'自动'控制状态。带有自动调整控制器的消弧线圈，脱谐度应调整在5%～20%之间。运行中，当两段母线处于并列运行状态时，所属的两台消弧线圈控制器（或一控二的单台控制器）应能识别，并自动将消弧线圈转入主、从运行模式"的要求，深入到县公司变电检修（运维）班及变电站，通过查阅资料、问询和现场检查的方法进行查评。

2）查评重点。检查系统中性点消弧线圈或接地电阻是否符合相关要求，查阅整定、调试资料检查装设消弧线圈或接地电阻的中性点的非直接接地系统，投运前后是否实测电容电流，补偿方式及调整的脱谐度是否合乎要求，要求在现场运行规程中明确规定。

（3）接地电阻测量。

1）查评方法。依据DL/T 596—2015《电力设备预防性试验规程》"接地装置的试验项目、周期和要求"，深入到县公司变电检修（运维）班及变电站，通过查阅资料、问询和现场检查的方法进行查评。

2）查评重点。查阅试验报告、记录及有关资料，检查接地装置（含独立避雷针）接地良好；接地电阻按规定测试，且电阻值合格，接地引下线与接地网连接情况应按周期检查，运行10年以上、腐蚀严重或接地阻抗超标地区的接地网应进行开挖抽样检查及处理；构架、基础、爬梯等接地符合要求。

（4）接地装置地线。

1）查评方法。依据DL/T 620—1997《交流电气装置的过电压保护和绝缘配合》"在变压器门型架构上和在离变压器主接地线小于15m的配电装置的架构上，当土壤电阻率大于350Ω·m时，不允许装设避雷针、避雷线；如不大于350Ω·m，则应根据方案比较确有经济效益，经过计算采取相应的防止反击措施，并至少遵守：a）装在变压器门型架构上的避雷针应与接地网连接，并应沿不同方向引出3根～4根放射形水平接地体，在每根水平接地体上离避雷针架构3m～5m处装设一根垂直接地体；b）直接在3kV～35kV变压器的所有绕组出线上或在离变压器电气距离不大于5m条件下装设阀式避雷器。高压侧电压35kV变电站，在变压器门型架构上装设避雷针时，变电站接地电阻不应超过4Ω（不包括架构基础的接地电阻）规定时，方可在变压器门型架构上装设避雷针、避雷线"的要求，深入到县公司变电检修（运维）班及变电站，通过查阅资料、问询和现场检查的方法进行查评。

2）查评重点。现场检查接地装置地线（包括设备、设施引下线）的截面满足泄流及热稳定（包括考虑腐蚀因素）校验要求，查阅接地装置台账、运行维护工作记录等。

（5）金属氧化物避雷器。

1）查评方法。依据《十八项反措》"防止无间隙金属氧化物避雷器事故规定，对金属氧化物避雷器，必须坚持在运行中按规程要求进行带电试验。严格遵守避雷器交流泄漏电流测试周期，雷雨季节前后各测量一次，测试数据应包括全电流及阻性电流。110kV及以上电压等级避雷器应安装交流泄漏电流在线监测表计。对已安装在线监测表计的避雷器，无人值班变电站可结合设备巡视周期进行巡视并记录，强雷雨天气后应进行特巡"的要求，深入到县公司变电检修（运维）班及变电站，通过查阅资料、问询和现场检查的方法进行查评。

2）查评重点。查阅巡视检查记录、金属氧化物避雷器试验记录和试验报告，检查是否严格按周期对避雷器进行巡视并按周期进行泄漏电流测试，记录要完整，数据要符合要求。

7.设备编号、标志及其他安全设施

（1）设备标志、警示标志。

1）查评方法。依据《变电运维规定》第 55 条"在变电站投运前 1 周完成设备标志牌、相序牌、警示牌的制作和安装"的要求，深入到县公司变电站进行查评。

2）查评重点。现场检查，各类标志规范、齐全、清晰；户外高压断路器、隔离开关、接地刀闸及其他设备有正确、规范、清晰的双重名称号牌；户内高压配电装置各间隔（开关柜）前后及隔离开关、接地刀闸均应有双重名称编号牌；高压变电设备及母线应有明显、规范的相色标志。

（2）带电显示装置。

1）查评方法。依据《十八项反措》"成套高压开关柜五防功能应齐全、性能良好。开关柜出线侧宜装设带电显示装置，带电显示装置应具有自检功能，并与线路侧接地刀闸实行联锁；配电装置有倒送电源时，间隔网门应装有带电显示装置的强制闭锁"的要求，深入到县公司变电站通过现场检查的方法进行查评。

2）查评重点。现场检查开关柜出线侧是否装设带电显示装置并符合反措规范要求。

8.无功补偿设备

（1）电容器组的一次主接线。

1）查评方法。依据 GB 50227—2008《并联电容器装置设计规范》设定的六种正确的接线方式，深入到县公司运检部、变电检修（运维）班及变电站，通过查阅和现场检查的方法进行查评。

2）查评重点。查阅设计、安装使用等资料，现场检查电容器组一次接线满足设计规范要求；中性点引线装有保安接地刀闸；电容器组每相并联台数满足封爆能量；氧化锌避雷器一次接线合理。选用的产品有关技术参数满足要求；熔断器选型、熔丝额定电流选择以及熔断器外管、弹簧尾线等安装方式（角度）满足有关规程及安装使用说明书要求。

（2）电容器运行工况。

1）查评方法。依据 GB 50227—2008《并联电容器装置设计规范》"单台电容器至母线或熔断器的连接线应采用软导线，其长期允许电流不宜小于单台电容器额定电流的 1.5 倍。并联电容器安装连接线应符合相关规定。高压电容器室的通风量，应按消除室内余热计算，余热量包括设备散热量和通过围护结构传入的太阳辐射热。高压电容器室的夏季排风温度，不宜超过 40℃。串联电抗器小间的通风量，应按消除室内余热计算，但余热量不计入太阳辐射热；排风温度不宜超过 45℃，进排风温度差不宜超过 15℃"的要求，深入到县公司运检部、变电检修（运维）班及变电站，通过查阅和现场检查的方法进行查评。

2）查评重点。厂家使用说明书、设计图纸齐全。现场查阅温度测试记录，检查电容器运行工况是否按测温类别进行测温，且运行工况良好，要求单台大容量（300kvar 及以上）电容器套管及引线，串联电抗器接头处引线满足负荷电流的要求，未出现过热情况，电容器、放电线圈套管与母线的连接线符合要求；干式空芯电抗器与周围设备、网栅的间距满足厂家的要求值；网栅等处无发热现象；电抗器应满足安装地点的最大负载、工作电压等条件的要求；正常运行时，串联电抗器的工作电流应不大于其1.3倍的额定电流。

9. 变电站站内电缆及电缆构筑物

（1）运行单位必备资料。

1）查评方法。依据 GB 50168—2016《电气装置安装工程电缆线路施工及验收规范》第8章"工程交接验收时应提交：a）电缆线路路径的协议文件；设计资料图纸、电缆清册、变更设计的证明文件和竣工图；直埋电缆输电线路的敷设位置图，比例宜为1：500。地下管线密集的地段不应小于1：100，在管线稀少、地形简单的地段可为1：1000；平行敷设的电缆线路，宜合用一张图纸。图上必须标明各线路的相对位置，并有标明地下管线的剖面图；制造厂提供的产品说明书、试验记录、合格证件及安装图纸等技术文件。b）电缆线路的原始记录：电缆的型号、规格及其实际敷设总长度及分段长度，电缆终端和接头的型式及安装日期；电缆终端和接头中填充的绝缘材料名称、型号。c）电缆线路的施工记录：隐蔽工程隐蔽前的检查记录或签证；电缆敷设记录；质量检验及评定记录"的要求，深入到县公司运检部、变电检修（运维）班及变电站进行查评。

2）查评重点。查阅资料检查电缆清册及走向图是否齐全，是否有电缆（电力、控制）清册，内容包括电缆编号、起止点、型号、电压等级、电缆芯数、截面、长度等；现场抽查电缆路径图或电缆布置图是否与现场实际相一致；电缆变动后清册是否及时更新。

（2）电缆敷设要求。

1）查评方法。依据《十八项反措》13.2.1"设计基建阶段应注意的问题，电缆线路的防火设施必须与主体工程同时设计、同时施工、同时验收，防火设施未验收合格的电缆线路不得投入运行。同一通道内不同电压等级的电缆，应按照电压等级的高低从下向上排列，分层敷设在电缆支架上"的要求，深入到县公司变电站进行查评。

2）查评重点。现场检查电缆敷设是否符合反措要求且电缆防火设施是否验收合格。

（3）电缆本体及附件运行工况。

1）查评方法。依据 Q/GDW 1512—2014《电力电缆及通道运维规程》表7"电缆巡视检查"的要求及内容，深入到县公司变电检修（运维）班及变电站，通过查阅资料和现场检查的方法进行查评。

2）查评重点。现场检查电缆本体及设备连接部位无异常（如电缆本体无变形，表面温度正常，外护套无破损和龟裂现象）。检查测温记录中电缆终端、电缆接头、避雷器、供油装置、接地装置等附件及设备线夹与导线连接部位温度无异常；在线监测装置、电缆支架、标识标牌规范，防火设施等附属设施完善并无缺陷，如有缺陷是否在规定周期内处理。在线监测装置运行正常。

（4）电缆沟道。

1）查评方法。依据 Q/GDW 1512—2014《电力电缆及通道运维规程》表8"通道巡视检查"的要求及内容，深入到县公司变电站，通过现场检查的方法进行查评。

2）查评重点。现场检查电缆沟道是否干燥并排水良好，电缆沟墙体无裂缝，沟边无倒塌，支架接地良好。附属设施无故障或缺失（如电缆盖板、竖井盖板是否缺失并放置平稳、爬梯是否锈蚀、损坏）。电缆沟接地网接地电阻是否符合要求。

（5）电缆防火措施完好。

1）查评方法。依据 GB 50229—2006《火力发电厂与变电站防火设计规范》6.7 电缆及电缆敷设要求"建（构）筑物中电缆引至电气柜、盘或控制屏、台的开孔部位，电缆贯穿隔墙、楼板的空洞应采用电缆防火封堵材料进行封堵，其防火封堵组件的耐火极限不应低于被贯穿物的耐火极限，且不应低于 1h。在电缆竖井中，每间隔约 7m 宜设置防火封堵。在电缆隧道或电缆沟中的相关部位，应设置防火墙；当电缆采用架空敷设时，应在相关部位设置阻火措施；防火墙上的电缆孔洞应采用电缆防火封堵材料进行封堵，并应采取防止火焰延燃的措施。其防火封堵组件的耐火极限应为 3h。对直流电源、应急照明、双重化保护装置、水泵房、化学水处理及运煤系统公用重要回路的双回路电缆，宜将双回路分别布置在两个相互独立或有防火隔离的通道中。当不能满足上述要求时，应对其中一回路采取防火措施。靠近带油设备的电缆沟盖板应密封"的要求，深入到县公司变电站，通过现场检查的方法进行查评。

2）查评重点。现场检查电缆穿越处孔洞用防火材料封堵严密，不过光、不透光，不能进入小动物；电缆夹层、电缆沟内保持整洁、无杂物、无易燃物品；电缆主通道有分段阻燃措施，特别重要的电缆采用耐火隔离措施或使用阻燃电缆；电缆竖井中应分层设置防火隔板，电缆沟每隔一定的距离（60m）应采取防火隔离措施。电缆沟盖板上每隔一定距离应有通风晾晒孔，与变电站隔火墙、防小动物措施等现场与布置图一致。

10. 站用电系统

（1）站用电系统配置情况。

1）查评方法。依据 GB 50059—2011《35kV～110kV 变电站设计规范》3.3 "所用电源和操作电源在有两台及以上主变压器的变电所中，宜装设两台容量相同可互为备用的所用变压器。如能从变电所外引入一个可靠的低压备用所用电源时，亦可装设一台所用变压器。当 35kV 变电所只有一回电源进线及一台主变压器时，可在电源进线断路器之前装设一台所用变压器。变电站的直流母线，宜采用单母线或分段单母线的接线。采用分段单母线时，蓄电池应能切换至任一母线"的要求，深入到县公司变电检修（运维）班、变电站进行查评。

2）查评重点。现场检查站用电系统配置是否合理可靠，35～110kV 电压等级双主变变电站中是否装设两台可互为备用的站用变压器并定期进行切换，查阅定期切换记录检查是否按周期切换并记录完整。

（2）检修电源及生活用电剩余电流动作保护器。

1）查评方法。依据 GB 13955—1992《漏电保护器安装和运行》"漏电保护器的安装应充分考虑供电线路、供电方式、供电电压及系统接地型。漏电保护器的额定电压、额定电流、短路分断能力、额定漏电动作电流、分断时间应满足被保护供电线路和电气设备的要求。安装带有短路保护的漏电保护器，必须保证在电弧喷出方向有足够的飞弧距离。飞弧距离大小按漏电保护器生产厂的规定。组合式漏电保护器外部连接的控制回路，应使用铜导线，其截面积不应小于 1.5mm²。安装漏电保护器后，不能撤掉低压供电线路和电气设备的接地保护措施，但应按要求进行检查和调整。漏电保护器安装后，应操作试验按钮，检验漏电保护器的工作特性，确认正常动作后才允许投入使用"的要求，深入到县公司变电站，通过现场检查的方法进行查评。

2）查评重点。现场检查检修电源及生活用电回路是否明确分开，并装设合格的剩余电流保护器。

11. 继电保护及安全自动装置

（1）配置与选型。

1）查评方法。依据《十八项反措》、DL/T 587—2007《微机继电保护装置运行管理规程》、GB/T 14285—2006《继电保护和安全自动装置技术规程》和 Q/GDW 441—2010《智能变电站继电保护技术规范》的配置和选型要求，深入到县公司变电检修（运维）班、变电站进行查评。

2）查评重点。现场对照设备，查阅有关台账、图纸、合格证、试验记录和相关资料，检查继电保护及安全自动装置的配置与选型是否符合有关规定，是否选择经国家电网公司组织的专业检测合格产品或电力行业认可的检测机构检测合格的产品，符合可靠性、选择性、灵敏性和速动性的要求。

（2）继电保护及自动装置施工安装工艺要求。

1）查评方法。依据 GB/T 14285—2006《继电保护和自动装置技术规程》、DL/T 587—2007《微机继电保护装置运行管理规程》通道及装置验收要求，深入到县公司运检部、调控中心、变电检修（运维）班及变电站，通过查阅资料和现场检查的方法进行查评。

2）查评重点。检查继电保护及自动装置原始资料齐全（竣工验收程序规范、项目齐全，竣工图纸及资料完整正确，验收整改意见完成闭环）；现场查看安装工艺良好、调试项目齐全并合格。

（3）纵联保护通道。

1）查评方法。依据《十八项反措》"纵联保护应优先采用光纤通道。双回线路采用同型号纵联保护，或线路纵联保护采用双重化配置时，在回路设计和调试过程中应采取有效措施防止保护通道交叉使用。分相电流差动保护应采用同一路由收发、往返延时一致的通道"，和 GB/T 14285—2006《继电保护和自动装置技术规程》"继电保护和安全自动装置的通道应根据电力系统通信网条件，与通信专业协商，合理安排"的要求，深入到县公司运检部、调控中心、变电检修（运维）班及变电站，通过查阅资料和现场检查的方法进行查评。

2）查评重点。检查线路纵联保护通道是否优先采用光纤且方式选择合理；双回线路采用同型号纵联保护，或线路纵联保护采用双重化配置时，是否采取有效措施防止保护通道交叉使用。

12. 直流系统

（1）直流系统配置及运行方式。

1）查评方法。依据 DL/T 724—2000《电力系统用蓄电池直流电源装置运行与维护技术规程》、DL/T 5044—2014《电力工程直流电源系统设计技术规程》的相关要求，深入到县公司变电站进行查评。

2）查评重点。现场检查直流系统配置及运行方式是否符合要求，要求直流系统的蓄电池、充电装置和直流母线、配电屏的配置和运行方式满足规程要求。

（2）监测装置投入与检查。

1）查评方法。依据 DL/T 724—2000《电力系统用蓄电池直流电源装置运行与维护技术规程》"直流电源装置在空载运行时，额定电压为 220V，用 25kΩ 电阻；额定电压为 110V，用 7kΩ 电阻；额定电压为 48V，用 1.7kΩ 电阻。分别使直流母线接地，应发出声光报警。直流母线电压低于或高于整定值时，应发出低压或过压信号及声光报警。充电装置的输出电流为额定电流的 105%～110% 时，应具有限流保护功能。若装有微机型绝缘监察仪的直流电源装置，任何一支路的绝缘状态或接地都能监测、显示和报警。远方信号的显示、监测及报警应正常"的要求，深入到县公司变电站，通过查阅资料和现场检查的方法进行查评。

2）查评重点。现场检查绝缘监察装置和电压监测装置是否正常投入并运行正常，同时按规定周期进行定期校验（查阅定期检验记录、设备工作记录）。

（3）测量表计准确性。

1）查评方法。依据 DL/T 724—2000《电力系统用蓄电池直流电源装置运行与维护技术规程》"控制中心通过遥信、遥测、遥控接口（RS485、RS422、RS232），去了解和控制远方变电所中正在运行的直流电源装置。遥信内容：直流母线电压过高或过低信号、直流母线接地信号，充电装置故障等信号。遥测内容：直流母线电压及电流值、蓄电池组电压值，充电电流值等参数。遥控内容：直流电源装置的开机、停机、充电装置的切换"的要求，深入到县公司运检部、调控中心、变电检修（运维）班及变电站，通过查阅资料和现场检查的方法进行查评。

2）查评重点。查阅校验记录或标签，现场检查直流屏（柜）上的测量表计使用量程满足运行监视的要求并在规定范围，表计是否在有效时间内并按规定周期进行定期校验。同时在调控中心调控台核对监控系统显示数据与现场指示是否一致。

（4）绝缘与母线电压。

1）查评方法。依据 DL/T 724—2000《电力系统用蓄电池直流电源装置运行与维护技术规程》5.2 "直流母线绝缘电阻应不小于 10MΩ；绝缘强度应受工频 2kV，耐压 1min。蓄电池组浮充电压稳定范围：稳定范围电压值为 90%～130%（2V 阀控式蓄电池为 125%）直流标称电压。蓄电池组充电电压调整范围为 90%～125%（2V 铅酸式蓄电池）；90%～130%（6V、12V 阀控式蓄电池）；90%～145%（镉镍蓄电池）直流标称电压"的要求，深入到县公司变电站进行查评。

2）查评重点。现场检查直流系统对地绝缘状况良好，母线电压波动不应大于额定电压的 10%。

（5）充电装置性能。

1）查评方法。依据《十八项反措》"直流母线采用单母线供电时，应采用不同位置的直流开关，分别带控制用负荷和保护用负荷。新建或改造的变电站选用充电、浮充电装置，应满足稳压精度优于 0.5%、稳流精度优于 1%、输出电压纹波系数不大于 0.5% 的技术要求。在用的充电、浮充电装置如不满足上述要求，应逐步更换"的要求，深入到县公司运检部及变电站，通过查阅资料和现场检查的方法进行查评。

2）查评重点。查阅装置说明书和检验记录，并现场核查充电装置满足技术要求且运行工况良好。

（6）电缆敷设要求。

1）查评方法。依据《十八项反措》"除蓄电池组出口总熔断器以外，逐步将现有运行的熔断器更换为直流专用断路器。当直流断路器与蓄电池组出口总熔断器配合时，应考虑动作特性的不同，对级差做适当调整。直流系统的电缆应采用阻燃电缆，两组蓄电池的电缆应分别铺设在各自独立的通道内，尽量避免与交流电缆并排铺设，在穿越电缆竖井时，两组蓄电池电缆应加穿金属套管"的要求，深入到县公司变电站进行查评。

2）查评重点。现场检查直流系统所用电缆是否采用阻燃电缆，两组蓄电池的电缆敷设是否满足要求。

（7）熔丝及空气开关选用要求。

1）查评方法。依据《十八项反措》"直流总输出回路装设熔断器，直流分路装设自动开关时，必须保证熔断器与小空气开关有选择性地配合。直流总输出回路、直流分路均装设自动开关时，必须确保上、下级自动开关有选择性地配合，自动开关的额定工作电流应按最大动态负荷电流（即保护三相同时动作、跳闸和收发信机在满功率发信的状态下）的2.0倍选用"的要求，深入到县公司变电检修（运维）班及变电站，通过查阅资料和现场检查的方法进行查评。

2）查评重点。现场查看直流系统有无管理办法并明确责任人；建有配置定值表并查看检查熔丝及空气开关更换记录和配置定值表；各级熔丝及空气开关的选用是否符合要求并按规定进行配置，要求选用直流设备并定期核对以满足选择性动作要求。直流总输出回路和直流分路装设满足反措要求。

（8）端子箱与机构箱。

1）查评方法。依据《十八项反措》"严防交流窜入直流故障出现，雨季前，加强现场端子箱、机构箱封堵措施的巡视，及时消除封堵不严和封堵设施脱落缺陷。现场端子箱不应交、直流混装，现场机构箱内应避免交、直流接线出现在同一段或串端子排上。新建或改造的变电所，直流系统绝缘监测装置，应具备交流窜直流故障的测记和报警功能。原有的直流系统绝缘监测装置，应逐步进行改造，使其具备交流窜直流故障的测记和报警功能"的要求，深入到县公司变电站进行查评。

2）查评重点。现场检查端子箱与机构箱封堵严密，接线正确并满足反措要求。

13．蓄电池

（1）蓄电池电压测量与检查。

1）查评方法。依据 DL/T 724—2000《电力系统用蓄电池直流电源装置运行与维护技术规程》"防酸蓄电池的维护，宜备有相应的仪表、用具、备品和资料"的要求，深入到县公司变电检修（运维）班及变电站，通过查阅资料和现场检查的方法进行查评。

2）查评重点。现场检查蓄电池合格、运行良好并按规定进行测量与检查，查阅蓄电池测试记录查评是否定期开展蓄电池组端电压、单体电池电压测量和检查，且数据准确、记录齐全，测量表计完好合格。

（2）充放电试验。

1）查评方法。依据 DL/T 724—2000《电力系统用蓄电池直流电源装置运行与维护技术规程》浮充电、容量试验和核对性放电等相关要求，深入到县公司变电检修（运维）班及变电站，通过查阅资料和现场检查的方法进行查评。

2）查评重点。现场查阅蓄电池充放电记录完整，检查是否做到了：投运前三次充放电循环，运行中定期均衡充电、定期核对性放电；只有一组蓄电池的不能做全核性放电，应按规定的放电电流放出额定容量的 50％并监视记录电压值。

（3）蓄电池室内环境要求。

1）查评方法。依据 DL/T 724—2000《电力系统用蓄电池直流电源装置运行与维护技术规程》"防酸蓄电池室的门应向外开，套间内有自来水、下水道和水池。防酸蓄电池室附近应有存放硫酸、配件及调制电解液的专用工具的专用房间。若入口处套间较大，也可利用此房间。防酸蓄电池室的墙壁、天花板、门、窗框、通风罩、通风管道内外侧、金属结构、支架及其他部分均应涂上防酸漆；蓄电池室的地面应铺设耐酸砖。防酸蓄电池室的窗户，应安装遮光玻璃或者涂有带色油漆的玻璃，以免阳光直射在蓄电池上。防酸蓄电池室的照明，应使用防爆灯、并至少有一个接在事故照明母线上，开关、插座、熔断器应安装在蓄电池室外。室内照明线应采用耐酸绝缘导线。防酸蓄电池室应安装抽风机，抽风量的大小与充电电流和电池个数成正比，除了设置抽风系统外，蓄电池室还应设置自然通风气道。通风气道应是独立管道，不可将通风气道引入烟道或建筑物的总通风系统中。防酸蓄电池室若安装暖风设备，应设在蓄电池室外、经风道向室内送风。在室内只允许安装无接缝的或焊接无汽水门的暖气设备。取暖设备与蓄电池的距离应大于 0.75m。蓄电池室应有下水道，地面要有 0.5％的排水坡度，并应有泄水孔，污水应进行中和或稀释后排放。蓄电池室的温度应经常保持在 5℃～35℃之间，并保持良好的通风和照明。抗震设防烈度大于或等于 7 度的地区，蓄电池组应有抗震加固措施。不同类型的蓄电池，不宜放在一个蓄电池室内"的要求，深入到县公司变电站，通过查阅资料和现场检查的方法进行查评。

2）查评重点。现场检查蓄电池室内环境及设施满足技术规范要求，蓄电池室运行温度、湿度满足要求且通风和照明良好。

14. 维护管理

（1）变电站巡视与维护。

1）查评方法。依据《变电运维规定》"变电站的设备巡视检查，分为例行巡视、全面巡视、专业巡视、熄灯巡视和特殊巡视。根据运维管理规定所列周期以及天气情况等，对变电设备开展不同类型巡视检查，发现缺陷及时处理，提高变电设备安全稳定可靠运行"的要求，深入到县公司变电检修（运维）班及变电站，通过查阅资料的方法进行查评。

2）查评重点。查阅巡视记录，是否按要求开展了以下巡视，且记录完整、正确、规范。

a. 例行巡视是指对站内设备及设施外观、异常声响、设备渗漏、监控系统、二次装置及辅助设施异常告警、消防安防系统完好性、变电站运行环境、缺陷和隐患跟踪检查等方面的常规性巡查，具体巡视项目按照现场运行通用规程和专用规程执行。一类变电站每 2 天不少于 1 次；二类变电站每 3 天不少于 1 次；三类变电站每周不少于 1 次；四类变电站每 2 周不少于 1 次。配置机器人巡检系统的变电站，机器人可巡视的设备可由机器人巡视代替人工例行巡视。

b. 全面巡视是指在例行巡视项目基础上，对站内设备开启箱门检查，记录设备运行数据，检查设备污秽情况，检查防火、防小动物、防误闭锁等有无漏洞，检查接地引下线是否完好，检查变电站设备厂房等方面的详细巡查。全面巡视和例行巡视可一并进行。一类变电站每周不少于 1 次；二类变电站每 15 天不少于 1 次；三类变电站每月不少于 1 次；四类变电站每 2 月不少于 1 次。需要解除防误闭锁装置才能进行巡视的，巡视周期由各运维单位根据变电站运行环境及设备情况在现场运行专用规程中明确。

c. 熄灯巡视是指夜间熄灯开展的巡视，重点检查设备有无电晕、放电，接头有无过热现象。熄灯巡视每月不少于 1 次。

d. 专业巡视是指为深入掌握设备状态，由运维、检修、设备状态评价人员联合开展对设备的集中巡查和检测。一类变电站每月不少于 1 次；二类变电站每季不少于 1 次；三类变电站每半年不少于 1 次；四类变电站每年不少于 1 次。

e. 特殊巡视是指因设备运行环境、方式变化而开展的巡视。遇有大风后，雷雨后，冰雪、冰雹后，雾霾过程中，新设备投入运行后，设备经过检修、改造或长期停运重新投入系统运行后，设备缺陷有发展时，设备发生过负载或负载剧增、超温、发热、系统冲击、跳闸等异常情况，法定节假日、上级通知有重要保供电任务时，电网供电可靠性下降或存在发生较大电网事故（事件）风险时段情况时，应进行特殊巡视。

（2）日常维护与设备定期试验轮换。

1）查评方法。依据《变电运维规定》变电设备日常维护周期和设备定期轮换、试验规定，深入到县公司变电检修（运维）班及变电站，通过查阅资料的方法进行查评。

2）查评重点。查阅资料检查是否按下列要求开展日常维护与设备定期试验轮换，要求切换记录、切换卡和工作票要对应，且记录完整、正确、规范。

a. 日常维护：避雷器动作次数、泄漏电流抄录每月 1 次，雷雨后增加 1 次；管束结构变压器冷却器每年在大负荷来临前，应进行 1～2 次冲洗；高压带电显示装置每月检查维护 1 次；单个蓄电池电压测量每月 1 次，蓄电池内阻测试每年至少 1 次；在线监测装置每季度维护 1 次；全站各装置、系统时钟每月核对 1 次；防小动物设施每月维护 1 次；安全工器具每月检查 1 次；消防器材每月维护 1 次，消防设施每季度维护 1 次；微机防误装置及其附属设备（电脑钥匙、锁具、电源灯）维护、除尘、逻辑校验每半年 1 次；接地螺栓及接地标志维护每半年 1 次；排水、通风系统每月维护 1 次；漏电保安器每季试验 1 次；室内、外照明系统每季度维护 1 次；机构箱、端子箱、汇控柜等的加热器及照明每季度维护 1 次；安防设施每季度维护 1 次；二次设备每半年清扫 1 次；电缆沟每年清扫 1 次；事故油池通畅检查每 5 年 1 次；配电箱、检修电源箱每半年检查、维护 1 次；室内 $SF_6$ 氧量告警仪每季度检查维护 1 次；防汛物资、设施在每年汛前进行全面检查、试验。

b. 设备定期轮换、试验：在有专用收发讯设备运行的变电站，运维人员应按保护专业有关规定进行高频通道的对试工作；变电站事故照明系统每季度试验检查 1 次；主变冷却电源自投功能每季度试验 1 次；直流系统中的备用充电机应半年进行 1 次启动试验；变电站内的备用站用变（一次侧不带电）每半年应启动试验 1 次，每次带电运行不少于 24h；

站用交流电源系统的备自投装置应每季度切换检查 1 次；对强油（气）风冷、强油水冷的变压器冷却系统，各组冷却器的工作状态（即工作、辅助、备用状态）应每季进行轮换运行 1 次；对 GIS 设备操作机构集中供气的工作和备用气泵，应每季轮换运行 1 次；对通风系统的备用风机与工作风机，应每季轮换运行 1 次；UPS 系统每半年试验 1 次。

（3）典型操作票。

1）查评方法。依据《变电运维规定》"电气设备的倒闸操作应严格遵守安规、调规、现场运行规程和本单位的补充规定等要求进行。倒闸操作应有值班调控人员或运维负责人正式发布的指令，并使用经事先审核合格的操作票，按操作票填写顺序逐项操作。操作票应根据调控指令和现场运行方式，参考典型操作票拟定。典型操作票应履行审批手续并及时修订"的要求，深入到县公司变电检修（运维）班及变电站，通过查阅资料和现场检查的方法进行查评。

2）查评重点。查阅资料和现场检查典型操作票是否规范并经审批，每个变电站都应有经审批的典型操作票且符合现场实际。

（4）继电保护投入运行及压板核查。

1）查评方法。依据 DL/T 587—2007《微机继电保护装置运行管理规程》"现场微机继电保护装置定值的变更，应按定值通知单的要求执行，并依照规定日期完成。如根据一次系统运行方式的变化，需要变更运行中保护装置的整定值时，应在定值通知单上说明。定值变更后，由现场运行人员与上级调度人员按调度运行规程的相关规定核对无误后方可投入运行。调度人员和现场运行人员应在各自的定值通知单上签字和注明执行时间"的要求，深入到县公司运检部、调控中心、变电检修（运维）班及变电站，通过查阅资料和现场检查的方法进行查评。

2）查评重点。查阅继电保护和自动装置整定方案、调度运行规定和继电保护定值通知单检查各类保护装置的整定，依据整定方案、定值通知单，现场抽查各类保护装置整定投入正确，保护及自动装置压板的核查记录完备，通知单上签字和执行时间正确。

（5）继电保护软件版本。

1）查评方法。依据 DL/T 587—2007《微机继电保护装置运行管理规程》"各级继电保护部门是管辖范围内微机继电保护装置的软件版本管理的归口部门，负责对管辖范围内软件版本的统一管理，建立微机继电保护装置档案，记录各装置的软件版本、校验码和程序形成时间。并网电厂涉及电网安全的母线、线路和断路器失灵等微机保护装置的软件版本应归相应电网调度机构继电保护部门统一管理"的要求，深入到县公司运检部、调控中心、变电检修（运维）班、变电站，通过查阅资料和现场检查的方法进行查评。

2）查评重点。查看是否建立了微机继电保护装置软件版本档案并经审批、试验，现场抽查装置与台账是否对应并与现场一致；软件版本变更应有说明，相关记录要完整清楚；软件版本修改应具备相应的审批手续，升级完成后应经必要的测试和传动验证后方可投入运行。

（6）保护运行记录。

1）查评方法。依据 DL/T 587—2007《微机继电保护装置运行管理规程》"运行资料（如微机继电保护装置的缺陷记录、装置动作及异常时的打印报告、检验报告、软件版本和第 6.2 条所列的技术文件等）应由专人管理，并保证齐全、准确。运行中的装置作改进时，应有书面改进方案，按管辖范围经继电保护主管部门批准后方允许进行。改进后应做相应的试验，及时修改图样资料并作好记录"的要求，深入到县公司运检部、调控中心、变电检修（运维）班及变电站，通过查阅资料和现场检查的方法进行查评。

2）查评重点。查阅变电站及专业班组的继电保护及自动装置相关记录［如保护装置异常（缺陷）、保护的投入和退出以及动作情况、运行记录］，工作票、操作票、保护定值管理资料齐全、内容完整规范。

（7）新投入或经更改的电压、电流回路。

1）查评方法。依据 DL/T 995—2006《继电保护和电网安全自动装置检验规程》8.2 "用一次电流及工作电压的检验工作如由其他部门负责进行时，生产（或运行）部门应派继电保护验收人员参加，了解掌握检验情况"的相关要求，深入到县公司运检部、调控中心、变电检修（运维）班及变电站，通过查阅资料和现场检查的方法进行查评。

2）查评重点。查阅新安装、设备变更或回路更改后的检验报告及现场工作记录，对新安装或设备电压、电流回路变动的装置，在投入运行前需用一次电流和工作电压加以检验。

# 第二节　输配电架空线路及设备

## 一、查评目的

在社会经济发展的带动下，社会对于电力的需求不断增大，供电质量和供电安全受到了越来越多的重视。作为输配电网络的重要组成部分，输配电架空线路分布广泛，运行环境多变，一旦出现故障，轻则会影响输配电网络的运行安全，造成相应的经济损失，重则导致整个电力网络的瘫痪。同时 10kV 及以下配电网由于供电区域广泛，设备复杂且欠账较多，是人身安全的高发区域（尤其是变台部分），且其人身安全不但涉及工作人员，而且涉及设备周围的过往人员。为此通过安全性评价工作的开展，做好输配电架空线路和设备的运行维护，采取合理有效的措施，从加强技防和警示及作业规范化多方面强化配电网的设备安全管理，是防止供电人身安全、提升县域电网的安全稳定运行和供电可靠管理水平的有效手段，对电网企业的安全稳定运行起着至关重要的作用。

输配电架空线路及设备的查评内容共 5 项，合计 660 分，主要包括：6kV 及以上架空线路 280 分，配电变压器 140 分，柱上开关设备 50 分，开闭所、配电室和箱式变电站 70 分，0.4kV 线路及设备 120 分。输配电架空线路及设备查评主要是深入到县公司发展建设部、调控中心、运检部、输配电运检班及供电所，通过查阅资料、现场检查及问询的方法，对被查评单位的输配电架空线路及设备进行查评。

## 二、查评方法及重点

1. 6kV 及以上架空线路

（1）线路权责。

1）查评方法。依据《国家电网公司架空输电线路运维管理规定》［国网（运检/4）305—2014，以下简称《线路运维规定》］的相关要求，深入到县公司运检部、输（配）电运检班及输配电线路进行查评。

2）查评重点。查阅资料检查线路的维修管理界限是否清晰，维护责任是否明确。要求每条线路应有明确的维修管理界限，应与发电厂、变电站和相邻的运行管理单位明确划分分界点，不应出现空白点；代维线路有书面委托协议，运行维护职责明确，相关技术资料齐全、正确。

（2）线路各类标志齐全、正确、醒目。

1）查评方法。依据《线路运维规定》（七）"附属设施"的相关要求，按 Q/GDW 434.2—2010《国家电网公司安全设施标准　第二部分：电力线路》的规定，深入到县公司运检部及输配电线路，通过查阅资料和现场检查的方法进行查评。

2）查评重点。抽查变电站 2～3 条进出线段和中间地段的线路，检查各类标志是否齐全、正确、醒目并安装牢固。要求按规程规定设置线路相序标志并标明线路双重名称及杆塔编号；平行或交叉线路有判别标志或其他区分措施；在同杆架设多回线路中的每一回线路都有正确的双重称号和标志，并按规定刷有色标；按电力设施保护条例和相关运行规程、规定设置各类安全警示标志。

（3）线路检测项目和主要维修项目。

1）查评方法。依据《线路运维规定》附件六"检测项目与周期"的相关要求，深入到县公司运检部、输（配）电运检班及线路进行查评。

2）查评重点。查阅检修记录、线路停役申请和配套工作票正确、齐全、规范，是否按照规程要求落实线路检测项目和主要维修项目，包括：杆塔接地电阻测量和线路避雷器检测；导线接续金具的测试；导线弧垂、对地距离、交叉跨越距离测量；复合绝缘子绝缘测试；绝缘子盐密度测量。现场抽查 1～2 条线路 5～10 基杆塔避雷线、杆塔及地下金属部分（金属基础、拉线装置、接地装置）锈蚀和绝缘子清扫情况。

（4）巡视管理。

1）查评方法。依据《线路运维规定》第 27～46 条的相关要求，深入到县公司运检部、输（配）电运检班及输配电线路，通过查阅资料和现场检查的方法查评是否按运行规程要求进行各类巡视。

2）查评重点。现场核对性抽查是否按运行规程要求对以下情况进行定期、故障、特殊、夜间、交叉以及诊断性和监察巡视，并填写巡视记录，且记录齐全、正确、规范。

a. 状态评价结果为"注意""异常""严重"状态及城市（城镇）及近郊区域的线路区段，以及外破易发区、偷盗多发区、采空影响区、水淹（冲刷）区、垂钓区、重要跨越、大跨越等特殊区段的 I 类线路巡视周期一般为 1 个月。

b. 状态评价为"正常"状态和远郊、平原、山地丘陵等一般区域的线路区段的 II 类线路巡视周期一般为 2 个月。

c. 无人区，高山大岭、沿海滩涂区域的 III 类线路巡视周期一般为 3～6 个月。在大雪封山等特殊情况下，可适当延长周期，但不应超过 6 个月。

d. 重大保电、电网特殊方式等特殊时段，应制定专项运维保障方案，依据方案开展线路巡视。

（5）特殊地段巡视。

1）查评方法。依据《线路运维规定》第9章"特殊区段的运行要求"，深入到县公司运检部、输（配）电运检班进行查评。

2）查评重点。查阅相关技术资料和巡视记录检查特殊地段划分是否明确，且相关技术资料完整、正确、规范；是否按周期对特殊地段（山体滑坡、山洪易发区、大跨越、多雷区、重污染和重冰区）进行巡视，并按要求做好记录。

（6）通道维护。

1）查评方法。依据 DL/T 741—2010《架空输电线路运行规程》6.3"通道环境巡视的要求及内容"，深入到县公司运检部、输（配）电运检班及输配电线路进行查评。

2）查评重点。查阅巡视记录、工作记录、派工单检查是否按照规程要求对线路通道进行巡视和维护并做好清障工作，确保线路运行正常，现场核对性检查故障事件统计簿。

（7）重点部位防范。

1）查评方法。依据《十八项反措》6.1.1.1～6.1.1.4 的相关要求，深入到输配电线路现场进行查评。

2）查评重点。现场检查对于易发生水土流失、洪水冲刷、山体滑坡、泥石流灾害等地段的杆塔，是否采取加固基础、修筑挡土墙（桩）、截（排）水沟、改造下边坡等加固措施。

（8）恶劣天气后的特殊巡视。

1）查评方法。依据《十八项反措》6.1.3"运行阶段应注意的问题"的相关要求，深入到县公司运检部、输（配）电运检班及输配电线路，通过查阅资料和现场检查的方法进行查评。

2）查评重点。查阅巡视记录结合现场检查查评是否按照要求对发生恶劣天气地段的线路进行特巡检查，当线路导、地线发生覆冰、舞动或弧垂变化时应做好观测记录，并进行杆塔螺栓松动、金具磨损变形等专项检查及处理。

（9）红外测温。

1）查评方法。依据《十八项反措》6.3.2"运行阶段应注意的问题"的相关要求，深入到县公司运检部、输（配）电运检班及输配电线路，通过查阅资料和现场检查的方法进行查评。

2）查评重点。查阅精确测温和日常测温记录检查是否按反措要求和测温类别开展红外测温，直线接续管、耐张线夹等引流连接金具的发热情况是否有红外测温记录，高温大负荷期间应增加夜巡次数。

（10）防污闪措施落实。

1）查评方法。依据《十八项反措》第7章"防止输变电设备污闪事故"的相关要求，深入到县公司运检部、输（配）电运检班及输配电线路，通过查阅资料和现场检查的方法进行查评。

2）查评重点。检查是否建立防污闪台账（包含绝缘子台账、污秽等级分布图等），并根据分布图查阅线路绝缘子爬距的防污闪事故的各项措施是否落实，线路各种绝缘子爬距是否符合相应地区（地段、点）污秽等级防污要求；是否有定期、定点进行盐密监测并能指导防污闪工作。检查是否定期检测盘型瓷绝缘子绝缘并统计分析瓷绝缘子零低值率和玻璃绝缘子自爆率的记录，及对复合绝缘子进行外观检查、送检电科院抽检的报告。

（11）强、弱电线路同杆架设和交叉跨越。

1）查评方法。依据 DL/T 499—2001《农村低压电力技术规程》"未经电力企业同意，不得同杆架设广播、电话、有线电视等其他线路。低压线路与弱电线路同杆架设时电力线路应敷设在弱电线路的上方，且架空电力线路的最低导线与弱电线路的最高导线之间的垂直距离，不应小于 1.5m"，和"架空线路原则上不得搭挂与电力通信无关的弱电线（广播电视线、通信线缆等）。确需搭挂时，应履行相关手续，采取必要措施，减小电杆承受拉力，避免搭挂弱电箱体、线盘等"的要求，深入到县公司运检部、输（配）电运检班及输配电线路，通过查阅资料和现场检查的方法进行查评。

2）查评重点。现场检查强、弱电线路同杆架设和交叉跨越是否符合相关要求，已搭挂的广播、电话、有线电视等弱电线路通过查阅资料检查是否经电力企业同意并与电力企业签订安全协议。

（12）运行单位应有的图表、资料齐全、完整。

1）查评方法。依据《线路运维规定》第 101～104 条的要求，深入到县公司运检部、输（配）电运检班，通过查阅资料的方法进行查评。

2）查评重点。检查运行单位应有的图表、资料，如：地区电力系统线路地理平面图、接线图；污秽区分布图；设备台账；线路预防性检查测试记录；检修记录；线路跳闸、事故及异常运行记录或统计报表；线路运行工作分析总结资料，事故、异常情况分析及事故措施落实情况；运行专题分析总结；年度运行工作总结等是否齐全、完整。

（13）线路防气象灾害。

1）查评方法。依据《线路运维规定》的相关要求，深入到县公司输（配）电运检班和输配电线路进行查评。

2）查评重点。检查特巡及维护检修记录齐全，现场检查 1～2 条线路防覆冰、防汛、防水、防风沙等防气象灾害的设施完好。

（14）停电工作接地点设置。

1）查评方法。依据 DL/T 601—1996《架空绝缘配电线路设计技术规程》10.8"中、低压绝缘配电线路在联络开关两侧，分支杆、耐张杆接头处及有可能反送电的分支线点的导线上应设置停电工作接地点。线路正常工作时停电工作接地点应装设绝缘罩"的要求，深入到县公司输配电线路，通过现场检查的方法进行查评。

2）查评重点。现场检查 1～2 条绝缘配电线路停电工作地点的设置是否合理和足够，包括：首端、联络开关两侧，分支杆、耐张杆接头处及有可能反送电的分支线的末端是否设置停电工作接地点并装设绝缘罩。

2. 配电变压器

（1）变压器四周间距要求。

1）查评方法。依据 DL/T 499—2001《农村低压电力技术规程》"正常环境下配电变压器宜采用柱上安装或屋顶式安装，新建或改造的非临时用电配电变压器不宜采用露天落地安装方式。经济发达地区的农村也可采用箱式变压器。柱上安装或屋顶安装的配电变压器，其底座距地面不应小于 2.5m。安装在室外的落地配电变压器，四周应设置安全围栏，围栏高度不低于 1.8m，栏条间净距不大于 0.1m，围栏距变压器的外廓净距不应小于 0.8m，各侧悬挂'有电危险，严禁入内'的警告牌。变压器底座基础应高于当地最大洪水位，但不得低于 0.3m"，和《国家电网公司配电网工程典型设计（2016 版）》第 6.7.3 条"低压综合配电箱采用吊装方式，其底部距地面高度不低于 2.0m，在农村、农牧区等 D 类、E 类供电区域，其底部距地面高度可降低至 1.8m"的要求，深入到县公司配网台区现场查评。

2）查评重点。现场核对性抽查 2 个台区，查看柱（台、架）上、顶式变压器底部离地面高度不小于 2.5m；采用吊装方式的低压综合配电箱底部离地面高度不小于 2.0m；落地式变压器四周安全围栏（围墙）高度不低于 1.8m，围栏栏条间净距不大于 0.1m，围栏（围墙）距配电变压器外廓净距不小于 0.8m，变压器底座基础高于当地最大洪水位，且不低于 0.3m。

（2）配电变压器技术性能、运行状况符合规程要求。

1）查评方法。依据 DL/T 602—1996《架空绝缘配电线路施工及验收规程》"杆上变压器的安装应牢固，水平倾斜不应大于台架根开的 1/100。一、二次引线应排列整齐、绑扎牢固。变压器安装后，套管表面应光洁，不应有裂纹、破损等现象；油枕油位正常，外壳干净。变压器外壳应可靠接地；接地电阻应符合规定"的要求，深入到县公司配网台区现场查评。

2）查评重点。现场抽查 2～3 个台区，查看台区一、二次引线排列整齐、绑扎牢固，标识及进出线标示命名、编号齐全；跌落开关与变台间安装了接地环且开口方向正确可用；变压器无渗漏油，二次侧中性点及外壳、配电箱外壳、避雷器接地可靠，且接地装置的接地电阻、接地体的材质规格以及埋设深度符合规程规定；查看套管无严重污染，无裂纹、损伤及放电痕迹；油温、油位、油色正常；部件连接牢固。

（3）跌落式开关技术要求。

1）查评方法。依据 DL/T 602—1996《架空绝缘配电线路施工及验收规程》8.2"跌落式熔断器"、8.3"低压刀开关、隔离开关、熔断器"的相关安装要求，深入到县公司配网台区现场查评。

2）查评重点。现场检查与配电变压器配套安装的跌落式开关（或其他型式的开关、刀闸、熔断器）上下引线压紧并与线路导线的连接紧密可靠，技术性能、运行状况和安装工艺符合规程要求；熔断器熔丝配置正确。

（4）导线及接头。

1）查评方法。依据 DL/T 602—1996《架空绝缘配电线路施工及验收规程》"柱上配电变压器的一、二次进出线均应采用架空绝缘线"，和《国家电网公司配电网工程典型设计（2016 版）》"低压综合配电箱内采用母排，进线采用软铜芯架空绝缘线或相应载流量的电缆，出线可选用电缆或架空绝缘导线"的要求，深入到县公司配网台区现场查评。

2）查评重点。现场检查导线及接头的材质规格与连接状况以及各部分电气安全间距符合规程要求；上下引线压紧并与线路导线的连接紧密可靠（10kV 线路到变台引下线接头用双线卡，配电箱低压出线到电杆送出线的连接点接于尾线），且无发热现象。

（5）防雷。

1）查评方法。依据 DL/T 601—1996《架空绝缘配电线路设计技术规程》第 10 章"防雷和接地"中变压器的相关要求，深入到县公司运检部、配网台区进行查评。

2）查评重点。现场检查变压器是否按规程要求在靠近配电变压器处装设防雷装置并完整可靠，避雷器接地线是否与变压器二次侧中性点、金属外壳及配电箱外壳相连接并接地。多雷区变压器宜在二次侧装设避雷器。

（6）巡视维护及试验。

1）查评方法。依据 Q/GDW 1643—2015《配网设备状态检修试验规程》"配变变压器巡检项目"的相关要求，深入到县公司运检部、输（配）电运检班进行查评。

2）查评重点。查阅相关工作记录、试验报告和技术资料，是否定期对配电变压器及台架、围栏进行巡视、检查、维护，并按规程要求对配电变压器进行预防性试验。要求相关记录和试验报告正确、完整、规范。

3. 柱上开关设备

（1）安装与运行状态。

1）查评方法。依据 Q/GDW 1519—2014《配电网运维规程》6.4"柱上开关设备的巡视"的相关要求，深入到县公司输（配）电运检班、供电所和配电线路现场进行查评。

2）查评重点。现场检查柱上开关设备安装、运行状况是否符合规程要求，尤其是开关的命名、编号标识牌，分、合和储能位置指示，警示标志等是否完好、正确、清晰；气体绝缘开关的压力指示是否在允许范围内，油绝缘开关油位是否正常。查阅有关资料、记录检查柱上开关的额定电流、额定开断容量是否满足安装点的短路容量要求。

（2）防雷与接地措施完善。

1）查评方法。依据 DL/T 601—1996《架空绝缘配电线路设计技术规程》的相关要求，深入到县公司运检部、输（配）电运检班及配电线路，通过查阅资料和现场检查的方法进行查评。

2）查评重点。查阅有关资料、记录。现场检查柱上开关防雷与接地措施完善，经常开路运行而又带电的开关两侧均设防雷装置。其接地装置的接地电阻不应大于 10Ω。开关金属外壳应接地，接地电阻不大于 10Ω。

（3）保护定值。

1）查评方法。依据《整定规程》"3～110kV 电网继电保护的整定应满足选择性、灵敏性和速动性的要求，如果由于电网运行方式、装置性能等原因，不能兼顾选择性、灵敏性和速动性的要求，则应在整定时，按照如下原则合理取舍，地区电网服从主系统电网；下一级电网服从上一级电网；局部问题自行消化；尽可能照顾地区电网和下一级电网的需要；保证重要用户供电"的要求，深入到县公司运检部、调控中心及输配电现场，通过查阅资料和现场检查的方法进行查评。

2）查评重点。查阅有关资料、记录，结合现场检查保护定值计算正确并启用。

4. 开闭所、配电室和箱式变电站

（1）运行工况。

1）查评方法。依据《配电网运维规程》6.4"柱上开关设备"、6.6"开关柜、环网柜"、6.7"配电变压器"的巡视要求，深入到县公司输（配）电运检班及配电线路现场，通过查阅巡视记录和现场检查的方法进行查评。

2）查评重点。现场检查开闭所、配电室和箱式变电站等电气安全净距符合规定满足运行标准；开关、熔断器、变压器、无功补偿装置、母线、电缆、仪表等符合运行标准；各部接点无过热等异常现象；充油、充气设备油温、压力正常，无渗漏油、漏气现象。并查看巡视记录检查是否定期开展设备的巡视、检查和维护。

（2）编号、标志检查。

1）查评方法。依据《配电网运维规程》5.5.4和5.5.5的要求，深入到县公司开闭所、配电室和箱式变电站现场，通过现场检查的方法进行查评。

2）查评重点。现场检查开闭所、配电室和箱式变电站内外部名称编号和安全警示标志齐全、正确、醒目、规范，并相符；架空线路各类标志（电缆标志、路径标志牌、标桩等）和站房工程类各类标志（站房标志牌、母线标志、开关设备标志牌等）及标示（线路名称、编号等）齐全且设置规范。

（3）设备周围环境。

1）查评方法。依据《配电网运维规程》6.9的要求，深入到县公司输配电线路现场进行查评。

2）查评重点。现场检查设备周围环境良好，无威胁安全运行或阻塞检修车辆通行的障碍物，建筑物、门、窗、基础等完好无损；门的开启方向正确；室内室温正常，照明、防火、通风设施完好；有防止雨、雪和小动物从采光窗、通风窗、门、电缆沟等进入室内的措施。

5. 0.4kV 线路及设备

（1）剩余电流保护装置各项制度。

1）查评方法。依据 DL/T 499—2001《农村低压电力技术规程》第5章"剩余电流保护"的相关要求，深入到县公司输（配）电运检班或供电所、配电台区低压线路进行查评。

2）查评重点。查阅资料检查是否建立运行管理制度；是否按规定对剩余电流保护器检测维护，且相关技术资料齐全、规范；是否定期开展巡视、检查、维护且台账齐全、规范；查阅资料记录是否存在未发现将总保护和中级保护退出运行的现象，保护装置的安装率、投运率和合格率达到100％；现场抽查1～2个剩余电流保护装置安装正确，投运正常。

（2）接地。

1）查评方法。依据 DL/T 499—2001《农村低压电力技术规程》第11章"接地与防雷"的相关要求，深入到供电所及配电台区低压线路进行查评。

2）查评重点。查阅资料和现场核查工作接地、保护接地、防雷接地、保护中性线及重复接地措施正确完备并符合规程规定。

（3）配电箱（室）及箱（室）内电器安装。

1）查评方法。依据 DL/T 499—2001《农村低压电力技术规程》4.2"配电箱"的相关要求，深入到县公司配电台区及低压线路现场进行查评。

（2）查评重点。现场检查配电箱（室）及箱（室）内电器安装是否符合规范，各类产品符合国家质量标准，线路名称、编号、相色及负荷标志齐全并清晰明确（尤其是2回以上出线）。配电箱（室）的进出引线采用具有绝缘护套的绝缘电线，穿越箱壳（墙壁）时加套管保护，且进出线口封堵严密。室内、外配电箱箱底距地面高度符合规程规定。

（4）负荷监测。

1）查评方法。依据《配电网运维规程》6.7"配电变压器的巡视"的相关要求，深入到县公司供电所及配电台区低压线路进行查评。

2）查评重点。查阅监测记录和相关资料检查是否按规定定期开展负荷监测工作，配电变压器负荷控制及三相不平衡度是否符合规程要求，要求监测记录正确、完整、规范。

（5）低压刀开关、隔离开关、熔断器。

1）查评方法。依据《配电网运维规程》6.4"柱上开关设备的巡视"的要求，深入到县公司供电所及配电台区及低压线路进行查评，检查低压刀开关、隔离开关、熔断器是否运行正常。

2）查评重点。现场检查低压刀开关、隔离开关、熔断器安装牢固、接触紧密；开关机构灵活、正确；熔断器不应有弯曲、压扁、伤痕等现象；开关、熔断器装置运行状况（包括本体各部件、台架、附件等）符合运行标准规定。

（6）拉线。

1）查评方法。依据《配电网运维规程》6.2.5的相关要求，深入到县公司配电台区及低压线路进行查评。

2）查评重点。现场检查拉线安装及运行符合规程要求，如拉线装设正确，拉线各种距离符合规定；易被车撞的拉线保护设施完好，防撞标志清晰；拉线基础位置合理，埋深符合要求；拉线与电杆的夹角符合规定；检查杆塔、铁件及杆塔地下部分（金属基础、拉线装置、接地装置）锈蚀情况，并做完整记录；拉线穿越导线（引下线）之间或有可能碰及带电部位时装设拉线绝缘子，绝缘子离地距离符合要求（低压线路拉线必须装设拉线绝缘子）。

（7）巡视维护。

1）查评方法。依据《配电网运维规程》第6章"配电网巡视"的相关要求，深入到县公司供电所通过查阅资料的方法进行查评。

2）查评重点。查阅是否有定期开展巡视、检查、维护的记录；是否建立健全了线路巡视岗位责任制；是否建立了按线路区段的明确责任人；线路发生故障后是否组织了故障巡视；大跨越段、特殊区段有无加强巡视和维修工作记录。

# 第三节　电力电缆线路

## 一、查评目的

随着国家对城市环境的优化和城市对自身品质的提升需要，电力电缆线路在县级城市电网已开始出现大量取代传统架空线的趋势，电缆线路已成为电网中传输和分配电能的主要元件之一，其运行质量水平直接关系到城市电网供电可靠性的高低，因此，对电力电缆查评的主要目的就是要科学的判断电缆及电缆沟道等的运行状况，提前发现运行中存在的问题并制定相关处理措施，从而减少电缆及电缆附属设施的缺陷及隐患，最终提高县供电企业供电可靠性。

电力电缆线路的查评内容共 9 项，合计 230 分，主要包括：分界管理规定 30 分，附属设备 30 分，电缆标志 30 分，电缆沟 20 分，电缆防火阻燃措施 20 分，电缆沟道荷载及环境 20 分，电缆敷设安全距离 30 分，电缆隧道 30 分，巡视管理 20 分，电力电缆线路查评主要是深入到县公司运检部、生产班组、配网现场，通过查阅资料、问询、现场检查的方法，如查阅设备管辖分界管理制度、分界协议书、岗位责任制等资料和现场检查电缆附属设备、电缆标志、电缆沟道及沟道内防火措施等内容，对被查评单位的电缆运维进行查评。

**二、查评方法及重点**

1. 分界管理规定

(1) 查评方法。依据国家电网公司 Q/GDW 1512—2014《电力电缆及通道运维规程》（以下简称《电缆沟道运维》）4.6 "运行单位应建立岗位责任制，明确分工，做到每回电缆及通道有专人负责。每回电缆及通道应有明确的运维管理界限，应与发电厂、变电所、架空线路、开闭所和临近的运行管理单位（包括用户）明确划分分界点，不应出现空白"的要求，深入到县公司运检部、营销部、生产班组，通过查阅资料的方法进行查评。

(2) 查评重点。查阅设备管辖分界管理制度、岗位责任制文本检查是否实施了电力电缆管理责任划分。包括：有无与其他专业及接电用户进行明确的制度、协议、责任划分；分界协议书应有单位下发的分界管理制度文件，与用户签订的《供用电协议》里有明确的分界点内容，班组设备台账应登记与其他专业及用户的分界点位置。

2. 附属设备

(1) 查评方法。依据国家电网公司《电缆沟道运维》5.1 "一般要求"，深入到县公司电力电缆线路进行查评。

(2) 查评重点。现场检查电缆附属设备的管理和运维工作是否到位，包括配电线路电缆分支箱、环网柜、交叉互联箱、保护接地箱、电缆终端站等是否符合安装运行状况，是否符合相关技术标准；现场检查配电箱内外各类名称、编号、相色和安全警示标志是否齐全、清晰、规范。

3. 电缆标志

(1) 查评方法。依据国家电网公司《电缆沟道运维》5.5.3 "标识和警示牌技术要求"，深入到县公司电力电缆线路进行查评。

(2) 查评重点。现场检查是否落实电缆标志的管理和运维，检查电缆标志内容是否完整，包括电缆名称、编号标志牌是否齐全，挂装是否牢固；电缆接引处电缆终端相色带是否缠绕，与设备相色是否正确；地下电缆或直埋电缆的地面标志是否齐全并符合有关要求；靠近地面的一段电缆是否有安全警示标志及防护措施。

4. 电缆沟

（1）查评方法。依据国家电网公司《电缆沟道运维》5.6.3 "电缆沟技术要求"，深入到县公司电力电缆沟道进行查评。

（2）查评重点。现场检查电缆沟道管理和运维情况，如电缆沟道内是否清洁整齐，沟内排水畅通，沟道盖板齐全良好；电缆支架、接地扁铁等金属部件防腐层是否完好没有锈蚀；沟道内是否有裂纹，沟道内墙面无渗水现象等。

5. 电缆防火阻燃措施

（1）查评方法。依据国家电网公司《电缆沟道运维》5.5.4 "防火设施技术要求"，深入到县公司电力电缆沟道现场进行查评。

（2）查评重点。现场检查沟道内防火与阻燃所需的封堵措施、防火墙设置、防火涂料的使用是否正确，包括：电缆夹层、沟道是否安装防火墙，电缆进出线孔是否封堵严实；电缆中间头是否安装防爆盒，中间头附近电缆、光缆是否涂刷防火涂料或缠绕防火带；高低压电缆、光缆是否进行分层敷设，中间头位置是否加装防火隔板；是否存在非阻燃电缆，非阻燃电缆是否涂刷防火涂料。

6. 电缆沟道荷载及环境

（1）查评方法。依据国家电网公司《电缆沟道运维》5.6.3 "电缆沟技术要求"，深入到县公司电力电缆沟道现场进行查评。

（2）查评重点。现场检查电缆沟道荷载及环境是否符合要求，包括：沟道内是否有易燃、易爆等其他管道穿越电缆沟；沟道内墙体是否进行防水、防渗处理，是否可以阻止可燃物经土壤渗入；电缆沟齿口是否有角钢保护，盖板是否用角钢或槽钢包边；沟道盖板间是否严实，不应有明显间隙；在隧道、电缆沟、工井、夹层等封闭式电缆通道中，不得布置热力管道，严禁有易燃气体或易燃液体的管道穿越。

7. 电缆敷设安全距离

（1）查评方法。依据国家电网公司 DL/T 5221—2016《城市电力电缆线路设计技术规定》4.1.1～4.1.7 相关要求，深入到县公司电力电缆线路现场进行查评。

（2）查评重点。现场检查电缆沟道、隧道内安全距离是否满足要求，包括：沟道、隧道进行电缆敷设是否满足电缆运行最小弯曲半径要求；电缆支架之间以及支架离顶板和底板最小净距是否满足《配电—电缆分册》典型设计要求。

8. 电缆隧道

（1）查评方法。依据国家电网公司 DL/T 5221—2016《城市电力电缆线路设计技术规定》第 2～8 章的相关要求，深入到县公司电力电缆隧道现场进行查评。

（2）查评重点。现场检查电缆隧道功能是否完善，包括：隧道内照明、通风是否满足要求，照明、通风供电线路是否满足防火、防爆；隧道内排水设施是否完善，排水设施是否满足最大排水量要求；隧道内通信、环境监控和安全监控系统是否齐全完备。

9. 巡视管理

（1）查评方法。依据国家电网公司《电缆沟道运维》7.4.4 "通道巡视检查要求及内容"的相关要求，深入到县公司运检部、营销部及生产班组，通过查阅资料的方法进行查评。

（2）查评重点。深入运检部、班组检查是否建立健全了电缆沟道、隧道技术资料档案，并做到齐全、准确，与现场实际相符；是否按照运行规程要求进行定期、非定期巡视且记录全面（电缆沟道、隧道巡视、消缺记录流程满足定期、非定期巡视要求）；检查运维人员是否经过技术培训并取得相应的技术资质。

# 第四节　设备综合管理

## 一、查评目的

设备综合管理是对各类生产、非生产设备全过程管理的一种技术重要手段，内容包括设备的各类图纸资料、安装调试的图纸资料、调试报告、缺陷、备品备件、检修计划、反措、安措的计划与落实等一系列管理工作。通过对设备综合管理相关资料进行评价，不但可以了解设备自投运到退运过程中的一系列运行过程，而且对各类设备的投运标准、缺陷隐患以及治理过程都能全面掌握，有助于后续生产过程的全面提高。为此，对设备综合管理查评的目的就是要了解公司对各类设备的全面管理水平，通过科学的判断设备的各类图纸和试验报告是否齐全、检修计划是否做到一停多用、是否及时跟踪并消除设备缺陷、备品备件管理是否规范，来达到管好设备、用好设备、维护好设备，并根据设备的运行状况提出针对性的治理措施，保持设备健康水平，使设备始终处于最佳状态，从而保证设备安全、稳定、经济运行，从根本上提升设备的运行管理水平。

设备综合管理查评的内容共 5 项，合计 120 分，主要包括：图纸、资料齐全 25 分，检修计划制定 20 分，备品备件管理 25 分，缺陷管理 25 分，检修项目与报告 25 分。设备状态信息查评主要是深入到县公司运检部及生产班组，通过查阅资料、现场检查及问询的方法，对被查评单位的设备状态信息进行查评。

## 二、查评方法及重点

1. 图纸、资料齐全

（1）查评方法。依据《国家电网公司电网设备状态检修管理规定》［国网（运检/3）298—2014］的相关要求，深入到县公司运检部及生产班组，通过查阅资料的方法进行查评。

（2）查评重点。查阅图纸、资料是否齐全，包括：主要设备技术说明书、设备监造报告、计算书、型式试验报告、出厂试验报告、运输记录、到货验收记录、交接试验报告、安装验收记录、新（改、扩）建工程有关图纸等纸质和电子版资料；符合运行设备现场实际的图纸、资料，如设备台账、修试记录、调试报告，实际设备或接线变动后及时修改的图纸或重画图纸。

2. 检修计划制定

（1）查评方法。依据《安全工作规定》的相关要求，深入到县公司运检部、调控中心，通过查阅资料的方法进行查评。

（2）查评重点。检查企业是否有年度、季度、月度检修计划，计划是否合理并做到一停多用，避免重复停电。

3. 备品备件管理

（1）查评方法。依据《变电运维规定》第 28 章"备品备件"的相关要求，深入到县公司运检部及生产班组，通过查阅资料和现场检查的方法进行查评。

（2）查评重点。查阅运维班资料检查是否制定有备品备件管理制度并建立备品备件台账，要求备品备件有清册，账物相符并定期整理，备品备件合格证、说明书等原始资料齐全，班组备品备件完好可用且储备量满足事故处理的需要。

4. 缺陷管理

（1）查评方法。依据《电网设备缺陷管理规定》〔国网（运检/3）297—2014〕第17条"县公司运检部〔检修（建设）工区〕职责"的相关要求，深入到县公司运检部及生产班组进行查评。

（2）查评重点。通过查阅缺陷记录、两票、设备工作记录、运行记录、缺陷传递卡等有关记录资料的方法，检查运检部及生产班组是否按照职责范围进行缺陷的分析、收集、整理并上报；是否落实家族缺陷排查治理工作；缺陷发现、处理及消除及时并形成闭环管理，记录完整。对评估为安全隐患的缺陷要同时纳入隐患治理流程，实行闭环管理。

5. 检修项目与报告

（1）查评方法。依据《国家电网公司电网设备状态检修管理规定》第七章"检修实施"、DL/T 393—2010《输变电设备状态检修试验规程》4.4"基于设备状态的周期调整"的相关要求，深入到县公司运检部及生产班组进行查评。

（2）查评重点。查阅资料检查图纸、资料、验收报告是否齐全并符合规范。包括：具备完善的竣工图纸、设备检修台账、检修记录、试验报告及检修结论，严格执行设备检修三级验收及评价制度，确保检修质量，检修试验项目和标准应符合有关检修试验管理的规定。

# 第五节 反事故措施

## 一、查评目的

反事故措施是通过统计分析生产运行中发生的电气事故，或吸取其他同类型企业的事故教训，从中找出企业安全生产中存在的薄弱环节，从而制定出行之有效的方法和制度，它是电力企业开展反事故斗争，保证电力生产人身、电网和设备安全的重要方法和手段，是指导企业一个年度安全工作的方向性和纲领性的计划。编制"反措"计划的过程，也是企业对自身安全生产情况进行调查、分析和评价的过程，是企业进行反事故决策，制定行动计划的过程。企业通过编制和落实"反措"计划，可做到有计划、有预见、有重点地消除电网和设备方面的重大隐患缺陷，改善提高生产现场作业环境、劳动条件和防止职业病的措施，从而消除生产中存在的各种不安全因素，保证安全生产顺利进行，最终实现预期的安全生产目标。

反事故措施的查评内容共4项，合计100分，主要包括：反措计划编制30分，"反措"计划"四落实"30分，班组反措计划落实与检查20分，企业反措计划落实与检查20分。反事故措施查评主要是深入到县公司运检部及生产班组，通过查阅资料及问询的方法，对被查评单位反事故措施计划的制定和落实进行查评。

### 二、查评方法及重点

1. 反措计划编制

(1) 查评方法。依据《安全工作规定》第六章"反事故措施计划与安全技术劳动保护措施计划"、《十八项反措》第 1 章"防止人身伤亡事故"的相关要求，深入到县公司运检部及生产班组进行查评。

(2) 查评重点。通过查阅资料检查编制依据、反事故措施、年度反措计划和规程制度是否齐全，查反事故措施计划的编制是否根据国家相关技术标准、规程、上级反事故措施、需要消除的重大缺陷和隐患、提高设备可靠性的技术改造及事故防范对策进行编制，反措计划是否纳入检修、技改计划。

2. "反措"计划"四落实"

(1) 查评方法。依据《安全工作规定》第六章的相关要求，深入到县公司运检部及生产班组进行查评。

(2) 查评重点。通过查阅"反措"年度计划资料，检查年度反措计划的组织修编、立项依据、费用提取和审定符合规定，且做到项目、完成时间、责任人（单位）和费用四落实。

3. 班组反措计划落实与检查

(1) 查评方法。依据《安全工作规定》第六章的相关要求，深入到县公司生产班组进行查评。

(2) 查评重点。查阅班组年度"反措"计划完成情况，"反措"计划下达后，班组应根据"反措"计划内容，组织制定和实施本班组年度及季度"反措"计划，每月开展一次检查，每季度进行一次小结，并将完成情况报主管部门。

4. 企业反措计划落实与检查

(1) 查评方法。依据《十八项反措》第 6 章的相关要求，深入到县公司生产班组进行查评。

(2) 查评重点。查阅制度、图片资料检查反措计划是否真正落到实处，检查该单位主管领导、安全监察及制定反事故措施计划的主管部门是否经常深入基层单位检查"反措"计划的执行情况，至少每季度全面检查一次，应有相关证明材料。

# 第六节 电力设施保护

### 一、查评目的

随着社会经济的不断发展，我国电网建设工作发展速度逐渐加快，为满足人们生产生活中的用电需求，电力企业也在不断朝着自动化、智能化的方向发展。电力企业是国民经济的重要产业，而电力安全直接关系到国民经济发展，关系到社会稳定和人民切身利益。但由于电力设施点多、线长、面广，电力设施的外部破坏仍然不容乐观，在部分电力设施保护区域还存在隐患，因此，开展电力设施保护工作至关重要。

电力设施保护查评的内容共 6 项，合计 150 分，主要包括：组织 30 分，宣传 20 分，重点工作内容 40 分，划分电力设施保护就地责任区段 20 分，政企联合机制 20 分，防外力破坏 20 分。电力设施保护查评主要是深入到县公司运检部、营销部及运维班组，通过查阅资料、现场检查及问询的方法，对被查评单位的电力设施保护进行查评。

## 二、查评方法及重点

1. 组织

（1）查评方法。依据《国家电网公司电力设施保护管理规定》[国网（运检/2）294—2014，以下简称《电力设施保护》]第三章"组织管理"的相关要求，深入县公司运检部、营销部及运维班组进行查评。

（2）查评重点。查阅资料检查各单位组织机构是否职责明确，是否逐级签订电力设施保护责任书，是否建立了层次清晰、分工明确的电力设施保护组织体系。成立由主管领导任组长、相关部门负责人为成员的电力设施保护领导小组；建立政府职能部门、供电企业、社会群众联防合作和部门联动、专业管理、属地保护相结合的工作机制；充分发挥属地公司地域优势，积极推行电力设施通道防护属地化管理；设施管理单位应将电力设施保护职责落实到班组一线人员并逐级签订电力设施保护责任书。

2. 宣传

（1）查评方法。依据《电力设施保护》的相关要求，深入县公司运检部、营销部及运维班组进行查评。

（2）查评重点。查阅电力设施保护的相关管理规定、资料，检查是否按要求开展电力设施保护宣传工作，切实落实电力设施保护工作责任。

3. 重点工作内容

（1）查评方法。依据《电力设施保护》第四章、第五章的相关要求，深入县公司运检部、营销部及运维班组，通过查阅资料、现场检查的方法进行查评。

（2）查评重点。通过查阅资料和现场检查重点工作落实情况，包括：定期组织电力设施沿线巡查，检查输电线路及随输电线路敷设的通信线缆状态管理和通道隐患排查治理；定期与公安、工商等部门开展废旧回收站点的联合检查；对盗窃、破坏电力设施重灾区开展巡逻；与综治、公安等部门定期召开工作协调会；架空线路杆塔应采用防卸螺栓、防攀爬、防撞等技防措施；重要的变电站应装设安防系统、监控系统；与当地政府林业和住建部门沟通，重点解决线下建房和植树问题。

4. 划分电力设施保护就地责任区段

（1）查评方法。依据《电力设施保护》"发现和掌握输电线路和通信线缆通道的动态变化情况，根据输电线路和通信线缆重要程度和通道环境状况，合理划定可能发生外力破坏、盗窃等特殊区段，按区域、区段设定设备主人和群众护线人员，明确责任，确保防控措施落实到位"的相关要求，深入到县公司运检部、营销部及运维班组进行查评。

（2）查评重点。查阅资料检查是否划分电力设施保护就地责任区段，是否按"定人员、定设备、定职责"原则，将电力设施保护责任落实到具体人员，做到无漏洞、无死角，对发现危及电力设施安全的隐患，应向当事人提出整改通知书，当事人逾期未整改的，应及时报告政府电力行政管理部门，并配合处理。

5. 政企联合机制

（1）查评方法。依据《电力设施保护》的相关要求，深入到县公司综合办、安质部、运检部、营销部及运维班组进行查评。

（2）查评重点。通过查阅资料和现场检查的方法检查是否建立政（警）企联合机制，是否有专人负责与地方政府综治办、公安部门、经信委等单位进行沟通协调。

6.防外力破坏

（1）查评方法。依据《电力设施保护》的相关要求，深入到县公司运检部、营销部及运维班组进行查评。

（2）查评重点。通过查阅资料和现场检查的方法检查是否对易受外力破坏隐患地点进行巡视检查，并做好防范外力破坏的措施，包括：建立防止外力破坏电力设施的预警机制，通过研究和分析，总结电力设施保护工作规律，做到防范关口前移，提高防范工作的预见性；建立电力设施外力破坏处置流程，加强事故抢修人员培训和备品备件管理；制定并不断完善外力破坏的人防、技防、物防措施；严密治安防控，确保重大节日、重大活动期间和特殊时期重要电力设施运行安全。加强对重要输变电设备的巡视和监控，必要时专人值守；发现电力设施遭受破坏、盗窃，应立即赶赴现场，做好现场证物收取、照相、录像等收资工作，保护好现场；根据治安状况，适时商请公安机关组织开展区域性打击整治行动，挂牌整治盗窃破坏案件高发地区，挂牌督办重、特大电网及设备损害案件，严厉打击盗窃破坏电力设施违法犯罪活动。

# 第六章

# 供用电安全查评指南

## 第一节　业扩报装及计量安全

**一、查评业扩报装及计量安全的目的及意义**

业扩报装业务作为营销专业的"龙头"，通俗地讲就是供电企业响应客户用电需求服务的过程，从专业角度来看是受理客户从用电申请到装表接电整个业务过程中的管控，随着人们对供电需求多样化、个性化的转变，给业扩报装工作带来了很大的安全风险，业扩报装业务的安全性评价就是从供电企业安全管理体制、工程过程管控和安全措施等方面来对业扩报装工作中的风险管理进行安全评估。同样，基于"从管理中要安全"的出发点，计量专业的安全性评价以实现从优化安全管理模式带动现场安全生产为基本目标，进而推进电能计量现场工作的安全管控。

业扩报装及计量安全的查评内容共 7 项，合计 300 分，主要包括：业扩报装流程 40 分，受电工程单位资质 40 分，安全交底 50 分，缺陷、隐患闭环管理 40 分，业扩现场管理 40 分，计量安全 40 分，竣工验收和投运 50 分。业扩报装及计量安全查评主要是深入到县公司营销（乡镇供电所管理）部及客户经理班（营业班）、计量班，通过查阅资料及问询的方法，对被查评单位的业扩报装及计量安全进行查评。

**二、业扩报装及计量安全查评方法及重点**

1. 业扩报装流程

（1）查评依据及方法。根据《关于印发〈营销业扩报装工作全过程防人身事故十二条措施（试行）〉〈营销业扩报装工作全过程安全危险点辨识与预控手册（试行）〉的通知》（国家电网营销〔2011〕237 号，以下简称《业扩报装全过程安全管控》）要求，客户服务中心应加强业扩报装统筹协调，负责统一组织相关部门到客户现场开展方案勘察、受电工程中间检查、受电工程竣工检验、装表、接电等工作；要加强作业计划编制和刚性执行，减少和避免重复、临时工作；要严格执行公司统一的业扩报装流程，确保施工、验收、接电环节有序衔接，严禁不按规定程序私自接电；要建立客户停送电联系制度，严格执行现场送电程序，对高压供电客户侧第一断开点设备进行操作（工作），必须经调度或运行维护单位许可；涉及多专业、多班组参与的项目，由竣工检验现场负责人牵头，由各相关专业技术人员参加，成立检验小组，现场负责人对工作现场进行统一安全交底，明确职责，各专业负责落实相关安全措施和责任；现场负责人应做好现场协调工作，工作必须由客户方或施工方熟悉环境和电气设备的人员配合进行。查评中主要通过查阅县供电公司客户经理（营业）班营销业务应用系统、电力用户业扩报装纸质资料，查评被查评单位的业扩流程是否规范。

（2）查评重点。

1）在营业（客户经理）班检查业扩管理组织、实施情况，查阅营销业务应用系统客户档案管理中的对应业务流程工作单办理、工作单填写是否完整，涉及多专业工作的是否实现了统一组织，主要包括现场勘察、供电方案确定及审批、答复、竣工报验、竣工验收、资料归档等整个业扩流程是否闭环。

2）对应查看该业务流程纸质资料，检查纸质资料是否与电子档案资料相对应；主要包括现场勘察、供电方案确定及审批、答复、设计、图纸审查、中间检查、消缺、报验、竣工验收等资料。

3）检查纸质资料中的竣工验收项目是否完整，是否包含工程所有设备、制度、器具的检查意见，检查意见是否填写，检查人员是否签字确认。

4）查看班前会记录，检查中间检查、竣工验收参检人员分工情况，分工是否合理，是否存在漏检内容。

5）在客户经理（营业）班查看班前会记录，是否对参加验收、送电工作的人员按专业进行分组，并明确总负责人、小组监护人员。

6）查阅现场工作单，是否按要求由客户经理组织调度、线路、计量、营业、用电检查等相关专业统一开展方案勘察、中间检查、竣工验收、接火送电工作。

2. 受电工程单位资质

（1）查评依据及方法。根据《业扩报装全过程安全管控》的要求，严格执行业扩报装标准规程，严格受电工程设计、施工、试验单位资质审查，遵循公司统一的技术导则及标准开展供电方案编制、受电工程设计审核及竣工检验等工作，防止客户受电设施带安全隐患接入电网。查评中，主要通过查阅县供电公司客户经理（营业）班电力用户业扩报装纸质资料，查评被查评单位的业扩资料对受电工程设计、施工、试验单位的资质留存是否规范。

（2）查评重点。

1）在客户经理（营业）班随机抽查当年已归档客户工程，查阅承接该客户工程的设计、施工、试验单位资质材料是否在供电公司备案、存档；存档资质材料是否经原设计、施工、试验单位加盖公章、确认；资格证是否在有效期。

2）查阅承接该受电工程的设计、施工、试验单位资格是否包含工程内容、等级是否满足该客户工程要求。

3. 安全交底

（1）查评依据及方法。根据《业扩报装全过程安全管控》的要求，在客户电气设备上从事相关工作，现场工作负责人或专责监护人在作业前必须向全体作业人员统一进行现场安全交底，使所有作业人员做到"四清楚"（作业任务清楚、现场危险点清楚、现场的作业程序清楚、应采取的安全措施清楚），并签字确认。在作业过程中必须认真履行监护职责，及时纠正不安全行为；在勘察、受电工程中间检查及竣工验收、装表、接电等环节推行标准化作业，完善现场标准化作业流程，应用标准化作业卡并将危险点预控措施固化在作业卡中，实现业扩现场作业全过程的安全控制和质量控制，避免人的不安全行为、物的不安全状态、环境的不安全因素出现和失控；工作负责人或专责监护人在工作中应严格履行监护职责，及时纠正不安全行为，合理安排工作进度，严把工作流程及工作质量；现场工作负责人在作业前必须向全体作业人员进行现场安全交底，使所有作业人员做到"四清楚"，并签字确认。查评中，主要通过查阅县供电公司客户经理（营业）班电力用户业扩报装纸质资料并结合现场抽查，查评被查评单位的业扩资料中安全管控是否规范。

（2）查评重点。

1）在客户经理（营业）班查阅营销现场标准作业卡（或营销现场安全措施卡），作业卡（措施卡）工作内容填写是否准确，安全措施是否合理，所制定技术措施是否完善，作业卡（措施卡）是否审批。

2）检查班前交底记录，安全交底是否到位，参检人员是否对已交底风险点知晓并签字确认。

3）抽查客户工程作业现场，检查作业现场安全措施是否按照作业卡（措施卡）内容布置到位。

4. 缺陷、隐患闭环管理

（1）查评依据及方法。根据《业扩报装全过程安全管控》的要求，客户工程中间检查的重点包括检查隐蔽工程质量，有无装置性违章问题，是否与审核合格的设计图纸相符，有无对电网安全影响的隐患；检查合格后才能进行后续工程施工；中间检查时发现的隐患，及时出具书面整改意见，督导客户落实整改措施，形成闭环管理；严格按照电气装置安装工程设计、施工和验收标准与规范进行检验，竣工检验时发现的隐患，及时出具书面整改意见，督导客户落实整改措施，形成闭环管理。查评中，主要通过查阅县供电公司客户经理（营业）班电力用户业扩报装纸质资料、营销业务应用系统的检查，查评被查评单位的电力客户工程资料是否规范。

（2）查评重点。

1）在客户经理（营业）班查阅客户受电工程中间检查申请表、客户受电工程中间检查结果通知单、客户受电工程竣工验收申请表、客户受电工程竣工验收单、受电工程缺陷整改通知单、客户受电工程缺陷处理报告等资料以及资料中所列缺陷的告知、整改、反馈是否形成闭环管理，所提出缺陷是否逐条整改。

2）查看营销业务应用系统中对应工作所发起的流程，在工作单查询中抽查以上资料内容是否完整、一致。

5. 业扩现场管理

（1）查评依据及方法。根据《业扩报装全过程安全管控》的要求，在高压供电客户的电气设备上作业必须填用工作票，在低压供电客户的电气设备上作业必须使用工作票或工作任务单（作业卡），并明确供电方现场工作负责人和应采取的安全措施，严禁无票（单）作业；客户电气工作票实行由供电方签发人和客户方签发人共同签发的"双签发"管理；供电方工作票签发人对工作的必要性和安全性、工作票上安全措施的正确性、所安排工作负责人和工作人员是否合适等内容负责；客户方工作票签发人对工作的必要性和安全性、工作票上安全措施的正确性等内容审核确认；在高压供电客户的主要受电设施上从事相关工作，实行供电方、客户方"双许可"制度，双方签字确认后方可开始工作；在客户电气设备上从事相关工作，现场工作负责人或专责监护人在作业前必须向全体作业人员统一进行现场安全交底，使所有作业人员做到"四清楚"，并签字确认；根据工作内容和现场实际，认真做好现场风险点辨识与预控，重点防止走错间隔、误碰带电设备、高空坠落、电流互感器二次回路开路、电压互感器二次短路等，坚决杜绝不验电、不采取安全措施以及强制解锁、擅自操作客户设备等违章行为；要定期分析安全危险点并完善预控措施，确保其针对性和有效性；进入客户受电设施作业现场，所有人员必须正确佩戴安全帽、穿棉制工作服，正确使用合格的安全工器具和安全防护用品。查评中，主要通过查阅县供电公司客户经理（营业）班电力用户业扩报装纸质资料以及现场作业情况的检查，查评被查评单位的业扩现场安全管控工作是否规范。

（2）查评重点。

1）在客户经理（营业）班查阅客户工程现场所采用的安全措施票，检查安全措施是否合理、风险预控措施是否完善、作业卡（措施卡）是否填写规范、是否审批。

2）检查工作票是否由供用电双方共同签发、许可；检查用电方签发人、许可人是否具备经申报、考核后以正式文件确认的资格。

3）随机抽查现场作业使用的工器具是否合格、是否按照作业卡开展风险防控。

4）随机抽查现场作业人员是否采取安全防护措施，安全防护用具使用是否规范。

6．计量安全

（1）查评依据及方法。根据《业扩报装全过程安全管控》《国家电网公司电力安全工作规程（配电部分）（试行）》（国家电网安质〔2014〕265号）的要求，计量现场作业至少两人同时进行，采取防止走错间隔措施，履行保障安全的技术措施，工作前验电、装设接地线，与带电设备保持足够的安全距离，将检修设备与运行设备前后以明显的标志隔开，附近有带电盘和带电部位，必须设专人监护；触摸金属计量箱前必须进行箱体验电；使用作业工具采取绝缘保护符合《安规》要求，工具、材料必须妥善放置并站在绝缘垫上进行工作；遵守计量二次回路操作规范，严禁电流互感器二次开路、电压互感器二次短路；工作中认清设备接线标志，严格按照规程进行安装，一人操作一人监护；登高作业穿软底绝缘鞋，正确使用工具包和合格的登高工具，并应有专人监护；高处工作应使用工具袋，工具、器材上下传递应用绳索拴牢传递，严禁抛掷物品，严禁工作人员站在工作处的垂直下方。查评中，主要通过查阅县供电公司计量班现场工作派工及安全措施资料，查评被查评单位的计量现场作业情况是否满足安全规范要求。

（2）查评重点。

1）查阅计量班变电站（发电厂）第二种工作票、标准作业卡、工作任务单履行审批手续情况，重点检查工作票、作业卡、任务单中安全措施是否完善，人员配置、措施条款是否满足作业现场要求。

2）抽查计量装置改造现场，查看是否严格按照工作票、作业卡、任务单填写内容采取安全防控措施，现场所用工器具是否满足安全要求，现场作业人员是否熟知作业现场风险点。

7. 竣工验收和投运

（1）查评依据及方法。根据《业扩报装全过程安全管控》的要求，客户服务中心应加强业扩报装统筹协调，负责统一组织相关部门到客户现场开展方案勘察、受电工程中间检查、受电工程竣工检验、装表、接电等工作。要加强作业计划编制和刚性执行，减少和避免重复、临时工作；要严格执行公司统一的业扩报装流程，确保施工、验收、接电环节有序衔接，严禁不按规定程序私自接电；要建立客户停送电联系制度，严格执行现场送电程序，对高压供电客户侧第一断开点设备进行操作（工作），必须经调度或运行维护单位许可。查评中，主要通过查阅县供电公司客户经理（营业）班电力用户业扩报装纸质资料，查评被查评单位的客户新设备投产管理是否规范。

（2）查阅重点。

1）在客户经理（营业）班查阅客户受电工程竣工验收单、新（改、扩）建输变电工程验收报告单、新（改、扩）建输变电工程新设备验收投运批准单是否存在不合格或未经调度部门批准投运的情况。

2）查看客户受电工程竣工验收单、新（改、扩）建输变电工程验收报告单、新（改、扩）建输变电工程新设备验收投运批准单审批情况，内容填写是否完整。

# 第二节 用 户 侧 安 全

## 一、查评用户侧安全的目的及意义

电力用户安全稳定用电是电力企业经营活动的基础，提高用户的安全用电意识，进行科学的用电管理和改进用电检查服务水平，对减少电气事故、提高供电可靠性具有重要意义。分析、判断用电安全管理现状，特别是重要用户安全供用电检查服务中存在的问题，有利于促进用户安全供用电管理水平的整体提升。

用户侧安全的查评内容共 6 项，合计 150 分，主要包括：重要电力用户认定、电源配置及档案资料 10 分，重要电力用户供电电源及自备应急电源配置要求 20 分，高危及重要用户周期检查 30 分，重要电力用户建章立制 30 分，电力用户缺陷、隐患管理 30 分，临时电力用户管理 30 分。用户侧安全查评主要是深入到县公司营销（乡镇供电所管理）部及用电检查班，通过查阅资料及问询的方法，对被查评单位的用户侧安全进行查评。

## 二、用户侧安全查评方法及重点

1. 重要电力用户认定、电源配置及档案资料

（1）查评依据及方法。根据《印发关于〈加强重要电力用户供电电源及自备应急电源配置监督管理的意见〉的通知》（电监安全〔2008〕43 号，以下简称《电源配置意见》）、GB/Z 29328—2012《重要电力用户供电电源及自备应急电源配置技术规范》（以下简称《电源配置规范》）的要求，供电企业要根据地方人民政府有关部门确定的重要电力用户的

行业范围及用电负荷特性，提出重要电力用户名单，经地方人民政府有关部门批准后，报电力监管机构备案。电力监管机构要按照地方人民政府有关部门确定的重要电力用户名单，加强对重要电力用户供电电源配置情况的监督管理，并与地方人民政府有关部门共同做好重要电力用户自备应急电源配置管理工作；供电企业要掌握重要电力用户自备应急电源的配置和使用情况，建立基础档案数据库，并指导重要电力用户排查治理安全用电隐患，安全使用自备应急电源。重要电力用户的认定应在省级政府部门主导下，根据国家有关规定，由相关政府部门组织供电企业和用户统一开展，采取一次认定，每年审核新增和变更重要电力用户；供电企业应依据对重要电力用户的界定及分级范围，遵照《电源配置规范》的要求提出重要电力用户的供电电源及自备应急电源配置方案，报政府主管部门备案。查评中，主要通过查阅县供电公司用电检查班重要用户管理资料，对县供电公司重要用户安全供用电管理工作进行评价。

（2）查评重点。

1）在用电检查班检查市供电公司对当年重要用户申报文件、市经信委对供电企业申报材料的认定文件等资料是否存档。

2）检查文件及资料中对重要用户重要级别是否认定，界定是否符合相关规定要求。

3）检查重要用户档案是否完整，是否包含供电电源、应急自备电源、应急预案、受电设施、运行管理、试验情况、非电保安措施、证件情况、隐患排查情况等基本内容。

2. 重要电力用户供电电源及自备应急电源配置要求

（1）查评依据及方法。根据《电源配置意见》的规定，重要电力用户供电电源的配置至少应符合以下要求：特级重要电力用户具备三路电源供电条件，其中的两路电源应当来自两个不同的变电站，当任何两路电源发生故障时，第三路电源能保证独立正常供电；一级重要电力用户具备两路电源供电条件，两路电源应当来自两个不同的变电站，当一路电源发生故障时，另一路电源能保证独立正常供电；二级重要电力用户具备双回路供电条件，供电电源可以来自同一个变电站的不同母线段；临时性重要电力用户按照供电负荷重要性，在条件允许情况下，可以通过临时架线等方式具备双回路或两路以上电源供电条件；重要电力用户供电电源的切换时间和切换方式要满足重要电力用户允许中断供电时间的要求；重要电力用户应配置自备应急电源，并加强安全使用管理。重要电力用户的自备应急电源配置应符合以下要求：自备应急电源配置容量标准应达到保安负荷的120%；自备应急电源启动时间应满足安全要求；自备应急电源与电网电源之间应装设可靠的电气或机械闭锁装置，防止倒送电；临时性重要电力用户可以通过租用应急发电车（机）等方式，配置自备应急电源；查评中，主要通过查阅县公司用电检查班重要用户管理资料、营销业务应用系统、重要用户管理信息系统，检查电源及自备应急电源的配置管理情况。

（2）查评重点。

1）在用电检查班查阅重要用户档案资料中供电电源配置情况，是否满足重要等级要求；不满足要求的用户延伸核对《用电检查工作单》中内容，查阅是否填写供电电源告知条款。

2）查阅重要用户档案资料中自备应急电源配置情况，核查自备应急电源容量是否满足保安负荷 120％的要求，对未配备自备应急电源或不满足容量要求的延伸核对《用电检查工作单》中内容，查阅是否填写自备应急电源告知条款。

3）询问新增属于政府确认重要用户类别的用户供电电源情况，供电电源是否满足重要等级的要求。

3. 高危及重要用户周期检查

（1）查评依据及方法。根据《国家电网公司关于高危及重要客户用电安全管理工作的指导意见》（国家电网营销〔2016〕163 号），各单位要合理制定高危及重要客户检查周期，确保及时发现各类供用电隐患；特级、一级高危及重要客户每 3 个月至少检查 1 次；二级高危及重要客户每 6 个月至少检查 1 次；临时性高危及重要客户根据其现场实际用电需要开展用电检查工作；控股和代管县域的高危及重要客户的用电检查工作应与直供直管客户执行同等标准。查评中，主要通过查阅县公司用电检查班营销业务应用系统、重要用户管理信息系统、重要用户管理资料，对重要用户周期检查工作进行评价。

（2）查评重点。

1）在用电检查班检查营销业务应用系统中年度检查计划制定及执行情况。

2）在用电检查班检查重要用户档案资料中隐患排查工作的开展情况，是否按照每季度一次开展检查，检查内容是否涵盖供电电源、应急自备电源、受电设施、规章制度、运行管理、应急管理等方面的内容。

3）检查隐患告知书是否经用户签字接收。

4）检查营销业务应用系统、重要用户信息系统中排查信息是否与纸质资料一致。

4. 重要电力用户建章立制

（1）查评依据及方法。根据《供电营业规则》（1996 年 10 月 8 日中华人民共和国电力工业部第 8 号令）、《电源配置意见》的要求，供电企业和用户都应加强供电和用电的运行管理，切实执行国家和电力行业制定的有关安全供用电的规程制度。用户执行其上级主管机关颁发的电气规程制度，除特殊专用的设备外，如与电力行业标准或规定有矛盾时，应以国家和电力行业标准或规定为准。供电企业和用户在必要时应制定本单位的现场规程；重要电力用户要制定自备应急电源运行操作、维护管理的规程制度和应急处置预案，并定期（至少每年一次）进行应急演练。查评中，通过对县供电公司用电检查班重要用户管理资料的检查和现场抽查等形式，评价重要用户应急能力的管理工作。

（2）查评重点。

1）在用电检查班检查重要用户档案中用户侧电气设备运行规程、操作规程；检查自备应急电源的操作、维护规程、制度；检查用户应急预案的编制情况；检查规程、预案编制是否合理。

2）查看重要用户档案中演练记录检查用户应急预案是否以半年为周期开展演练。

3）查阅重要用户档案中隐患排查告知书中是否包含对未编制规程、应急预案的督导条款。

5. 电力用户缺陷、隐患管理

（1）查评依据及方法。根据《供电营业规则》《国家电网公司农村用电安全工作管理办法》[国网（农/4）207—2014] 的要求，用户应定期进行电气设备和保护装置的检查、检修和试验，消除设备隐患，预防电气设备事故和误动作发生；县供电企业是农村用电安全工作管理的责任单位，应"告知用电客户整改用电安全隐患，必要时，促请政府有关部门督导落实"。查评中，通过查阅县供电公司用电检查班重要用户周期检查资料、现场抽查等形式，对重要用户隐患排查服务工作开展情况进行评价。

（2）查评重点。

1）在用电检查班检查重要用户安全供用电隐患排查资料，检查隐患排查日期，了解是否按季度开展检查。

2）检查隐患排查记录，了解隐患排查内容是否涵盖证件资料、运行管理、应急预案、非电保安措施、供电电源、自备应急电源、受电设施等内容。

3）查阅隐患排查告知书，针对发现的安全隐患是否书面通知用户进行整改，告知书是否经用户签字接收。

4）查看文件资料，每季度隐患排查完成后，是否汇总检查情况以书面形式报告当地政府。

6.临时电力用户管理

（1）查评依据及方法。根据《供电营业规则》的要求，对基建工地、农田水利、市政建设等非永久性用电，可供给临时电源，临时用电期限除经供电企业准许外，一般不得超过6个月，逾期不办理延期或永久性正式用电手续的，供电企业应终止供电；使用临时电源的用户不得向外转供电，也不得转让给其他用户，供电企业也不受理其变更用电事宜；如需改为正式用电，应按新装用电办理。因抢险救灾需要紧急供电时，供电企业应迅速组织力量，架设临时电源供电；架设临时电源所需的工程费用和应付的电费，由地方人民政府有关部门负责从救灾经费中拨付；用户独资、合资或集资建设的输电、变电、配电等供电设施建成后，其运行维护管理按以下规定确定：属于临时用电等其他性质的供电设施，原则上由产权所有者运行维护管理，或由双方协商确定，并签订协议。查评中，通过查阅县供电公司客户经理（营业）班电力用户业扩报装纸质资料，评价被查评单位的临时用电管理是否规范。

（2）查评重点。

1）在客户经理（营业）班通过营销业务应用系统客户档案管理查看是否办理临时用电业务。

2）随机抽查1～2户临时用电户查阅供用电合同签订情况，合同中是否确认产权分界点，是否明确产权分界点的归属。

3）检查合同中是否含有明确资产关系、安全责任的条款。

4）检查临时用电是否符合《供电营业规则》6个月的时间要求。

5）现场抽查是否存在已转为正式用电未办理用电手续的情况。

6）检查合同条款中无安全责任的，是否签订补充安全协议。

# 第三节　农村用电安全

## 一、查评农村用电安全的目的及意义

由于农电队伍长期以来安全观念淡薄，安全意识较差，而农村电网面广量大，装置性缺陷普遍存在，管理性违章仍然较多，随时都可能发生人身或设备事故，因此规避供电企业的安全、经济、法律风险的有效方法可以开展农电安全性评价工作为切入点，定量分析农村供电所安全生产的现状和水平，掌握客观存在的危险因素及严重程度，实现事前控制，减少和消灭事故苗头。

农村用电安全的查评内容共 8 项，合计 300 分，主要包括：农村用电检查 40 分，用电检查问题整改 40 分，公用配变台区保护设备 40 分，剩余电流动作保护装置运行 40 分，剩余电流动作保护装置检查 40 分，剩余电流动作保护装置年统计 40 分，农村用电安全宣传 30 分，临时电力用户管理 30 分。农村用电安全查评主要是深入到县公司营销（乡镇供电所管理）部及乡镇供电所，通过查阅资料、抽查现场及问询的方法开展查评，对被查评单位的农村用电安全进行评价。

**二、农村用电安全评价查评方法及重点**

1. 农村用电检查

（1）查评依据及方法。根据《国家电网公司农村用电安全工作管理办法》〔国网（农/4）207—2014，以下简称《农村用电管理办法》〕的要求，市、县供电企业每年应根据农事、季节性用电和农村居民生活用电特点，制定农村用电安全检查计划，并组织实施。查评中，通过查阅县供电公司营销（乡镇供电所管理）部、乡镇供电所、用电检查班的文件、档案资料、用电检查工作单开展情况，评价农村用电安全的组织实施工作。

（2）查评重点。

1）在营销（乡镇供电所管理）部或供电所查阅县供电企业年初是否以书面文件形式下达当年农村用电安全检查计划。

2）查阅年度检查计划的制定是否适合本地区排灌、抗旱、务工人员返乡等农村生产、生活季节性用电特点。

3）查阅营销业务系统中是否按年度用电检查计划分解下达、制定月度检查计划。

4）抽查 1～2 户用电检查工作单，查看是否按照月度检查计划开展检查工作，工作单上是否有用户签字。

2. 用电检查问题整改

（1）查评依据及方法。根据《农村用电管理办法》的要求，在政府主导和用电客户配合下，检查农村居民用电客户、农村集体产权电力设施是否存在用电安全隐患，农村临时用电装置是否完好；检查农村居民用电客户、农村集体产权电力设施、农村临时用电装置发现的问题，要书面通知用电客户整改，同时报地方政府相关部门备案；对私拉乱接、挂钩用电、擅自接电等危及安全的违规、违法用电行为依职权进行查纠。查评中，通过查阅县供电公司营销（乡镇供电所管理）部和乡镇供电所文件、档案资料、用电检查结果通知书，评价用电检查发现问题的管理情况。

（2）查评重点。

1）在乡镇供电所查看对安全用电检查发现的问题是否下达书面隐患通知书告知用户，告知书是否经用户签收。

2）在营销（乡镇供电所管理）部、乡镇供电所查阅文件，检查针对周期检查发现的安全隐患是否定期整理，并每年（或半年）以正式文件报当地政府或经信、安监等部门备案。

3. 公用配变台区保护设备

(1) 查评依据及方法。根据《农村用电管理办法》的要求，农村公用配变台区的剩余电流动作保护装置应坚持"应装必装"原则，加强对剩余电流动作保护装置的安装和运行维护管理，努力实现农村公用配变台区总保护、分保护安装率，投运率，正确动作率三个100％目标，扎实推进各级保护的安装和运行维护管理；县供电企业应建立农村公用配变台区的总保护、中级保护（分支保护）设备台账，定期检查测试并留存记录。查评中，通过查阅县供电公司乡镇供电所运行记录、测试记录等档案资料，评价农村供电所保护运行、管理水平。

(2) 查评重点。

1）在乡镇供电所检查是否建立公用配变台区保护设备台账。

2）检查台区总保护、中级保护是否全部登记建档，抽查1～2个台区核查台账是否与现场设备配置情况一致。

3）检查公用配变台区保护设备台账中各级保护是否定期开展测试，测试结果是否合格，是否经检测人员签字确认。

4. 剩余电流动作保护装置运行

(1) 查评依据及方法。根据《农村用电管理办法》的要求，对短时间内多次跳闸的剩余电流动作保护装置，应查明故障或跳闸原因，排查和治理泄漏电流偏大的台区，严禁随意将剩余电流动作保护装置退出运行；对发现故障的剩余电流动作保护装置，应立即安排处理。查评中，通过对县供电公司乡镇供电所供电区域内公用台区剩余电流保护装置的运行情况抽查，评价剩余电流动作保护装置运行水平。

(2) 查评重点。

1）在乡镇供电所现场抽查1～2个公用台区检查公用台区是否配置总保护、分路保护。

2）检查台区总保护、分路保护是否在运行状态。

5. 剩余电流动作保护装置检查

(1) 查评依据及方法。根据《农村用电管理办法》的要求，在用电客户配合下，对户用漏电保护器和末级漏电保护器的安装及使用情况进行检查，应将检查发现的问题告知用电客户整改。查评中，通过对县供电公司乡镇供电所合同、协议等档案资料的查阅以及现场抽查，评价末端剩余电流保护装置的运行管理水平。

(2) 查评重点。

1）在乡镇供电所检查合同、协议中是否明确剩余电流保护装置安装的相关条款。

2）查阅用户剩余电流动作保护装置检查计划以及检查记录，现场抽查2～3户核实是否按计划开展检查工作。

3）结合现场抽查情况查阅剩余电流动作保护装置检查结果告知书，是否将剩余电流保护装置存在的问题以书面形式告知用户，是否经用户签收，是否将书面告知书留存。

6. 剩余电流动作保护装置年统计

(1) 查评依据及方法。根据《农村用电管理办法》的要求，县供电企业应建立农村公用配变台区的总保护、中级保护（分支保护）设备台账，定期检查测试并留存记录；每年统计运行和使用情况，并报地（市）公司；每年统计、分析剩余电流动作保护器的安装、使用情况，并报当地政府相关部门和上级公司备案。查评中，通过查阅县供电公司营销（乡镇供电所管理）部、乡镇供电所剩余电流动作保护装置运行记录、统计台账、分析记录、报备材料，评价剩余电流动作保护装置运行情况。

（2）查评重点。

1）在乡镇供电所查阅剩余电流动作保护装置台账，检查是否每年年末详细统计总保护、分支保护等各级保护的安装、运行情况。

2）在营销（乡镇供电所管理）部查阅文件，检查年末是否将剩余电流动作保护装置运行情况汇总、整理后以书面形式向市公司、当地政府报备。

7. 农村用电安全宣传

（1）查评依据及方法。根据《农村用电管理办法》的要求，市、县供电企业应构建农村用电安全宣传长效机制，制定农村用电安全宣传年度工作计划和方案，并组织实施；市、县供电企业要因时制宜、因地制宜，多形式地开展农村用电安全宣传工作；农村用电安全宣传工作应重点提高农村群众的用电安全意识，普及用电安全常识，提高安全用电防护能力。查评中，通过查阅县供电公司营销部（乡镇供电所管理部）及乡镇供电所宣传方案、材料、记录、影像资料等，评价农村用电安全宣传组织工作。

（2）查评重点。

1）在营销（乡镇供电所管理）部查阅文件，检查县供电公司是否结合本地区当前农村用电安全形势、安全用电现状制定年度宣传计划。

2）检查营销（乡镇供电所管理）部针对每次宣传是否制定了包含目的、时间、方式、预期效果等关键要素的宣传方案。

3）在乡镇供电所查看影音、图片资料核实宣传工作落实情况。

8. 临时电力用户管理

（1）查评依据及方法。根据《农村用电管理办法》的要求，农村临时用电装置应选用符合国家或行业标准的配电箱或装接箱；配电箱或装接箱内配置的电器应具备保证用电安全的基本功能，包括漏电保护、短路及过载等保护功能；供电企业受理农村临时用电申请，接电前，供电企业应向相关用电客户以书面形式明确临时用电安全注意事项、配电箱或装接箱的安全使用注意事项，并做好临时供用电合同的签订工作。查评中，通过查阅县供电公司营销（乡镇供电所管理）部及乡镇供电所业扩报装资料，评价农村临时用电的管理水平。

（2）查评重点。

1）在乡镇供电所档案室检查是否签订临时供用电合同，临时供用电合同中是否明确产权责任，产权分界点是否明确。

2）检查报装资料中是否包含（留存）用电安全告知书（风险确认书），告知书（风险确认书）是否经客户签字、确认。

3）检查告知书（风险确认书）内容中是否告知临时用电客户的风险点。

4）检查告知书（风险确认书）内容是否包含临时用电客户受电设施用电过程中应注

意的防设备事故、人身事故的相关事项。

5）现场抽查 1～2 户临时用电客户，检查是否在临时用电线路的首端装设末级保护。

# 第四节 双电源及自备电源安全

## 一、查评双电源及自备电源安全的目的及意义

随着经济的快速发展，用户对供电可靠性的要求也在逐步提高，自备电源及双电源的建设在很大程度上解决了这一问题。但是双电源及自备电源的配置，在提升供电可靠性的同时，也给电网带来了很大的反送电安全隐患，加大了线路停电检修人员触电风险和设备损坏的概率。为此，通过对双电源及自备电源安全性评价，分析评估双电源及自备电源管理上存在的风险，完善管理措施，提升供电企业安全运行水平。

双电源及自备电源安全的查评内容共 6 项，合计 150 分，主要包括：双电源及自备电源电力用户签订协议 20 分，防倒送电措施 30 分，重要电力用户保安负荷及自备应急电源配置标准 20 分，新装自备应急电源及其业务变更 30 分，自备应急电源变动 30 分，自备应急电源检查、试验 20 分。双电源及自备电源安全的查评主要是深入到县公司营销部及客户经理班（营业班）、用电检查班，通过查阅资料、问询以及现场抽查的方法，对被查评单位的双电源、自备电源安全管理工作进行查评。

## 二、双电源及自备电源安全查评方法及重点

1. 双电源及自备电源电力用户签订协议

（1）查评依据及方法。根据《电源配置意见》《电源配置规范》的要求，重要电力用户新装自备应急电源及其业务变更要向供电企业办理相关手续，并与供电企业签订自备应急电源使用协议，明确供用电双方的安全责任后方可投入使用；自备应急电源的建设、运行、维护和管理由重要电力用户自行负责；用户装设自备发电机组应向供电企业提交相关资料，备案后机组方可投入运行；自备发电机组与供电企业签订并网调度协议后方可并入公共电网运行；签订并网调度协议的发电机组用户应严格执行电力调度计划和安全管理规定。查评中，通过对县供电公司用电检查班档案资料、营销业务应用系统资料查阅以及现场询问，评价双（多）电源用户管理水平。

（2）查评重点。

1）在用电检查班检查自备应急电源台账建立情况，检查自备应急电源台账内容是否完善，是否包含设备类型、容量、安装地点、闭锁方式、试验情况等内容。

2）在用电检查班检查并网协议签订情况，检查、询问本地区自备发电机并网情况，是否签订并网调度协议。

3）在用电检查班检查双（多）电源台账、调度协议，检查双（多）电源台账是否完善，询问是否涵盖区域内所有双（多）电源用户，台账是否包含出线变电站、出线线路名称、线路长度和型号、闭锁方式等内容；检查双（多）电源台账及自备应急电源台账信息是否与营销业务应用系统中电源、自备电源档案信息一致；对应检查双（多）电源用户的调度协议是否签订。

4）抽查 1～2 户自备应急电源的台账是否与用户现场配置情况一致。

2. 防倒送电措施

（1）查评依据及方法。根据《电源配置意见》《电源配置规范》的要求，重要电力用户应配置自备应急电源，并加强安全使用管理。重要电力用户的自备应急电源配置应符合以下要求：①自备应急电源配置容量标准应达到保安负荷的120％；②自备应急电源启动时间应满足安全要求；③自备应急电源与电网电源之间应装设可靠的电气或机械闭锁装置，防止倒送电；④临时性重要电力用户可以通过租用应急发电车（机）等方式，配置自备应急电源。重要电力用户的自备应急电源在使用过程中应杜绝和防止以下情况发生：①自行变更自备应急电源接线方式；②自行拆除自备应急电源的闭锁装置或者使其失效；③自备应急电源发生故障后长期不能修复并影响正常运行；④擅自将自备应急电源引入，转供其他用户；⑤其他可能发生自备应急电源向电网倒送电的。查评中，通过对县供电公司用电检查班台账资料、重要用户安全供用电信息系统电子档案、现场抽查等形式，评价双（多）电源用户防倒送电管理工作水平。

（2）查评重点。

1）在用电检查班查阅双（多）电源及自备应急电源台账、资料建立情况，检查台账、资料中是否记录电源联锁方式、备用电源自动投入等相关信息。

2）查阅用电检查工作单，检查备用电源自动投入装置、电源联锁装置试验检查情况，装置运行是否正常。

3）现场抽查1～2户双（多）电源用户，查阅用户运行记录或询问值班人员备用电源自动投入装置、电源联锁装置的运行情况，检查装置是否运行正常。

3. 重要电力用户保安负荷及自备应急电源配置标准

（1）查评依据及方法。根据《电源配置意见》《电源配置规范》的要求，重要电力用户新装自备应急电源投入切换装置技术方案要符合国家有关标准和所接入电力系统安全要求；重要电力用户保安负荷由供电企业与重要电力用户共同协商确定，并报当地电力监管机构备案；对于持续供电时间要求在标准条件下12h以内，对供电质量要求不高的重要负荷，可选用满足相应技术条件的一般发电机组作为自备应急电源；对于持续供电时间要求在标准条件下12h以内，对供电质量要求较高的重要负荷，可选用满足相应技术条件的供电质量高的发电机组、动态储能不间断供电装置、静态储能装置与发电机组的组合作为自备应急电源；对于持续供电时间要求在标准条件下2h以内，对供电质量要求较高的重要负荷，可选用满足相应技术条件的大容量静态储能装置作为自备应急电源；对于持续供电时间要求在标准条件下30min以内，对供电质量要求较高的重要负荷，可选用满足相应技术条件的小容量静态储能装置作为自备应急电源。查评中，通过对县供电公司用电检查班纸质台账资料、重要用户安全供用电信息系统电子档案、现场抽查等形式，评价应急设备配置水平。

（2）查评重点。

1）在用电检查班检查重要用户管理资料建立情况及档案资料中保安负荷设备清单。清单是否经用户或用户主管单位填写确认意见，清单是否经供电企业填写认定意见。

2）在用电检查班查阅文件，核实确定后的保安负荷容量是否以书面形式报当地政府相关部门备案。

3）查阅用电检查工作单（隐患排查通知书），检查自备应急电源排查记录，记录的自备应急电源启动时间、容量是否满足保安负荷配置要求。

4）检查向政府的隐患排查报告文件中是否提及应急电源检查情况。

4. 新装自备应急电源及其业务变更

（1）查评依据及方法。根据《电源配置意见》《电源配置规范》的要求，重要电力用户新装自备应急电源及其业务变更要向供电企业办理相关手续，并与供电企业签订自备应急电源使用协议，明确供用电双方的安全责任后方可投入使用；自备应急电源的建设、运行、维护和管理由重要电力用户自行负责；重要电力用户新装自备应急电源投入切换装置技术方案要符合国家有关标准和所接入电力系统安全要求；重要电力用户保安负荷由供电企业与重要电力用户共同协商确定，并报当地电力监管机构备案；用户装设自备发电机组应向供电企业提交相关材料，备案后机组方可投入运行；自备发电机组与供电企业签订并网调度协议后方可并入公共电网运行，签订并网调度协议的发电机组用户应严格执行电力调度计划和安全管理规定。查评中，通过查阅县供电公司用电检查班档案资料、重要用户安全供用电信息系统资料，评价新装用户自备应急电源管理情况。

（2）查评重点。

1）在用电检查班检查重要用户档案资料中自备应急电源使用协议的签订情况。重点检查近 3 年新增重要用户是否配置自备应急电源，原有重要用户是否新增自备应急电源。以上两种情况是否签订自备应急电源使用协议，协议中是否明确产权分界点，产权分界点是否明晰。

2）检查自备应急电源使用协议中是否明确设备的运维关系、是否包含供用双方安全责任条款。

5. 自备应急电源变动

（1）查评依据及方法。根据《电源配置意见》《电源配置规范》的要求，重要电力用户如需要拆装自备应急电源、更换接线方式、拆除或者移动闭锁装置，要向供电企业办理相关手续，并修订相关协议。重要电力用户的自备应急电源在使用过程中应杜绝和防止以下情况发生：①自行变更自备应急电源接线方式；②自行拆除自备应急电源的闭锁装置或者使其失效；③自备应急电源发生故障后长期不能修复并影响正常运行。查评中，通过查阅县供电公司用电检查班档案资料、重要用户安全供用电信息系统资料，评价对重要用户自备应急电源的管理水平。

（2）查评重点。在用电检查班查阅用电检查工作单、重要用户安全供用电信息系统中重要用户自备应急电源及其接线方式、闭锁装置等信息的变动情况。检查重要用户安全供用电信息系统、用电检查工作单中自备应急电源基本信息是否与供用电合同、自备应急电源使用协议中内容一致，如有差异，查阅隐患排查通知中是否包含督导整改等相关内容。

6. 自备应急电源检查、试验

（1）查评依据及方法。根据《电源配置意见》《电源配置规范》的要求，重要电力用户要按照国家和电力行业有关规程、规范和标准的要求，对自备应急电源定期进行安全检查、预防性试验、启机试验和切换装置的切换试验；自备应急电源定期进行安全检查、预防性试验、启机试验和切换装置的切换试验。查评中，通过查阅县供电公司用电检查班档案资料、重要用户安全供用电信息系统资料，评价重要电力用户自备应急电源试验管理情况。

（2）查评重点。

1）在用电检查班检查隐患排查通知书（用电检查工作单），检查是否按季度对重要用户开展隐患排查工作，排查内容中是否包含自备应急电源检查，重点检查用户对自备应急电源是否进行了定期安全检查、预防性试验、启机试验和切换装置的切换试验。

2）检查隐患排查通知书（用电检查工作单）是否对用户自备应急电源定期安全检查、预防性试验、启机试验和切换装置的切换试验进行督导、告知。

# 第五节　分布式电源安全

## 一、查评分布式电源安全的目的及意义

分布式电源的大量接入会在一定程度上对配电网的安全运行造成影响，基于分布式光伏电源并网的原理和结构，分析反送电的安全风险和对电网短路水平、继电保护、配电网自动化和系统稳定的影响，以及反"孤岛"装置等设备的应用情况，提出了加强安全管控的措施，通过严把并网设备安全关和作业安全措施关，促进电网运行、检修安全。分布式电源安全性评价就是通过对分布式电源接入系统过程的风险评估，提升发用电双方的安全运行水平。

分布式电源安全的查评内容共5项，合计100分，主要包括：签订协议、合同20分，调度管理20分，分布式电源保护装置20分，接入电网的检测点30分，安全标识10分。分布式电源安全查评主要是深入到县公司营销部及客户经理班（营业班）、用电检查班、客户现场，通过查阅资料、问询以及现场抽查的方法，对被查评单位的分布式电源安全情况进行查评。

## 二、分布式电源安全查评方法及重点

1. 签订协议、合同

（1）查评依据及方法。根据《分布式发电暂行管理办法》（发改能源〔2013〕1381号）、《国家电网公司关于印发分布式电源并网相关意见和规范（修订版）的通知》（国家电网办〔2013〕1781号）的要求，电网企业负责分布式发电外部接网设施以及由接入引起公共电网改造部分的投资建设，并为分布式发电提供便捷、及时、高效的接入电网服务，与投资经营分布式发电设施的项目单位（或个体经营者、家庭用户）签订并网协议和购售电合同；分布式发电投资方要建立健全运行管理规章制度，包括个人和家庭用户在内的所有投资方，均有义务在电网企业的指导下配合或参与运行维护，保障项目安全可靠运行；在受理并网验收及并网调试申请后，10个工作日内完成关口计量和发电量计量装置安装服务，并与380V接入的项目业主（或电力用户）签署关于购售电、供用电和调度方面的合同；与35kV、10kV接入的项目业主（或电力用户）同步签署购售电合同和并网调度协议。查评中，通过查阅县供电公司客户经理班（营业班）合同资料、营销业务应用系统中客户档案管理，评价分布式电源用户安全责任划分管理工作。

（2）查评重点。

1）在客户经理（营业）班查阅1～2户分布式电源用户档案资料，检查是否签订《分布式光伏发电项目低压发用电合同》《分布式光伏发电并网协议》。

2）查阅营销业务应用系统"客户档案"中"发电客户信息"相关合同信息以及发用电合同，检查发用电合同、档案信息中"产权分界点"是否明确。

3）查阅发用电合同中安全责任条款是否明确，是否阐明发电、用电双方所应承担的安全责任。

4）对合同中未明确产权分界点的用户是否签订了补充安全协议，协议中"产权分界点"是否明确，产权关系是否明晰，安全责任条款是否明确。

2. 调度管理

（1）查评依据及方法。根据《电网运行规则》（国家电力监管委员会2006年第22号令）、《分布式发电暂行管理办法》（发改能源〔2013〕1381号）、《国家电网公司关于印发分布式电源并网相关意见和规范（修订版）的通知》（国家电网办〔2013〕1781号）的要求，发电企业应当按照发电调度计划和调度指令发电；主网直供用户应当按照供（用）电调度计划和调度指令用电；对于不按照调度计划和调度指令发电的，调度机构应当予以警告；经警告拒不改正的，调度机构可以暂时停止其并网运行；对于不按照调度计划和调度指令用电的，调度机构应当予以警告；经警告拒不改正的，调度机构可以暂时部分或者全部停止向其供电；分布式发电应满足有关发电、供电质量要求，运行管理应满足有关技术、管理规定和规程规范的要求；电网及电力运行管理机构应优先保障分布式发电正常运行。具备条件的分布式发电在紧急情况下应接受并服从电力运行管理机构的应急调度；分布式电源涉网设备，应按照并网调度协议约定，纳入地市公司调控中心调度管理；分布式电源并网点开关（属用户资产）的倒闸操作，须经地市公司和项目方人员共同确认后，由地市公司相关部门许可，其中，35kV、10kV接入项目，由地市公司调控中心确认和许可，380V接入项目，由地市公司营销部（客户服务中心）确认和许可。查评中，通过查阅县供电公司调控分中心、营销部运行管理、停送电管理资料，评价分布式电源用户调度管理水平。

（2）查评重点。

1）在调控中心检查运行日志，通过调控中心纸质或电话录音记录检查用户是否存在拒绝执行调度指令的行为。

2）在营销（乡镇供电所管理）部检查停送电记录，通过停送电通知书或电话录音记录检查用户是否存在违反《分布式光伏发电项目低压发用电合同》《分布式光伏发电并网协议》的行为。

3. 分布式电源保护装置

（1）查评依据及方法。根据Q/GDW 1480—2015《分布式电源接入电网技术规定》，为保证设备和人身安全，分布式电源必须具备相应继电保护功能，以保证电网和发电设备的安全运行，确保维修人员和公众人身安全。其保护装置的配置和选型必须满足所辖电网的技术规范和反事故措施：①接有分布式电源的10kV配电台区，不应与其他台区建立低压联络（配电室、箱式变低压母线间联络除外）；②分布式电源的接地方式应和配电网侧的接地方式相协调，并应满足人身设备安全和保护配合的要求；③通过10（6）～35kV

电压等级并网的分布式电源，应在并网点设置易操作、可闭锁、具有明显开断点、带接地功能、可开断故障电流的开断设备；④通过380V电压等级并网的分布式电源，应在并网点安装易操作，具有明显开断指示，具备开断故障电流能力的开关，开关应具备失压跳闸及检有压合闸功能。分布式电源的保护应符合可靠性、选择性、灵敏性和速动性的要求，其技术条件应满足GB/T 14825《继电保护和安全自动装置技术规程》和DL/T 584《3kV～110kV电网继电保护装置运行整定规程》的要求。查评中，通过查阅县供电公司客户经理班（营业班）档案资料以及现场检查，评价分布式电源保护装置配置水平。

（2）查评重点。

1）在客户经理（营业）班检查分布式电源设计图纸（原理图、平面图）、接入方案中分布式电源保护装置的配置和选型是否满足所属电网的技术规范和反事故措施。

2）查阅资料，查看其接地方式和配电网侧的接地方式是否相协调，并满足人身设备安全和保护配合的要求。

3）检查接入系统方案确认单，是否制定接入方案。

4）检查验收资料中接地电阻的测试记录是否合格。

5）检查验收资料中拉弧检测记录是否合格。

4.接入电网的检测点

（1）查评依据及方法。根据Q/GDW 1480—2015《分布式电源接入电网技术规定》、《国家电网公司关于印发分布式电源并网相关意见和规范（修订版）的通知》（国家电网办〔2013〕1781号）的要求，通过380V电压等级并网的分布式电源，应在并网前向电网企业提供由具相应资质的单位或部门出具的设备检测报告，检测结果应符合本规定的相关要求；通过10（6）～35kV电压等级并网的分布式电源，应在并网运行后6个月内向电网企业提供运行特性检测报告，检测结果应符合本规定的相关要求；分布式电源接入配电网的检测点为电源并网点，应由具有相应资质的单位或部门进行检测，并在检测前将检测方案报所接入电网调度机构备案；当分布式电源更换主要设备时，需要重新提交检测报告。查评中，通过对县供电公司客户经理班（营业班）档案资料中验收资料的核查，评价接入电网的管理情况。

（2）查评重点。

1）在客户经理（营业）班检查档案资料中是否对分布式电源接入工程进行验收，验收资料中是否包含并网点检测资料，检测内容应包括电能质量检测、功率控制和电压调节能力检测等内容。

2）在客户经理（营业）班查阅档案资料，检查检测方案是否有调度机构书面批准意见。

3）查阅接入点检测单位资格证（资料）中是否具备分布式电源接入承试资质。

5.安全标识

（1）查评依据及方法。根据Q/GDW 1480—2015《分布式电源接入电网技术规定》的要求，对于通过380V电压等级并网的分布式电源，连接电源和电网的专用低压开关柜应有醒目标识；标识应标明"警告""双电源"等提示性文字和符号。标识的形状、颜色、尺寸和高度参照GB 2894《安全标志及其使用导则》的有关规定执行；10（6）～35kV电压等级并网的分布式电源根据 GB 2894《安全标志及其使用导则》在电气设备和线路附近标识"当心触电"等提示性文字和符号。查评中，通过对县供电公司分布式电源用户现场安全管理抽查，评价分布式电源现场安全管控情况。

（2）查评重点。

1）抽查至少 2 户分布式电源用户，检查用户现场安全标识的悬挂情况。检查发电现场安全警示标识是否悬挂；悬挂位置是否明显；悬挂位置是否合理，是否悬挂于发电装置、并网点等位置上。

2）检查所悬挂标牌制作是否规范，是否符合 GB 2894《安全标志及其使用导则》的相关规定。

# 第七章

# 工程安全查评指南

## 第一节　承发包及分包安全管理

### 一、查评目的

承发包及分包安全管理是电力系统工程建设管理中的重要环节。县供电企业承发包、分包安全管理查评的主要目的是明确县供电企业安全工作的评价考核标准和要求，按照"谁主管谁负责，管业务必须管安全"原则，建立承发包单位各负其责、业务部门管理、安监部门监督的综合管理机制。

承发包及分包安全管理的查评内容共 8 项，合计 300 分，主要包括：发包、分包管理 40 分，承包单位资质审查 30 分，承发包安全协议 30 分，承发包现场管理 40 分，分包审批 40 分，分包协议 40 分，分包队伍安全管理 40 分，人员安全管理 40 分。承发包及分包安全管理的查评主要是深入到县公司管理工程的部门如发建部、运检部［配网办（班）］、营销（乡镇供电所管理）部及生产班组、集体企业，通过查阅资料及问询的方法，如查阅近两年来该县公司已完成的农网升级改造工程、井井通电工程、小城镇（中心村）工程、"煤改电"配套电网工程、市政迁改工程等承发包、分包等资料，对被查评单位的承发包、分包安全管理进行查评。

### 二、查评方法及重点

1. 发包、分包管理

（1）查评方法。

依据国家电网公司《安全工作规定》第九十条"公司所属各级单位应建立承发包工程和委托业务管理补充制度，规范管理流程，明确安全工作的评价考核标准和要求"，和国家电网公司《业务外包安全监督管理办法》［国网（安监/4）853—2017，以下简称《业务外包管理》］第 3 条"公司业务外包安全工作坚持'安全第一、预防为主、综合治理'的方针，按照'谁主管谁负责，管业务必须管安全'原则，建立承发包单位各负其责、业务部门管理、安质部门监督的综合管理机制"的要求，查评被查评单位的发包、分包工程。

（2）发包、分包管理要求。

1）重点检查承发包工程的管理制度，管理流程，安全工作的评价考核办法和考核记录。

2）按照"谁主管谁负责，管业务必须管安全"原则，重点检查建立承发包单位各负其责、业务部门管理、安监部门监督的综合管理机制的相关文件、会议纪要、检查记录和考核办法。

（3）发包、分包管理查评重点。

1）重点检查承发包工程的管理制度，管理流程是否规范并符合要求，承发包合同及安全协议条款中是否明确了安全工作的评价考核办法和考核记录。

2）重点检查承发包单位是否实施了各负其责、业务部门管理、安监部门监督的综合管理机制的相关文件、会议纪要、检查记录和考核办法。

2. 承包单位资质审查

（1）查评方法。

依据国家电网公司《安全工作规定》第九十二条"公司所属各级单位在工程项目和外委业务招标前必须对承包方企业资质（营业执照、法人资格证书）、业务资质（建设主管部门和电力监管部门颁发的资质证书）和安全资质（安全生产许可证、近3年安全情况证明材料）是否符合工程要求；企业负责人、项目经理、现场负责人、技术人员、安全员是否持有国家合法部门颁发有效安全证件，作业人员是否有安全培训记录，人员素质是否符合工程要求；施工机械、工器具、安全用具及安全防护设施是否满足安全作业需求；具有两级机构的承包方应设有专职安全管理机构；施工队伍超过30人的应配有专职安全员，30人以下的应设有兼职安全员"，第一百条"公司所属各级单位应建立对施工承包队伍和业务接受委托队伍的安全动态评价考核机制，通过入网资质审查、日常检查和年终评价等制度对外包队伍进行安全动态管理"，和《业务外包管理》第17条"发包单位应对外包项目的承包单位明确提出安全资信要求和安全条件，并进行审查。包括但不限于以下内容：（一）企业资质（营业执照、法定代表人资格证书）、业务资质（建设主管部门和电力监管部门颁发的资质证书）和安全资质（安全生产许可证）是否符合要求；（二）企业负责人、项目负责人、专职安全生产管理人员是否持有国家有关部门规定的有效安全证件，作业人员是否有安全培训记录，人员素质是否符合要求；（三）施工机械、工器具、安全用具及安全防护设施是否满足安全作业要求；（四）施工作业队伍超过30人的应配有专职安全员，30人以下的应设有兼职安全员"，第49条"依据国家有关规定与要求，公司对发生安全事故（件）、存在违法违规行为、安全管理混乱的承包单位及其项目负责人实行'黑名单'和'负面清单'管理"的要求，查评被查评单位的承包方资质和条件审查。

（2）承包单位资质审查查评重点。

1）承包单位资质和安全生产条件报审资料，安全管理监督记录等资料是否完整。

2）相关人员是否持有国家合法部门颁发的有效证件，查阅作业人员安全培训记录，考试试卷及成绩。

3）施工机械、工器具、安全用具及安全防护设施的报审资料和试验报告是否齐全。

4）核查承包单位及其项目负责人是否被纳入"黑名单"；施工过程中是否严格执行

"黑名单"和"负面清单"管理措施。通过查阅日常检查和年终评价等相关资料，检查承包单位大检查频次、派驻专人监护以及约谈警告、罚款、停工整顿、限制采购等措施。

3. 承发包安全协议

（1）查评方法。

依据国家电网公司《安全工作规定》第九十一条"公司所属各级单位对外承、发包工程和委托业务应依法签订合同，并同时签订安全协议。合同的形式和内容应统一规范；安全协议中应具体规定发包方（含委托方，下同）和承包方各自应承担的安全责任和评价考核条款，并由本单位安全监督管理机构审查"的要求，查评被查评单位的承发包安全协议。

（2）承发包安全协议查评重点。

1）查阅承包的施工合同和安全协议是否规范，施工日期，竣工日期能否满足施工要求。

2）安全协议中是否明确双方权利和义务、安全保证金及安全考核标准。

3）安全协议是否经安全监督管理机构审查，重点检查双方各自应承担的安全责任和评价考核条款。

4）安全协议是否超期使用，施工合同和安全协议施工竣工日期是否一致。

4. 承发包现场管理

（1）查评方法。

依据国家电网公司《安全工作规定》第九十三条"发包方应承担以下安全责任：开工前对承包方项目经理、现场负责人、技术员和安全员进行全面的安全技术交底，并应有完整的记录或资料；在有危险性的电力生产区域内作业，如有可能因电力设施引发火灾、爆炸、触电、高处坠落、中毒、窒息、机械伤害、灼烫伤等或容易引起人员伤害和电网事故、设备事故的场所作业，发包方应事先进行安全技术交底，要求承包方制定安全措施，并配合做好相关的安全措施"，第九十五条"承包方在电力生产区域内违反有关安全规程制度时，业主方、发包方、监理方应予以制止，直至停止承包方的工作，并按照安全协议有关条款进行评价考核"的要求，查评被查评单位的承发包现场管理。

（2）承发包现场查评重点。

1）发包方开工前对承包方项目经理、现场负责人、技术员和安全员进行全面的安全技术交底，并应有完整的记录或影像资料，且交底内容详细、全面，并确认签字。

2）做好现场安全管理，承包方在电力生产区域内违反有关安全规程制度时，发包方、监理方应予制止，并应保留检查记录或影像资料。

3）在有危险性的电力生产区域内作业，要求承包方制定并配合做好相关安全措施。

5. 分包审批

（1）查评方法。

依据国家电网公司《业务外包管理》第22条"建设工程施工类外包的承包合同，应明确承包单位需自行完成的主体工程或关键性工作，禁止承包单位将主体工程或关键性工作违规分包"，和《国家电网公司基建安全管理规定》〔国网（基建/2）173—2015，以下简称《基建管理》〕第43条"专业分包、劳务分包应严格履行审批手续。工程禁止转包或

133

违规分包。主体工程不得专业分包"的要求，查评被查评单位的分包资料及审批手续是否合规。

（2）分包审批查评重点。

1）查阅专业分包、劳务分包计划、审批资料是否严格履行了审批手续。

2）检查工程分包合同条款，主体工程或关键性工作是否违规分包。

3）核查、询问作业现场人员，是否按分包合同严格执行，实际作业单位（队伍）是否与合同不符。

6. 分包协议

（1）查评方法。

依据《业务外包管理》第 23 条"劳务外包或劳务分包的承包合同，应明确承包单位需自行完成劳务作业，承包单位不得再次外包"，和《基建管理》第 39 条"业主项目部负责审批施工项目部报送的工程项目分包计划及分包申请，严格控制工程项目的分包范围。审查分包商资质和业绩，按流程审批工程项目分包申请。定期组织开展工程项目分包管理检查，考核评价工程项目各参建单位分包管理工作"，第 40 条"监理项目部应完善分包安全监理机制，审查工程项目分包计划申请，审查分包商资质、业绩，并进行入场前把关。动态核查进场分包队伍的人员配备、施工机具配备、技术管理等施工能力，发现问题及时提出整改要求，实施闭环管理"，第 42 条"施工企业在工程分包项目开工前，应与分包商签订规范的分包合同和安全协议，明确分包性质和内容，明确分包商在施工安全、交通安全、消防安全等方面的责任和要求"，和《国家电网公司农网改造升级工程管理办法》〔国网（运检/4）208—2017，以下简称《农网改造升级管理》〕第 29 条"加强农网工程项目合同订立、签署、履行管理，严格执行公司合同管理制度，规范使用公司统一合同文本，确保合同的合法性、规范性，切实维护公司合法权益"的要求，查评被查评单位的分包协议管理。

（2）分包协议查评重点。

1）查阅施工企业是否按流程审批工程项目分包申请，在工程分包项目开工前，审查分包商资质和业绩，与分包商签订了分包合同以明确分包性质；检查签订的分包安全协议是否规范，是否经监理审查、业主项目部批准后才进行了分包施工。

2）查阅劳务外包或劳务分包的承包合同，承包单位需自行完成劳务作业，是否存在再次外包现象。

7. 分包队伍安全管理

（1）查评方法。

依据《基建管理》第 44 条"施工项目部具体负责工程项目分包队伍的安全管理工作，包括人员安全教育培训，专业分包商自带施工机械、工器具的准入检查，施工方案的审查备案，人员持证上岗审查，对分包队伍施工活动组织安全检查，对分包商管理的动态监管和考核评价等"，和《业务外包管理》第 32 条"进场施工作业前，发包单位应依据承包合同及安全协议，对承包单位进场人员及相关设备进行核查，不满足承包合同及安全协议有关条款规定的，不得允许进场。（一）核查承包单位进场项目负责人、专职安全生产管理人员、特种作业人员及其他作业人员的劳动合同、身份信息、执业资格、持证上岗、人证一致、安全培训考试、工伤保险和意外伤害保险办理等情况；（二）核查承包单位进场施工机械、工器具、安全用具及安全防护设施明细表及其检验合格证明等情况"的要求，查评被查评单位的分包队伍安全管理。

（2）分包队伍安全管理查评重点。

1）是否将分包队伍纳入施工单位统一管理、统一标准、统一培训、统一考核。

2）核查进场人员及相关设备，是否满足承包合同及安全协议。包括：查阅进场人员安全教育培训记录及考试成绩、体检表、劳动合同、身份信息、执业资格、持证上岗、人证一致、工伤保险和意外伤害保险办理等资料；特种作业人员、机械、工器具、施工方案的报审记录。核查承包单位进场施工机械、工器具、安全用具及安全防护设施明细和准入检查记录（试验报告和合格证）。

3）施工方案备查备案。

8. 人员安全管理

（1）查评方法。

依据国家电网公司《安全工作规定》第四十三条"外来工作人员必须经过安全知识和安全规程的培训，并经考试合格后方可上岗"，第101条"外来工作人员必须持证或佩戴标志上岗"，第102条"外来工作人员从事有危险的工作时，应在有经验的本单位职工带领和监护下进行，并做好安全措施。开工前监护人应将带电区域和部位等危险区域、警告标志的含义向外来工作人员交代清楚并要求外来工作人员复述，复述正确方可开工。禁止在没有监护的条件下指派外来工作人员单独从事有危险的工作"的要求，查评被查评单位的人员安全管理。

（2）人员安全管理查评重点。

1）查阅外来人员教育培训记录、考试卷及考试成绩并核查施工人数，现场检查是否持证或佩戴标志上岗。

2）查阅班前、班后会，作业指导书和工作票，检查从事有危险的工作时，是否做到了有经验的本企业职工带领和监护下进行，并做好安全措施。

3）查阅工作票，检查开工前监护人是否将带电区域和部位、警告标志的含义向外来工作人员交代清楚，并要求其复述正确方可开工。

# 第二节　业主方安全管理

## 一、查评目的

业主方安全管理是及时消除安全隐患，提高工程施工质量，是工程项目科学管理的核心动力。业主方安全管理查评的主要目的是通过业主方负责对工程项目安全综合管理和组织协调，督促监理、施工项目部落实相应安全职责；常态化开展安全质量检查，对检查发现问题实行闭环管理并做到有据可查；开展安全风险管理，监督施工单位安全措施费的使用；组织监理、施工项目部对工程项目关键工序及危险作业开展施工安全风险识别、评价，制定针对性的预控措施，并监督落实。

业主方安全管理的查评内容共7项，合计350分，主要包括：安全管理体系50分，工程建设单位的安全职责 50 分，安全管理方案 50 分，安全协调、检查 50 分，安全风险管理 50 分，安全生产费用使用和监督 50 分，现场管理 50 分。业主方安全管理的查评主要是深入到县公司管理工程的部门如发策部、运检部、营销部及生产班组，通过查阅资料及问询的方法，如查阅近两年来该县公司农网升级改造工程等资料，对被查评单位的业主方安全管理进行查评。

**二、查评方法及重点**

1. 安全管理体系

（1）查评方法。

依据《安全工作规定》第二十五条"公司各级单位承、发包工程和委托业务（包括对外委托和接受委托开展的输变电设备运维、检修以及营销等运营业务，下同）项目，若同时满足以下条件〔项目同时有三个及以上中标施工企业参与施工；项目作业人员总数（包括外来人员）超过 300 人；项目合同工期超过 12 个月〕，应成立项目安全生产委员会，主任由项目法人单位（或建设管理单位）主要负责人担任"，和《农网改造升级管理》第 42 条"农网工程要严格执行国家安全生产法律法规及公司各项规定，按照'谁主管、谁负责，谁组织、谁负责，谁实施、谁负责'的原则，建立工程安全管理体系，落实安全生产责任制"的要求，查评被查评单位的安全管理体系。

（2）安全管理体系查评重点。

查阅成立业主项目部的工程组织机构、安委会、工程安全管理体系文件、资料，检查项目安全生产委员会是否成立，工程安全管理体系是否健全，责任制是否落实。

2. 工程建设单位的安全职责

（1）查评方法。

依据《农网改造升级管理》第 44 条"参建单位应认真执行国家和公司安全管理制度，制定施工安全管理办法和保障措施并严格落实，对于发生事故的，要按照公司安全管理规定和合同约定追究相关单位责任"的要求，查评被查评单位的工程建设安全职责。

（2）工程建设单位的安全职责查评重点。

1）查阅建设单位的安全职责、管理机制、安全管理办法、会议纪要等文件、资料是否完善；是否全面履行安全职责，制定了施工安全管理办法和保障措施并严格落实。

2）发生事故，严格追究责任相关资料是否合规合法并做到"四不放过"。

3. 安全管理方案

（1）查评方法。

依据《基建管理》第 13 条"业主项目部管理职责：（三）制定工程项目安全管理总体策划方案，并组织实施。批准施工项目部施工安全管理及风险控制方案、工程施工强制性条文执行计划，批准监理项目部安全监理工作方案，并监督实施。组织实施工程项目安全考核奖惩措施"，和《国家电网公司城乡配网建设与改造工程业主、监理、施工项目部安全管理工作规范（试行）》（安质二〔2017〕56 号）（以下简称《城乡配网管理规范》）第 8 条"业主项目部按工程项目批次制定《安全质量管理总体策划方案》，由业主项目部经理审核、项目建设管理单位分管领导批准，并报上级主管部门备案"的要求，查评被查评单位的安全管理方案管理。

（2）安全管理方案查评重点。

1）查阅业主项目部是否按工程项目批次制定《安全质量管理总体策划方案》并备案。

2）查阅《工程项目安全管理总体策划方案》《工程施工强制性条文执行计划》，施工、监理工作方案和记录，是否有审查批准记录；是否有批准监理项目部安全监理工作方案，并监督实施。

3）查阅工程项目安全考核奖惩记录措施是否完善。

4．安全协调、检查

（1）查评方法。

依据国家电网公司《基建管理》第5条"（五）对两个及以上施工企业在同一作业区域内进行施工、可能危及对方生产安全的作业活动，组织签订安全协议，明确各自的安全生产管理职责和应当采取的安全措施，并指定专职安全生产管理人员进行安全检查与协调"，和《城乡配网管理规范》第8条"业主项目部（二）负责工程项目安全综合管理和组织协调，督促监理、施工项目部落实相应安全职责。常态化开展安全质量检查，对检查发现的问题应形成闭环管理、有据可查。监督施工单位安全措施费的使用"的要求，查评被查评单位的安全协调、检查管理。

（2）安全管理方案查评重点。

指定专职安全生产管理人员进行安全检查与协调。查阅会议纪要、安全协议，及管理人员不定期的安全检查与协调记录，检查是否督促监理、施工项目部落实相应安全职责，常态化开展安全质量检查，监督施工单位安全措施费的使用。对两个及以上施工企业在同一作业区域内进行施工、可能危及对方生产安全的作业活动，是否组织签订了安全协议。

5．安全风险管理

（1）查评方法。

依据国家电网公司《基建管理》第13条"业主项目部管理职责：（六）开展安全风险管理，组织监理、施工项目部对工程项目关键工序及危险作业开展施工安全风险识别、评价，制定针对性的预控措施，并监督落实"，和《城乡配网管理规范》第8条业主项目部"（三）审批施工项目部的《施工安全管理及风险控制方案》、监理项目部的《安全质量监理工作方案》并监督执行"的要求，查评被查评单位的安全风险管理。

（2）安全风险管理查评重点。

1）查阅风险管理文件、危险作业开展施工安全风险识别、评价记录，是否制定针对性的预控措施，并监督落实。

2）检查监理、施工项目部对工程项目关键工序记录（现场检查记录单、现场图片）。

6．安全生产费用使用和监督

（1）查评方法。

依据《国家电网公司关于进一步规范电力工程安全生产费用提取与使用管理工作的通知》（国家电网基建〔2013〕1286号）按规定计列、提取安全生产费，加强安全生产费使用的监管、考核，查评被查评单位的安全生产费用使用和监督管理。

（2）安全生产费用使用和监督查评重点。

1）查阅概预算书，检查是否按《国家能源局关于颁布2013版电力建设工程定额和费用计算规定的通知》(国能电力〔2013〕289号)规定计列、审批和提取工程建设安全生产费用。

2)查阅承包方安全文明施工措施费、施工工具用具使用费使用计划、购置明细、结算发票等,以监督现场使用情况。

7．现场管理

(1)查评方法。

依据《农网改造升级管理》第43条"加强对施工现场的安全监督与管理,及时纠正施工人员的各类违章行为,防止发生人身、电网和设备事故",和《城乡配网管理规范》第8条"(六)加强施工现场全过程安全管控。实行安全质量监督员制度,每个作业(施工)现场都应由业主单位指派一名安全质量监督员,对现场安全、质量、技术进行动态跟踪监督和把关。认真贯彻执行工作票、安全施工作业票管理制度,严格落实'三防十要'和安全规程、规定要求,抓好安全技术交底,督促安全措施落实,抓好作业过程安全监督等工作"的要求,查评被查评单位的现场管理。

(2)现场管理查评重点。

采用查阅安全监督、反违章记录或实地检查现场施工方式,检查业主项目部是否实行安全质量监督员制度,加强了对施工现场的安全监督与管理,及时纠正施工人员的各类违章行为,是否做到了"《城乡配网管理规范》第8条(六)"的要求。

# 第三节 监理方安全管理

## 一、查评目的

监理方安全管理是当前企业实现本质安全,提质增效的前提保障,更是保证施工质量和施工效益的基础。监理方安全管理查评的主要目的是监理方要根据《监理合同》服务的范围和内容,全面履行监理方的义务,独立、公正、科学、有效地为工程提供监理服务;同时根据业主方与承包方签订的《施工合同》,监理人员严格依照国网公司工程建设有关规范、规程和标准对工程进行管理,积极配合业主方做好开工前的各项工作,督促承包方的开工准备,使工程质量、工期和投资满足施工合同和监理合同的要求,强化规范管理,使工程建设达到质量优、进度快、投资省、效益高。

监理方安全管理的查评内容共6项,合计150分,主要包括:资质和人员20分,监理方案20分,培训管理20分,资料审查30分,安全检查签证30分,隐患治理督查30分。监理方安全管理的查评主要是深入到县公司发策部、运检部、营销部、监理方,通过查阅资料及问询的方法,如查阅近两年来该县公司农网升级改造工程监理资料,对被查评单位的监理方安全管理进行查评。

## 二、查评方法及重点

1．资质和人员

(1)查评方法。

依据国家电网公司《城乡配网管理规范》第6条"监理项目部:(一)组建原则:监理中标单位以监理合同明确的工程项目为管理对象,设置配网工程监理项目部,至少配备项目总监理工程师、专业监理工程师、安全监理工程师各 1 人，并按实际需求配备其他监理人员。监理项目部应配备满足监理工作需要的检测设备、工器具、办公和生活设施、交通工具，具备独立运作条件。监理项目部人员应保持相对固定，总监变更应及时报业主项目部备案"，和《农网改造升级管理》第 27 条"农网工程项目要严格执行招投标法及相关规定。项目管理单位应制定并落实相应的施工质量保证措施和监督措施，确保工程质量。农网工程项目要执行工程监理制"的要求，查评被查评单位的资质和人员管理。

（2）资质和人员查评重点。

1）查阅监理单位监理人员相应资质、配置情况是否满足《城乡配网管理规范》第 6 条的要求，并按照工程建设规模和项目分散情况合理安排足够的监理人员。

2）监理项目部是否执行工程监理制，并实地检查配备的工器具、办公和生活设施、交通工具等是否满足《城乡配网管理规范》第 6 条的要求，具备独立运作条件。

2．监理方案

（1）查评方法。

依据国家电网公司《城乡配网管理规范》第 9 条"监理项目部：（一）依据监理合同及业主项目部制定的《安全质量管理总体策划方案》，编制工程项目《安全质量监理工作方案》，在完成内部审核流程，报业主项目部审核批准后执行。（三）履行监理合同中的安全质量监理职责，根据施工进度开展文件审查、安全检查签证、旁站监理及巡视。每一个单项工程开工、竣工及立杆、放线、配变台架组立、电缆工程土建等关键施工节点，监理人员必须到位。到位情况应记入旁站记录，有据可查"的要求，查评被查评单位的监理方案管理。

（2）监理方案查评重点。

1）查阅《安全质量管理总体策划方案》（或《监理规划》）是否明确了安全监理目标、措施、计划；《安全质量监理工作方案》是否明确了审查、安全检查签证、旁站和巡视、隐蔽工程等安全监理的工作范围、内容、程序和相关建立人员职责以及安全控制措施、要点和目标。以及《策划方案》和《工作方案》审查记录。

2）查阅安全检查签证、旁站监理及巡视，隐蔽工程（如地网敷设、电杆埋深、底盘卡盘装设）等关键施工节点监理检查记录及影像图片资料。

3．培训管理

（1）查评方法。

依据《基建管理》第 16 条"监理项目部管理责任：（三）组织项目监理人员参加安全教育培训，督促施工项目部开展安全教育培训工作"的要求，查评被查评单位的培训管理。

（2）培训管理查评重点。

查阅安全教育培训各类资料，检查监理项目部是否定期组织项目监理人员参加安全教育培训，并督促施工项目部认真开展安全教育培训工作。

4．资料审查

（1）查评方法。

依据《基建管理》第 16 条"（四）审查项目管理实施规划（施工组织设计）中安全技

术措施或专项施工方案是否符合工程建设强制性标准；（五）审查施工项目部报审的施工安全管理及风险控制方案、工程施工强制性条文执行计划等安全策划文件。审查项目施工过程中的风险、环境因素识别、评价及其控制措施是否满足适宜性、充分性、有效性的要求"的要求，查评被查评单位的资料审查管理。

（2）资料审查查评重点。

1）检查管理实施规划、施工安全管理及风险控制方案的强制性条文是否符合工程建设强制性标准并具有审查记录。

2）查阅安全技术措施或专项施工方案、施工安全管理及风险控制方案，审查目施工过程中的风险、环境因素识别、评价及其控制措施是否满足适宜性、充分性、有效性的要求并签字。

5．安全检查签证

（1）查评方法。

依据《基建管理》第 16 条"（九）协调交叉作业和工序交接中的安全文明施工措施的落实；（十）对工程关键部位、关键工序、特殊作业和危险作业等进行旁站监理，对重要设施和重大转序进行安全检查签证"的要求，查评被查评单位的安全签证管理。

（2）安全检查签证查评重点。

1）查阅安全检查签证记录、监理日志，查看重要设施和重大转序进行时的安全检查签证，并协调交叉作业和工序交接中的安全文明施工措施的落实。

2）查阅旁站监理记录、图片及数据，是否对工程关键部位、关键工序、特殊作业和危险作业进行旁站监理，并形成图片归档资料，尤其是隐蔽工程（如：①电杆埋深不应小于：8m 杆 1.5m；10m 杆 1.7m；12m 杆 1.9m；15m 杆 2.3m；18m 杆 2.6～3.0m。卡盘：电杆埋深至地面 1/3 处，与电杆固定可靠。接地：埋设深度地面以下深度不小于 0.6m；连接情况，采用焊接，扁钢连接为其宽度的 2 倍，4 面加焊；圆钢连接为直径的 6 倍，2 面加焊；接地电阻符合规范要求。②变台：容量为 100kVA 以上的变压器，其接地装置的接地电阻不应大于 4Ω，该台区的低压网络的每个重复接地的电阻不应大于 10Ω；容量为 100kVA 及以下的变压器，其接地装置的接地电阻不应大于 10Ω，该台区的低压网络的每个重复接地的电阻不应大于 30Ω。接地体的埋设深度不应小于 0.6m，接地体不应与地下燃气管、送水管接触。接地体宜采用垂直敷设或水平敷设，接地体和接地线的最小规格满足要求；锈蚀严重地区的接地体宜加大 2～4mm 的圆钢直径或扁钢厚度。③电缆：直埋埋设深度不小于 0.7m，农田不小于 1m，引入、引出地面部分应管保护，管口应密封；电缆沟和排管要符合规程规定）监理记录、图片。

6．隐患治理督查

（1）查评方法。

依据《基建管理》第 16 条"（十一）对实施监理过程中发现的安全隐患，要求施工项目部整改，必要时要求施工项目部暂时停止施工，并及时报告业主项目部，对整改情况进行跟踪"，和《国家电网公司输变电工程安全文明施工标准化管理办法》〔国网（基建/3）187—2015〕"输变电工程监理项目部安全管理评价表"的要求，查评被查评单位的隐患治理督查管理。

（2）隐患治理督查查评重点。

1）查阅在实施监理过程中，对发现的安全事故隐患，要求施工项目部整改；必要时要求施工项目部暂时停止施工，并及时报告业主项目部，对整改情况进行跟踪，填写"监理检查记录表""监理通知单"和"施工整改反馈单"。

2）查阅隐患治理资料是否做到了检查（发现）、治理（整改）、验收、销号的闭环管理。

# 第四节　施工方安全管理

**一、查评目的**

施工方安全管理是工程管理的核心和关键。施工方安全管理查评的主要目的是依据公司有关规定和业主项目部的安全管理目标，查评施工单位是否做到了《基建管理》和《国家电网公司关于加强配电网建设改造工程安全工作的通知》（国家电网安质〔2016〕26号，以下简称《改造通知》）的有关规定要求。

施工方安全管理的查评内容共 11 项，合计 200 分，主要包括：安全目标及责任制 20分，安全工作例会 20 分，安全日活动 20 分，持证上岗 20 分，安全检查 20 分，安全教育培训 20 分，"三措一案"管理 20 分，作业管控 20 分，机械安全 20 分，专项安全技术措施 10 分，季节性施工方案 10 分。施工方安全管理的查评主要是深入到县公司管理工程的部门如发策部、运检部、营销部和施工单位等，通过查阅资料及问询的方法，如查阅近两年来该县公司农网升级改造工程施工等资料，对被查评单位的施工方安全管理进行查评。

**二、查评方法及重点**

1. 安全目标及责任制

（1）查评方法。

依据《基建管理》第 18 条"施工项目部管理责任：（二）依据公司有关规定和业主项目部的安全管理目标，制订施工项目部安全管理目标，建立项目安全管理台账"的要求，查评被查评单位的安全目标及责任制管理。

（2）安全目标及责任制重点查评。

1）查阅施工项目部安全管理目标文件制定是否合理，安全管理工作机制是否完善。

2）查阅安全管理台账记录是否完善。

2. 安全工作例会

（1）查评方法。

依据《基建管理》第 83 条"业主项目部、监理项目部、施工项目部每月至少召开一次安全工作例会，检查工程项目的安全文明施工情况，提出改进措施并闭环整改"的要求，查评被查评单位的安全工作例会管理。

（2）安全工作例会查评重点。

查阅安全工作例会记录是否做到了《基建管理》第 83 条的要求，并对工程的安全、质量进度中存在的问题提出改进措施并闭环整改。

3. 安全日活动

（1）查评方法。

依据《基建管理》第 84 条"施工队（班组）每周开展一次安全活动，检查总结、安排布置安全工作"的要求，查评被查评单位的安全日活动管理。

（2）安全工作例会查评重点。

查阅安全活动记录和录音是否做到了《基建管理》第 84 条的要求，并具有针对性。

4. 持证上岗

（1）查评方法。

依据《基建管理》第 17 条"施工企业管理责任：（七）组织从业人员的安全教育培训，保证企业负责人、项目经理、专职安全生产管理人员、特种作业人员持证上岗"的要求，查评被查评单位的持证上岗管理。

（2）持证上岗查评重点。

1）查阅从业人员参加相关培训、考试的合格记录。

2）查阅企业负责人、项目经理、专职安全生产管理人员、特种作业人员上岗资格证书。

5. 安全检查

（1）查评方法。

依据《基建管理》第 17 条"（八）组织检查施工项目部安全管理工作的开展情况，及时掌握工程现场安全动态，组织对问题进行整改完善"，和《城乡配网管理规范》第 10 条"施工项目部：（五）施工项目部每周至少组织一次安全检查，检查方式包括例行检查、专项检查、随机检查、安全巡查等方式，对检查发现的问题应形成闭环管理、有据可查。可适当与业主项目部组织的安全检查相结合"的要求，查评被查评单位的安全检查管理。

（2）安全检查查评重点。

查阅现场安全检查记录，问题整改记录及影像等是否形成闭环管理资料；或实地检查《基建管理》第 17 条落实情况。

6. 安全教育培训

（1）查评方法。

依据《基建管理》第 18 条"施工项目部管理责任：（四）组织开展安全教育培训，作业人员、管理人员经培训合格后方可上岗。完善安全技术交底和施工队（班组）班前站班会机制，向作业人员如实告知作业场所和工作岗位可能存在的风险因素、防范措施以及事故现场应急处置措施"的要求，查评被查评单位的安全教育培训管理。

（2）安全教育培训查评重点。

1）查阅培训记录，检查施工项目部对作业人员、管理人员组织开展安全教育培训并考试合格；安全技术交底和班前会记录。

2）查阅安全技术交底内容是否科学合理、是否签字和施工队（班组）班前站班会记录是否交代清楚、是否签字，检查作业场所和工作岗位风险因素、防范措施等交代是否清楚。

7. "三措一案"管理

（1）查评方法。

依据《改造通知》"着力强化施工现场的安全管控：（三）加强'三措一案'管理。所有配电网工程施工现场必须进行现场勘察，针对复杂性、危险程度高的工程依据勘察情况，认真编制施工组织措施、技术措施、安全措施。近电作业、交叉跨越、设备吊装、高边坡施工等高风险作业要制定专项安全措施。严格施工方案编制、审批手续，对于外包工程，工程项目部要组织施工单位、设备运维管理单位进行现场勘察，施工单位编制的'三措一案'必须经业主项目部（设备运维管理单位）审查合格后方可执行，要确保施工方案的针对性、实用性，杜绝与作业现场'两张皮'现象"的要求，查评被查评单位的"三措一案"管理。

（2）安全教育培训查评重点。

1）抽查1~2个配网工程，现场勘察记录、专项安全措施和"三措一案"是否完善，并检查经业主项目部（设备运维管理单位）审查的"三措一案"审查文件或纪要。

2）查阅"三措一案"编制是否符合工程实际要求。

8. 作业管控

（1）查评方法。

依据《改造通知》"着力强化施工现场的安全管控：（三）强化施工现场的全过程安全管理。实行安全质量监督员制度，每个作业（施工）现场都应由业主单位指派一名安全质量监督员，对现场安全、质量、技术进行动态跟踪监督和把关。狠抓'两票'执行，加强'两票'管理、指导和监督，杜绝无票作业、私自作业。现场作业必须严格执行开工会制度，并经作业人员签字确认后方可作业。加大工程现场'反六不'违章力度，认真落实'三防十要'反事故等措施，全面开展现场标准化作业，抓好安全交底、安全措施布置、作业过程监护等环节"，和《国家电网公司输变电工程施工安全风险识别、评估及预控措施管理办法》［国网（基建/3）176—2015］第244条"三级及以上风险等级的施工作业，相关人员要按照'输变电工程三级及以上施工安全风险管理人员到岗到位要求'进行作业监督检查。作业前，施工项目部主要管理人员（项目总工、安全员或技术员）要赴作业现场，按作业步骤逐项确认作业B票及风险控制卡中的措施落实后，方可有序开展施工作业"的要求，查评被查评单位的作业管控管理。

（2）作业管控查评重点。

1）现场作业是否严格执行开工会制度，作业开始前，工作负责人是否对作业人员进行了全员安全风险交底，并组织全体参加作业人员在"签名栏"签字确认后才开始作业。

2）抽查监理对"输变电工程安全施工作业票B"及风险控制卡中预控措施签字情况，及四级风险等级作业时，业主项目部人员的签名情况。

3）查阅三级及以上风险作业时的管理人员到岗到位记录或实地检查到岗到位情况。

9. 机械安全

（1）查评方法。

依据《基建管理》第18条"（七）建立现场施工机械安全管理机构，配备施工机械管理人员，落实施工机械安全管理责任，对进入现场的施工机械和工器具的安全状况进行准入检查，并对施工过程中起重机械的安装、拆卸、重要吊装、关键工序作业；负责施工队（班组）安全工器具的定期试验、送检工作"的要求，查评被查评单位的机械安全管理。

（2）机械安全查评重点。

1）检查现场施工机械安全管理机构是否健全，施工机械是否专人管理，是否建立了安全管理责任；报审施工机械是否与现场施工机械数量、台数一致。抽查施工日记、监理日记。

2）查阅台账、试验报告、合格证等安全管理资料，检查《基建管理》第18条"（七）"的工作落实情况。

10.专项安全技术措施

（1）查评方法。

依据《基建管理》第57条"对重要临时设施、重要施工工序、特殊作业、危险作业项目（见附件7），施工项目部总工程师组织编制专项安全技术措施（可以包含在专项施工方案中），经施工企业技术、质量、安全部门和机械管理部门（必要时）审核，施工企业技术负责人审批，报监理项目部审查，业主项目部备案，由施工项目部总工程师交底后实施"的要求，查评被查评单位的机械专项安全技术措施管理。

（2）专项安全技术措施查评重点。

查阅专项安全技术措施、记录，检查《基建管理》第57条的落实情况。

11.季节性施工方案

（1）查评方法。

依据《基建管理》第90条"施工企业应制定季节性施工方案，针对冬季、雨季、高温季节、雷电、台风气候特点及野外作业等，采取防洪水、防泥石流、防雷电、防台风、防冻伤、防滑跌、防暑降温、消毒防疫、防野外动物攻击等措施，改善现场作业条件和生活环境，预防职业健康危害和群体性疫情发生"的要求，查评被查评单位的季节性施工管理。

（2）季节性施工方案查评重点。

查阅某一特殊季节（冬季）或气候（汛期）情况下是否按要求编制了季节性施工方案，各项防范措施是否严格落实。

# 第八章

# 作 业 安 全 查 评 指 南

## 第一节 作 业 计 划

### 一、查评目的

加强生产作业安全全过程管控，构建预防为主的安全管理体系，提升现场安全风险管控。作业计划是县供电企业作业管理中的第一个环节，县供电企业作业计划查评的主要目的就是要科学判断县供电公司的作业计划编制的是否科学，作业计划管理是否严谨、科学、合理，是否按规定编制作业计划并发布，作业计划能否刚性执行；所有计划性作业是否按照"谁管理、谁负责"的原则实行分级管控，并纳入周计划管控；临时性工作能否履行审批手续，经分管领导批准；对无计划作业、随意变更作业计划等能否按照管理违章实施考核。

作业计划的查评内容共 3 项，合计 100 分，主要包括：作业计划编制 30 分，作业计划发布 30 分，作业计划管控 40 分。作业计划查评主要是深入到县公司调控中心、运检部及生产班组，通过查阅资料及问询的方法，如查阅近两年来该县公司编制的月度、周作业计划，已执行的"工作票""操作票"，临时工作审批单，违章记录等资料，对被查评单位的作业计划进行查评。

### 二、查评方法及重点

1. 作业计划编制

依据国家电网公司《生产作业安全管控标准化工作规范（试行）》（国家电网安质〔2016〕356 号，以下简称《安全管控工作规范》）2.1 "计划编制"的有关编制原则和月度作业计划、周作业计划编制、日作业安排等有关要求，查评被查评单位在贯彻《安全管控工作规范》方面，是否在作业计划编制时，贯彻状态检修、综合检修的基本要求，依据"六优先、九结合"原则，根据设备状态、电网需求、反事故措施、基建技改及用户工程、保供电、气候特点、承载力、物资供应等因素制定了月度作业计划；并根据月度作业计划，结合保供电、气候条件、日常运维需求、承载力分析结果等情况统筹编制周作业计划。同时要求班组根据周作业计划，结合临时性工作，合理安排工作任务。

（1）作业计划编制原则。

1）六优先：人身风险隐患优先处理；重要变电站（换流站）隐患优先处理；重要输电线路隐患优先处理；严重设备缺陷优先处理；重要用户设备缺陷优先处理；新设备及重大生产改造工程优先安排。

2）九结合：生产检修与基建、技改、用户工程相结合；线路检修与变电检修相结合；二次系统检修与一次系统检修相结合；辅助设备检修与主设备检修相结合；两个及以上单位维护的线路检修相结合；同一停电范围内有关设备检修相结合；低电压等级设备检修与高电压等级设备检修相结合；输变电设备检修与发电设备检修相结合；用户检修与电网检修相结合。

（2）作业计划编制查评重点。

1）深入调控中心、运检部查评作业计划是否严格按照编制原则制定，是否召开停电联系会，抽查近两年来的月、周作业计划和日作业安排，是否严格贯彻状态检修、综合检修的基本要求，按照"六优先、九结合"的原则，科学编制作业计划。

2）查评月度作业计划［主要指 10kV 及以上设备停（带）电作业计划］的编制是否根据设备状态、电网需求、反事故措施、基建技改及用户工程等因素统筹制定月度作业计划。

3）查评周作业计划是否全面结合保供电、气候条件、日常运维需求、承载力分析结果等情况统筹编制；周作业计划是否包括巡视维护、小型分散作业等停电和不停电作业计划。周作业计划宜分级审核上报，实现省、地市、县公司级单位信息共享。

4）查评二级机构和班组是否根据周作业计划，结合临时性工作，在日作业安排中合理的安排了工作任务。

2. 作业计划发布

依据《安全管控工作规范》2.2"计划发布"和《反违章工作管理办法》第 29 条有关内容要求，查评被查评单位的作业计划是否按要求进行了发布。

（1）作业计划发布要求。

1）月度作业计划由专业管理部门统一发布。

2）周作业计划应明确发布流程和方式，可利用周安全生产例会、信息系统平台等发布。

3）信息发布应包括作业时间、电压等级、停电范围、作业内容、作业单位等内容。周作业计划信息发布中还应注明作业地段、专业类型、作业性质、工作票种类、工作负责人及联系方式、现场地址（道路、标志性建筑或村庄名称）、到岗到位人员、作业人数、作业车辆等内容。

4）建立现场作业信息网上公布制度，提前公示作业信息，明确作业任务、时间、人员、地点，主动接受反违章现场监督检查。

（2）作业计划发布查评重点。

1）深入到县公司调控中心查评作业计划是否按时、按期及在网上公布，提前公示作业信息，明确作业任务、时间、人员、地点，主动接受反违章现场监督检查。月度作业计划是否分级审核上报，统一发布。

2）查评信息发布是否包括作业时间、电压等级、停电范围、作业内容、作业单位等内容。周作业计划信息发布中是否注明作业地段、专业类型、作业性质、工作票种类、工作负责人及联系方式、现场地址（道路、标志性建筑或村庄名称）、到岗到位人员、作业人数、作业车辆等内容。

3. 作业计划管控

依据《安全管控工作规范》2.3"计划管控"有关内容要求，查评被查评单位的作业计划是否按要求进行了管控。

（1）作业计划管控要求。

1）所有计划性作业应全部纳入周作业计划管控，禁止无计划作业。

2）作业计划实行刚性管理，禁止随意更改和增减作业计划，确属特殊情况需追加或者变更作业计划，应履行审批手续，并经分管领导批准后方可实施。

3）作业计划按照"谁管理、谁负责"的原则实行分级管控。各级专业管理部门应加强计划编制与执行的监督检查，分析存在问题，并定期通报。

4）各级安监部门应加强对计划管控工作的全过程安全监督，对无计划作业、随意变更作业计划等问题按照管理违章实施考核。

（2）作业计划管控查评重点。

1）查阅作业计划、已执行的"两票"、运行方式分析会、检修计划协调会和停电计划平衡会记录，检查作业计划是否刚性执行。抽查近两年来已执行的"两票"，对应作业计划，查评所有作业任务是否纳入周计划管控，有无随意更改和增减作业计划，追加或变更作业计划的情况。

2）查阅临时工作审批单，临时性工作是否履行审批手续，经分管领导批准，按照"谁管理、谁负责"的原则实行分级管控。

3）深入调控中心及运检部，查阅作业计划的分级管控管理。查评调控部门能否定期对运检部、营销部、网改办作业计划编制与执行进行监督检查，分析存在问题，并定期通报。

4）检查县公司安监部门是否对计划管控工作的全过程进行安全监督，对无计划作业、随意变更作业计划等问题按照管理违章实施考核。

# 第二节  作  业  准  备

## 一、查评目的

作业准备是电力系统作业管理中的第二个环节，县供电企业作业准备查评的主要目的就是要全面评估、判断县供电公司作业准备阶段的现场勘察是否到位，对存在的触电、高空坠落、物体打击、机械伤害、特殊环境作业、误操作等危险因素是否进行风险评估并提出了有针对性的预控措施，承载力分析是否全面，作业指导书、"三措一案"编制是否完备，"工作票""操作票"及作业票填写是否正确，组织召开的班前会、班后会是否有针对性。

作业准备的查评内容共 6 项，合计 200 分，主要包括：现场勘察 30 分，风险评估 30 分，承载力分析 30 分，作业指导书、"三措一案"编制 40 分，"工作票""操作票"及作业票填写 40 分，班前会、班后会 30 分。作业准备的查评主要是深入到县公司运检部、安质部及生产班组、供电所，通过查阅资料及现场检查、现场抽问的方法，如查阅近两年来该县公司已执行的"现场勘察记录""风险防范执行卡""三措""工作票""操作票"等，最好通过现场检查一个当日作业现场，对被查评单位的作业准备阶段工作完备性进行查评。

**二、查评方法及重点**

1. 现场勘察

依据《安全管控工作规范》3.1"现场勘察"的有关要求，查评被查评单位是否按照要求认真开展现场勘察，填写现场勘察单，明确需要停电的范围、保留的带电部位，是否勘察清楚作业现场的条件、环境及其他作业风险。

（1）需要现场勘察的作业项目。

1）变电站（换流站）主要设备现场解体、返厂检修和改（扩）建项目施工作业。

2）变电站（换流站）开关柜内一次设备检修和一次、二次设备改（扩）建项目施工作业。

3）变电站（换流站）保护及自动装置更换或改造作业。

4）输电线路（电缆）停电检修（常规清扫等不涉及设备变更的工作除外）、改造项目施工作业。

5）配电线路杆塔组立、导线架设、电缆敷设等检修、改造项目施工作业。

6）新装（更换）配电箱式变电站、开闭所、环网单元、电缆分支箱、变压器、柱上开关等设备作业。

7）带电作业。

8）涉及多专业、多单位、多班组的大型复杂作业和非本班组管辖范围内设备检修（施工）的作业。

9）使用吊车、挖掘机等大型机械的作业。

10）跨越铁路、高速公路、通航河流等施工作业。

11）试验和推广新技术、新工艺、新设备、新材料的作业项目。

12）工作票签发人或工作负责人认为有必要现场勘察的其他作业项目。

（2）现场勘察组织的要求。

1）现场勘察应在编制"三措"及填写工作票前完成。

2）现场勘察由工作票签发人或工作负责人组织。

3）现场勘察一般由工作负责人、设备运维管理单位和作业单位相关人员参加。

4）对涉及多专业、多单位的大型复杂作业项目，应由项目主管部门、单位组织相关人员共同参与。

5）承发包工程作业应由项目主管部门、单位组织，设备运维管理单位和作业单位共同参与。

6）开工前，工作负责人或工作票签发人应重新核对现场勘察情况，发现与原勘察情况有变化时，应及时修正、完善相应的安全措施。

（3）现场勘察主要内容。

1）需要停电的范围：作业中直接触及的电气设备，作业中机具、人员及材料可能触及或接近导致安全距离不能满足《安规》规定距离的电气设备。

2）保留的带电部位：邻近、交叉、跨越等不需停电的线路及设备，双电源、自备电源、分布式电源等可能反送电的设备。

3）作业现场的条件：装设接地线的位置，人员进出通道，设备、机械搬运通道及摆放地点，地下管沟、隧道、工井等有限空间，地下管线设施走向等。

4）作业现场的环境：施工线路跨越铁路、电力线路、公路、河流等环境，作业对周边构筑物、易燃易爆设施、通信设施、交通设施产生的影响，作业可能对城区、人口密集区、交通道口、通行道路上人员产生的人身伤害风险等。

5）需要落实的"反措"及设备遗留缺陷。

（4）现场勘察记录的要求。

1）现场勘察应填写现场勘察记录。

2）现场勘察记录宜采用文字、图示或影像相结合的方式。记录内容包括工作地点需停电的范围，保留的带电部位，交叉跨越情况、作业现场的条件、环境及其他危险点，应采取的安全措施，附图与说明。

3）现场勘察记录应作为工作票签发人、工作负责人及相关各方编制"三措"和填写、签发工作票的依据。

4）现场勘察记录由工作负责人收执。勘察记录应同工作票一起保存一年。

（5）现场勘察查评重点。

1）深入县公司运检部及生产班组，查阅近两年已执行的"现场勘察单"，或者深入当日作业现场，现场查阅"现场勘察单"。查评是否开展了现场勘察；现场勘察是否由工作票签发人或工作负责人组织开展的，设备运维管理单位和作业单位相关人员是否参加；涉及多专业、多单位的大型复杂作业项目，是否有项目主管部门、单位组织相关人员共同参与。

2）查评现场勘察主要内容是否正确、完备。勘察的停电范围是否明确、清晰符合当日作业任务要求；保留的带电部位，记录是否清楚；作业现场的条件、环境及其他危险点是否勘察全面、到位；是否制定安全措施，且符合实际情况，有针对性。

3）查评现场勘察记录是否按文字、图示或影像相结合的方式，画出现场设备接线一次图，并将作业部分及安全措施部分（如挂地线或合上的接地刀闸）在图中清晰表示出来。

2. 风险评估

依据《安全管控工作规范》3.2"风险评估"的有关要求，查评被查评单位是否按照要求对作业中存在的6种作业风险进行了评估，并制定防范措施。

（1）风险评估的要求。

1）现场勘察结束后，编制"三措"、填写"两票"前，应针对作业开展风险评估工作。

2）风险评估一般由工作票签发人或工作负责人组织。

3）设备改进、革新、试验、科研项目作业，应由作业单位组织开展风险评估。

4）涉及多专业、多单位共同参与的大型复杂作业，应由作业项目主管部门、单位组织开展风险评估。

5）风险评估应针对触电伤害、高空坠落、物体打击、机械伤害、特殊环境作业、误操作等方面存在的危险因素，全面开展评估。

6）风险评估出的危险点及预控措施应在"两票""三措"等中予以明确。

（2）风险评估查评重点。

1）深入县公司运检部及至少 2 个生产班组，查阅有关资料，如周生产例会纪要、风险防范执行卡，查评该单位是否在现场勘察结束后，编制"三措"、填写"两票"前，开展风险评估工作。

2）通过查阅资料或现场询问，查评风险评估是否按照要求由工作负责人或工作票签发人组织；涉及多专业、多单位共同参与的大型复杂作业，是否由作业单位、作业项目主管部门开展了评估。

3）查评风险防范执行卡，是否针对触电伤害、高空坠落、物体打击、机械伤害、特殊环境作业、误操作 6 个方面的风险进行评估，辨识出明晰的危险点，并针对性制定管控措施，由专人负责落实管控措施，将风险降到最低。

3. 承载力分析

依据《安全管控工作规范》3.3"承载力分析"有关要求，查评被查评单位是否利用月度计划平衡会、周安全生产例会统筹开展所属单位、二级机构承载力的分析工作。二级机构应利用周安全生产例会、班组应利用周安全日活动，开展作业承载力分析工作，保证作业安排在承载力范围内。通过量化分析工作，提升作业计划和工作安排的科学化、规范化管理水平。

（1）承载力分析的要求。

各单位、二级机构承载力分析内容：①可同时派出的班组数量；②派出班组的作业能力是否满足作业要求；③多专业、多班组、多现场间工作协调是否满足作业需求。

作业班组承载力分析内容：①可同时派出的工作组和工作负责人数量；每个作业班组同时开工的作业现场数量，不得超过工作负责人数量；②作业任务难易水平、工作量大小；③安全防护用品、安全工器具、施工机具、车辆等是否满足作业需求；④作业环境因素（地形地貌、天气等）对工作进度、人员配备及工作状态造成的影响等。

作业人员承载力分析内容：①作业人员身体状况、精神状态以及有无妨碍工作的特殊病症；②作业人员技能水平、安全能力；技能水平可根据其岗位角色、是否担任工作负责人、本专业工作年限等综合评定。安全能力应结合《安规》考试成绩、人员违章情况等综合评定。

（2）承载力分析查评重点。

1）查评近两年县供电公司月度计划平衡会、周安全生产例会纪要或原始记录，是否针对下月或下周作业项目，综合分析"三种人"、到岗到位人员等关键人员管控能力，综合分析作业班人员数量、精神状态、风险辨识及防控能力，分析设备材料、备品备件、工器具、交通工具等保障能力是否完备，是否分析气象条件、现场环境等特殊因素，能否科学确定同时开工的作业现场数量、作业班组数量，确定的班组是否满足作业要求。

2）至少抽查 2 个生产班组安全日活动记录，检查是否按照要求开展承载力分析。

3）检查班组安全管理台账记录，看是否有人员情况登记，是否有安规考试成绩，人员违章情况是否有记录，现场以考问或谈话的形式，检查作业人员是否具备生产作业能力。

4. 作业指导书、"三措一案"编制

依据《安全管控工作规范》3.4 "三措编制"和《现场标准化作业指导书编制导则（试行）》（国家电网生〔2004〕503 号）3.3 "现场作业指导书"的有关要求，查评被查评单位是否编制"作业指导书"和"三措一案"，"三措一案"流程是否正确，措施编制是否有针对性和可操作性。

（1）"三措"编制的要求。

1）需编制"三措"的项目：变电站（换流站）改（扩）建项目；变电站（换流站）保护及自动装置更换或改造作业；35kV 及以上输电线路（电缆）改（扩）建项目；涉及多专业、多单位、多班组的大型复杂作业；跨越铁路、高速公路、通航河流等施工作业；试验和推广新技术、新工艺、新设备、新材料的作业项目；作业单位或项目主管部门认为有必要编写"三措"的其他作业。

2）作业单位应根据现场勘察结果和风险评估内容编制"三措"。对涉及多专业、多单位的大型复杂作业项目，应由项目主管部门、单位组织相关人员编制"三措"。

3）"三措"内容包括任务类别、概况、时间、进度、需停电的范围、保留的带电部位及组织措施、技术措施和安全措施。

4）"三措"应分级管理，经作业单位、监理单位（如有）、设备运维管理单位、相关专业管理部门、分管领导逐级审批，严禁执行未经审批的"三措"。

（2）现场作业指导书要求。

对每一项作业按照全过程控制的要求，对作业计划、准备、实施、总结等各个环节，明确具体操作的方法、步骤、措施、标准和人员责任，并依据工作流程组合成执行文件。

（3）作业指导书、"三措一案"编制查评重点。

1）查阅大型复杂作业项目是否按照要求编制"三措"，"三措"是否经过分级审批，制定的组织、技术、安全措施是否具有针对性等。

2）查阅现场作业指导书，是否对作业的各个环节、具体操作的方法、步骤、措施、标准和人员责任进行明确。

5. "工作票""操作票"及作业票填写

依据国家电网公司《安全管控工作规范》3.5 "两票填写"的有关要求，查评被查评单位是否严格执行"安规""两票"要求，认真填写并执行"两票"，承发包工程的"两票"是否执行"双签发"。

（1）"两票"填写的要求。

1）在电气设备上及相关场所的工作，应填用工作票、倒闸操作票。各级单位应规范"两票"填写与执行标准，明确使用范围、内容、流程、术语。

2）作业单位应根据现场勘察、风险评估结果，由工作负责人或工作票签发人填写工作票。

(2) 工作票"双签发"相关要求。

1) 承发包工程中，作业单位在运用中的电气设备上或已运行的变电站内工作，工作票宜由作业单位和设备运维管理单位共同签发，在工作票上分别签名，各自承担相应的安全责任。

2) 发包方工作票签发人主要对工作票上所填工作任务的必要性、安全性和安全措施是否正确完备负责；承包方工作票签发人主要对所派工作负责人和工作班人员是否适当和充足以及安全措施是否正确完备负责。

3) 承发包工程宜由作业单位人员担任工作负责人，若设备运维管理单位认为有必要，可派人担任工作负责人或增派专人监护。

4) 生产厂家、外协服务等人员参加现场作业，应由设备运维管理单位人员担任工作负责人，执行相应工作票。

(3) "工作票""操作票"及作业票填写查评重点。

1) 至少查评 2 个生产作业班组已执行的"两票"，检查作业班组每月是否对所执行的"两票"进行整理汇总，按编号统计、分析。专业管理部门是否每季度对已执行的"两票"进行检查并填写检查意见。

2) 检查县公司是否至少每半年组织开展一次"两票"分析，针对存在的问题，制定整改措施，并定期通报。

3) 检查承发包工程的"两票"是否执行"双签发"，是否根据工作需要，如危险性大的工作增设专人监护。

4) 查评已执行的"两票"是否按照"两票补充规定"执行，有无违反规定要求的问题。

6. 班前会、班后会

依据国家电网公司《安全管控工作规范》3.6"班前会"及4.9"班后会"有关要求，查评被查评单位生产作业班组是否按时召开班前会，通过召开班前会，使作业班成员人人做到工作内容清楚、危险点清楚、工作操作顺序清楚、安全措施清楚。认真召开班后会，是否在总结、检查生产任务的同时，总结、检查安全工作，并提出整改意见。

(1) 班前会的要求。

1) 班前会由班组长或工作负责人组织全体班组人员召开。

2) 班前会应结合当班运行方式、工作任务，开展安全风险评估，布置风险预控措施，组织交代工作任务、作业风险和安全措施，检查个人安全工器具、个人劳动防护用品和人员精神状况。

(2) 班后会的要求。

1) 班后会一般在工作结束后由班组长或工作负责人组织全体班组人员召开。

2) 班后会应对作业现场安全管控措施落实及"两票三制"执行情况总结评价，分析不足，表扬遵章守纪行为，批评忽视安全、违章作业等不良现象。

(3) 班前会、班后会查评重点。

1) 查阅至少 2 个生产班组的班前会记录，检查班前会是否做到了工作"三交底"（交任务、交安全、交措施）；也可现场查评以提问或谈话的形式，询问作业班组成员，看其对当日的工作是否"四清楚"（工作内容清楚、危险点清楚、工作操作顺序清楚、安全措施清楚）；是否对个人使用的安全工器具及劳动防护用品进行检查。

2）查阅至少2个生产班组的班后会记录，检查班后会是否对作业现场安全管控措施落实及"两票三制"执行情况总结评价，并提出整改措施。

# 第三节 作业实施

## 一、查评目的

作业实施是电力系统作业管理中的第三个环节，县供电企业作业实施查评的主要目的就是要评判县供电公司在作业实施阶段的各个工作环节是否正确、规范、有效，能否严格执行倒闸操作制度；作业现场安全措施布置是否满足检修作业要求；是否正确履行许可手续开工；安全交底是否做到危险点告知；现场作业人员是否清楚并在工作票签名确认；对大型、复杂、交叉、平行等危险性易发生事故的作业是否增设专责监护人；是否开展现场反违章稽查工作，监督是否到位；是否开展现场验收及工作终结。

作业计划的查评内容共8项，合计200分，主要包括：倒闸操作30分，安全措施布置30分，许可开工20分，安全交底20分，现场作业25分，作业监护25分，监督考核及到岗到位25分，验收及工作终结25分。作业实施的查评主要是深入到县公司生产作业现场，通过查阅资料及问询的方法，如查阅该县公司正在执行或已执行的倒闸操作票，现场考问作业人员是否知晓当日工作任务内容、危险点及防控措施；现场检查安全措施布置是否完备；安全纠察人员及管理人员是否按照要求到岗到位；查阅倒闸操作票、工作票是否按照工作流程办理许可开工、安全交底并签字确认、是否指定专责监护、到岗到位记录及反违章稽查记录是否齐全，验收报告、终结手续是否按要求办理。

## 二、查评方法及重点

1. 倒闸操作

依据《安全管控工作规范》4.1"倒闸操作"的有关要求，查评被查评单位在倒闸操作环节是否按照规定要求进行。

（1）倒闸操作要求。

1）操作人和监护人应经考试合格，由设备运维管理单位审核、批准并公布。

2）运维人员应根据工作任务、设备状况及电网运行方式，分析倒闸操作过程中的危险点并制定防控措施。

3）严格执行倒闸操作制度，严格执行防误操作安全管理规定，不准擅自更改操作票，不准随意解除闭锁装置。

（2）倒闸操作查评重点。

1）深入受检单位运检部、安质部，检查该单位是否下发倒闸操作人和监护人名单文件，是否经批准并公布；检查当年安规考试卷，抽查当日倒闸操作人和监护人是否经过安规考试并合格。

2）现场检查该单位"倒闸操作票"是否按倒闸操作规定要求正确填写，是否存在操作动词、时间等关键点涂改，倒闸项目是否有漏项、跳步现象，倒闸操作票开关分合、接地线装拆等关键步骤是否填写时间，操作项目是否执行完成打"√"。

3）检查该单位运检部及配电运检班防误闭锁管理，是否制定了防误闭锁管理制度，检查解锁记录是否登记，钥匙封存情况是否完好，操作票有无涂改情况。

2. 安全措施布置

依据《安全管控工作规范》4.2"安全措施布置"的有关要求，查评被查评单位作业现场的安全措施布置是否规范，满足现场作业安全要求。

（1）安全措施布置的要求。

1）变电专业安全措施应由工作许可人负责布置，采取电话许可方式的变电站第二种工作票安全措施可由工作人员自行布置，工作结束后应汇报工作许可人。输、配电专业工作许可人所做安全措施由其负责布置，工作班所做安全措施由工作负责人负责布置。安全措施布置完成前，禁止作业。

2）工作负责人应审查工作票所列安全措施正确完备性，检查工作现场布置的安全措施是否完善（必要时予以补充）和检修设备有无突然来电的危险。对工作票所列内容即使发生很小疑问，也应向工作票签发人询问清楚，必要时应要求做详细补充。

3）10kV及以上双电源用户或备有大型发电机用户配合布置和解除安全措施时，作业人员应现场检查确认。

4）现场为防止感应电或完善安全措施需加装接地线时，应明确装、拆人员，每次装、拆后应立即向工作负责人或小组负责人汇报，并在工作票中注明接地线的编号，装、拆的时间和位置。

（2）安全措施布置查评重点。

1）现场检查作业现场，重点检查现场实际布置的安全措施是否与工作票所列安全措施一致，是否符合现场实际工作需要，对于可能送电至停电设备的各方面是否都装设了接地线或合上接地刀闸；悬挂的标示牌及装设的遮拦是否符合要求。

2）检查现场工作许可人是否审查工作票所列安全措施正确完备，重点检查工作票上第6项安全措施栏，工作许可人是否填写"补充工作地点保留带电部分和安全措施"。

3）如停电设备涉及双电源用户或备用发电机用户的，应重点查评作业人员现场检查确认单，检查是否有专人进行现场检查确认，如检查"工作任务联系单"是否有专人检查确认双电源用户或自备发电机用户已做好安全措施。

4）现场检查防感应电措施是否正确完备，加装的接地线是否有专人负责装和拆，工作票中是否注明装拆接地线的编号、时间和位置。

3. 许可开工

依据《安全管控工作规范》4.3"许可开工"有关要求，查评被查评单位办理许可开工手续是否齐全。

（1）许可开工的要求。

1）许可开工前，作业班组应提前做好作业所需工器具、材料等准备工作。

2）现场履行工作许可前，工作许可人会同工作负责人检查现场安全措施布置情况，指明实际的隔离措施、带电设备的位置和注意事项，证明检修设备确无电压，并在工作票上分别确认签字。电话许可时由工作许可人和工作负责人分别记录双方姓名，并复诵核对无误。

3）所有许可手续（工作许可人姓名、许可方式、许可时间等）均应记录在工作票上。若需其他单位配合停电的作业应履行书面许可手续。

（2）许可开工重点查评工作。

1）现场检查作业班组是否提前准备好所需的安全工器具、材料，安全工器具是否性能良好，检验周期内是否试验，材料满足工作的需求。

2）现场检查工作许可手续是否按照要求办理，现场工作许可人和工作负责人是否一同到现场再次检查所做的安全措施已做好，对具体的设备指明实际的隔离措施，证明检修齐备确无电压；如必要时应该在工作票上补充安全措施；并和工作负责人在工作票上分别确认并签名。

3）重点检查工作票上工作许可人的签名、许可方式及许可时间是否与实际相符。

4. 安全交底

依据《安全管控工作规范》4.4"安全交底"有关要求，查评被查评单位现场作业安全交底是否全面、清楚。

（1）安全交底的要求。

1）工作许可手续完成后，工作负责人组织全体作业人员整理着装，统一进入作业现场，进行安全交底，列队宣读工作票，交代工作内容、人员分工、带电部位、安全措施和技术措施，进行危险点及安全防范措施告知，抽取作业人员提问无误后，全体作业人员确认签字。

2）执行总、分工作票或小组工作任务单的作业，由总工作票负责人（工作负责人）和分工作票（小组）负责人分别进行安全交底。

3）现场安全交底宜采用录音或影像方式，作业后由作业班组留存1年。

（2）安全交底的查评重点。

至少抽查2个生产班组的安全交底录音或影像资料，检查是否按照要求在开工前列队进行安全交底，是否交代清楚工作任务、危险点、安全措施等；或深入当日作业现场，通过考问的形式，抽查作业人员安全交底是否清晰、具体。

5. 现场作业

依据《安全管控工作规范》4.5"现场作业"有关要求，查评被查评单位的现场作业是否符合标准化规范要求。

（1）现场作业人员安全要求。

1）作业人员应正确佩戴安全帽，统一穿全棉长袖工作服、绝缘鞋。

2）特种作业人员及特种设备操作人员应持证上岗。开工前，工作负责人对特种作业人员及特种设备操作人员交代安全注意事项，指定专人监护。特种作业人员及特种设备操作人员不得单独作业。

3）外来工作人员须经过安全知识和《安规》培训考试合格，佩戴有效证件，配置必要的劳动防护用品和安全工器具后，方可进场作业。

（2）安全工器具和施工机具安全要求。

1）作业人员应正确使用施工机具、安全工器具，严禁使用损坏、变形、有故障或未经检验合格的施工机具、安全工器具。

2）特种车辆及特种设备应经具有专业资质的检测检验机构检测、检验合格，取得安全使用证或者安全标志后，方可投入使用。

（3）现场作业查评重点。

1）深入被查评单位当日的作业现场，检查作业人员着装是否符合要求。特种作业人员及外来工作人员是否持证上岗。

2）查阅被查单位外来工作人员管理资料，检查外来工作人员是否有安规培训及考试的资料，是否具备相关施工资质证书，体检报告是否合格等。

3）检查作业现场，工作负责人是否携带工作票、现场勘察记录、"三措"等资料到作业现场；涉及多专业、多单位的大型复杂作业，是否明确专人负责工作总体协调。

6. 作业监护

依据《安全管控工作规范》4.6"作业监护"有关要求，查评被查评单位的作业监护是否到位。

（1）作业监护的要求。

1）工作票签发人或工作负责人对有触电危险、施工复杂容易发生事故等作业，应增设专责监护人，确定被监护的人员和监护范围，专责监护人应佩戴明显标识，始终在工作现场，及时纠正不安全的行为。

2）专责监护人不得兼做其他工作。专责监护人临时离开时，应通知被监护人员停止工作或离开工作现场，待专责监护人回来后方可恢复工作。若专责监护人必须长时间离开工作现场时，应由工作负责人变更专责监护人，履行变更手续，并告知全体被监护人员。

（2）作业监护的重点查评工作。

1）抽查被查评单位的"两票"，抽取几份有触电危险、施工复杂的工作票，如同杆架设的单回线路作业或带电作业票，检查是否设置了专责监护人。

2）深入当日作业现场，检查专责监护人是否严格遵守规定要求，尽责监护。

7. 监督考核及到岗到位

依据《安全管控工作规范》4.7"到岗到位"和5"监督考核"的有关要求，查评被查评单位是否建立健全作业现场到岗到位制度；是否按照"管业务必须管安全"的原则，明确到岗到位人员责任和工作要求；是否严格按照《生产作业现场到岗到位标准》，落实到岗到位要求；是否建立安全监督检查制度，制定检查标准，明确检查内容，规范检查流程，常态化开展监督考核。

（1）到岗到位工作要求。

①检查"两票""三措"执行及现场安全措施落实情况；②安全工器具、个人防护用品使用情况；③大型机械安全措施落实情况；④作业人员不安全行为；⑤文明生产。

（2）安全监督检查要求。

1）作业现场"两票""三措"、现场勘察记录等资料是否齐全、正确、完备。

2）现场作业内容是否和作业计划一致，工作票所列安全措施是否满足作业要求并与现场一致。

3）现场作业人员与工作票所列人员是否相符，人员精神状态是否良好。

4）工作许可人对工作负责人，工作负责人对工作班成员是否进行安全交底。

5）现场使用的机具、安全工器具和劳动防护用品是否良好，是否按周期试验并正确使用。

6）高处作业、邻近带电作业、起重作业等高风险作业是否指派专责监护人进行监护，专责监护人在工作前是否知晓危险点和安全注意事项等。

7）现场是否存在可能导致触电、物体打击、高处坠落、设备倾覆、电杆倒杆等风险和违章行为。

8）各级到岗到位人员是否按照要求履行职责。

9）其他不安全情况。

（3）监督考核及到岗到位查评重点。

1）深入查评单位安质部及生产班组，检查到岗到位管理制度是否健全；检查是否严格执行《生产作业现场到岗到位标准》，是否在制定检修计划的同时安排到岗到位人员，查看到岗到位记录，查评到岗到位人员是否尽职尽责，按照到岗到位要求牢把现场安全关。

2）深入查评单位安质部查阅有关资料，检查是否建立安全监督检查制度，完善反违章工作机制，是否组织开展"无违章现场""无违章员工"等创建活动。

3）检查该单位现场安全纠察工作记录资料，查评反违章工作是否扎实有效，及时制止、纠正违章，做好违章记录，对违章单位和个人给予批评和考核。

4）检查该单位是否开展生产作业安全管控工作的检查指导与评价，定期分析评估安全管控工作执行情况，督促落实安全管控工作标准和措施，持续改进和提高生产作业安全管控工作水平。

8. 验收及工作终结

依据《安全管控工作规范》4.8"验收及工作终结"的有关要求，查评被查评单位在工作的终结阶段，是否组织相关部门进行验收工作，严格执行验收制度，履行工作终结手续，验收过程及工作终结记录是否完整。

（1）验收及工作终结的要求。

1）验收工作由设备运维管理单位或有关主管部门组织，作业单位及有关单位参与验收工作。

2）验收人员应掌握验收现场存在的危险点及预控措施，禁止擅自解锁和操作设备。

3）已完工的设备均视为带电设备，禁止任何人在安全措施拆除后处理验收发现的缺陷和隐患。

4）工作结束后，工作班应清扫、整理现场，工作负责人应先周密检查，待全体作业人员撤离工作地点后，方可履行工作终结手续。

5）执行总、分票或多个小组工作时，总工作票负责人（工作负责人）应得到所有分工作票（小组）负责人工作结束的汇报后，方可与工作许可人履行工作终结手续。

（2）验收及工作终结查评重点。

1）查阅被查评单位"两票"，检查工作票是否办理工作终结手续，工作负责人、工作许可人是否签字。

2）现场检查当日作业现场，查评验收及工作终结阶段，设备运维管理单位或有关主管部门是否按照相关要求组织开展验收；查阅该单位设备"验收卡"，检查验收是否严格、到位。

3）现场检查当日作业现场，是否按照规定要求办理工作终结手续。

# 第四节 机 具 管 理

## 一、查评目的

机具是指企业在施工过程中为了满足施工需要而使用的电动工具、安全工器具、带电作业机具、起重机械、焊接、切割机具、其他工器具等。县供电企业机具管理查评的主要目的就是要评判县供电公司是否制定了相关机具管理制度，机具配置是否齐全，放置、保存是否得当，是否定期进行试验、检测、检查，使用方法是否正确等。

机具管理的查评内容共 7 项，合计 700 分，主要包括：电动工器具 100 分，安全工器具 200 分，带电作业机具 150 分，起重机械 100 分，焊接、切割机具 50 分，其他工器具 100 分。机具管理的查评主要是深入到县公司生产班组，通过查阅机具台账、现场检查和现场考问等方法，如深入生产班组安全工器具室和机具室，现场检查机具是否符合规定要求。

## 二、查评方法及重点

1. 电动工器具

依据《国家电网公司电力安全工作规程（电网建设部分）（试行）》〔国家电网安质〔2016〕212 号，以下简称《安规（电网建设部分）》〕5.3.2.1.9 "电动工器具使用"，GB 3787—2006《手持电动工具的管理、使用、检查和维修安全技术规程》2.3、3.1、4.1、5.1、5.2、5.3、5.4、6.1、6.2、7.1、7.2、7.3、8.1、10.2.1、10.3、10.4、10.5、10.6、6.1、6.2、7.3、8.1、9.1、10.6 等相关要求，查评被查评单位的电动工具是否符合规定要求。

（1）电动工具（电动扳手、砂轮机、切割机等）的要求。

1）有产品认证标志及定期检查合格标志。

2）外壳及手柄无裂纹或破损。

3）单相电源线应采用带有 PE 线芯的三芯软橡胶电缆，三相电源线应采用带有 PE 线芯的五芯软橡胶电缆。

4）保护接地（零）连接正确（使用绿/黄双色）、牢固可靠。

5）电缆或软线完好无破损。

6）插头符合安全要求，完好无破损。

7）开关动作正常、灵活、无破损。

8）电气保护装置完好。

9）机械防护装置完好。

10）转动部分灵活可靠。

11）有检测标识。

12）绝缘电阻符合要求，有定期测量记录，未超期使用；每年测量一次绝缘电阻，Ⅰ类工具不小于 $2M\Omega$，Ⅱ类工具不小于 $7M\Omega$，Ⅲ类工具不小于 $11M\Omega$。

13）手持、移动式电动工具应安装和使用剩余电流动作保护器。

14）使用人员应掌握手持和移动式电动工具正确的使用方法。

15）长期停用或新领用的电动工具应用 $500V$ 的绝缘电阻表测量其绝缘电阻，如带电部件与外壳之间的绝缘电阻值达不到 $2M\Omega$，应进行维修处理。对正常使用的电动工具也应对绝缘电阻进行定期测量检查。

（2）电动工具查评重点。

1）查阅至少2个生产班组的电动工具台账，对照清册逐个检查电动工具，先看外观有无产品认证标志及定期检查合格标志、检测标识；手柄、外观、电缆（软线）有无裂纹或破损。再深入检查保护接地（零）连接是否正确；电气、机械防护装置是否完好；开关、插头是否符合安全要求，动作正常、灵活、无破损。最后检查是否定期测量绝缘电阻，并符合要求有记录。

2）检查是否安装使用漏电保护器，做到"一机一闸一保护"。

3）现场考问作业人员，检查其对电动工具正确使用方法的掌握情况。

2. 安全工器具

依据《国家电网公司电力安全工器具管理规定》〔国网（安监/4）289—2014〕第6条、第13～35条、《国家电网公司电力安全工作规程（配电部分）（试行）》（国家电网安质〔2014〕265号）14.5"安全工器具使用和检查"14.6"安全工器具保管和试验"和《国家电网公司电力安全工器具管理规定》〔国网（安监/4）289—2014〕"二　绝缘安全工器具""三　登高工器具""四　安全围栏（网）和标识牌"的相关要求，查评被查评单位的安全工器具是否符合规定要求。

（1）职责与分工要求。

1）县公司安全监察质量部门（安全员）负责组织安全工器具需求认证、汇总、审核所属单位及承建的基建工程安全工器具使用计划及资金需求，建立安全工器具管理台账；负责组织对基层单位、基建工程安全工器具使用情况进行监督检查；组织落实安全工器具预防性试验工作，督促指导班组开展安全工器具保管和使用培训，组织新型安全工器具在本单位的推广应用。

2）财务部负责将本单位安全工器具购置项目资金需求纳入预算并上报，做好安全工器具有关资金管理、会计核算等工作；运检部门负责带电作业专用绝缘安全工器具需求审核，编制、上报计划，组织带电作业专用绝缘安全工器具的现场使用及日常监督检查；基建部门负责基建工程安全工器具需求审核，编制、上报计划，并对使用情况进行检查；物资部门组织安全工器具采购验收、仓储、配送和报废处置。

3）班组（站、所、施工项目部）应根据工作实际，提出安全工器具添置、更新需求；建立安全工器具管理台账，做到账、卡、物相符，试验报告、检查记录齐全；组织开展班组安全工器具培训，严格执行操作规定，正确使用安全工器具，严禁使用不合格或超试验周期的安全工器具；安排专人做好班组安全工器具日常维护、保养及定期送检工作。

（2）采购与验收要求。

①根据年度综合计划和预算，申报安全工器具采购计划；②保证验收手续齐全。

（3）试验及检验要求。

①有资质的检验机构进行检验；②安全工器具使用期间应按规定做好预防性试验项目、周期和实验时间等要求；③试验或检验合格后，粘贴试验"合格证"标签。

（4）检查及使用要求。

①遵守相关规程要求；②运维人员、电气作业人员掌握安全工器具的正确使用和操作方法；③定期进行检查并填写检查记录。

（5）保管及存放要求。

1）保管及存放符合安全要求，绝缘安全工器具应存放在温度为－15～35℃、相对湿度为80％以下的干燥通风的安全工器具室（柜）内，配置适用的柜（架），并与其他物资材料、设备设施分开存放。

2）应统一分类编号，定置存放，保持账、卡、物一致。

（6）绝缘安全工器具配置要求。

1）基本绝缘安全工器具包括：电容型验电器、携带型短路接地线、绝缘杆、核相器、绝缘遮蔽罩、绝缘隔板、绝缘绳和绝缘夹钳等。

2）带电作业绝缘安全工器具包括：带电作业用绝缘安全帽、绝缘服装、屏蔽服装、带电作业用绝缘手套、带电作业用绝缘靴（鞋）、带电作业用绝缘垫、带电作业用绝缘毯、带电作业用绝缘硬梯、绝缘托瓶架、带电作业用绝缘绳（绳索类工具）、绝缘软梯、带电作业用绝缘滑车和带电作业用提线工具等。

3）辅助绝缘安全工器具包括：辅助型绝缘手套、辅助型绝缘靴（鞋）和辅助型绝缘胶垫。

（7）登高工器具配置要求。需配置脚扣、升降板（登高板）、梯子、快装脚手架及检修平台等。

（8）安全围栏（网）和标识牌配置要求。需配置安全围栏、安全围网和红布幔，标识牌包括各种安全警告牌、设备标示牌、锥形交通标、警示带等。

（9）安全工器具查评重点。

1）深入安质部检查制度文本，是否制定本单位安全工器具管理细则，是否明确各部门管理职责，分工是否明确，是否对安全工器具从购置、验收、试验、使用、保管、报废等环节进行全过程管理。

2）深入至少2个班组检查安全工器具配置情况，检查数量是否满足生产需求，新配置的安全工器具是否严格履行物资验收手续，物资部门负责组织验收，安全监察质量部门和使用单位派人参加，验收单手续是否齐全。

3）查阅安全工器具试验报告，是否由有资质的检验机构进行试验，试验周期、试验项目是否符合要求，逐件检查是否在试验合格后，粘贴试验"合格证"标签。

4）现场考问运维人员或电气作业人员，对安全工器具的使用方法掌握情况，重点考问人员是否知道安全工器具使用前的注意事项，如使用前应确认绝缘部分无裂纹、无老化、无绝缘层脱落、无严重伤痕；安全帽使用前，应检查帽壳、帽衬、帽箍、顶衬、下颏带等附件完好无损；现场查阅安全工器具定期检查记录，是否按月有专人进行检查并确认签字。

5）深入至少 2 个生产班组的安全工器具室，现场检查安全工器具是否单独存放于温度、湿度及通风条件合格的地方，是否统一分类编号，定置存放；检查安全工器具台账，查看台账与实物是否做到账、卡、物一致。

6）根据作业班组性质查评绝缘安全工器具配置是否满足要求。如配电检修班是否按配置要求配有一定数量的基本绝缘安全工器具；带电作业班是否按配置要求配有一定数量的带电作业用绝缘安全工器具；另外，是否还配备一些辅助绝缘安全工器具，如辅助型绝缘手套、辅助型绝缘靴（鞋）和辅助型绝缘胶垫。

7）现场检查生产作业班组，如配电检修班是否配备了脚扣、升降板（登高板）、梯子、快装脚手架及检修平台等。

8）现场检查生产作业班组，如变电站是否配备了安全围栏、安全围网和红布幔，标识牌包括各种安全警告牌、设备标示牌、锥形交通标、警示带等。

3. 带电作业机具

依据《国家电网公司电力安全工作规程（线路部分）》（国家电网企管〔2013〕1650号）9.13.3"带电作业工具的试验"、13.11.1"带电作业工具的保管"，GB/T 18857—2008《配电线路带电作业技术导则》7.2"最小有效绝缘长度"、7.3"绝缘防护及遮蔽用具"，DL/T 976—2005《带电作业工具、装置和设备预防性试验规程》7"防护用具"，DL/T 974—2005《带电作业用工具库房》"4 一般要求"、5"技术条件与设施"、6"测控功能及装置要求"、7"存放设施及要求"的相关要求，查评被查评单位的带电作业机具是否符合规定要求。

（1）带电作业工器具的要求。

1）带电作业工器具应定期进行电气试验及机械试验，其电气试验周期：预防性试验每年一次，检查性试验每年一次，两次试验间隔半年。机械试验周期：绝缘工具每年一次，金属工具两年一次。

2）电气、机械性能符合安全要求。

（2）绝缘隔离带电作业防护用具要求。

1）每一种绝缘防护及遮蔽用具应通过型式试验，每件工器具应通过出厂试验并定期进行预防性试验，试验合格且在有效期内方可使用，试验按 DL/T 878—2004《带电作业用绝缘工具试验导则》的要求进行。

2）外观及尺寸检查：整套屏蔽服装，包括上衣、裤子、鞋子、袜子和帽子均应完好无损，无明显孔洞，分流连接线完好，连接头连接可靠（工作中不会自动脱开）。连接头组装检查：上衣、裤子、帽子之间应有两个连接头，上衣与手套、裤子与袜子每端分别各有一个连接头。将连接头组装好后，轻扯连接部位，确认其具有一定的机械强度。

3）电气试验周期应为 6 个月。试验项目包括成衣（包括鞋、袜）电阻试验、整套服装的屏蔽效率试验、整衣层向工频耐压试验、标志检查、交流耐压或直流耐压试验等。

4）绝缘隔离带电作业防护用具电气性能、机械性能符合安全要求。

（3）带电作业个人防护用具的要求。

1）外观及尺寸检查：整套屏蔽服装，包括上衣、裤子、鞋子、袜子和帽子均应完好无损，无明显孔洞，分流连接线完好，连接头连接可靠（工作中不会自动脱开）。连接头组装检查，上衣、裤子、帽子之间应有两个连接头，上衣与手套、裤子与袜子每端分别各有一个连接头。将连接头组装好后，轻扯连接部位，确认其具有一定的机械强度。

2）电气试验周期应为 6 个月。试验项目包括成衣（包括鞋、袜）电阻试验、整套服装的屏蔽效率试验、整衣层向工频耐压试验、标志检查、交流耐压或直流耐压试验等。

3）带电作业个人防护用具电气试验、机械性能符合安全要求。

（4）带电作业工器具保管要求。

1）带电作业工具应存放于通风良好，清洁干燥的专用工具房内。工具房门窗应密闭严实，地面、墙面及顶面应采用不起尘、阻燃材料制作。室内的相对湿度应保持在50%～70%。室内温度应略高于室外，且不宜低于 0℃。

2）带电作业工具房进行室内通风时，应在干燥的天气进行，并且室外的相对湿度不准高于 75%。通风结束后，应立即检查室内的相对湿度，并加以调控。

3）带电作业工具房应配备湿度计，温度计，抽湿机（数量以满足要求为准），辐射均匀的加热器，足够的工具摆放架、吊架和灭火器等。

4）带电作业工具应统一编号、专人保管、登记造册，并建立试验、检修、使用记录。

5）有缺陷的带电作业工具应及时修复，不合格的应予报废，禁止继续使用。

6）高架绝缘斗臂车应存放在干燥通风的车库内，其绝缘部分应有防潮措施。

（5）带电作业机具查评重点。

1）深入带电作业班的带电作业机具库，现场查阅带电作业工器具的试验报告，检查是否定期进行电气试验及机械试验；检查绝缘操作杆（最小有效绝缘长度应不小于0.7m）；支、拉、吊杆及绝缘绳等承力工具的最小有效绝缘长度不小于0.4m；绝缘承载工具的最小有效绝缘长度不小于0.4m。

2）现场检查绝缘隔离带电作业防护用具，如绝缘手套、绝缘鞋、绝缘服、遮蔽用具（绝缘毡、垫）等具器的试验报告，同时外观检查有无污渍、损伤等情况。检查整套屏蔽服装（包括上衣、裤子、鞋子、袜子和帽子）是否完好无损，无明显孔洞，分流连接线是否完好，连接头连接是否可靠。现场测试，将连接头组装好后，轻扯连接部位，检查是否具有一定的机械强度。

3）现场检查带电作业个人防护用具，如高压静电防护服，现场检查整套防护服装（包括上衣、裤子、鞋子、袜子和帽子）是否均完好无损，无明显孔洞，连接带连接是否可靠；绝缘服（披肩）是否完好无损，无深度划痕和裂缝、无明显孔洞；绝缘套袖是否整套无缝制作，内外表面是否完好无损，无深度划痕、裂缝、折缝，无明显孔洞；绝缘手套内外表面是否完好无损，无深度划痕、裂缝、折缝和孔洞；绝缘安全帽内外表面是否完好无损，无深度划痕、裂缝和孔洞。

4）现场检查带电作业工器具库房通风是否良好，清洁干燥，是否配备湿度计，温度计，抽湿机（数量以满足要求为准），辐射均匀的加热器，以及足够的工具摆放架、吊架和灭火器等；带电作业机具是否统一编号、专人保管、登记造册，是否建立试验、检修、出入进库领用、使用登记台账；高架绝缘斗臂车是否存放在干燥通风的车库内，其绝缘部分是否有防潮措施。

4. 起重机械

依据《安规（电网建设部分）》4.5"起重作业"4.5.1～4.5.20，5.1"起重机械"5.1.1"一般规定"、5.1.2"流动式起重机"、5.1.3"绞磨和卷扬机"，5.3.1"起重工器具"5.3.1.1"一般规定"、5.3.1.2"千斤顶"、5.3.1.3"钢丝绳"、5.3.1.4"编织防扭钢丝绳"、5.3.1.5"合成纤维吊装带、棕绳（麻绳）和化纤绳（迪尼玛绳）"、5.3.1.6"起重滑车"、5.3.1.7"卸扣"、5.3.1.8"链条葫芦和手扳葫芦"；《特种设备安全监察条例》（国务院令549号）第一章～第四章，《特种设备安全监察条例》（国务院令549号）第31条、第37条的相关规定要求，查评被查评单位的起重机械是否符合规定要求。

（1）起重机的起重要求。

①禁止起重机械进行斜拉、斜吊和起吊地下埋设重物；②吊索与物件的夹角宜采用$45°～60°$，且不得小于$30°$或大于$120°$；③吊起100mm后应暂停，检查起重系统的稳定性、制动器的可靠性；④物件起升和下降速度应平稳、均匀，不得突然制动；⑤起吊、牵引过程中，吊臂和起吊物的下面，受力钢丝绳内角侧禁止有人逗留或通过；⑥禁止作业人员利用吊钩上升或下降；⑦禁止起重臂跨越电力线进行作业；⑧定期检验合格，有记录、未超期使用。

（2）葫芦（倒链）的要求。

①铭牌上制造厂家、制造年月清楚，额定负荷标志清晰，每年一次的静力试验；②无负荷上升运转时有棘爪声，下降时制动正常；③吊钩无裂纹，无明显变形或损伤，原有的防脱钩卡子完好；④环链无裂纹、无明显变形，无节距伸长或直径磨损手动。

（3）千斤顶的要求。

①油压式千斤顶的安全栓有损坏，或螺旋、齿条式千斤顶的螺纹、齿条的磨损量达20％时，禁止使用，每年一次的静力试验；②应设置在平整、坚实处，并用垫木垫平；③禁止超载使用。

（4）卷扬机和绞磨的要求。

①制动和逆止安全装置功能正常，部件无明显损伤，每年一次的静力试验；②架构及连接部分牢固、无严重缺陷。

（5）抱（拔）杆要求。

①正规厂家生产的合格产品，每年一次的静力试验；②自制的小型抱杆应由专业技术人员设计，主管领导批准，并经试验合格方可使用；③抱杆组件完整，无缺陷。

（6）吊钩的要求。

①吊钩不得有裂纹；②危险断面磨损量不得大于基本尺寸的5％；③扭转变形不得超过$10°$；④吊钩变形不得超过基本尺寸的10％；⑤危险断面或吊钩颈部不得产生塑性变形；⑥吊钩上应装有防脱钩装置。

（7）钢丝绳的要求。

①钢丝绳无扭结、无灼伤或明显的散股，无严重磨损、锈蚀，无断股，断丝数不超过标准；②润滑良好；③定期检查和进行静拉力试验；④使用中的钢丝绳不与电焊机的导线或其他电线相接触；⑤通过滑轮或卷筒的钢丝绳不得有接头。

（8）卷筒的要求。

①卷筒的直径应不少于钢丝绳直径的 20 倍；②卷筒的固定不得随意改动；③不得有裂纹；④筒壁厚度磨损不得超过原壁厚的 20%。

（9）合成纤维吊装带、棕绳（麻绳）和化纤绳（迪尼玛绳）的要求。

①选用符合标准的合格产品，禁止超载使用；②合成纤维吊装带使用前应对吊带进行试验和检查，损坏严重者应做报废处理；③棕绳仅限于手动操作（经过滑轮）提升物件，或作为控制绳等辅助绳索使用；④化纤绳使用前应进行外观检查，使用中应避免刮磨或与热源接触等。

（10）电梯的要求。

①层门、桥箱门的机械或电气连锁装置功能正常、可靠；②自动平层功能良好，不出现反向自平；③层站呼唤按钮、指层灯完好，功能正常；④安全防护装置功能正常；⑤电气设备有可靠的接地（零）保护；⑥电梯井道灯（每 10m 布设 1 个）正常；⑦载人电梯的通信设施或紧急呼救装置齐全有效；⑧定期经地方专业检测部门检验合格。

（11）起重机械查评重点。

1）现场检查，根据班组配备的起重机械种类，有哪种起重机械就对应查评哪种。重点检查起重机、钢丝绳（套）等起重工器具是否有出厂说明书和铭牌，是否超负荷使用；钢丝绳是否具有产品检验合格证，并按出厂技术数据选用；葫芦（倒链）的吊钩是否有裂纹，无明显变形或损伤，原有的防脱钩卡子是否完好等；卷扬机和绞磨的制动和逆止安全装置功能是否正常。

2）起重机是否定期检验合格，并有"检验合格"；使用前是否进行全面检查，检查各部件是否有明显损伤，并有记录；卷扬机、绞磨和抱（拔）杆每年进行一次静力试验，并有试验合格证。

3）现场检查使用起重机械时是否有违规的行为。如起吊时，吊臂和起吊物的下面是否有人逗留或通过。

4）现场检查起重机用的钢丝绳、纤麻绳（麻绳、棕绳、棉绳）、吊钩、卡环、吊环等是否符合要求，是否按规定周期进行检查和试验。

5）查阅文本资料，检查电梯管理部门是否制定本单位的电梯管理细则，本单位电梯的日常维护是否由取得许可的安装、改造、维修单位或者电梯制造单位进行。是否签订电梯维护安全协议；电梯是否至少每 15 日进行一次清洁、润滑、调整和检查，并有记录；是否定期经地方专业检测部门检验合格，并在电梯内部粘贴"检验合格证"；现场检查电梯是否满足"（10）电梯的要求"规定。

5. 焊接、切割机具

依据《安规（电网建设部分）》4.6.1 "一般规定"、4.6.2 "电弧焊"、4.6.3 "氩弧焊"、4.6.4 "气焊与气割"，GB 9448—1999《焊接与切割安全》11.3、11.4.2、11.4.3、11.6，GB/T 2550—2016《气体焊接设备焊接、切割和类似作业橡胶软管》10.2 "颜色标识"的相关规定要求，查评被查评单位的焊接、切割机具是否符合规定要求。

（1）交直流电焊机与切割机的要求。

①有统一、清晰的编号；②电源线、焊机一次、二次线电焊机接线端子有屏蔽罩；

③电焊机金属外壳有可靠的保护接地（零）；④一次侧电源线长度不超过 5m，二次侧引出线不超过 30m，接头部分用绝缘材料包好，导线的金属部分不得裸露；⑤电焊机裸露带电部位有防护罩。

（2）气焊与切割的要求。

①氧气瓶、乙炔瓶应佩戴 2 个防振圈，气瓶阀和管接头不漏气，气瓶使用时应垂直放置并固定直立放置，不得卧放；②不得将气瓶与带电体接触，氧气瓶气瓶阀严禁沾染油脂，乙炔气瓶必须装设专用减压器，安装防回火装置；③乙炔软管为红色，氧气软管为蓝色，不得混色互用，并严禁沾染油脂；④施工现场的氧气瓶和乙炔之间距离不得小于 5m，气瓶的放置地点不准靠近热源，应距明火 10m 以外并不得靠近热源；⑤禁止氧气瓶与乙炔瓶同车运输。

（3）焊接、切割机具查评重点。

1）现场询问焊接、切割机具配置情况，查阅清册，是否与实际数量一致，不足 3 台时，全部进行检查。检查是否有统一、清晰的编号；电源线、焊机一次、二次线电焊机接线端子是否有屏蔽罩；电焊机金属外壳是否有可靠的保护接地（零）；一次侧电源线长度应不超过 5m，二次侧引出线应不超过 30m，接头部分是否全部用绝缘材料包好，导线的金属部分是否有裸露；如电焊机裸露带电部位是否有防护罩。

2）查阅文本资料，是否制定焊接、切割机具的管理细则，是否有专人负责检查、维护；使用前是否由专人进行检查，确认无异常后方可合闸；是否定期试验合格。

3）深入气瓶存放地，现场检查氧气瓶、乙炔瓶是否有 2 个防振圈，气瓶阀和管接头不漏气，是否存放在通风良好的场所，周围是否有易燃物、易爆物；乙炔气瓶是否装设有专用减压器、是否安装防回火装置；检查软管颜色，乙炔软管是否为红色，氧气软管是否为蓝色，表面是否干净无油脂；深入施工现场检查，检查氧气瓶和乙炔的摆放位置，是否大于 5m，如有明火应保持 10m 以外，周围是否存在热源。

4）现场检查从事焊接、切割作业人员是否采取个人安全防护措施，如穿戴专用工作服、绝缘鞋、防护手套，使用带有滤光镜的头罩或手持面罩等；高处焊接、切割作业人员是否戴好安全帽和安全带，穿胶底鞋，禁止穿硬底鞋和带钉易滑的鞋；是否存在随身携带电焊导线或气焊软管登高的现象；作业环境是否足够通风。

6. 其他工器具

依据 Q/GDW 1799.1—2013《国家电网公司电力安全工作规程  变电部分》〔以下简称《安规（变电部分）》〕16.3.5，《安规（电网建设部分）》3.5.1 "一般规定"、3.5.2 "变压器设备"、3.5.3 "发电机组"、3.5.4 "配电及照明 3.5.4.1～3.5.4.29"、3.5.5 "接零及接地保护 3.5.5.1～3.5.5.8"、3.5.6 "用电及用电设备"、6.3.1 "一般规定"、6.3.2 "脚手架及脚手板选材"、6.3.3 "脚手架搭设"、6.3.4 "脚手架使用"、6.3.5 "脚手架拆除"的相关规定要求，查评被查评单位的起重机械是否符合规定要求。

（1）动力、照明配电箱等用电设施的要求。

1）设置总配电箱、分配电箱、末级配电箱，实行三级配电。

2）高压配电装置应装设隔离开关，并有明显断开点。

3）低压配电箱的电器安装板上应分设 N 线端子板和 PE 线端子板。

4）配电箱设置地点应平整，不得被水淹或土埋，并应防止碰撞和被物体打击。

5）配电箱应坚固，金属外壳接地或接零，具备防火、防雨功能，导线端头制作规范，连接应牢固。

6）用电线路及电气设备的绝缘应良好。

7）电气设备不得超铭牌使用。

8）开关和熔断器的容量应满足被保护设备的要求。

9）多路电源配电箱宜采用密封式。

10）动力电源箱应设剩余电流动作保护器。

11）电动机械或电动工具应做到"一机一闸一保护"。

12）中性线、相线接线端子标志清楚。

13）引入、引出电缆孔洞封堵严密，且不应存在缺口与电缆接触。

14）严禁用铜丝、铅丝等其他金属丝代替保险丝（管）。

（2）保护接地及接零的要求。

①生产及非生产电机、电气设备等应接零或接地的部分有可靠的保护接零或接地，符合标准的要求；②现场电气设备接地、接零保护有具体规定。

（3）施工用电要求。

①施工用电工程的 380V/220V 低压系统，应采用三级配电、二级剩余电流动作保护系统（漏电保护系统），末端应装剩余电流动作保护装置（漏电保护器）；②变压器设备 10kV/400kVA 及以下的变压器宜采用支柱上安装；③发电机组应采用电源中性点直接接地的三相五线制供电系统；④配电系统应设置总配电箱、分配电箱、末级配电箱，实行三级配电；⑤接零及接地保护施工用电电源采用中性点直接接地的专用变压器供电时，其低压配电系统的接地型式宜采用 TN - S 接零保护系统；⑥用电及用电设备施工用电设施应定期检查并记录，动力配电箱与照明配电箱宜分别设置；⑦严禁将导线缠绕或不加绝缘子捆绑在护栏、管道及脚架上；⑧严禁在有爆炸和火灾危险场所架设施工用电线路。

（4）脚手架及脚手板的要求。

①脚手架安装与拆除人员应持证上岗，非专业人员不得搭、拆脚手架；②脚手架钢管宜采用 $\phi48.3\text{mm}\times3.5\text{mm}$ 的钢管，禁止使用弯曲、压扁、有裂纹或已严重锈蚀的钢管；③脚手架搭设后应经使用单位和监理单位验收合格后方可使用，使用中应定期进行检查和维护；④拆除脚手架应自上而下逐层进行，不得上下同时进行拆除作业。

（5）现场搭设的脚手架要求。

①地基应平整坚实，回填土地基应分层回填、夯实；②脚手架与主体工程进度同步搭设；③搭设时从一个角部开始并向两边延伸交圈搭设；④脚手架的立杆应垂直；⑤立杆接长，顶层顶步可采用搭接，纵向水平杆应用对接扣件接长，也可采用搭接；⑥双排脚手架应设置剪刀撑与横向斜撑，单排脚手架应设置剪刀撑；⑦脚手板的铺设应遵守作业层、顶层和第一层脚手板应铺满、铺稳、铺实；⑧脚手架的外侧、斜道和平台应设 1.2m 高的护栏；⑨脚手架工作面应设 1m 高的栏杆并在其下部加设 18cm 高的护板。

（6）其他工器具查评重点。

1）现场检查配电箱是否实行三级配电，是否装设短路、过载保护电器和剩余电流动作保护装置（漏电保护器），并定期检查和试验；检查配电箱外壳是否接地或接零，导线端头制作是否规范，连接牢固；是否存在电源线直接钩挂在闸刀上或直接插入插座内使用的现象。

2）深入施工作业现场，检查高压配电装置是否装设隔离开关，隔离开关分断时是否有明显断开点；低压配电箱的电器安装板上是否分设 N 线端子板和 PE 线端子板。N 线端子板与金属电器安装板绝缘；PE 线端子板与金属电器安装板做电气连接。进出线中的 N 线是否通过 N 线端子板连接；PE 线是否通过 PE 线端子板连接。

3）检查设备的低压电力电缆，是否包含全部工作芯线和用作工作零线、保护零线的芯线。三相四线制配电的电缆线路宜采用五芯电缆。五芯电缆应包含淡蓝、绿/黄两种颜色绝缘芯线。淡蓝色芯线用作工作零线（N 线）；绿/黄双色芯线用作保护零线（PE 线），检查是否混用。

4）检查电动机械或电动工具是否做到"一机一闸一保护"；移动式电动机械是否使用绝缘护套软电缆。

5）检查被查评单位是否制定有关现场电气设备接地、接零保护的具体规定。

6）当施工现场利用原有供电系统的电气设备时，检查是否根据原系统要求做保护接零或保护接地。同一供电系统是否存在一部分设备做保护接零，另一部分设备做保护接地的现象；施工用电电源采用中性点直接接地的专用变压器供电时，检查其低压配电系统的接地型式是否采用 TN-S 接零保护系统。

7）施工用电工程的 380V/220V 低压系统，是否采用三级配电、二级剩余电流动作保护系统（漏电保护系统），末端是否加装剩余电流动作保护装置（漏电保护器）。

8）检查文本资料，用电及用电设备施工用电设施是否定期检查并记录。

9）现场随机抽查脚手架安装与拆除，检查装、拆人员是否持证上岗，脚手架钢管是否采用 $\phi48.3mm\times3.5mm$ 以上的钢管，钢管有无弯曲、压扁、有裂纹或已严重锈蚀的现象；检查脚手架搭好后是否经使用单位和监理单位验收合格，有无验收记录及使用中的定期检查和维护记录。

10）现场随机抽查，脚手架的搭设情况，检查地基是否平整坚实，立杆是否垂直；外侧、斜道和平台是否设 1.2m 高的护栏。

# 第五节 作 业 环 境

## 一、查评目的

作业环境安全是确保施工作业不发生事故的一个关键要素，为作业人员创造一个安全、可靠的作业环境，是创建本质安全的基础。县供电企业作业环境查评的主要目的就是要评判县供电公司是否对施工作业人员的作业环境和空间进行管控，是否根据实际情况设置醒目的安全标志，生产区域的照明是否满足要求，生产区域梯台是否存在变形、锈蚀，厂房有无漏雨，孔洞的栏杆、盖板、护板是否齐全，有限空间作业是否满足规定要求等。

作业环境的查评内容共 5 项，合计 200 分，主要包括：安全标志及围栏 30 分，生产

167

区域照明 50 分，生产区域梯台 30 分，生产厂房及楼板、地面状况 40 分，有限空间作业 50 分。作业环境的查评主要是深入到县公司变电站、供电所、配电台区，通过现场检查和现场抽查的方法，查评 6 大主要作业环境是否符合规定要求。

## 二、查评方法及重点

1. 安全标志及围栏

依据《安规（变电部分）》16.1.8 "各生产场所应有逃生路线的标示"、7.5 "悬挂标示牌和装设遮拦（围栏）" 等相关要求，查评被查评单位的安全标志及围栏是否符合规定要求。

（1）深入变电站生产区域，查看 "禁止合闸，有人工作、禁止合闸，线路有人工作、禁止分闸、在此工作、止步，高压危险、从此上下、从此进出、禁止攀登，高压危险" 等安全标志是否齐全、是否按照要求悬挂。

（2）检查作业现场是否按照《安规（变电部分）》7.5 关于悬挂标示牌和装设遮拦（围栏）的要求，布设安全围栏。

（3）检查生产场所是否设置明显的疏散指示标志，生产区域车道是否有限速、限高标志。

2. 生产区域照明

依据 GB 50059—2011《35kV～110kV 变电站设计规范》3.8 "照明"、《安规（变电部分）》16.3.4 的相关要求，查评被查评单位的生产区域照明是否符合规定要求。

（1）照明的要求。

1）变电站的照明设计，应符合 GB 50034《建筑照明设计标准》的有关规定。

2）在控制室、屋内配电装置室、蓄电池室及屋内主要通道等处，应装设事故照明。

3）照明设备的安装位置应满足维修安全要求。

4）监视屏面应避免明显的反射眩光和直接阳光。

5）铅酸蓄电池室的照明，应采用防爆型照明器，不应在蓄电池室装设非防爆电器。

6）电缆隧道内的照明电压不宜高于 24V，高于 24V 时，应采取防止触电的安全措施。

7）安全疏散处应设置照明和明显的疏散指标标志。

8）工作场所的照明，应该保证足够的亮度。在操作盘、重要表计、主要楼梯、通道、调度室、机房、控制室等地点，还应设有事故照明。现场的临时照明线路应相对固定，并经常检查、维修。照明灯具的悬挂高度应不低于 2.5m，并不得任意挪动；低于 2.5m 时应设保护罩。

（2）生产区域照明查评重点。

1）深入变电站控制室、配电室检查日常照明及事故照明是否符合现场安全要求，室内工作面上的最低照明度是否符合现场作业要求；是否存在检修维护不方便、灯具损坏时不及时维护更换的现象。

2）检查事故照明是否能够实现自动切换。

3）检查室外设备区照明及楼梯的照明是否符合安全要求，室外工作面上的最低照明度是否符合现场作业要求，是否存在检修维护不方便、灯具损坏时不及时维护更换的现象；电缆接头处是否有防水和防触电的措施。

3. 生产区域梯台

依据 GB 4053.2—2009《固定式钢梯及平台安全要求　第 2 部分：钢斜梯》4.1 "材料"、4.2 "钢斜梯倾角"、4.4 "制造安装"、4.5 "防锈及防腐蚀"、5.6 "扶手"、GB 4053.1—2009《固定式钢梯及平台安全要求　第 1 部分：钢直梯》4.1 "材料"、4.2 "内侧净宽度"、4.4 "制造安装"、4.5 "防锈及防腐蚀"、5.5 "踏棍" 和 GB 4053.3—2009《固定式钢梯及平台安全要求　第 3 部分：工业防护栏杆及钢平台》4.2 "材料"、4.5 "制造安装"、5 "防护栏杆结构要求" 的相关要求，查评被查评单位的生产区域梯台是否符合规定要求。

（1）深入生产区域，检查钢斜梯、钢直梯的主要构件和承受部件是否存在变形、严重锈蚀的现象；检查材料、坡度、踏步高、踏步宽、扶手、安装、焊接是否符合要求。

（2）深入生产区域，检查钢平台的主要构件和承受部件是否存在变形、严重锈蚀的现象；钢平台的材料、防护栏杆、扶手、挡板、安装、焊接是否符合安全要求。

4. 生产厂房及楼板、地面状况

依据《安规（变电部分）》16.1.3、16.1.4，GB 50059—2011《35kV～110kV 变电站设计规范》"2.0.6、4.3.3、5.0.5" 的相关要求，查评被查评单位的生产厂房及楼板、地面状况是否符合规定要求。

（1）现场检查生产厂房有无渗漏雨现象，室内设备顶部是否有脱落墙皮及砸设备的可能。

（2）检查变电站（生产厂房）内外工作场所的井、坑、孔、洞或沟道，是否覆以与地面齐平而坚固的盖板；在检修工作中如将盖板取下的，是否设置了临时围栏，检修结束时立即恢复。

（3）检查配电站、开闭所、箱式变电站的门是否向着疏散方向开启，当门外为公共走道或其他房间时，是否采用乙级防火门。变电站的门窗是否符合消防和防小动物要求。

5. 有限空间作业

依据《安规（电网建设部分）》4.3.1～4.3.13 的相关要求，查评被查评单位的有限空间作业方面是否符合规定要求。

（1）深入施工作业现场，检查在进入井、箱、柜、深坑、隧道、电缆夹层内等有限空间作业入口处，是否设置了专责监护人。

（2）现场是否严格按照 "先通风、再检测、后作业" 的原则作业。可现场检查施工 "三措" 及 "风险防范执行卡"，检查是否进行风险辨识，包括分析有限空间内气体种类并进行评估监测并做好记录。检查出入口是否保持畅通并设置明显的安全警示标志，夜间是否设警示红灯。

（3）在检测人员进行检测时或者应急救援人员实施救援时，是否采取相应的安全防护措施，如佩戴防毒面罩防止中毒窒息等事故发生。现场检查作业现场的氧气含量是否在 19.5%～23.5%，才能下井、隧道及电缆夹层；否则应继续通风。

（4）现场检查作业场所是否配备了安全和抢救器具，并且有定期检查、维护记录。

（5）检查作业场所使用的照明灯是否是 36V 以下的安全灯，潮湿环境下是否是使用 12V 的安全电压，如使用超过安全电压的手持电动工具，是否按规定配备剩余电流动作保护装置（漏电保护器）。

# 第六节 职 业 健 康

## 一、查评目的

职业健康安全是研究并预防因工作导致的疾病，防止原有疾病的恶化，提高劳动者身心健康和安全卫生技能，避免因职业安全卫生问题所造成企业直接或间接损失的一项工作。县供电企业职业健康查评的主要目的就是要评判县供电公司是否建立健全职业病危害防治责任制，是否按照要求给职工定期发放劳动保护及个体防护用品，是否按期组织员工体检，并建立员工职业健康档案等。

职业健康的查评内容共 2 项，合计 100 分，主要包括：一般防护 50 分，职业病防护 50 分。职业健康的查评主要是深入到县公司办公室、物资管理部门、班组，通过查阅文本制度、资料、领用、发放记录等方法，查评职业健康是否符合规定要求。

## 二、查评方法及重点

1. 一般防护

依据《劳动防护用品监督管理规定》（国家安全生产监督管理总局令第 1 号）第三章、《国家电网公司电力安全工器具管理规定》[国网（安监/4）289—2014]"一、个体防护装备"的相关要求，查评被查评单位的一般防护是否符合规定要求。

（1）深入办公室检查文本制度资料，是否有《劳动保护及个体防护用品发放和使用具体规定》，职工在现场是否能够正确使用个人防护用具，如正确佩戴安全帽、安全带、个人保安线等。

（2）深入生产班组，现场检查安全帽、防护眼镜、自吸过滤式防毒面具、正压式消防空气呼吸器、安全带、安全绳、连接器、速差自控器、导轨自锁器、缓冲器、安全网、静电防护服、防电弧服、耐酸服、$SF_6$ 防护服、耐酸手套、耐酸靴、导电鞋（防静电鞋）、个人保安线、$SF_6$ 气体检漏仪、含氧量测试仪及有害气体检测仪等个体防护装备配置是否满足要求。

2. 职业病防护

依据主席令第四十八号《中华人民共和国职业病防治法》第 7 条、第 22 条、第 41 条、第 44 条、第 53 条、第 56 条、第 57 条的相关要求，查评被查评单位的职业健康管理是否符合规定要求。

（1）检查文本制度资料，是否建立健全职业病危害防治责任制；查阅健康档案，是否按期组织员工体检。查阅培训记录、事故应急处置措施，是否对从事可能危害身体健康的危险性作业的员工进行专门的安全防护知识培训，是否依法组织职工参加工伤保险；实地检查考问，职工是否掌握操作规程、职业健康风险防范措施和事故应急处置措施。

（2）查阅被查单位防护用品发放清册，检查是否按照规定发放个人使用的职业病防护用品；深入财务查阅生产费用清单，检查在生产成本中是否据实列支用于预防和治理职业病危害、工作场所卫生检测、健康监护和职业卫生培训等费用。

（3）查评职业病诊断与职业病病人保障情况，是否有职业病病人，查阅诊断记录及费用支出，是否在卫生行政部门批准的医疗卫生机构进行职业病诊断；职业病诊断、鉴定费用是否由本单位承担，职业病病人是否依法享受国家规定的职业病待遇诊疗、康复费用，伤残以及丧失劳动能力的按照国家有关工伤保险的规定执行。

# 第九章

# 电力通信及信息网络安全查评指南

电力通信业务主要分为关键运行业务和事物管理业务两类。关键运行业务包括由电能的生产、传输及消费同时进行特性所决定的远动信号传输，数据采集，监视控制系统，能量管理系统，继电保护信号传输和调度电话业务等。事物管理业务包括管理信息系统、行政电话、会议电视电话等。电力通信系统是电力系统的重要支撑。电力通信系统安全工作是保障电力系统安全工作的重要组成部分。

电力技术与信息网络技术的融合发展，为电力企业带来便捷、高效同时也增加了自身风险，如非法恶意操作、外部网络攻击等，都有可能危及电力系统的正常运转。这就要求电力企业在运用信息网络的同时，还要做好信息网络安全管理。只有这样，才能提高电力系统的经济效益，为电力网络系统提供安全保障。

电力通信及信息网络安全查评指南是在《查评规范》的有关查评标准和依据的基础上进行编制，是发挥电网安全保证体系作用的重要查评手段，是查评电力通信及信息网络安全的方法，符合电力通信及信息网络安全的专业特点。

## 第一节　电力通信安全

### 一、查评目的

电力通信网是为保证电力系统的安全稳定运行应运而生。它同电力系统的继电保护及安全稳定控制系统、调度自动化系统合称为电力系统安全稳定运行的三大支柱。目前，它更是电网调度自动化、网络运营市场化和管理现代化的基础；是确保电网安全、稳定、经济运行的重要手段；是电力系统的重要基础设施。由于电力通信网对通信的可靠性、保护控制信息传送的快速性和准确性具有极严格的要求，因此电力系统专用通信网应运而生。对电力通信安全工作进行查评，就是要进一步夯实通信安全基础，支撑起坚强电网的通信保障。

电力通信安全的查评内容共 4 项，合计 120 分，主要包括：运行管理 40 分，设备管理 20 分，通信电源 20 分，通信站防雷 20 分，基础设施 20 分。电力通信安全的查评主要是深入到县公司通信机房、变电站及供电所，通过现场查看、查阅资料及问询的方法，对被查评单位的电力通信安全工作进行查评。

**二、查评方法及重点**

（一）运行管理

1. 制度管理

（1）查评方法。

依据《通信运行规程》10.3、10.4 的要求，就通信机构是否符合 DL 408、DL 409、本站有关通信专业运行管理规程，上级主管部门颁发的有关规程、规定，以及是否建立健全岗位责任制，设备责任制，值班制度，交接班制度，技术培训制度，工具、仪表、备品、配件及技术资料管理制度，根据需要制定的其他制度等，查评被查评单位通信机构的符合规程、规定要求和通信制度的建立情况。

（2）查评重点。

查阅国网通用制度适用于本单位的情况，主要有《通信设备运行管理制度》《通信设备巡视检查制度》《通信设备电源运行管理制度》《通信设备防雷管理制度》《通信交换网管理制度》《通信系统事故应急预案》《通信专业人员岗位责任制》以及实施细则和补充规定。

2. 运行指标

（1）查评方法。

依据《信息通信安全性评价》（国家电网安质〔2014〕842 号）和《通信运行规程》中 3.4.6、3.4.7 要求，查评被查评单位通信运行指标是否满足：微波电路运行率≥99.95％，光纤电路运行率≥99.95％；微波设备运行率≥99.99％，光纤设备运行率≥99.99％，网络设备运行率≥99.99％，载波设备运行率≥99.99％，行政交换设备≥99.9％，调度交换设备≥99.9％的情况。

（2）查评重点。

查阅网络拓扑图，设备缺陷台账，近一年的通信运行月报表，通信机房现场查看通信设备运行状况，确认光纤电路运行率、光纤设备运行率、网络设备运行率、载波设备运行率、行政交换设备运行率、调度交换设备运行率。

3. 光纤覆盖率及光缆通道、路由

（1）查评方法。

依据《国家电网公司"三集五大"体系建设通信专业评估标准》3.1 "县调及 35kV 变电站光纤通信覆盖率达到 95％"要求，查评被查评单位通信光纤覆盖率及光缆通道、路由管理情况。

（2）查评重点。

到通信归口管理部门查阅网络拓扑图、设备台账和当年的运行方式，通信机房现场查看光端机进出光链路状况，确认光纤覆盖率。

4. 应急处理

（1）查评方法。

依据《国家电网公司信息通信应急管理办法》[国网（信息/3）405—2014]第16条要求，查评被查评单位通信应急处理（核查通信系统非正常停运及关键设备故障处理措施，具备符合实际情况的故障应急处理预案，检查通信系统故障时的应急能力）情况。

发生通信系统事故事件后，信息报告程序及方式是否正确，是否按照应急预案中相关规定逐级上报，并留有记录。

发生通信系统事故事件后，通信调度员和有关通信检修班组是否优先采取电路迂回、调用其他通信资源尽快恢复发生事故通信系统运行，是否按照运维范围划分原则，就近赶赴现场处理系统故障，并留有记录。

故障处理完成后，通信归口管理部门是否组织有关专业应急组开展通信事故善后处理工作。是否对设备存在的缺陷、隐患登记备案，采取必要的防范措施，并尽快组织技术人员进行消除缺陷、隐患，确保通信系统安全稳定运行。现场工作人员是否及时清理作业现场，做好抢修记录、标识标记，搜集有关资料、证据。

（2）查评重点。

查阅应急预案并现场抽问。核实组织机构、应急队伍人员名单、联系方式，外援人员信息。是否设有专用应急电话，应急物资是否充足，抢修工具、仪器仪表及安全工器具是否满足抢修需要，是否配备专门的应急车辆；组成人员职责明确；联动、协调机制健全；应急评估、处理流程科学、合理；针对性、实用性和可操作性强；更改信息及时修订。发生涉及电力通信系统的安全生产事故后，通信突发事件应急办公室应组织事故调查。事故调查处理应坚持"四不放过"的原则，坚持实事求是、尊重科学的原则，客观、公正、准确、及时地查明故障原因，查明事故性质和责任，总结事故教训，提出防范措施，并对事故发生单位责任者提出处理意见。事故调查处理的具体办法按照国家和公司有关规定执行。

（二）设备管理

1. 设备运行工况

（1）查评方法。

依据《通信运行规程》11.1.2要求，查评被查评单位通信设备运行工况方面情况。

具体要求包括：①通信设备的运行维护管理应实行专责制，应落实设备维护责任人；②通信设备应有序整齐，标识清晰准确。承载继电保护及安全稳定装置业务的设备及缆线等应有明显区别于其他设备的标识；③通信设备应定期维护，维护内容应包括设备风扇滤网清洗、蓄电池充放电、网管数据备份等；④通信机构应配置相应的仪器、仪表、工具，仪器、仪表应按有关规定定期进行质量检测，保证计量精度；⑤仪器仪表、备品备件、工器具应管理有序。

通信站标识要求：

1）标识内容包括国家电网公司LOGO、机柜名称、设备型号、运行维护单位简称、负责人、联系电话、投运时间和制卡时间等相关信息，并预留电子标签位置。

2）各类标签、标识可根据设备和屏体的尺寸、大小进行统一规范。同一种型号设备标识应粘贴或悬挂在设备的同一位置，要求平整、美观，不能遮盖设备出厂标识。对于标识形式、材质、固定形式、颜色、字体的具体要求应根据国家电网公司发布的相关规定进一步细化，并制定相应的实施细则，以保证通信站内通信设施的标识统一性。

3）标签、标识应采用易清洁的材质，符合 UL969 标准、ROHS 指令。背胶宜采用永久性丙烯酸类乳胶，室内使用 10～15 年。

4）通信线缆在进出管孔、沟道、房间及拐弯处应加挂标识，直线布放段应根据现场情况适当增加标识。所有涉及保护、安稳及系统业务的专用设备、专用传输设备接口板、线缆、配线端口等标识应采用与其他标识不同的醒目颜色。

（2）查评重点。

深入通信机房、变电站、供电所查看通信设备标识、标签是否准确、牢固、规范。查看通信设备运行状态是否良好，有无告警信息。

2. 巡检管理

（1）查评方法。

依据《通信运行规程》11.1.3 的要求，查评被查评单位通信巡检管理情况。

通信设备与电路的测试内容及要求：①通信运行维护机构应定期组织人员对通信电路、通信设备进行测试，保证电路、设备、运行状态良好；②通信设备测试内容应包括网管与监视功能测试、设备性能等；③通信电路测试内容应包括误码率、电路保护倒换等；④应对通信设备测试结果进行分析，发现存在的问题，及时进行整改。

通信设备与电路的巡视要求：①设备巡视应明确巡检周期、巡检范围、巡检内容，并编制巡检记录表；②设备巡视可通过网管远端巡视和现场巡视结合进行；③巡视内容包括机房环境、通信设备运行状况等。

（2）查评重点。

查阅通信设备巡视细则，明确公司通信机房、变电站、供电所的通信设备日常巡视责任人，巡视设备范围，巡视周期以及特殊时期巡视要求。查阅每日巡视记录，确认是否按要求巡视周期对设备进行巡视，通信机房现场查看通信设备运行状况，确认记录是否完整、准确。

（三）通信电源

1. 通信设备电源

（1）查评方法。

依据《国家电网公司信息网络机房设计及建设规范》（信息计划〔2006〕79 号）第 9 条要求和 DL/T 5391—2007《电力系统通信设计技术规定》11.2.3 要求，查评被查评单位通信设备电源方面情况。

供配电技术参数：机房用电负荷等级及供电要求应按现行国家标准《供配电系统设计规范》的规定执行。机房宜采用双路电源供电。主机房内宜设置专用动力配电柜（箱）。机房内其他电力负荷不得由机房专用电源系统供电，计算机系统设备电源应与照明、空调等设备电源分开。当采用静态交流不间断电源设备时，应按现行国家标准《供配电系统设计规范》和现行有关行业标准规定的要求，采取限制谐波分量措施。当电网电源质量不能满足机房供电要求时，应根据情况采用相应的电源质量改善和防护措施。

高频开关组合电源的蓄电池配置容量参照有关规程执行：设置在发电厂、变电站内具有可靠交流供电的通信站，持续供电时间不少于 1～3h；一般的独立通信站，视交流供电的可靠性及故障恢复时间等因素，持续供电时间不少于 8～12h。高频开关组合电源的交流输入应有防止雷击及过电压保护措施。UPS 一般应有二路交流输入并实现手动和自动切换。UPS 的蓄电池组配置容量应满足要求，UPS 对蓄电池应具备管理能力。

（2）查评重点。

查阅机房供电方案图纸或当年通信运行方式汇编，通信机房现场查看供电设备，确认通信设备二路供电及主备自动切换装置，UPS 不间断电源供电，具有防止雷击及稳压器或电压自动调节装置。

2. 蓄电池

（1）查评方法。

依据 Q/GDW 756—2012《电力通信系统安全检查工作规范》和《国家电网公司一级骨干通信系统通信电源系统运行管理办法》（国家电网信通运行〔2009〕219 号）第 32 条要求，查评被查评单位通信蓄电池管理情况。

定期测试蓄电池单体电压、组电压。是否按蓄电池维护要求进行核对性放电试验和容量放电试验。测试记录是否完整。蓄电池充放电是否具备现场安全操作规程。蓄电池极柱、安全阀处有无酸雾逸出；蓄电池连接部件是否牢固，有无锈蚀，外壳体有无变形和渗漏现象。

运行维护单位应定期对通信电源蓄电池组进行测试和维护，测试和维护方法要符合相关技术要求，及时掌握蓄电池容量及性能，确保供电时间满足相关规程、规定要求，特别是对某些具有"免维护"功能的蓄电池组，仍应对其进行测试和维护。

（2）查评重点。

查阅蓄电池充放电试验报告，每年须做一次。查阅运行维护记录或蓄电池放电记录，每年至少一次。蓄电池室现场查看蓄电池外观有无鼓胀及漏液等异常情况。

（四）通信站防雷

1. 定期检查

（1）查评方法。

依据 DL/T 548—2012《电力系统通信站过电压保护规程》5.4 要求，查评被查评单位通信站防雷定期检查情况。

具体要求：通信站应建立专门的防雷接地档案，包括接地线、接地网、接地电阻及防雷装置安装的原始记录及完整的日常检查记录和过电压事件调查、分析、处理记录。通信机房接地引入点应有明显标志。每年雷雨季节前应对通信站接地系统进行检查和维护，主要检查连接处是否紧固，接触是否良好、接地引下线是否锈蚀、接地体附近地面有无异常，必要时应挖开地面抽查地下隐蔽部分的锈蚀情况，如果发现问题应及时处理。每年雷雨季节前应对运行中的过电压防护（防雷）装置进行一次检测，雷雨季节中要加强外观巡视，发现异常应及时处理。设置在发电厂、变电站和调度通信楼内的通信站，接地网接地电阻的测量可随厂、站及大楼接地电阻测量同步进行，独立通信站接地网接地测量一般每年进行一次，每年宜进行一次接地装置的电气完整性测试。接地电阻值接地电阻应满足通信机房包括设置在变电站控制楼内的通信机柜，电阻小于 1Ω，高土壤电阻率小于 5Ω；独立通信站电阻小于 5Ω，高土壤电阻率小于 10Ω；独立避雷针电阻小于 10Ω，高土壤电阻率小于 30Ω。

（2）查评重点。

查阅巡检记录，确认是否每年雷雨季节前对防雷元器件和接地系统进行检查和维护。发现问题是否及时处理。深入变电站、供电所通信屏柜现场查看接地点是否有明显标志，接地系统连接处是否紧固、接触良好、接地引下线无锈蚀、接地体附近地面无异常。

2. 测量接地网接地电阻

（1）查评方法。

依据《十八项反措》16.2.1.7、16.2.3.7 要求，查评被查评单位通信站接地网接地电阻方面情况。

通信机房内走线架，各种线缆的金属外皮，设备的金属外壳和框架、进风道、水管等不带电金属部分，门窗等建筑物金属结构以及保护接地、工作接地等，应以最短距离与环形接地母线相连。采用螺栓连接的部位可用含银环氧树脂导电胶粘合，或采用足以保证可靠电气连接的其他方式。室外通信电缆（包括各类信号线缆、控制配线架）装有抑制电缆线对横向、纵向过电压的限幅装置。限幅装置主要包括 SPD、压敏电阻器、气体放电管、熔丝、热线圈等防雷器件。对通信设备的供配电系统应采取多级过电压保护。需保证在电源设备交流输入端、电源设备输出端及配电设备母线上，安装工作电压适配的电源浪涌保护器作为保护。通信直流电源"正极"在电源设备侧和通信设备侧均应良好接地。每年雷雨季节前应对通信站接地系统进行检查和维护，主要检查连接处是否紧固，接触是否良好、接地引下线是否锈蚀、接地体附近地面有无异常，必要时应挖开地面抽查地下隐蔽部分的锈蚀情况，如果发现问题应及时处理。接地网接地电阻测量，独立通信站宜每年一次。每年雷雨季节前应对运行中的防雷装置进行一次检测，雷雨季节中要加强外观巡视，发现异常应及时理。每年雷雨季节前应对接地系统进行检查和维护。检查连接处是否紧固、接触是否良好、接地引下线有无锈蚀、接地体附近地面有无异常，必要时应开挖地面抽查地下隐蔽部分锈蚀情况。独立通信站、综合大楼接地网的接地电阻应每年进行一次测量，变电站通信接地网应列入变电站接地网测量内容和周期。微波塔上除架设本站必需的通信装置外，不得架设或搭挂可构成雷击威胁的其他装置，如电缆、电线、电视天线等。

（2）查评重点。

查阅变电站、供电所通信设备接地电阻测量记录，每年雷雨季节前进行一次，测试结果是否合格。

（五）基础设施

1. 防护措施

（1）查评方法。

依据《通信运行规程》10.2 要求和 GB 50174—2017《数据中心设计规范》13.4.2 要求，查评被查评单位通信基础设施防护措施情况。

通信站运行要求具有防火、防盗、防雷、防洪、防震、防鼠、防虫等安全措施完备。数据中心应采取防鼠害和防虫害措施。

（2）查评重点。

深入通信机房、变电站、供电所现场查看机房是否配置灭火器、防盗网、防雷接地装置、防洪、防震、防小动物等安全措施。

2. 环境控制

（1）查评方法。

依据《通信运行规程》10.2 和 GB 50174—2017《数据中心设计规范》5.1.1 要求，查评被查评单位通信站环境控制情况。

通信机房应有良好的环境保护控制设施，防止灰尘和不良气体侵入；保持室内温度要求参照 GB 50174 执行。

主机房和辅助区内的温度、露点温度和相对湿度应满足电子信息设备的使用要求。

（2）查评重点。

深入通信机房、变电站、供电所现场查看通信机房是否有环境保护控制设施，防止灰尘措施；室内温度、湿度符合夏季机房温度控制在（23±2）℃；冬季控制在（20±2）℃；机房湿度控制在 45%～65%。现场查看供电所通信机房是否有温度调节设备。

# 第二节 信息网络安全

## 一、查评目的

随着信息技术越来越广泛地应用于国家电网各专业领域，信息安全保障的要求不断增强，日益突出的信息安全问题带来新的挑战。网络安全和信息化是一体之两翼、驱动之双轮，必须统一谋划、统一部署、统一推进；网络信息掌握的多寡已成为国家、企业软实力和竞争力的重要标志。没有网络安全就没有电网安全，没有信息化就没有现代化；建设坚强电网，信息化、网络化的发展已成为不可阻挡、不可回避、不可逆转的历史潮流和历史事实，强化和保障信息网络安全刻不容缓。

县供电企业信息网络安全查评的主要目的就是要检查县公司逐项落实国网公司信息安全防范措施的情况，综合评判信息安全保障情况。是"评价、分析、评估、整改"的过程循环推进重要环节，为进一步整改提高、夯实信息安全基础提供依据和建议。

信息网络安全查评内容共 3 项，合计 400 分，主要包括：信息管理及运检 90 分，信息安全防护 220 分，机房及电源 90 分。信息网络安全的查评主要是深入到县公司各部室、生产、营销班组、变电站、供电所，通过查阅资料、实际查看设备防护情况及问询的方法，查看交换机和计算机等信息设备防护措施落实情况。

## 二、查评方法及重点

（一）信息管理及运检

1. 组织机构及职责

（1）查评方法。

依据国家电网公司《关于印发信息系统安全监督检查工作规范（试行）和信息系统事件调查工作规范（试行）的通知》（国网安质二〔2013〕194 号，以下简称《信息监督和调查规范》）中信息系统安全监督检查要点的第 1.1 条"成立指导和管理网络信息系统安全工作的领导机构，负责本单位网络信息系统安全重大事项决策和协调工作"的要求，查评被查评单位的网络信息系统安全工作领导机构是否健全，职责分工是否明确以及履职情况。

（2）重点查评工作。

查阅信息化工作领导小组文件，确认组织机构各岗位人员配备情况，人员是否分工明确。

2. 巡视管理

（1）查评方法。

依据《国家电网公司信息系统运行维护工作规范（试行）》和《通信运行规程》中信息系统安全监督检查要点 5.7.1～5.7.3 要求，查评被查评单位的对信息网络设备的巡视管理情况。

1）巡视管理要求：信息机房一般性巡视，每日检测 1 次机房的综合布线、温湿度、漏水、电源出线符合情况和电源开关状态等机房参数有无异常及报警。遇到恶劣天气、设备异常或者运行中出现可疑现象及重大事件时，按需增加巡视频度。

2）空调巡视：每日 4 次进行空调设备实地巡检，检查液晶板及状态指示灯示范正常，无报警；检查空调制冷效果，是否漏水等。

3）电源巡视：每日 4 次对电源设备进行实地巡检，检查液晶板及状态指示灯是否正常；有无报警、异味；记录电源容量使用情况。

4）小型机、PC 服务器巡视：定时巡视，通过设备面板指示灯检查硬件工作状态，并进行记录。巡视频率按照第一级每日 1 次，第二级每日 2 次，第三级每日 4 次执行。

5）依据《通信运行规程》通信设备与电路的巡视要求：

a. 设备巡视应明确巡检周期、巡检范围、巡检内容，并编制巡检记录表。

b. 设备巡视可通过网管远端巡视和现场巡视结合进行。

c. 巡视内容包括机房环境、通信设备运行状况等。

6）光缆巡视要求：

a. 通信运行维护机构应落实光缆线路巡视的责任人。

b. 电力特种光缆应与一次线路同步巡视，特殊情况下，可增加光缆线路巡视次数。

c. 巡视内容应包括光缆线路运行情况、线路接头盒情况等。

（2）重点查评工作。

查阅信息机房信息通信设备巡视记录是否完整，线缆沟道封堵是否完整，巡视次数是否达到要求。查阅信息机房信息网络设备到各配线间信息网络设备间的光缆巡视记录是否完整，巡视次数是否达到要求。到信息机房查看有无机房动力环境监控系统，查看其接线到交换机指示及动力环监设备指示灯是否正常，也可从计算机终端查看报警信息的远程监视与推送是否及时准确。

3. 设备管理

（1）查评方法。

依据《国家电网公司信息设备管理细则》［国网（信通/4）288—2014］第 12 条、第 13 条、第 20 条、第 21 条、第 24 条、第 25 条、第 29 条和第 45 条要求，查评被查评单位的信息网络设备管理情况。按照公司设备投运即纳入监管的工作要求，新增信息设备正式上线运行后，应在 10 个工作日内完成设备安全备案工作，并按照公司信息设备相关命名规范粘贴设备标识。

定期开展信息设备巡视工作，巡视内容包括：设备运行状态、电源工作状态、机房运行环境等。巡视中发现异常、缺陷应及时进行登记和上报，并进行相应处理。

由于性能优化提升导致设备部件、板卡、软件版本等发生变化，设备运维人员需及时更新设备台账。

（2）重点查评工作。

查阅设备台账是否完整，更新是否及时。到信息机房、网络配线间及变电站、供电所信息设备柜实地查看设备运行状态是否良好，设备标签、标识是否完整、规范，并核实运行中的信息网络设备与设备台账是否一致。

4. 检修管理及缺陷处置

（1）查评方法。

依据《信息监督和调查规范》中信息系统安全监督检查要点的第5.9条要求，查评被查评单位的信息网络检修管理及缺陷处置情况。

应识别缺陷并划分缺陷等级。将信息系统缺陷分为紧急、重要和一般三类。紧急缺陷是指对信息系统安全运行有直接威胁并需立即处理，否则随时可能造成系统停运、设备故障、网络瘫痪等信息系统事件的缺陷；重要缺陷是指对信息系统安全运行有严重威胁，但系统尚能坚持运行，需尽快处理的缺陷；一般缺陷是指对信息系统安全运行影响不大，短时间内不会劣化成重要或紧急的缺陷。

应按照缺陷审核定级、检修消缺、消缺验收的规范流程完成缺陷处置。当出现紧急缺陷时，及时汇报管理部门及上级调度监控部门，县公司紧急缺陷需汇报县公司信息管理部门及地市公司调度监控部门，地市公司紧急缺陷需汇报地市公司信息管理部门及省公司调度监控部门，省公司紧急缺陷需汇报省公司信息管理部门及公司调度监控部门。

缺陷处置应符合公司时限要求：①紧急缺陷的消除时间或立即采取限制其继续发展的临时措施的时间不超过24h；②重要缺陷的消除时间不超过1个月；③一般缺陷的消除时间不超过6个月；④重要节、假日（国庆、春节）、迎峰度夏前，重要及以上缺陷全部消缺。

（2）重点查评工作。

查阅信息设备维护、维修记录，缺陷审核定级记录、消缺验收记录。查阅工作票、操作票与危险点分析控制单是否一致，是否准确、规范。检修计划是否严谨，检修过程和缺陷处理是否按照流程处理、是否与运行管理闭环。

（二）信息安全防护

1. 终端设备及外设

（1）网络接入。

1）查评方法。依据《信息监督和调查规范》中信息系统安全监督检查要点的第7条和第11条要求，查评被查评单位的信息网络网络接入情况。

不得使用终端直接通过互联网以VPN设备的方式接入信息内网。禁止使用远程移动办公系统或明文传送的无线局域网接入信息内网。依据国家电网公司《信息安全监督检查工作规范》运行维护部门应对接入信息内外网的办公计算机IP地址进行统一管理、分配，并将 IP 地址与 MAC 地址进行绑定。禁止私自更改计算机的 MAC 地址和 IP 地址。

2）重点查评工作。查阅 IP 地址分配表及完整性和更新情况。到信息机房、各部门、单位、班组现场抽查有无终端直接通过互联网或以 VPN 设备的方式接入信息内网和使用远程移动办公系统或无线局域网接入信息内网办公内网情况。

（2）账号操作。

1）查评方法。依据《信息监督和调查规范》中信息系统安全监督检查要点 5.12.1、5.15 和《国家电网公司信息系统安全管理办法》要求，查评被查评单位的信息系统账号管理情况。

在运业务系统禁止出现共用账号及口令情况，禁止跨权限操作，要开启操作审计功能，确保每一步操作内容可追溯，操作人员可追溯。定期清理信息系统临时账号，复查账号权限，核实安全设备开放的端口和策略。账号清理和权限复查时间间隔不得超过 3个月。

严格用户账号及口令管理，使用强健复杂口令，定期更换口令，杜绝使用空口令。

2）重点查评工作。查阅口令定期更改记录。到各部门、变电站、供电所办公室现场检查多人共用一个账号情况，抽查计算机、应用系统口令是否为弱口令及空口令。

（3）桌面终端。

1）查评方法。依据《信息监督和调查规范》中信息系统安全监督检查要点 8.2.1、8.2.2、8.2.3 要求，查评被查评单位的桌面终端注册软件及防病毒软件的安装情况。

应按照公司要求对信息内网、信息外网桌面终端实行标准化管理。信息内外网安装桌面终端管理系统客户端。桌面终端计算机注册率和防病毒软件安装率达到 100%。

2）重点查评工作。到公司各部门、变电站、供电所办公室现场抽查电脑北信源客户终端和防病毒软件安装情况。

（4）文件存储。

1）查评方法。依据《信息监督和调查规范》中信息系统安全监督检查要点 8.1.1、8.1.2、8.1.3 和《国家电网公司网络与信息系统安全管理办法》第 16 条要求，查评被查评单位的文件存储管理情况。

普通文件应存放在交换区，涉及公司商业秘密的信息应存放在保密区；公司商业秘密文件应存放在信息内网计算机或移动存储介质的保密区。

严格遵守"涉密不上网、上网不涉密"纪律，严禁将涉密计算机与互联网和其他公共信息网连接，严禁在非涉密计算机和互联网上存储、处理国家秘密。严格在信息外网计算机上存储和处理涉及企业秘密的信息、严禁涉密移动存储介质在涉密计算机和非涉密计算机及互联网上交叉使用。

2）重点查评工作。到公司各部门、变电站、供电所办公室现场抽查移动介质使用情况，普通文件存放在交换区，涉及公司商业秘密的信息存放在信息内网计算机或安全移动存储介质的保密区，抽查涉密移动存储介质在涉密计算机和非涉密计算机及互联网上交叉使用情况。到生产、营销、财资、人资等部门、岗位人员办公室现场抽查外网计算机是否存储涉密信息。

（5）外连设备。

1）查评方法。依据国家电网公司《信息监督和调查规范》11.6.3、1.6.4、11.6.5、11.6.9要求，查评被查评单位的计算机外连设备管理情况。

严禁普通移动存储介质和扫描仪、打印机等计算机外设在信息内网和信息外网上交叉使用。严禁信息内网办公计算机配置使用无线外部设备。严禁在信息内网中违规访问互联网；禁止在信息内网计算机上使用智能手机等个人智能终端。禁止私自更换计算机配件，如硬盘、主板、网卡等。如确实需要更换，应向信息运维部门申请，并由其及时销毁旧配件。

2）重点查评工作。到公司各部门、变电站、供电所办公室现场抽查普通移动存储介质和扫描仪、打印机等计算机外设在内外网上交叉使用情况；查看在内网办公计算机是否配置无线设备。查阅信息设备外修有关制度和流程，查阅外修记录和维护记录。检查私自更换计算机配件和外修存在信息外泄隐患的情况。

2．网络安全

（1）网络设备身份鉴定。

1）查评方法。依据 Q/GDW 595—2011《国家电网公司管理信息系统安全等级保护验收规范》5.1.2要求，查评被查评单位的网络设备身份鉴定方面情况。

对登录网络设备的用户进行身份鉴别；对网络设备的管理员登录地址进行限制；网络设备用户的标识唯一；口令必须具有一定强度、长度和复杂度并定期更换，长度不得小于8位字符串，要求是字母和数字或特殊字符的混合，用户名和口令禁止相同。

2）重点查评工作。到信息机房、网络配线间或变电站、供电所的网络设备用笔记本登录或远程登录网络设备，查看设备配置用户、IP地址进行身份鉴别设置；查阅口令定期更改记录，检查口令是否为强口令。

（2）信息内、外网隔离。

1）查评方法。依据《信息监督和调查规范》要求，查评被查评单位的信息内、外网隔离方面情况。

信息内网、信息外网物理断开或强逻辑隔离。各单位要确保本单位信息内、外网已部署逻辑强隔离设备，未部署的要保证物理断开。

2）重点查评工作。查阅当年信息网络运行方式以及内外网络拓扑图；到信息机房、配线间以及变电站、供电所信息网络柜现场检查信息内网、信息外网物理断开或强逻辑隔离情况。

（3）网络出口、组网。

1）查评方法。依据《信息监督和调查规范》中信息系统安全监督检查要点的7.2.1要求，查评被查评单位的网络出口、组网方面情况。

禁止私自架设互联网出口，禁止外网计算机使用 ADSL 或 3G 上网卡上网。信息内网禁止使用无线网络组网；严禁内网笔记本电脑开启无线功能。

2）重点查评工作。到信息机房、配线间以及公司各部门、变电站办公室现场抽查办公区域是否部署非统一出口外网，外网计算机是否有使用无线上网卡上网情况；信息内网是否有使用无线网络设备组网；内网笔记本电脑和有无线上网功能的电脑是否开启无线功能。到供电所查看互联网开通协议和现场询问，确认供电所无线 WIFI 在接入端是否有安全措施。

（4）内外网网站管理。

1）查评方法。依据《国家电网公司网络与信息系统安全管理办法》［国网（信息/2）401—2014］第21条要求，查评被查评单位的内外网网站管理方面情况。

加强信息内外网网站管理。各级单位对外网站应与公司外网企业门户网站进行整合，内网宣传网站要与公司内网企业门户进行整合，实现网站统一管理与备案。网站信息发布须严格按照公司审核发布流程。各级单位网站统一使用公司域名，并规范网站功能设置及网站风格设计。加强内外网邮件统一管理，禁止各级单位建立独立内外网邮件系统，如确实需要建立，需提前报公司批准。

2）查评重点工作。查阅国网公司备案资料，办公电脑上网浏览，信息机房查看有无服务器，现场询问，确定是否有私自部署的网站、邮件系统。

（5）信息数据安全监测与审计。

1）查评方法。依据《国家电网公司关于进一步加强数据安全工作的通知》（国家电网信通〔2017〕515号）要求，查评被查评单位的信息数据安全监测与审计方面情况。

加强数据安全监测与审计，各单位应对各域间边界、尤其是互联网边界的数据流量，建立健全数据监测、审计机制及相关技防措施，审计日志应留存不少于6个月，强化重要数据审查和内容审查，提高对各类网络失泄密事件的及时发现、应急处置、精准溯源的能力。

2）查评重点工作。查阅数据监测、审计管理制度，到信息机房现场查看入侵检测、防火墙等数据监测、审计设备部署情况。办公计算机上远程调阅入侵检测设备、防火墙策略和审计日志，查阅数据监测和审计策略是否符合要求，日志保留是否超过6个月。

（三）机房及电源

1. 机房符合的要求

（1）查评方法。

依据《信息监督和调查规范》中信息系统安全监督检查要点第6条要求，查评被查评单位的信息机房方面情况。

机房场地选择要求：机房场地不宜设在建筑物的高层，避免设在建筑物的地下室，以及用水设备的下层或隔壁；远离产生粉尘、油烟、有害气体以及生产或贮存具有腐蚀性、易燃、易爆物品的工厂和堆场等；避开强电磁场干扰，并远离强振源和强噪声源，当无法避开强干扰源、强振源或为保障信息系统设备安全运行，可采取有效的屏蔽措施。机房应部署防小动物的安全措施。机房建筑设置避雷装置和防雷保安器。机房应设置交流电源地线。

计算机房的防火与消防设置应符合公司的要求。机房应设能够自动灭火的气体消防系统；能够自动检测火情、自动报警；机房及相关的工作房间和辅助房应采用具有耐火等级的建筑材料；在主机房内的介质库、档案柜使用防火材料；机房门是防火材料，并保证在危险情况下能从机房内向外打开。

机房的防水和防潮设施部署要求：主机房尽量避开水源，与主机房无关的给排水管道不得穿过主机房，当机房内设有用水设备时，采用有效地防止给排水漫溢和渗漏的措施；对机房窗户、屋顶和墙壁采取防水、防渗透措施；采取措施防止机房内水蒸气结露和地下积水的转移与渗透；安装对水敏感的检测仪表或元件，对机房进行防水检测和报警。主要设备采用必要的接地防静电措施；机房采用防静电地板。机房设置温、湿度自动调节设施。设置温、湿度越限报警系统。夏季，机房温度控制在（23±2）℃；冬季控制在（20±2）℃；机房湿度控制在45％～65％。

（2）查评重点。

查阅信息机房建设和改造资料，到信息机房场地实地检查机房不可在建筑物的高层、建筑物地下室、用水设备的下层或隔壁；是否远离粉尘、油烟、有害气体以及腐蚀性、易燃、易爆物品的工厂和堆场等；是否避开强电磁场干扰，远离强振源和强噪声源，无法避开是否采取有效的屏蔽措施；机房是否有防小动物、防雷、防火、防水、防潮、防静电措施；是否有温、湿度自动调节设施和越限报警系统；机房是否配置有自动灭火的气体消防系统；机房门是否为防火材料，在危险情况下能否从机房内向外打开。

2. 门禁系统

（1）查评方法。

依据《信息监督和调查规范》中信息系统安全监督检查要点6.3.1和6.3.2要求，查评被查评单位的机房门禁管理方面情况。

机房各出入口配置电子门禁系统，控制、鉴别和记录进入的人员；需进入机房的来访人员经过申请和审批流程，并限制和监控其活动范围。

严格机房出入管理，设置机房门禁系统，加强机房安全监控，严禁机房门禁卡借与他人使用。

（2）查评重点。

查阅被查评单位机房管理制度、进出入记录；现场检查电子门禁系统记录是否符合要求，查阅门禁系统记录与出入机房记录是否一致；与工作票核对确认门禁卡是否有借给他人使用的情况。

3. 机房供电要求

（1）查评方法。

依据《信息监督和调查规范》中信息系统安全监督检查要点6.10.1要求，查评被查评单位的机房供电方面情况。具体要求：在机房供电线路上配置稳压器和过电压防护设备；提供短期的备用电力供应，至少满足主要设备在断电情况下的正常运行要求。采用UPS供电时机房供电时间不得少于2h；设置冗余或并行的电力电缆线路为计算机系统供电，输入电源应采用双路自动切换供电方式应建立备用供电系统。

（2）查评重点。

查阅被查评单位当年信息网络运行方式或机房供电电源图，确认供电方案是否符合要求。信息机房现场检查确认机房供电线路上配置稳压器和过电压防护设备；机房配备UPS电源，满足主要设备在断电情况下的正常运行；机房不间断电源供电时间不得少于2h；输入电源采用双路自动切换供电方式建立备用供电系统。

# 第十章

# 交通消防及防灾安全查评指南

## 一、查评目的

交通安全、消防安全、防汛安全、防气象灾害安全和抗震安全都是电网安全不可或缺的组成部分。落实安全工作横到边，纵到底，不留死角工作要求。全面提升交通安全、消防安全、防汛安全、防气象灾害安全和抗震安全工作的水平，促进电网企业整体安全工作水平提升。

交通安全、消防安全、防汛安全、防气象灾害安全和抗震安全的查评内容共 5 项合计 250 分，主要包括：交通安全 50 分，消防安全 50 分，防汛安全 50 分，防气象灾害安全 50 分，抗震安全 50 分。查评主要是深入县供电公司安质部、运检部、办公室、生产班组和供电所等，通过查阅相关资料、现场问询等方式，对被查评单位的情况进行查评。

## 二、查评方法及重点

### （一）交通安全

1. 组织机构、职责及预警机制

（1）查评方法。

依据《十八项反措》和《交通检查规范》要求，查评被查评单位交通管理组织机构、职责及预警机制方面的情况。

建立健全交通安全管理机构（如交通安全委员会），按照"谁主管谁负责"的原则，对本单位所有车辆驾驶人员进行安全管理和安全教育。做到交通安全应与安全生产同布置、同检查、同考核、同奖惩。建立交通安全预警机制。按恶劣气候、气象、地质灾害等情况及时启动预警机制。

各级单位应建立交通安全委员会，健全交通安全管理和监督网络，行政正职为本单位交通安全第一责任人，对本单位交通安全管理与监督负全面责任。各级单位应建立健全交通安全管理和监督规章制度，明确责任。车辆管理部门负责制定本单位交通安全管理制度，对制度的贯彻落实进行日常监督与检查。各级单位车辆（舟船）所属的运维单位负责车辆的使用、维修和维护工作的具体实施，并对车辆（舟船）行驶和特种车辆作业进行安全管理和监督。应急处置监督检查内容包括编制本单位交通事故处置应急预案（专项预案），并针对具体情况制定现场处置方案，专项应急预案和现场处置方案的培训和演练每年至少组织一次。制定恶劣天气行车（舟船）安全措施，适时发布安全行车注意事项。

（2）查评重点。

查阅组织机构文件，核实组织机构人员名单，职责分工是否明确。查阅交通事故应急预案，有无明确交通安全预警机制，查阅交通安全预警记录，现场询问核实交通安全预警情况。

2. 交通运输（车、舟船、飞行器具等）管理

（1）查评方法。

依据《十八项反措》和《交通检查规范》要求，查评被查评单位交通运输管理情况。

加强对各种车辆（舟船）维修管理。各单位应建立车辆（舟船）台账。各种车辆（舟船）的技术状况应符合国家规定，安全装置完善可靠。对车辆（舟船）应定期进行检修维护，在行驶前、行驶中、行驶后对安全装置进行检查，发现危及交通安全问题，应及时处理，严禁带病行驶。

特种作业车辆应逐台建立安全技术档案，档案内容包括车辆维修、维护和检查记录，车辆存放场所满足相关技术规范要求。

（2）查评重点。

查阅车辆（舟船）台账，查阅车辆（舟船）检查记录，到车库或停车（船）场现场与车辆（舟船）状况核对，保证在运车辆（舟船）技术状况符合国家规定，安全装置完善可靠。查阅派车单，现场核实车辆（舟船）历程数，保证车辆（舟船）及时维护和保养。查阅车辆（舟船）维护和保养单，现场询问车辆（舟船）检查、维护、保养管理情况，保证车辆（舟船）行驶到公里数和到时间以及发现异常及时维护、维修和保养。

3. 人员管理

（1）查评方法。

依据《十八项反措》和《交通检查规范》要求，查评被查评单位交通人员管理情况。

建立健全交通安全监督、考核、保障制约机制，严格落实责任制。应实行"准驾证"制度，无本企业准驾证人员，严禁驾驶本企业车辆，强化行车（船）安全监护职责。各级单位应建立专（兼）职驾驶员管理台账，并实施动态管理。

车辆（舟船）驾驶人员应获得相应等级的驾驶证书。特种车辆驾驶人员应经专门技术培训，并经有关部门考试合格，取得行驶和操作证后，方可进行驾驶、操作。

（2）查评重点。

查阅驾驶员管理制度，确认奖惩和监督机制，查阅奖惩记录，制度落实执行情况。查阅驾驶员台账，查阅准驾证和派车单，确认有无准驾证人员驾车（船）。查阅特种车辆驾驶员行驶和操作证，主要有斗臂车、带电作业车等。

4. 交通安全培训

（1）查评方法。

依据《十八项反措》和《交通检查规范》要求，查评被查评单位交通安全培训情况。

加强对驾驶员的安全教育培训，并定期组织安全技术培训，提高驾驶员的安全行车

（船）意识和驾驶技术水平。对考试、考核不合格或经常违章肇事的应不准从事驾驶员工作。特种车辆驾驶人员应经专门技术培训，并经有关部门考试合格，取得行驶证和操作证后，方可进行驾驶、操作。

安全教育培训监督检查内容包括：各级单位应编制交通安全年度教育培训计划，定期组织专（兼）职驾驶员、特种车辆操作人员进行交通安全技术培训和考试。

（2）查评重点。

查阅驾驶员每月集体学习记录。查阅驾驶员考试试卷，每年至少一次。与车辆（舟船）管理人员现场沟通和查看记录，了解对考试、考核不合格或经常违章肇事的驾驶员处理情况。

5. 交通安全督查

（1）查评方法。

依据《十八项反措》和《交通检查规范》要求，查评被查评单位交通安全督查情况。

各级行政领导，应经常督促检查所属车辆交通安全情况，把车辆交通安全作为重要工作纳入议事日程，并及时总结，解决存在的问题，严肃查处事故责任者。

交通安全监督检查频次要求：县公司级单位每季度至少组织开展1次交通安全监督检查。

（2）查评重点。

查阅交通安全文件确认制度条文明确，查阅会议纪要、记录掌握企业领导督促检查车辆（舟船）交通安全情况。查阅季度交通安全工作总结和现场询问，了解领导解决交通安全工作中存在的问题和查处事故责任者情况。

（二）消防安全

1. 组织机构及职责

（1）查评方法。

依据 DL 5027—2015《电力设备典型消防规程》要求，查评被查评单位消防安全机构及职责情况。

法人单位的法定代表人或者非法人单位的主要负责人是单位的消防安全责任人，对本单位的消防安全工作全面负责。消防安全管理人对单位的消防安全责任人负责。各级单位应成立安全生产委员会，履行消防安全职责。

（2）查评重点。

查阅组织机构文件，核实组织机构人员名单，职责分工是否明确。

2. 应急预案

（1）查评方法。

依据 DL 5027—2015《电力设备典型消防规程》要求，查评被查评单位消防应急预案情况。

企业应制定灭火和应急疏散预案，灭火和应急疏散预案应包括发电厂厂房、车间、变电站、换流站、调度楼、控制楼、油罐区等重点部位和场所。灭火和应急疏散预案应切合本单位实际及符合有关规范要求。应当按照灭火和应急疏散预案，至少每半年进行一次演练，及时总结经验，不断完善预案。消防演练时，应当设置明显标识并事先告知演练、范围内的人员。

（2）查评重点。

查阅消防预案检查制定灭火和应急疏散预案是否针对性强。查阅消防演练方案、过程照片、记录、演练总结确保至少每半年进行一次真实、有效的演练。

3. 防火检查

（1）查评方法。

依据 DL 5027—2015《电力设备典型消防规程》要求，查评被查评单位防火检查情况。应进行每日防火巡查，并确定巡查的人员、内容、部位和频次。

防火巡查应包括下列内容：用火、用电有无违章，安全出口、疏散通道是否畅通，安全疏散指示标志、应急照明是否完好。

消防设施、器材情况。消防安全标志是否到位、完整；常闭式防火门是否处于关闭状态，防火卷帘下是否堆放物品影响使用等消防安全情况。

防火巡查人员应当及时纠正违章行为，妥善处置发现的问题和火灾危险，无法当场处置的，应当立即报告。发现初起火灾应立即报警并及时扑救。防火巡查应填写巡查记录，巡查人员及其主管人员应在巡查记录上签名。

应至少每月进行一次防火检查。防火检查应包括下列内容：火灾隐患的整改以及防范措施的落实；安全疏散通道、疏散指示标志、应急照明和安全出口；消防车通道、消防水源；用火、用电有无违章情况。

重点工种人员以及其他员工消防知识的掌握：消防安全重点部位的管理情况；易燃易爆危险物品和场所防火防爆措施的落实以及其他重要物资的防火安全情况。

消防控制室值班和消防设施运行、记录情况：防火巡查。

消防安全标志的设置和完好、有效情况：电缆封堵、阻火隔断、防火涂层、槽盒是否符合要求。消防设施日常管理情况，是否放在正常状态，建筑消防设施是否每年检测。

灭火器材配置和管理：动火工作执行动火工作票制度；开展消防安全学习教育和培训情况。灭火和应急疏散演练情况等需要检查的内容。发现问题应及时处置；防火检查应当填写检查记录；检查人员和被检查部门负责人应当在检查记录上签名。

（2）查评重点。

查阅检查每日防火巡查记录，人员明确，巡查内容完整，记录规范准确。查阅每月防火检查记录，办公楼、变电站、供电所现场询问检查情况。对巡查和定期进行消防安全监督检查发现的问题及时得到处理。

4. 消防器材配置

（1）查评方法。

依据 DL 5027—2015《电力设备典型消防规程》要求，查评被查评单位消防器材配置情况。

各类发电厂和变电站的建（构）筑物、设备应按照其火灾类别及危险等级配置移动式灭火器。各类发电厂和变电站的灭火器配置规格和数量应按 GB 50140《建筑灭火器配置设计规范》计算确定，实配灭火器的规格和数量不得小于计算值。一个计算单元内配置的灭火器数量不得少于 2 具，每个设置点的灭火器数量不宜多于 5 具。手提式灭火器充装量大于 3.0kg 时应配有喷射软管，其长度不小于 0.4m，推车式灭火器应配有喷射软管，其长度不小于 4.0m。除二氧化碳灭火器外，贮压式灭火器应设有能指示其内部压力的指示器。油浸式变压器、油浸式电抗器、油罐区、油泵房、油处理室、特种材料库、柴油发电机、磨煤机、给煤机、送风机、引风机、电除尘等处应设置消防沙箱或沙桶，内装干燥细黄沙。消防沙箱容积为 1.0m³，并配置消防铲，每处 3～5 把，消防沙桶应装满黄沙。消防沙箱、沙桶和消防铲均应为红色，沙箱的上部应有白色的"消防沙箱"字样。箱门正中应有白色的"火警 119"字样，箱体侧面应标注使用说明。消防沙箱的放置位置应与带电设备保持足够的安全距离。设置室外消火栓的发电厂和变电站应集中配置足够数量的消防水带、水枪和消火栓扳手，宜放置在厂内消防车库内。当厂内不设消防车库时，也可放置在重点防火区域周围的露天专用消防箱或消防小室内。根据被保护设备的性质合理配置 19mm 直流或喷雾或多功能水枪，水带宜配置有衬里消防水带。每只室内消火栓箱内应配置 65mm 消火栓及隔离阀各 1 只、25m 长 DN65 有衬里水龙带 1 根带快装接头、19mm 直流或喷雾或多功能水枪 1 只、自救式消防水喉 1 套、消防按钮 1 只。带电设施附近的消火栓应配备带喷雾功能水枪。当室内消火栓栓口处的出水压力超过 0.5MPa 时，应加设减压孔板或采用减压稳压型消火栓。含有 $SF_6$ 设备的变电站等场所应配置正压式消防空气呼吸器或防毒面具，至少配置 2 套正压式消防空气呼吸器和 4 只防毒面具。

（2）查评重点。

查阅消防器材配置清单或消防器材台账、确保按要求配置。办公楼、变电站、供电所现场查看灭火器合格证书、压力表和校验日期，确保状态正常。办公楼、变电站、供电所现场检查消火栓、沙箱、消防工器具等消防器材配置符合规定；状态良好，日常管理到位。

5. 动火管理

（1）查评方法。

依据 DL 5027—2015《电力设备典型消防规程》要求，查评被查评单位动火管理情况。动火作业应落实动火安全组织措施，动火安全组织措施应包括动火工作票、工作许可、监护、间断和终结等措施。在一级动火区进行动火作业必须使用一级动火工作票，在二级动火区进行动火作业必须使用二级动火工作票。一级、二级动火工作票签发人、工作负责人应进行本规程等制度的培训，并经考试合格。动火工作票签发人由单位分管领导或总工程师批准，动火工作负责人由部门（车间）领导批准。动火执行人必须持政府有关部门颁发的允许电焊与热切割作业的有效证件。动火作业前应清除动火现场、周围及上、下方的易燃易爆物品。高处动火应采取防止火花溅落措施，并应在火花可能溅落的部位安排监护人。动火作业现场应配备足够、适用、有效的灭火设施、器材。必要时应辨识危害因素，进行风险评估，编制安全工作方案，及火灾现场处置预案。

（2）查评重点。

查阅动火作业工作票，工作票填写清晰、规范。工作许可、监护、间断和终结等措施翔实、明确，动火执行人证件真实有效。危害因素辨识，风险评估，安全工作方案及火灾现场处置预案针对性、可操作性强。一级、二级动火工作票须查阅工作票签发人、工作负责人培训方案，考试试卷，确认培训考试是否合格，查阅动火执行人所持政府有关部门颁发的允许电焊与热切割作业的有效证件的复印件。

6. 消防设施

（1）查评方法。

依据 DL 5027—2015《电力设备典型消防规程》要求，查评被查评单位消防设施情况。

消防设施应处于正常工作状态。不得损坏、挪用或者擅自拆除、停用消防设施、器材。消防设施出现故障，应及时通知单位有关部门，尽快组织修复。因工作需要临时停用消防设施或移动消防器材的，应采取临时措施和事先报告单位消防管理部门，并得到本单位消防安全责任人的批准，工作完毕后应及时恢复。火灾自动报警系统应接入本单位或上级 24 小时有人值守的消防监控场所，并有声光警示功能。火灾自动报警系统还应符合下列要求：应具备防强磁场干扰措施，在户外安装的设备应有防雷、防水、防腐蚀措施。火灾自动报警系统的专用导线或电缆应采用阻燃型屏蔽电缆。火灾自动报警系统的传输线路应采用穿金属管、经阻燃处理的硬质塑料管或封闭式线槽保护方式布线。消防联动控制、通信和报警线路采用暗敷设时宜采用金属管或经阻燃处理的硬质塑料管保护，并应敷设在不燃烧体的结构层内，且保护层厚度不宜小于 30mm；当采用明敷设时，应采用金属管或金属线槽保护，并应在金属管或金属线槽上采取防火保护措施。采用经阻燃处理的电缆可不穿金属管保护，但应敷设在有防火保护措施的封闭线槽内。

（2）查评重点。

查阅消防设施台账、运维记录，确认消防设施处于正常工作状态。查阅火灾自动报警系统及自动灭火系统施工方案结合现场实地检查，确保施工材料和工艺符合要求，状态正常。

7. 防爆要求

（1）查评方法。

依据 DL 5027—2015《电力设备典型消防规程》要求，查评被查评单位防爆情况。

酸性蓄电池室应符合下列要求：严禁在蓄电池室内吸烟和将任何火种带入蓄电池室内。蓄电池室门上应有"蓄电池室""严禁烟火"或"火灾危险，严禁火种入内"等标志牌。蓄电池室采暖宜采用电采暖器，严禁采用明火取暖。若确有困难需采用水采暖时，散热器应选用钢质，管道应采用整体焊接。采暖管道不宜穿越蓄电池室楼板。蓄电池室应布置在单独的室内，如确有困难，应在每组蓄电池之间设耐火时间为大于 2.0h 的防火隔断。蓄电池室门应向外开。酸性蓄电池室内装修应有防酸措施。容易产生爆炸性气体的蓄电池室内应安装防爆型探测器。蓄电池室应装有通风装置，通风管应单独设置，不应通向烟道或厂房内的总通风系统。离通风管出口处 10m 内有引爆物质场所时，则通风管的出风口至少应高出该建筑物屋顶 2.0m。蓄电池室应使用防爆型照明和防爆型排风机，开关、熔断器、插座等应装在蓄电池室的外面。蓄电池室的照明线应采用耐酸导线，并用暗线敷设。检修行灯应采用 12V 防爆灯，其电缆应用绝缘良好的胶质软线。凡是进出蓄电池室的电缆、电线，在穿墙处应用耐酸瓷管或聚氯乙烯硬管穿线，并在其进出口端用耐酸材料将管口封堵。当蓄电池室受到外界火势威胁时，应立即停止充电，如充电刚完毕，则应继续开启排风机，抽出室内氢气。蓄电池室火灾时，应立即停止充电并灭火。蓄电池室通风装置的电气设备或蓄电池室的空气入口处附近火灾时，应立即切断该设备的电源。易燃液体的库房，宜单独设置。当易燃液体与可燃液体储存在同一库房内时，两者之间应设防火墙。油罐室内不应装设照明开关和插座，灯具应采用防爆型。油处理室内应采用防爆电器。油罐室、油处理室应采用防火墙与其他房间分隔。油罐室、油处理室应设置通风排气装置。

（2）查评重点。

对公司有专门的蓄电池室、油罐室等防火、防爆重点场所的，现场对这些重点场所的照明、通风设备进行检查，须采用防爆型设备。选址符合要求，标志明确，室内不得有杂物，室内设施符合要求。

8. 消防安全重点部位要求

（1）查评方法。

依据 DL 5027—2015《电力设备典型消防规程》要求，查评被查评单位消防安全重点部位要求情况。

消防安全重点部位应包括下列部位：油罐区（包括燃油库、绝缘油库、透平油库）、制氢站、供氢站、发电机、变压器等注油设备，电缆间以及电缆通道、调度室、控制室、集控室、计算机房、通信机房、风力发电机组机舱及塔筒。换流站阀厅、电子设备间、铅酸蓄电池室、天然气调压站、储氨站、液化气站、乙炔站、档案室、油处理室、秸秆仓库或堆场、易燃易爆物品存放场所。发生火灾可能严重危及人身、电气设备和电网安全以及对消防安全有重大影响的部位。消防安全重点部位应当建立岗位防火职责，设置明显的防火标志，并在出入口位置悬挂防火警示标示牌。标示牌的内容应包括消防安全重点部位的名称、消防管理措施、灭火和应急疏散方案及防火责任人。

（2）查评重点。

查阅消防安全重点部位档案以及消防器材台账，确保定位无遗漏，器材配备合规。消防安全重点部位现场检查防火标志，出入口位置标示牌。包括消防安全重点部位的名称、消防管理措施、灭火方案及防火责任人内容的标示牌，位置合理，内容完整，标识正确。

9. 消防通道要求

（1）查评方法。

依据《中华人民共和国消防法》要求，查评被查评单位消防通道要求情况。

机关、团体、企业、事业等单位应当履行下列消防安全职责：保障疏散通道、安全出口、消防车通道畅通，保证防火防烟分区、防火间距符合消防技术标准。任何单位、个人不得损坏、挪用或者擅自拆除、停用消防设施、器材，不得埋压、圈占、遮挡消火栓或者占用防火间距，不得占用、堵塞、封闭疏散通道、安全出口、消防车通道。人员密集场所的门窗不得设置影响逃生和灭火救援的障碍物。

（2）查评重点。

办公楼、变电站、供电所现场检查，疏散标识和指向正确，疏散通道、安全出口、消防车通道畅通，防火防烟分区、防火间距符合标准；办公楼等人员密集场所的门窗无影响逃生和灭火救援的障碍物。车位紧张的办公场所应按规定划出消防车通道。

10. 逃生指示和应急照明

（1）查评方法。

依据 DL 5027—2015《电力设备典型消防规程》和《安规（配电部分）》要求，查评被查评单位消防逃生指示和应急照明情况。

疏散通道、安全出口应保持畅通，并设置符合规定的消防安全疏散指示标志和应急照明设施。保持防火门、防火卷帘、消防安全疏散指示标志、应急照明、机械排烟送风、火灾事故广播等设施处于正常状态。

地下配电站，宜装设通风、排水装置，配备足够数量的消防器材或安装自动灭火系统。过道和楼梯处，应设逃生指示和应急照明等。

（2）查评重点。

深入办公楼、变电站、供电所等办公场所检查过道和楼梯处设有逃生指示和应急照明，疏散通道畅通。应急照明等设施处于正常状态。

（三）防汛安全

1. 一般防汛安全

（1）组织机构及职责。

1）查评方法。依据《国家电网公司防汛及防灾减灾管理规定》[国网（运检/2）407—2014，以下简称《防汛防灾规定》]的要求，查评被查评单位防汛安全组织机构及职责情况。

地（市）供电公司、县公司、公司系统所属发电企业防汛办公室履行以下职责：贯彻执行国家及上级管理部门有关防汛工作的法律、法规、办法。在上级管理部门和有管辖权的地方政府防汛指挥机构领导下，全面负责本单位的防汛工作。建立健全防汛组织机构，对本单位防汛工作进行管理、检查和考核。负责本单位的汛情信息归口管理、报送和防汛对外联系工作。负责制定、修编防汛措施和预案，按规定报批年度防洪度汛方案。负责同地方气象及防汛部门联系，组织做好天气形势会商分析和降雨（洪水）预报预测工作。

2）查评重点。查阅组织机构文件，核实组织机构人员名单，职责分工是否明确。

（2）防汛工作布置。

1）查评方法。依据《防汛防灾规定》要求，查评被查评单位防汛工作布置情况。

各级单位落实防汛工作责任制，建立健全年度防汛组织机构，编制防汛应对处置预案。各级单位根据实际情况，成立抗洪抢险队、物资和后勤保障组等组织机构，明确各级防汛岗位责任。各级单位修编完善年度防汛工作手册，按要求开展汛前检查、隐患治理、汛期值班、汛期巡查、信息报送等工作。各级单位组织防汛工作手册学习，开展防汛应急预案演练。公司系统各大中型水力发电企业的防洪度汛方案（防汛抗洪措施），须按规定上报有管辖权的地方政府防汛指挥机构批准后实施，并报上级单位备案。各级单位汛前组织对防汛设备设施进行检查试验，发现影响防洪安全的问题，限期完成整改。各级单位组织修编防汛物资储备定额，经审批后实施；各级单位按照防汛物资储备定额，定期补齐防汛物资。公司组织各级单位开展汛前防汛检查，针对检查发现的问题和隐患，相关单位及时完成整改，确保电力设备设施和水库大坝安全度汛。为保证防汛工作的顺利开展，各级单位应当优先安排防汛资金，用于防汛物资购置、防汛抢险等工作。

2）查评重点。查阅防汛预案以及防汛工作自查、整改记录。查阅会议记录、纪要，办公楼、变电站、供电所现场交流、沟通确认汛期前被查评公司提前研究防汛工作，进行防汛自查，制定措施和整改。

（3）防汛设施、物资。

1）查评方法。依据《防汛防灾规定》要求，查评被查评单位防汛设施、物资情况。

发供电企业相关部门（班组）履行以下职责：执行本单位各项防灾减灾工作部署和要求。按照防灾减灾检查大纲要求，进行防灾减灾设备设施检查试验、问题整改等灾前准备工作。负责防灾减灾物资的储备和定期检查工作。

2）查评重点。查阅防汛预案，防汛设施、防汛物资设备台账，确认物资分配和配置合理。办公楼、变电站、供电所现场查询、查阅自查、整改记录以确认汛前对防灾减灾设备设施检查试验，不合格的及时整改、维护、维修和补充。

（4）应急预案。

1）查评方法。依据《防汛防灾规定》要求，查评被查评单位防汛应急预案情况。

各级单位组织防汛工作手册学习，开展防汛应急预案演练。

2）查评重点。查阅防汛预案，预案针对性、可操作性强，流程规范，信息准确无误。查阅培训方案、演练记录、总结以及过程影像资料，确保培训真实有效。每年汛前至少开展一次预案的培训和演练。

（5）防汛值班。

1）查评方法。依据《防汛防灾规定》要求，查评被查评单位防汛值班情况。

发供电企业相关部门（班组）履行以下职责：严格执行灾害期间防灾减灾值班制度，及时做好灾情信息统计工作。各级单位加强防汛值班工作，领导带班，有关人员轮流值班。

2）查评重点。查阅值班记录，值班室现场检查值班情况或考问，保证值班领导和人员到岗到位。

2. 小水电站安全

（1）安全生产管理体系。

1）查评方法。依据《国家电网公司关于切实加强县供电企业所属小水电站安全管理工作意见的通知》（以下简称《小水电站安全管理》）要求，查评被查评单位小水电站安全生产管理体系情况。

县供电企业要将小水电站工作纳入安全生产管理体系，严格落实安全和防汛管理责任。水库由水利部门管理的小水电站，应明晰各方防汛安全责任界面，并切实履行；由地方政府委托管理的小水电站，应在委托管理协议中明确防汛责任主体，并根据协议严格落实。

2）查评重点。查阅水电厂安全管理制度、安委会文件，确保县供电企业将小水电站工作纳入安全生产管理体系，安全和防汛管理责任明确，各方防汛安全责任界面明晰。现场核实安全和防汛管理责任的落实情况。

（2）大坝鉴定、注册工作。

1）查评方法。依据《小水电站安全管理》要求，查评被查评单位小水电站大坝鉴定、注册情况。

按规定开展水电站水库大坝安全检查、鉴定和注册工作。未按规定开展水库大坝安全检查、鉴定和注册工作的应将有关情况与年底前报至公司营销（乡镇供电所管理）部。

2）查评重点。查阅安全检查记录，现场考问大坝安全定期检查情况。查阅大坝鉴定报告书和大坝注册文书。

（3）小水电站隐患排查。

1）查评方法。依据《小水电站安全管理》要求，查评被查评单位小水电隐患排查情况。

提高设施的健康水平。要高度重视小水电站的隐患治理工作，及时消除安全隐患。对坝体、厂房、涵洞、冲砂闸、泄洪设施等重要水工建筑物及其附属设备存在的安全隐患、机电设备的安全隐患，要加强监测，并健全隐患治理台账，制定隐患治理计划，落实治理资金，及时消除。省公司要加强对重大隐患治理的跟踪督导。

2）查评重点。查阅安全责任分工文件、定期巡视记录和隐患治理台账，确认隐患治理和消缺工作规范、闭环。

（4）小水电站应急预案。

1）查评方法。依据《小水电站安全管理》要求，查评被查评单位小水电应急预案情况。

建立健全应急体系。完善有关应急预案，与当地人民政府、有关责任单位建立联动的应急管理体系。小水电站应制定汛期调度运行计划和防洪抢险应急预案，并报有管辖权的防汛指挥机构审批后严格执行；明确与地方政府防汛主管部门联系方式，确保联络畅通；密切联系当地气象部门，加强对水情、山洪的监测预警并落实水工设施的防范措施。有蓄水功能的小水电站，要服从当地防汛部门的调度指挥和监督，并按照防汛要求，具备可靠的通信、交通条件，备足防汛物料、器材等。

2）查评重点。查阅小水电防汛应急预案，制定切实可行的汛期调度运行计划和防洪抢险应急预案。查阅巡视记录、隐患台账，现场检查汛期小水电防汛安全工作情况。

（5）水工建筑物安全检查。

1）查评方法。依据《小水电站安全管理》要求，查评被查评单位水工建筑物安全检查情况。

提高设施的健康水平。要高度重视小水电站的隐患治理工作，及时消除安全隐患。对坝体、厂房、涵洞、冲砂闸、泄洪设施等重要水工建筑物及其附属设备存在的安全隐患、机电设备的安全隐患，要加强监测，并健全隐患治理台账，制定隐患治理计划，落实治理资金，及时消除。省公司要加强对重大隐患治理的跟踪督导。

2）查评重点。查阅巡视记录和隐患、缺陷治理台账，确保水库坝体、引水渠道、厂房、涵洞、冲沙闸、泄洪设施等重要水工建筑物及其附属设备、机电设备隐患和缺陷发现及时，措施得力，整改迅速，不留后患。

（四）防气象灾害安全

1.组织机构及职责

（1）查评方法。

依据 SL 611—2012《防台风应急预案编制导则》和《防汛防灾规定》要求，查评被查评单位防气象灾害安全情况。

防台风应急指挥机构宜为所在地防汛抗旱指挥机构。防台风应急指挥机构主要职责包括统一指挥防台风工作；决定启动、结束防台风应急响应；下达应急抢险、水库泄洪等调度命令；动员社会力量参与防台风抢险救灾等。明确防汛抗旱指挥机构成员单位，依据各成员单位职能明确其在防台风工作中的职责。各成员单位在防台风工作中的职责规定应责任明确、分工合理、避免交叉。防汛抗旱指挥机构可根据需要设立信息发布组、转移安置组、抢险救生组、通信保障组、后勤保障组等若干工作组，分工负责紧急情况下的防台风工作。各工作组应明确负责人、成员及分工事项。

各级单位落实防灾减灾工作责任制，建立健全年度各种类型防灾减灾组织机构，编制防灾减灾应对处置预案。各级单位根据各类灾害的实际情况，成立防灾减灾应急队、物资和后勤保障组等组织机构，明确各级岗位责任。

（2）查评重点。

查阅防气象灾害预案，核实组织机构人员名单，职责分工是否明确。

2. 预警发布、预防准备

（1）查评方法。

依据 SL 611—2012《防台风应急预案编制导则》和《防汛防灾规定》要求，查评被查评单位防气象灾害安全预警发布、预防准备情况。

各责任部门应根据各自防台风工作职责和预案，做好相关预警工作。预防准备：组织准备工作包括建立健全组织指挥机构，落实防台风责任人、预警人员和抢险队伍等。工程准备工作包括水毁工程修复、工程设施应急除险加固等。物料准备工作包括储备必需的防台风抢险物料、设备等。

各级单位修编完善防灾减灾工作手册，按要求开展灾害期间值班、巡查、信息报送等工作。各级单位组织修编防灾减灾物资储备定额，经审批后实施；各级单位按照防灾减灾物资储备定额，定期补齐防灾减灾物资。

（2）查评重点。

查阅防气象灾害预案，明确指挥体系、责任人、预警人员和抢险队伍人员，做好防台风、防雨雪冰冻等提前预警工作。查阅防气象灾害物资台账和现场检查对照抢险物资，保证物资充足，状况良好。

3. 应急预案

（1）查评方法。

依据《安全工作规定》和《防汛防灾规定》要求，查评被查评单位防气象灾害应急预案情况。

公司各级单位应贯彻国家和公司安全生产应急管理法规制度，坚持"预防为主、预防与处置相结合"的原则，按照"统一指挥、结构合理、功能实用、运转高效、反应灵敏、资源共享、保障有力"的要求，建立系统和完整的应急体系。公司各级单位应定期组织开展应急演练，每两年至少组织一次综合应急演练或社会应急联合演练，每年至少组织一次专项应急演练。突发事件应急处置工作结束后，相关单位应对突发事件应急处置情况进行调查评估，提出防范和改进措施。

各级单位组织防灾减灾工作手册学习，开展防灾减灾应急预案演练。

（2）查评重点。

查阅防台风、防雨雪冰冻等防气象灾害专项应急预案。查阅预案的培训方案和演练记录的文字和影像资料，至少每年开展一次有针对性的预案的培训和演练。每两年至少组织一次综合应急演练或社会应急联合演练。

（五）抗震安全

1. 电力设施场地选择

（1）查评方法。

依据 GB 50260—2013《电力设施抗震设计规范》要求，查评被查评单位电力设施场地选择情况。

发电厂、变电站应选择在对抗震有利的地段，并应避开对抗震不利地段；当无法避开时，应采取有效措施。不得在危险地段选址。电力设施的主要生产建（构）筑物、设备，根据其所处场地的地质和地形，应选择对抗震有利的地段进行布置，并应避开不利地段。

（2）查评重点。

查阅近 3 年新建的办公楼和变电站可研、设计资料中的地质评估报告，选址符合规范，办公楼、变电站、供电所现场勘查地形，确保电力设施场地选择在对抗震有利的地段，避开对抗震不利和危险的地段。

2. 电力设施抗震设防烈度

（1）查评方法。

依据 GB 50260—2013《电力设施抗震设计规范》要求，查评被查评单位电力设施抗震设防烈度情况。

电气设施的抗震设计应符合下列规定：重要电力设施中的电气设施，当抗震设防烈度为 7 度及以上时，应进行抗震设计。一般电力设施中的电气设施，当抗震设防烈度为 8 度及以上时，应进行抗震设计。安装在屋内二层及以上和屋外高架平台上的电气设施，当抗震设防烈度为 7 度及以上时，应进行抗震设计。

（2）查评重点。

查阅近 3 年新建变电站设计抗震烈度资料和投运前当地地震局抗震烈度验收报告，确保电力设施中的电气设施达到抗震烈度要求，现场检查变电站主控室、变压器基础主体完好，无裂缝。

3. 加固措施

（1）查评方法。

依据 GB 50260—2013《电力设施抗震设计规范》要求，查评被查评单位抗震加固措施情况。

电气设备、通信设备应根据设防标准进行选择。对位于高烈度区且不能满足抗震要求或对于抗震安全性和使用功能有较高要求或专门要求的电气设施，可采用隔震或消能减震措施。

（2）查评重点。

查阅近 3 年新建变电站设计抗震烈度资料和投运前当地地震局抗震烈度验收报告，对位于高烈度区且不能满足抗震要求或对于抗震安全性和使用功能有较高要求或专门要求的电气设施，在设计和施工中采用隔震或消能减震措施。现场查看对在投运后有明显倾斜、裂缝等现象的及时向地震局申请鉴定采取加固措施。

4. 重要设备抗震措施

（1）查评方法。

依据 GB 50260—2013《电力设施抗震设计规范》要求，查评被查评单位重要设备抗震措施情况。

变压器类安装设计应符合下列要求：变压器类宜取消滚轮及其轨道，并应固定在基础上。变压器类本体上的油枕、潜油泵、冷却器及其链接管道等附件以及集中布置的冷却器与本体间链接管道，应符合抗震要求。变压器类的基础台面宜适当加宽。蓄电池、电力电容器的安装设计应符合下列要求：蓄电池安装应装设抗震架。蓄电池在组架间的连线宜采用软导线或电缆连接，端电池宜采用电缆作为引出线。电容器应牢固地固定在支架上，电容器引线宜采用软导线。当采用硬母线时，应装设伸缩接头装置。

（2）查评重点。

查阅近 3 年新建变电站设计抗震烈度资料和投运前当地地震局抗震烈度验收报告，对位于高烈度区且不能满足抗震要求或对于抗震安全性和使用功能有较高要求或专门要求的电气设施在设计和施工中：变压器类取消滚轮及其轨道，并应固定在基础上。变压器类本体上的油枕、潜油泵、冷却器及其链接管道等附件以及集中布置的冷却器与本体间链接管道，符合抗震要求。变压器类的基础台面宜适当加宽。蓄电池安装装设抗震架。蓄电池在组架间的连线宜采用软导线或电缆连接，端电池采用电缆作为引出线。电容器牢固地固定在支架上，电容器引线采用软导线。当采用硬母线时，装设伸缩接头装置。现场查看设计、施工中的抗震措施是否牢固、有效、可靠。

5. 应急预案

（1）查评方法。

依据《安全工作规定》要求，查评被查评单位抗震应急预案情况。

公司各级单位应贯彻国家和公司安全生产应急管理法规制度，坚持"预防为主、预防与处置相结合"的原则，按照"统一指挥、结构合理、功能实用、运转高效、反应灵敏、资源共享、保障有力"的要求，建立系统和完整的应急体系。公司各级单位应定期组织开展应急演练，每两年至少组织一次综合应急演练或社会应急联合演练，每年至少组织一次专项应急演练。突发事件应急处置工作结束后，相关单位应对突发事件应急处置情况进行调查评估，提出防范和改进措施。

（2）查评重点。

查阅抗震防灾应急预案，预案组织机构健全，职责分工明确，预警和上报流程严谨、简洁、合理、合规。查阅近 2 年抗震防灾应急预案的培训方案和演练记录的文字和影像资料，每两年至少组织一次综合应急演练或社会应急联合演练，至少每年开展一次有针对性的预案培训和演练。

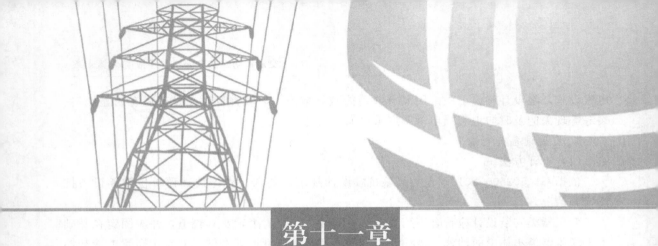

# 安全性评价查评报告编写指南

## 第一节　县供电企业安全性评价自查评报告编写

县供电企业安全性评价自查评报告是在企业完成自查评基础上，所形成的正式书面资料，它既是企业开展安全性评价自查评工作的总结，也是上级单位组织开展对本单位的专家查评的资料支撑。自查评报告编写的内容，一方面反映了企业开展安全性评价自查评工作的深度和广度；另一方面也从侧面整体反映了企业对自身安全基础状况的认识。

县供电企业安全性评价自查评报告一般包括以下内容。

**一、县供电企业基本概况**

基本概况主要是对企业基本情况的介绍，内容主要包括：企业发展历程及变革，现有人员组成，内设部室情况，基层班组和供电所设置情况，主网架和配电网及供电客户情况，本企业担负的工作任务和安全生产情况，以及公司在安全生产方面的创新和亮点等。目的是向报告阅读者或专家组查评专家提供相关资料以增进他们对本企业的总体认识。

格式如（仅供参考）：

（一）基本情况

国网××供电公司（以下简称公司）成立于××年×月×日，×年×月×日（或由××划归或转制××），现是国网××电力公司的全资子公司。现有职工××人（其中：全民职工××人，集体职工××人，农电工××人），下设××、××等共×个部室，共有×个基层班组（即××班、×……班），×个供电所（即××供电所、×……供电所）。

××电网为典型的××（如受端）电网，主网架由×座×kV变电站通过……向35kV和10kV客户供电。公司区域有110kV变电站×座（主变×台、总容量×MVA）；35kV变电站×座，其中公用变电站×座（主变×台、总容量×MVA），用户专用变电站×座（主变×台、总容量×MVA）；10kV开闭所×座。×kV配网系统呈辐射状（或

198

环网和手拉手）向全县供电，担负着全县×个乡镇，×个行政村的工农业生产及居民供电任务。

公司担负着×座110kV变电站（主变×台、变电容量×MVA），×座35kV变电站（主变×台、变电容量×MVA），×座10kV开闭所，×条110kV线路（长×km），×条35kV线路（长×km），×条10kV线路（长×km），×座10kV变台和箱变［其中公用变×座（主变×台、总容量×kVA），用户专用变×座（主变×台、总容量×kVA）］，以及共×km低压线路的运行维护和×万客户的供用电管理工作。截至专家查评时间节点，公司实现安全生产长周期××天。

（二）工作亮点

安全性评价查评报告涉及被查评企业的方方面面，报告阅读者涉及各层各级不同专业的分管领导和专业人员。一份完整的安全性评价查评报告，不仅可以使阅读者能更好地对被查评企业有一个全面客观的认识，避免因报告主要是反映查评发现的问题而使阅读者对被查评企业产生不必要的过多负面影响，同时也应对被查评企业在安全管理和开展安全性评价工作方面的好的经验、好的做法给予肯定，并提供给其他企业借鉴推广。查评报告不应只是对发现问题的反映，而且也应对被查评企业工作中的亮点给予体现。亮点一般可按企业日常安全工作和企业在本次安全性评价工作开展过程中两部分考虑，建议格式为

1. 企业安全工作亮点

（1）……

（2）……

……

2. 企业安全性评价工作特色（亮点）

……

**二、评价总体情况**

本块内容主要是对企业开展安全性评价自查评工作的过程和查评结果进行描述，包括以下内容。

1. 评价工作开展情况

主要是对企业开展安全性评价自查评工作的组织、宣贯、开展等情况进行介绍，包括查评范围、班组自查评、专业组汇总分析、自查报告的形成等工作开展情况介绍。

2. 总评价得分

主要是对安全性评价自查评评价结果以分数的形式进行描述，内容应包括《查评规范》标准中都有多少查评项，公司在实际查评中结合本企业实际情况，对评价项进行了哪些增加或删减。并以表格的形式对总评分（××分）、应得分（××分）、实得分（××分）、得分率（××%）进行描述。如：

本次县供电企业安全性评价自查评包括综合安全、电网安全、设备安全、供用电安全、工程建设安全、作业安全、电力通信及信息网络安全、交通消防及防灾安全8大部分，共××大项、××小项，核减不具备评价条件或没有相应内容的（或增加）项目××项（其中电网为××、××……；设备为××、××……；工程建设为××、××……；

作业安全为××、××……；……），实际查评××项，发现问题××项（其中重点问题×项），占全部应查项目的××％，应得分××分，实得分××分，得分率××％。

当然也可以表格的形式给予体现，见表 11-1。

**表 11-1**　　　　　　　　　**××县供电企业安全性评价总体情况**

| 专　业 | 标准/项 | 增减/项 | 参评项目数 | 扣分/项 | 重点问题/项 | 应得分 | 实得分 | 得分率/％ |
|---|---|---|---|---|---|---|---|---|
| 综合安全 | 78 | | | | | | | |
| 电网安全 | 66 | | | | | | | |
| 设备安全 | 121 | | | | | | | |
| 供用电安全 | 32 | | | | | | | |
| 工程建设安全 | 32 | | | | | | | |
| 作业安全 | 68 | | | | | | | |
| 电力通信及信息网络安全 | 27 | | | | | | | |
| 交通消防及防灾安全 | 33 | | | | | | | |
| 合计 | 457 | | | | | | | |

3. 分专业评价得分

本块内容以表格"××县供电企业安全性评价评分表"（格式见表 2-2）的形式体现××专业部分应得分××分，评价得分××分，得分率××％。

**三、安全性评价查评发现问题及整改建议**

本块内容是安全性评价查评报告的关键部分，查评发现问题内容的实质性，以及针对问题所提出整改建议的可行性，直接与查评者的专业水平和业务素质有关，是企业通过问题的整改而全面提高整体安全基础的关键，是整个安全性评价报告的重中之重。因此，各单位在编制报告时应将本块内容作为重点考虑。内容主要是依据《查评规范》标准在查评中查评发现问题的项，按序、项目序号、问题描述、分数、整改建议和是否是重点问题等进行统计。内容以表格"××县供电企业安全性评价问题和整改建议表"（格式见表 2-3）的形式体现。

**四、评价组成员名单**

主要是写明分专业开展自查评时综合安全、电网安全、设备安全、供用电安全、工程建设安全、作业安全、电力通信及信息网络安全、交通消防及防灾安全 8 个专业评价小组的人员组成。

# 第二节　县供电企业安全性评价专家查评报告编写

专家查评报告是在企业自查评完成后，开展专家查评基础上，以第三者或上级专家组的角度所形成的正式书面资料，它是安全性评价专家查评组通过对被查评企业进行评价而最终形成的报告。其报告编写内容格式同自查评报告，不同之处只是站的角度不同，是在由高一层级（上级部门组织）专家组查评并得到各查评专家认可的内容。同时报告之后各专业查评组应以附件形式随报告附各专业的查评分报告。

专家查评报告格式建议如下。

**一、××县供电公司概况及查评工作开展情况**

**（一）基本概况**

1. 公司基本情况

可直接套用和少许补充引用自查报告"（一）基本情况"中的内容。

2. 工作亮点

亮点部分应与自查报告有所区别，即报告内容中的亮点是被查评企业在企业安全管理方面的亮点。内容可经专家认可取自于自查评报告，但更多的内容应该是专家参考自查评报告通过3～5个工作日的查评而认可、形成和发现并提出的被查评企业在安全管理中超越于其他同类型企业的亮点。

**（二）县公司自查评工作开展情况**

是对被查评县公司开展本轮安全性评价自查评工作的总结性描述，如：组织形式、开展过程、特色，及根据公司实际情况核减查评项后的实际查评项数，自查评发现的问题，以及截至专家查评日对发现问题的整改情况总结，其中整改情况按未整改问题、完成整改率、部分整改率、综合整改率来衡量并描述。

**二、上一轮安全性评价专家查评提出问题的整改情况**

对开展第二轮或第三轮安全性评价的公司，在"县公司自查评工作开展情况"之后，还应增加对"上一轮安全性评价专家查评提出问题整改情况"的有关内容描述，内容包括上一轮专家查评发现问题数，问题已整改情况（其中重点问题要详细描写、一般问题可整体描述），和未整改问题目前的状况及未整改原因分析等。

对第一次开展安全性评价的公司则此内容省略。

**三、专家组评价工作开展情况**

**（一）总体情况**

主要是对专家组开展被评企业安全性评价专家查评工作情况，如上级下发的工作依据、专家组组织形式、人员组成和查评时间等进行描述。

**（二）查评方法及范围**

主要是对专家组开展专业查评的依据、方法、范围等进行描述。如（仅供参考）：

××专家组根据《国家电网公司县供电企业安全性评价查评规范》（国家电网企管〔2018〕304号）的技术标准，结合××公司安全性评价自查评报告，采取听取汇报、查阅资料、交流询问、现场检查等多种方式，深入公司综合管理部、发展建设部、安全监察质量部、运维检修部、营销部、电力调度控制中心、乡镇管理室，以及××供电营业所……电气试验与状态评价班、装表接电班、高压用电检查班、110kV××变电站、35kV××变电站、10kV××开闭所、10kV××线路××号公变（箱变）、10kV××号台区、35kV或10kV××线等现场开展了查评工作。同时也对……（主要是考虑专家组结合省公司安全工作或在查评中在前几个单位发现的非查评规范中存在的共性问题而增加的内容，如针对2016年以来对各县公司接受用户资产情况而进行的摸底查评）。

（三）查评结果

1. 总查评得分

同自查报告内容。

2. 分专业评价得分

同自查报告内容。

**四、查评发现问题及整改建议**

本块内容是安全性评价查评报告的关键部分，专家评价查评发现问题内容的实质性，以及针对问题所提出整改建议的可行性，直接与查评者的专业水平和业务素质有关，是被查企业通过问题的整改而全面提高企业整体安全基础，是企业开展安全性评价工作成败与否的关键，是整个安全性评价报告的重中之重。因此，各单位在编制报告时应将本块内容作为重点考虑。内容主要如下。

1. 县供电企业安全性评价问题和整改建议

主要是针对《查评规范》查评标准中存在问题的项，按序、项目序号、问题描述、分数、整改建议和是否是重点问题等进行统计。内容以表格"××县供电企业安全性评价问题和整改建议表"（格式见表 2-3）的形式体现。问题有自查发现而未整改的问题，但更多的应该是专家通过查评而发现的被查评企业的共性问题。

2. 查评中发现的主要问题和整改建议

主要是针对查评中发现的主要问题及对该问题所提的整改建议用文字的形式给予描述。其中也可将《查评规范》中不是同一项目序号，但属于同一类型的问题合并提出，一般是按《查评规范》中的查评小项进行合并描述，主要是对整改建议而言。建议格式为：

（一）综合安全方面

（二）电网安全方面

（三）设备安全方面

（四）供用电安全方面

（五）工程建设安全方面

（六）作业安全方面

（七）电力通信及信息网络安全方面

（八）交通消防及防灾安全方面

（九）其他（如用户接受资产安全方面）

针对查评标准之外的检查内容，若是摸底性质可只描述。

**五、评价组成员名单**

本块内容一方面为被查评企业对专家提出问题的把控和整改提供帮助；另一方面，随着国家法律体系的健全，以及事后追责力度的加强，安全性评价在逐步走上规范化、法制化的轨道，评价人员对所评企业的评价结果正确与否，评价者会在一定期限内对被评价企业发生重大事故承担相应的法律责任（如天津港爆炸案）。基于以上考虑，专家查评报告应将综合安全、电网安全、设备安全、供用电安全、工程建设安全、作业安全、电力通信及信息网络安全、交通消防及防灾安全 8 个专业评价小组人员的组成、单位及联系电话等进行留档。

**六、附件：专业组查评分报告**

专业组查评分报告是从专家组第三方的角度，以《查评规范》8 个专业组在开展专家查评结束后，专业组向专家组提交的文字性资料，内容包括被查评企业在本专业管理和技术业务等工作的整体情况，专业组查评情况及查评结果等。其中总体情况部分既应有被查评企业的工作亮点，同时好的专家还应对被查评企业下一步在本专业管理和业务工作上的努力方向予以明确。报告格式建议采用（以综合安全为例）如下形式。

## 附件1. 综合安全查评分报告

### （一）企业安全管理总体情况

根据《……》（……号）文件要求，××县供电企业安全性评价综合安全专家组于××××年××月××日—××月××日，对××公司开展了县供电企业安全性评价的综合安全专业查评。

从查评情况来看，××公司在安全管理方面……（从安全目标管理，安全责任制落实，规章制度，安措管理，安全培训，安全例行工作，反违章工作，安全风险管理，隐患排查治理，应急工作，事故调查、安全考核与奖惩共11个方面，进行整体描述）。

本段是对综合安全自查评发现问题的整改情况进行总结，如企业自查评共发现问题×项（其中重点问题×项），截至专家查评日已整改×项（整改情况按未整改问题、完成整改率、部分整改率、综合整改率来衡量并描述）……

### （二）综合安全查评情况

查评组依据《查评规范》综合安全部分的有关评价标准和查评要求，结合××公司县供电企业安全性评价自查评报告，深入公司××管理部门及××班组（供电所、站、线、台区），与有关管理人员、班组成员进行了工作交流和资料查阅，并根据标准逐项进行了查评。

综合安全评价标准项78项，核减不具备评价条件或没有相应内容的项目……（具体列出评价规范中的项目序号）共××项，实查××项，发现问题××项（其中重点问题××项）。标准分1800分，删除非评价项得分，应查评项共××分，实得分××分，得分率为××%。

**县供电企业安全性评价评分表（综合安全）**

| 序号 | 标准名称 | 标准分 | 删除分 | 应得分 | 实得分 | 得分率/% | 重点问题/项 |
|------|----------|--------|--------|--------|--------|----------|-------------|
| 4 | 综合安全 | 1800 | 0 | 1800 | 1800 | 100.00 | |
| 4.1 | 安全目标管理 | 140 | 0 | 140 | 140 | 100.00 | |
| 4.1.1 | 目标制定 | 20 | 0 | 20 | 20 | 100.00 | |
| 4.1.2 | 目标防控措施 | 20 | 0 | 20 | 20 | 100.00 | |
| 4.1.3 | 目标分级控制 | 20 | 0 | 20 | 20 | 100.00 | |
| 4.1.4 | 目标检查及完成情况 | 80 | 0 | 80 | 80 | 100.00 | |
| 4.2 | 安全责任制落实 | 180 | 0 | 180 | 180 | 100.00 | |
| 4.2.1 | 安全工作"五同时" | 20 | 0 | 20 | 20 | 100.00 | |
| 4.2.2 | 安全设施"三同时" | 20 | 0 | 20 | 20 | 100.00 | |
| 4.2.3 | 安全生产委员会 | 20 | 0 | 20 | 20 | 100.00 | |
| 4.2.4 | 安全保证体系 | 20 | 0 | 20 | 20 | 100.00 | |
| 4.2.5 | 安全监督体系 | 20 | 0 | 20 | 20 | 100.00 | |

| 序号 | 标准名称 | 标准分 | 删除分 | 应得分 | 实得分 | 得分率/% | 重点问题/项 |
|------|----------|--------|--------|--------|--------|----------|-------------|
| 4.2.6 | 行政正职安全职责 | 25 | 0 | 25 | 25 | 100.00 | |
| 4.2.7 | 党组（党委）书记安全职责 | 25 | 0 | 25 | 25 | 100.00 | |
| 4.2.8 | 行政副职安全职责 | 15 | 0 | 15 | 15 | 100.00 | |
| 4.2.9 | 部门、岗位安全职责 | 15 | 0 | 15 | 15 | 100.00 | |
| 4.3 | 规章制度 | 60 | 0 | 60 | 60 | | |
| 4.3.1 | 建立健全规章制度 | 20 | 0 | 20 | 20 | 100.00 | |
| 4.3.2 | 现场规程修订 | 20 | 0 | 20 | 20 | 100.00 | |
| 4.3.3 | 规章制度清单 | 20 | 0 | 20 | 20 | 100.00 | |
| 4.4 | 安措管理 | 120 | 0 | 120 | 120 | 100.00 | |
| 4.4.1 | 安措计划管理 | 20 | 0 | 20 | 20 | 100.00 | |
| 4.4.2 | 安措计划编制 | 20 | 0 | 20 | 20 | 100.00 | |
| 4.4.3 | 安措计划实施 | 20 | 0 | 20 | 20 | 100.00 | |
| 4.4.4 | 安措计划实施检查 | 20 | 0 | 20 | 20 | 100.00 | |
| 4.4.5 | 安措计划实施验收 | 20 | 0 | 20 | 20 | 100.00 | |
| 4.4.6 | 安措计划完成总结 | 20 | 0 | 20 | 20 | 100.00 | |
| 4.5 | 安全培训 | 250 | 0 | 250 | 250 | 100.00 | |
| 4.5.1 | 培训计划及经费保障 | 20 | 0 | 20 | 20 | 100.00 | |
| 4.5.2 | 新参加工作人员的培训 | 15 | 0 | 15 | 15 | 100.00 | |
| 4.5.3 | 新上岗生产人员培训 | 15 | 0 | 15 | 15 | 100.00 | |
| 4.5.4 | 在岗生产人员的培训 | 15 | 0 | 15 | 15 | 100.00 | |
| 4.5.5 | 在岗生产人员再培训要求 | 15 | 0 | 15 | 15 | 100.00 | |
| 4.5.6 | 生产岗位班组长培训 | 15 | 0 | 15 | 15 | 100.00 | |
| 4.5.7 | 企业主要负责人、安全生产管理人员培训 | 15 | 0 | 15 | 15 | 100.00 | |
| 4.5.8 | 急救及疏散培训 | 15 | 0 | 15 | 15 | 100.00 | |
| 4.5.9 | "三种人"培训 | 30 | 0 | 30 | 30 | 100.00 | |
| 4.5.10 | 特种作业人员培训 | 20 | 0 | 20 | 20 | 100.00 | |
| 4.5.11 | 定期考试 | 20 | 0 | 20 | 20 | 100.00 | |
| 4.5.12 | 外来人员培训 | 15 | 0 | 15 | 15 | 100.00 | |
| 4.5.13 | 安全培训档案 | 20 | 0 | 20 | 20 | 100.00 | |
| 4.5.14 | 责任者培训 | 20 | 0 | 20 | 20 | 100.00 | |
| 4.6 | 安全例行工作 | 250 | 0 | 250 | 250 | 100.00 | |
| 4.6.1 | 年度安全工作会 | 20 | 0 | 20 | 20 | 100.00 | |
| 4.6.2 | 安委会会议 | 30 | 0 | 30 | 30 | 100.00 | |

| 序号 | 标准名称 | 标准分 | 删除分 | 应得分 | 实得分 | 得分率/% | 重点问题/项 |
|------|----------|--------|--------|--------|--------|----------|------------|
| 4.6.3 | 安全生产例会 | 60 | 0 | 60 | 60 | 100.00 | |
| 4.6.4 | 专项安全活动 | 20 | 0 | 20 | 20 | 100.00 | |
| 4.6.5 | 安全日活动 | 20 | 0 | 20 | 20 | 100.00 | |
| 4.6.6 | 安全检查 | 20 | 0 | 20 | 20 | 100.00 | |
| 4.6.7 | 问题整改 | 20 | 0 | 20 | 20 | 100.00 | |
| 4.6.8 | "两票"管理 | 20 | 0 | 20 | 20 | 100.00 | |
| 4.6.9 | 安全网例会 | 20 | 0 | 20 | 20 | 100.00 | |
| 4.6.10 | 安全通报 | 20 | 0 | 20 | 20 | 100.00 | |
| 4.7 | 反违章工作 | 150 | 0 | 150 | 150 | 100.00 | |
| 4.7.1 | 反违章工作的归口管理 | 20 | 0 | 20 | 20 | 100.00 | |
| 4.7.2 | 违章查纠 | 20 | 0 | 20 | 20 | 100.00 | |
| 4.7.3 | 违章原因分析 | 20 | 0 | 20 | 20 | 100.00 | |
| 4.7.4 | 违章统计 | 30 | 0 | 30 | 30 | 100.00 | |
| 4.7.5 | 反违章专兼职队伍建设 | 20 | 0 | 20 | 20 | 100.00 | |
| 4.7.6 | 违章曝光 | 20 | 0 | 20 | 20 | 100.00 | |
| 4.7.7 | 违章人员培训 | 20 | 0 | 20 | 20 | 100.00 | |
| 4.8 | 安全风险管理 | 150 | 0 | 150 | 150 | 100.00 | |
| 4.8.1 | 企业风险管控措施 | 20 | 0 | 20 | 20 | 100.00 | |
| 4.8.2 | 工区（部门、中心）和班组风险管控措施 | 20 | 0 | 20 | 20 | 100.00 | |
| 4.8.3 | 作业安全风险管控 | 30 | 0 | 30 | 30 | 100.00 | |
| 4.8.4 | 电网风险管理 | 60 | 0 | 60 | 60 | 100.00 | |
| 4.8.5 | 供用电风险管理 | 20 | 0 | 20 | 20 | 100.00 | |
| 4.9 | 隐患排查治理 | 150 | 0 | 150 | 150 | 100.00 | |
| 4.9.1 | 工作机制 | 20 | 0 | 20 | 20 | 100.00 | |
| 4.9.2 | 闭环管理 | 20 | 0 | 20 | 20 | 100.00 | |
| 4.9.3 | 隐患治理（控制） | 50 | 0 | 50 | 50 | 100.00 | |
| 4.9.4 | 隐患验收 | 20 | 0 | 20 | 20 | 100.00 | |
| 4.9.5 | 承包、承租隐患管理 | 20 | 0 | 20 | 20 | 100.00 | |
| 4.9.6 | 定期评估 | 20 | 0 | 20 | 20 | 100.00 | |
| 4.10 | 应急工作 | 200 | 0 | 200 | 200 | 100.00 | |
| 4.10.1 | 组织机构 | 20 | 0 | 20 | 20 | 100.00 | |
| 4.10.2 | 应急救援队伍 | 20 | 0 | 20 | 20 | 100.00 | |
| 4.10.3 | 应急预案 | 60 | 0 | 60 | 60 | 100.00 | |

续表

| 序号 | 标准名称 | 标准分 | 删除分 | 应得分 | 实得分 | 得分率/% | 重点问题/项 |
|---|---|---|---|---|---|---|---|
| 4.10.4 | 应急保障 | 20 | 0 | 20 | 20 | 100.00 | |
| 4.10.5 | 应急培训 | 20 | 0 | 20 | 20 | 100.00 | |
| 4.10.6 | 应急演练 | 20 | 0 | 20 | 20 | 100.00 | |
| 4.10.7 | 应急指挥中心管理 | 20 | 0 | 20 | 20 | 100.00 | |
| 4.10.8 | 应急处置评估 | 20 | 0 | 20 | 20 | 100.00 | |
| 4.11 | 事故调查、安全考核与奖惩 | 150 | 0 | 150 | 150 | 100.00 | |
| 4.11.1 | 事故调查处理原则 | 20 | 0 | 20 | 20 | | |
| 4.11.2 | 事故原始材料 | 20 | 0 | 20 | 20 | 100.00 | |
| 4.11.3 | 事故报告 | 20 | 0 | 20 | 20 | | |
| 4.11.4 | 事故责任追究和处罚 | 30 | 0 | 30 | 30 | 100.00 | |
| 4.11.5 | 实行安全事故"说清楚"制度 | 20 | 0 | 20 | 20 | | |
| 4.11.6 | 安全生产奖励 | 40 | 0 | 40 | 40 | 100.00 | |

（三）安全性评价查评发现问题及整改建议（要求同专家查评）

1. ××县供电企业安全性评价问题和整改建议

内容以表格"××县供电企业安全性评价问题和整改建议表"（格式见表2-3）的形式体现。

2. 查评中发现的主要问题和整改建议

（1）安全目标管理方面：……（文件涉及正式文件的要写文件全称和发文号，以下类同）

建议：……

（2）安全责任制落实方面：……

建议：……

（3）规章制度方面：……

建议：……

（4）安措管理方面：……

建议：……

（5）安全培训方面：……

建议：……

（6）安全例行工作方面：……

建议：……

（7）反违章方面：……

建议：……

（8）安全风险管理方面：……

建议：……

（9）隐患排查治理方面：……

建议：……

（10）应急工作方面：……

建议：……

（11）事故调查、安全考核与奖惩……

建议：……

（四）综合安全方面需要加强的方面及重点任务

（五）查评人

综合安全组人员及人员分工（2人及以上才涉及分工）和完稿时间。

## 附件 2. 电网安全查评分报告

……

## 附件 3. 设备安全查评分报告

……

## 附件 4：供用电安全查评分报告

……

## 附件 5：工程建设安全查评分报告

……

## 附件 6：作业安全查评分报告

……

## 附件 7：电力通信及信息网络安全查评分报告

……

## 附件 8：交通消防及防灾安全查评分报告

……

# 第三节　县供电企业安全性评价复查评报告编写

安全性评价复查评报告是在被查评企业专家查评工作结束一年后，复评价专家组依据企业提供的整改工作报告，对上次评价发现的问题进行举一反三查评后，所形成的《县供电企业安全性评价报告（复查评）》文字材料。复查工作一般由专家查评主管单位组织复查评专家组，在完成复查评工作后，编制复查评报告，下发被查评企业，并上报上级主管部门。

安全性评价复查评报告格式建议采用如下形式。

**一、县供电企业问题整改情况**

内容是对前期安全性评价专家查评报告中查评发现问题的整改情况进行的总结。其中整改情况用完成整改率、部分整改率、综合整改率衡量。其中部分整改是指经上级单位主管部门确认，已制定短期整改计划或采取临时措施，但仍需立项、物资采购等项目才能完成全部整改的评价项目。整改率如下：

（1）完成整改率：完成整改项目数/应整改项目数×100％。

（2）部分整改率：部分整改项目数/应整改项目数×100％。

（3）综合整改率：（完成整改项目数＋部分整改项目数）/应整改项目数×100％。

**二、复查评总体情况**

1. 复查评工作开展情况

本块内容主要是对专家组开展安全性评价复查评的工作依据、专家组组织形式、人员组成和查评时间、方法、内容等进行描述。

2. 总查评得分

同自查报告内容。

3. 分专业评价得分

同自查报告内容。

**三、存在的主要问题和整改建议**

同专家查报告"三、查评发现问题及整改建议 2."的有关内容要求。

# 附录

# 县供电企业安全性评价查评标准及依据

## 1 综合安全（1800 分）

### 1.1 安全目标管理

安全目标管理共 140 分，评价标准见表 1。

表 1                                       安 全 目 标 管 理

| 序号 | 评价项目及内容 | 标准分 | 查评方法 | 评分标准 | 参考依据 |
|------|----------------|--------|----------|----------|----------|
| 4.1 | 安全目标管理 | 140 | | | |
| 4.1.1 | 目标制定：不发生五级及以上人身事故；不发生六级及以上电网、设备事件；不发生一般及以上火灾事故；不发生七级及以上信息系统事件；不发生本单位负同等及以上责任的重大及以上交通事故；不发生其他对公司和社会造成重大影响的事故（事件） | 20 | 查安全管理资料、文件 | 1. 未制定安全生产目标，不得分；<br>2. 目标、措施未结合自身实际，扣 5～10 分 | 《国家电网公司安全职责规范》 |
| 4.1.2 | 目标防控措施：针对目标，分解、细化各专业防控措施 | 20 | 查阅安全管理资料、文件 | 1. 未分解、细化各专业防控措施，一处扣 10 分；<br>2. 防控措施不切合实际，一处扣 2～10 分 | |
| 4.1.3 | 目标分级控制：安全生产目标自上而下逐级分解，组织制定实现年度安全目标计划的具体措施，层层落实安全责任，确保安全目标的实现 | 20 | 查阅部门、班组资料、文件，现场核查 | 1. 部门、班组未落实安全目标责任制，一项扣 10 分；<br>2. 未制定具体措施和层层落实责任，一项扣 2～5 分 | 《国家电网公司安全职责规范》《电网企业安全生产标准化规范及达标评级标准》 |

续表

| 序号 | 评价项目及内容 | 标准分 | 查评方法 | 评分标准 | 参考依据 |
|---|---|---|---|---|---|
| 4.1.4 | 目标检查及完成情况：定期对安全生产目标实施计划情况进行监督、检查与纠偏，企业在评价期内完成安全生产目标 | 80 | 查阅安全监督报表、事故报表、分析记录、调度数据和输变配设备运行数据等资料 | 1. 发生人身死亡事故，安全目标管理项不得分（即扣140分）；<br>2. 发生其他突破本企业安全目标的事件，扣80分；<br>3. 发生未突破安全目标但被上级考核的安全事件，一次扣5分；<br>4. 未定期监督、检查与纠偏，扣2～10分 | 《国家电网公司安全事故调查规程》《电网企业安全生产标准化规范及达标评级标准》 |

## 1.2　安全责任制落实

安全责任制落实共180分，评价标准见表2。

表2　　　　　　　　　　安 全 责 任 制 落 实

| 序号 | 评价项目及内容 | 标准分 | 查评方法 | 评分标准 | 参考依据 |
|---|---|---|---|---|---|
| 4.2 | 安全责任制落实 | 180 | | | |
| 4.2.1 | 安全工作"五同时"：贯彻"谁主管谁负责"和"管业务必须管安全"的原则，做到计划、布置、检查、总结、考核业务工作的同时，计划、布置、检查、总结、考核安全工作 | 20 | 查阅会议纪要、工作计划、日志、计划实施记录、总结等记录文件 | 安全工作未做到与生产工作同时计划、布置、检查、总结、考核，扣5～20分 | 《国家电网公司安全工作规定》 |
| 4.2.2 | 安全设施"三同时"：新建、改建、扩建工程贯彻"三同时"的原则，安全设施做到与主体工程同时设计、同时施工、同时投入生产和使用；安全设施投资纳入建设项目概算 | 20 | 查阅工程设计、概算及竣工验收资料，现场核查 | 1. 安全设施投资未纳入建设项目概算，不得分；<br>2. 安全设施未做到与主体工程同时设计、同时施工、同时投入生产和使用，一处扣10分 | 《中华人民共和国安全生产法》 |
| 4.2.3 | 安全生产委员会：成立以行政正职为主任，党组（委）书记和分管副职为副主任的安全生产委员会（简称安委会），成员由各职能部门负责人组成，明确安委会的组成和职责，建立健全工作制度和例会制度 | 20 | 检查安委会文件、记录 | 1. 未成立安委会，不得分；<br>2. 安委会成员组成不符合规定，扣5～10分；安委会成员未根据人员变动情况及时发文调整，扣5分；<br>3. 未建立健全工作制度和例会制度，扣10分 | 《国家电网公司安全工作规定》 |
| 4.2.4 | 安全保证体系：按照管业务必须管安全的要求，建立由各部门和所属相关单位的主要负责人组成的安全保障责任体系，保障安全所需的人员、物资、费用等资源需要 | 20 | 检查文件、记录，听取汇报 | 1. 安全保证体系不健全，职责不落实，扣5～10分；<br>2. 人员、物资、费用等资源不满足安全生产需要，扣5～10分 | 《电网企业安全生产标准化规范及达标评级标准》 |

续表

| 序号 | 评价项目及内容 | 标准分 | 查评方法 | 评分标准 | 参考依据 |
|---|---|---|---|---|---|
| 4.2.5 | 安全监督体系：按规定设置安全监督机构，设置专业安监管理岗位，由相应人员专职或兼职担任。班组设置专职或兼职安全员 | 20 | 检查人资岗位设置、文件、检查安全监督网、组织体系图、听取汇报 | 1. 未按规定成立安全监督机构，不得分；<br>2. 安全监督人员配置不符合要求，一人扣2分；<br>3. 未按规定设置班组专职或兼职安全员，扣5～10分 | 《国家电网公司安全工作规定》 |
| 4.2.6 | 行政正职安全职责：行政正职是本企业的安全第一责任人，对本企业安全工作负全面责任，并主管安全监督部门。学习上级有关安全的重要文件并组织落实，及时协调和解决各部门在贯彻落实中出现的问题 | 25 | 查阅企业领导分工文件、会议纪要、记录 | 1. 安全生产职责不明确，扣10～20分；<br>2. 未履行主要职责（如未主持安委会、月度安全例会，未批阅上级重要文件并组织落实，及时协调和解决安全工作问题等），扣10～20分；<br>3. 未主管安全监督部门，扣10分 | |
| 4.2.7 | 党组（党委）书记安全职责：按照安全工作党政同责的要求，党委（党组）书记与行政正职负同等责任，参加有关安全工作的重要会议和活动，把安全工作列入党委的重要议事日程，干部考核、选拔、任用及思想政治工作检查评比中，把安全工作业绩作为重要的考核内容 | 25 | 查阅企业领导分工文件、会议纪要、记录 | 1. 安全生产职责不明确，扣10～20分；<br>2. 未履行主要职责（如参加安全工作的重要会议和活动，党委的重要议事日程无安全工作，干部的考核、任用等未把安全工作业绩作为重要的考核内容等），扣10～20分 | 《国家电网公司安全工作规定》<br>《国家电网公司安全职责规范》 |
| 4.2.8 | 行政副职安全职责：按照"谁主管谁负责"的原则，行政副职对分管工作范围内的安全工作负领导责任，向行政正职负责 | 15 | 查阅企业领导分工文件、会议纪要、记录 | 1. 安全职责不明确，扣5～10分；<br>2. 未履行主要职责（如未参加安委会、安全例会，未参加季节性安全大检查、未履行到岗到位要求等），扣5～10分 | |
| 4.2.9 | 部门、岗位安全职责：各部门、各岗位有明确的安全管理职责，各项业务安全管理责任部门、关联业务部门、岗位之间的安全责任界面明确 | 15 | 查阅制度文件，重点检查调控、运维、检修、营销等部门、岗位安全职责 | 1. 未建立各部门、各岗位安全职责，扣10～15分；<br>2. 安全管理责任部门、关联业务部门、岗位之间的安全责任界面不明确，扣5～10分；<br>3. 各部门、各岗位安全职责不全，扣5～10分 | |

## 1.3　规章制度

规章制度共 60 分，评价标准见表 3。

表 3　　　　　　　　　　　　　　　　　规　章　制　度

| 序号 | 评价项目及内容 | 标准分 | 查评方法 | 评分标准 | 参考依据 |
|---|---|---|---|---|---|
| 4.3 | 规章制度 | 60 | | | |
| 4.3.1 | 建立健全规章制度：应具备现场运行、调控、检修工艺规程等，现场运行规程按规定审批后执行 | 20 | 查阅现场运行规程、调控、检修工艺规程 | 1. 现场运行、调控、检修工艺规程等配置不齐全，一项扣 5 分；<br>2. 未审批或审批手续不全，一项扣 2 分 | |
| 4.3.2 | 现场规程修订：每年应对现场规程进行一次复查、修订，并书面通知有关人员；不需修订的，应经复查人、审核人、批准人签名的"可以继续执行"的书面文件；每 3～5 年进行一次全面修订、审定 | 20 | 查阅现场规程、现场考问 | 未及时补充或修订现场规程，或修订后未书面通知有关人员，一项扣 2 分 | 《国家电网公司安全工作规定》 |
| 4.3.3 | 规章制度清单：每年公布本企业现行有效的规章制度清单，并按清单配齐各岗位有关的规章制度 | 20 | 查阅规章制度制度清单，现场核查 | 1. 未按期公布本企业现行有效的规章制度清单，扣 20 分；<br>2. 各岗位有关的规章制度不齐，一项扣 2 分 | |

## 1.4　安措管理

安措管理共 120 分，评价标准见表 4。

表 4　　　　　　　　　　　　　　　　　安　措　管　理

| 序号 | 评价项目及内容 | 标准分 | 查评方法 | 评分标准 | 参考依据 |
|---|---|---|---|---|---|
| 4.4 | 安措管理 | 120 | | | |
| 4.4.1 | 安措计划管理：企业行政正职对本企业安全技术劳动保护措施计划（以下简称安措计划）管理负全面领导责任，保证安措计划所需资金的提取和使用。安措计划由分管安全工作的领导组织，以安全监督管理机构为主，各有关部门参加制定 | 20 | 查阅安措制度、文件、计划、记录，现场核查 | 1. 行政正职未履行安措管理领导职责，或未保证安措计划所需资金的提取和使用，不得分；<br>2. 安措计划制定未做到分管安全工作的领导亲自组织，有关部门参加，扣 5～10 分 | 《国家电网公司安全工作规定》 |
| 4.4.2 | 安措计划编制：安措计划从改善劳动条件，防止伤亡、预防职业病、安全评价结果等方面编制；安措计划的内容包括：安全工器具和安全设施、改善劳动条件和环境、教育培训和宣传等，安措计划中明确项目及其内容、资金、计划执行和完成时间、责任部门/单位、执行部门/单位 | 20 | 查阅安措计划、文件 | 1. 未编制安措计划，不得分；<br>2. 安措计划内容不全或不符合要求，一项扣 2 分 | 《国家电网公司安全工作规定》《国家电网公司安全技术劳动保护措施计划管理办法（试行）》 |

续表

| 序号 | 评价项目及内容 | 标准分 | 查评方法 | 评分标准 | 参考依据 |
|------|----------------|--------|----------|----------|----------|
| 4.4.3 | 安措计划实施：安措计划项目实施列入企业工作计划，在安措资金报批后，按规定的期限内完成所承担的安措计划项目 | 20 | 查阅安措计划、文件 | 1. 安措计划未列入企业工作计划，扣10分；<br>2. 安措计划未在规定的期限内完成，一项扣2分 | 《国家电网公司安全技术劳动保护措施计划管理办法（试行）》 |
| 4.4.4 | 安措计划实施检查：安全监督部门应每季度对安措计划项目实施情况进行监督检查 | 20 | 查阅检查记录，现场核查 | 未按期检查计划执行情况，一次扣5分 | |
| 4.4.5 | 安措计划实施验收：安措计划项目完成后，由项目责任部门组织验收。安措计划项目验收报告汇总至安全监督部门备案 | 20 | 查阅验收记录、报告，现场了解核实 | 1. 未组织验收，一项扣5分；<br>2. 验收报告未备案，一项扣5分 | |
| 4.4.6 | 安措计划完成总结：安全监督部门全面掌握安措计划的完成情况，及时进行年度工作总结，评价安措计划项目在安全生产中的效果，并逐级上报本企业安措计划的执行情况 | 20 | 查阅安措计划、总结资料，现场核查 | 1. 未全面掌握安措计划的完成情况，扣5～10分；<br>2. 未总结、评价或上报本企业安措计划的执行情况，扣2～5分 | |

## 1.5　安全培训

安全培训共250分，评价标准见表5。

表5　　　　　　　　　　安　全　培　训

| 序号 | 评价项目及内容 | 标准分 | 查评方法 | 评分标准 | 参考依据 |
|------|----------------|--------|----------|----------|----------|
| 4.5 | 安全培训 | 250 | | | |
| 4.5.1 | 培训计划及经费保障：制定安全培训年度计划，定期检查实施情况；保证员工安全培训所需经费 | 20 | 查阅培训计划、文件、记录及有关资料 | 1. 未制定年度安全培训计划，或未定期检查实施情况，扣5～10分；<br>2. 未保证培训费用，扣5分 | 《国家电网公司安全工作规定》 |
| 4.5.2 | 新参加工作人员的培训：新入企业的生产人员（含实习、代培人员），应进行安全教育培训，经安规考试合格后方可进入生产现场工作；新参加电气工作的人员、实习人员和临时参加劳动的人员（管理人员、非全日制用工等），应经过安全知识教育后，方可下现场参加指定的工作，并且不准单独工作 | 15 | 查阅培训计划、记录、考试档案 | 1. 新入企业生产人员未经安全教育和安规考试合格，一人扣5分；<br>2. 新参加电气工作的人员、实习人员和临时参加劳动的人员未经安全知识教育进入生产现场，一人扣2分 | 《国家电网公司安全工作规定》<br>《国家电网公司电力安全工作规程》 |

| 序号 | 评价项目及内容 | 标准分 | 查评方法 | 评分标准 | 参考依据 |
|---|---|---|---|---|---|
| 4.5.3 | 新上岗生产人员培训：应当经过下列培训，并经考试合格后上岗。运维、调控人员（含技术人员）、从事倒闸操作的检修人员，经过现场规程制度的学习、现场见习和至少2个月的跟班实习；检修、试验人员（含技术人员），经过检修、试验规程的学习和至少2个月的跟班实习；用电检查、装换表、业扩报装人员，应经过现场规程制度的学习、现场见习和至少1个月的跟班实习 | 15 | 查阅培训考核记录、档案 | 1. 新上岗的人员未参加规程制度的学习、现场见习或跟班学习时间不足，一人扣5分；<br>2. 未经过考试合格上岗，一人扣5分 | 《国家电网公司安全工作规定》 |
| 4.5.4 | 在岗生产人员的培训：生产人员离岗3个月及以上、调换岗位或者其岗位需要面临新工艺、新技术、新设备、新材料时，对其进行专门安全教育培训，经考试合格后，方可上岗 | 15 | 查阅培训考试记录、档案 | 1. 未经专门培训和考试即上岗的，一人扣5分；<br>2. 考试不合格，仍上岗，一人扣10分 | |
| 4.5.5 | 在岗生产人员再培训要求：在岗生产人员每年再培训不得少于8学时。定期进行有针对性的现场考问、反事故演习、技术问答、事故预想等现场培训活动 | 15 | 查阅培训记录、档案 | 1. 在岗生产人员每年再培训少于8学时，一人扣2分；<br>2. 未定期进行现场考问、反事故演习、技术问答、事故预想等现场培训活动，一次扣2分 | |
| 4.5.6 | 生产岗位班组长培训：应每年进行安全知识、现场安全管理、现场安全风险管控等知识培训，考试合格后方可上岗 | 15 | 查阅培训考试记录、档案 | 1. 未经专门培训和考试即上岗的，一人扣5分；<br>2. 考试不合格，仍上岗，一人扣10分 | |
| 4.5.7 | 企业主要负责人、安全生产管理人员培训：应由取得相应资质的安全培训机构进行培训，考试合格 | 15 | 查阅培训记录、档案 | 1. 未参加培训，一人扣2分；<br>2. 考试不合格，一人2分 | |
| 4.5.8 | 急救及疏散培训：生产人员学会自救互救、疏散和现场紧急情况的处理方法，熟练掌握触电现场急救、消防器材的使用方法 | 15 | 查阅培训资料、记录，现场核查、抽问 | 1. 生产人员未学习自救互救、疏散和现场紧急情况的处理方法，一人扣2分；<br>2. 生产人员不能掌握触电现场急救、消防器材的使用方法，一人扣2分 | 《国家电网公司电力安全工作规程》《国家电网公司安全工作规定》 |

续表

| 序号 | 评价项目及内容 | 标准分 | 查评方法 | 评分标准 | 参考依据 |
|---|---|---|---|---|---|
| 4.5.9 | "三种人"培训：每年对工作票（作业票）签发人、工作负责人、工作许可人进行培训，经考试合格后，书面公布有资格担任工作票签发人、工作负责人、工作许可人的人员名单 | 30 | 查阅"三种人"培训资料、记录、文件 | 1. "三种人"未经培训考试，不得分；<br>2. "三种人"资格未行文公布，扣5~10分 | 《国家电网公司安全工作规定》 |
| 4.5.10 | 特种作业人员培训：特种作业人员，经专门培训，并经考试合格取得资格、企业书面批准。离开特种作业岗位6个月的作业人员，重新进行实际操作考试，经确认合格后方可上岗作业 | 20 | 查阅培训考核记录、档案，查阅特种作业证 | 1. 特种作业人员未经过专业培训或无证上岗（含证件有效期过期），一人扣5分；<br>2. 离开特种作业岗位6个月，未重新进行实际操作考试并经确认合格后上岗作业，一人扣2分 | |
| 4.5.11 | 定期考试：每年至少组织一次对班组人员的安全规章制度、规程规范考试 | 20 | 查阅资料、培训记录，现场核查、抽查 | 未按规定组织进行安全规章制度、规程规范考试，一人扣2分 | |
| 4.5.12 | 外来人员培训：参与本企业电气工作的外来人员应熟悉《安规》相关条文，并经考试合格，经设备运维管理单位（部门）认可，方可参加工作。工作前，设备运维管理单位（部门）应告知现场电气设备接线情况、危险点和安全注意事项 | 15 | 查阅资料、培训记录，现场核查、抽查 | 1. 未经过安全培训并考试合格，不得分；<br>2. 未告知现场电气设备接线情况、危险点和安全注意事项，一次扣5分 | 《国家电网公司电力安全工作规程》 |
| 4.5.13 | 安全培训档案：建立员工安全培训管理档案，详细、准确记录员工安全培训考核情况 | 20 | 查阅安全培训档案、记录 | 1. 未建立员工安全培训管理档案，不得分；<br>2. 未将考试成绩记入个人档案，一人扣2分 | |
| 4.5.14 | 责任者培训：对违反规程制度造成安全事故（事件）、严重未遂事故的责任者，除按有关规定处理外，责成其学习有关规程制度，并经考试合格后，方可重新上岗 | 20 | 查阅事故资料、培训记录 | 相关责任人未学习有关规程制度，或未经考试合格后上岗，不得分 | 《国家电网公司安全工作规定》 |

## 1.6　安全例行工作

安全例行工作共250分，评价标准见表6。

表6　　　　　　　　　　　　安　全　例　行　工　作

| 序号 | 评价项目及内容 | 标准分 | 查评方法 | 评分标准 | 参考依据 |
|---|---|---|---|---|---|
| 4.6 | 安全例行工作 | 250 | | | |
| 4.6.1 | 年度安全工作会：召开年度安全工作会议，总结本企业上年度安全情况，部署本年度安全工作任务 | 20 | 查阅安全工作会议资料、记录 | 1. 未召开年度安全工作会议，不得分；<br>2. 重点工作未进行有针对性安排布置，一项扣2分 | |
| 4.6.2 | 安委会会议：每季度至少召开一次安委会会议，研究解决安全重大问题，决策部署安全重大事项。会议由安委会主任主持，安委会成员和有关部门负责人参加 | 30 | 查阅安委会记录、资料 | 1. 未按规定召开安委会，扣5~10分；<br>2. 安委会主任未亲自主持会议，一次扣5分；<br>3. 未研究、解决重大安全问题和事项，扣5~10分 | |
| 4.6.3 | 安全生产例会：应建立安全生产月、周、日例会制度，对安全生产实行"月计划、周安排、日管控"，协调解决安全工作存在的问题，建立安全风险日常管控和协调机制。安全生产月度例会应由行政正职主持，月例会要形成会议记录 | 60 | 查阅安全例会会议资料、记录 | 1. 未建立安全生产月、周、日例会制度，不得分；<br>2. 未及时召开月度安全生产例会，一次扣5分；<br>3. 未及时协调解决安全工作存在的问题，一次扣5分；<br>4. 月例会未由行政正职主持，一次扣2分；<br>5. 月例会未形成会议记录，一次扣5分 | 《国家电网公司安全工作规定》 |
| 4.6.4 | 专项安全活动：根据上级年度安全工作意见和安全活动部署，组织开展专项安全活动，抓好活动各项任务的分解、细化和落实 | 20 | 查阅活动文件、资料、记录 | 1. 未按要求开展专项安全活动，不得分；<br>2. 活动任务未分解、细化和落实，一次扣5分 | |
| 4.6.5 | 安全日活动：班组每周或每个轮值进行一次安全日活动，活动内容联系实际，有针对性，并做好记录。班组上级主管领导每月至少参加一次班组安全日活动并检查活动情况 | 20 | 查阅安全日活动记录、听取活动录音 | 1. 未开展安全日活动，不得分；<br>2. 少一次活动扣5分；<br>3. 活动内容未结合班组具体情况，一次扣2分；<br>4. 上级主管领导未按要求参加，一次扣2分 | |
| 4.6.6 | 安全检查：定期和不定期进行安全检查，组织进行春季、秋季等季节性安全检查，组织开展各类专项安全检查 | 20 | 查阅安全检查文件、资料、记录，现场核查 | 1. 未定期开展安全检查，不得分；<br>2. 检查内容未结合季节特点和本企业实际，一次扣5分；<br>3. 未编制检查表，一次扣2分 | |

| 序号 | 评价项目及内容 | 标准分 | 查评方法 | 评分标准 | 参考依据 |
|---|---|---|---|---|---|
| 4.6.7 | 问题整改：对安全检查查出的问题要制定整改计划并监督落实 | 20 | 查阅安全检查文件、资料、记录，现场核查 | 1. 未制定整改计划并监督落实，一次扣5分；<br>2. 未按计划整改，一次扣5分 | 《国家电网公司安全工作规定》 |
| 4.6.8 | "两票"管理：分层次对操作票和工作票进行分析、评价和考核。班组每月一次，部门、中心每季一次，企业每半年一次。每年至少进行一次"两票"知识调考 | 20 | 查阅"两票"文件、资料、记录，现场核查 | 1. 未执行"两票"管理制度，不得分；<br>2. 未分层次分析、评价和考核两票，一次扣2分；<br>3. 未按期调考"两票"知识，一次扣10分 | 《国家电网公司安全工作规定》 |
| 4.6.9 | 安全网例会：每月召开一次安全网例会，安全网成员参加，传达安全例会精神，分析安全生产和安全监督现状，制定对策 | 20 | 查阅安全网会议记录，现场核查 | 1. 未按要求召开安全网会议，不得分；<br>2. 安全网参会成员缺席，一人次扣5分；<br>3. 安全网例会与实际工作不符，一次扣5分 | 《国家电网公司安全工作规定》《电网企业安全生产标准化规范及达标评级标准》 |
| 4.6.10 | 安全通报：转发、编写安全通报、快报，综合安全情况，分析事故规律，吸取事故教训 | 20 | 查阅安全通报、简报，班组核实 | 1. 漏转发上级通报，一次扣10分；<br>2. 转发上级通报不及时，一次扣5分；<br>3. 安全通报未分析事故规律，吸取事故教训，一次扣2分 | 《国家电网公司安全工作规定》 |

## 1.7 反违章工作

反违章工作共150分，评价标准见表7。

**表7** 反 违 章 工 作

| 序号 | 评价项目及内容 | 标准分 | 查评方法 | 评分标准 | 参考依据 |
|---|---|---|---|---|---|
| 4.7 | 反违章工作 | 150 | | | |
| 4.7.1 | 反违章工作的归口管理：安监部门负责反违章工作的归口管理，对反违章工作进行监督、评估考核；安全生产保证部门，按照"谁主管谁负责，谁实施谁负责"的原则，负责本专业管理范围内的反违章工作 | 20 | 查阅安监、专业部门反违章档案，通知书 | 1. 安监部门未对反违章工作进行监督、评估考核，扣5~10分；<br>2. 保证部门未负责本专业管理范围内的反违章工作，扣5~10分 | 《国家电网公司安全生产反违章工作管理办法》 |

| 序号 | 评价项目及内容 | 标准分 | 查评方法 | 评分标准 | 参考依据 |
|---|---|---|---|---|---|
| 4.7.2 | 违章查纠：监督检查一旦发现违章现象，立即加以制止、纠正，说明违章判定依据，做好违章记录，必要时下达违章整改通知书，督促落实整改措施 | 20 | 查阅检查记录、通知书，现场核查 | 1. 发现违章现象，未立即加以制止、纠正，一次扣5分；<br>2. 无违章监督检查记录，一次扣2分；<br>3. 对下达违章整改通知书，未督促落实整改，一次扣2分 | |
| 4.7.3 | 违章原因分析：对查出的每起违章，做到原因清楚，责任落实到人，整改措施到位。在分析违章直接原因的同时，深入查找其背后的管理原因。对性质特别恶劣的违章、反复发生的同类性质违章，以及引发安全事件的违章，责任单位要到上级单位"说清楚" | 20 | 查阅相关记录，现场核查 | 1. 对查处的违章，未做到原因清楚，责任落实，整改措施到位，一次扣2分；<br>2. 未深入查找其背后的管理原因，扣2~5分；<br>3. 对性质特别恶劣的违章、反复发生的同类性质违章，以及引发安全事件的违章，未组织"说清楚"，一次扣5分 | |
| 4.7.4 | 违章统计：以月、季、年为周期，统计违章现象，分析违章规律，研究制定防范措施，定期在安委会会议、安全生产例会、安全监督（安全网）例会上通报有关情况 | 30 | 查阅统计分析记录，会议纪要 | 1. 未按期开展违章统计分析，不得分，少一次扣5分；<br>2. 未定期通报违章情况，少一次扣2分 | 《国家电网公司安全生产反违章工作管理办法》 |
| 4.7.5 | 反违章专兼职队伍建设：组建反违章监督检查专职或兼职队伍，配足反违章监督检查必备的设备（如录音、照相、摄像器材，望远镜等），保证交通工具使用 | 20 | 查阅反违章队伍建设文件、记录，抽查反违章设备 | 1. 未建立反违章专兼职队伍，不得分；<br>2. 未配足反违章监督检查必备设备，扣2~10分 | |
| 4.7.6 | 违章曝光：在网站、公示栏等内部媒体上开辟反违章工作专栏，对事故监察、安全检查、专项监督、违章纠察（稽查）等查出的违章现象，予以曝光，形成反违章舆论监督氛围 | 20 | 查阅违章曝光制度，记录 | 1. 未建立网站、公示栏等内部媒体反违章工作专栏，不得分；<br>2. 未对典型违章现象予以曝光，一次扣2分 | |
| 4.7.7 | 违章人员培训：对严重违章的人员，进行教育培训；对多次发生严重违章，进行待岗教育培训，经考试、考核合格后方可重新上岗 | 20 | 查阅各级违章档案，违章人员教育记录，现场核查 | 1. 对严重违章的人员，未进行教育培训，一人次扣2分；<br>2. 对多次发生严重违章的人员，未进行待岗教育培训和考试，一人次扣5分 | |

## 1.8 安全风险管理

安全风险管理共150分，评价标准见表8。

表8                          安 全 风 险 管 理

| 序号 | 评价项目及内容 | 标准分 | 查评方法 | 评分标准 | 参考依据 |
|---|---|---|---|---|---|
| 4.8 | 安全风险管理 | 150 | | | |
| 4.8.1 | 企业风险管控措施：企业控制人身伤亡、设备损坏、供电中断等事故风险，负责本企业风险管控具体方案和措施，定期通报各类风险的识别（发现）、评估和整改情况，对本企业存在的重大和一般风险承担闭环管理责任 | 20 | 查阅安全风险管理文件、资料、记录，现场核查 | 1. 未制定风险管控的具体方案和措施，扣 5～10分；<br>2. 未定期通报各类风险的识别（发现）、评估和整改情况，扣 5～10分 | 《国家电网公司安全风险管理工作基本规范（试行）》 |
| 4.8.2 | 工区（部门、中心）和班组风险管控措施：部门、中心和班组负责生产作业风险控制的执行，做好人员安排、任务分配、安全交底、工作组织等风险管控。作业人员熟悉和掌握风险管控措施，避免人身伤害和人员责任事故的发生。到岗到位人员监督检查方案、预案、措施的落实和执行，协调和指导生产作业风险管理的改进和提升 | 20 | 查阅施工方案、两票等作业文件、班前会记录等资料，现场核查 | 1. 部门、中心和班组在人员安排、任务分配、安全交底、工作组织等方面风险管控措施不落实、针对性不强，扣 5～10分；<br>2. 作业人员不熟悉、掌握风险及管控措施，扣 5～10分；<br>3. 到岗到位人员未监督检查方案、预案、措施的落实和执行，扣 5～10分 | |
| 4.8.3 | 作业安全风险管控：1. 系统梳理生产作业工作流程，明确作业计划、作业准备、作业实施和监督考核每个环节保障安全的具体要求，形成标准工作程序；2. 以作业计划为依据，合理安排人力、物力，做好作业前的充分准备 | 30 | 查阅作业过程资料、记录，现场检查、抽问 | 1. 未按照规定，形成标准化作业流程，扣 10～20分；<br>2. 作业管理人员对流程不清楚，一人扣 5分；<br>3. 作业未超前策划和超前准备，一项扣 5分 | 《生产作业安全管控标准化工作规范（试行）》 |
| 4.8.4 | 电网风险管理：1. 开展电网2～3年滚动分析校核及年度电网运行方式分析工作，全面评估电网运行情况、安全稳定措施落实情况及其实施效果，分析预测电网安全运行面临的风险，组织制定专项治理方案；2. 开展月度计划、周计划电网运行方式分析工作，评估临时方式、过渡方式、检修方式的电网风险，建立电网运行风险预警管控机制，分级落实电网风险控制的技术措施和组织措施；3. 预警评估、预警发布、预警报告与告知、预警实施、预警解除、检查评价工作流程完善，职责清晰，措施明确；4. 建立健全电网风险预警管控横向协调、纵向贯通、内外联动机制 | 60 | 查阅电网预警流程资料、会议记录、现场抽问 | 1. 未开展年度方式分析、评估、分析电网安全风险并制定专项治理方案，一次扣 20分；<br>2. 未开展月度计划、周计划电网运行方式分析，评估电网风险，分级落实电网风险控制的技术措施和组织措施，一次扣 10分；<br>3. 电网运行风险预警流程缺失，一次扣 10分；<br>4. 职责不清、措施不明，一次扣 10分；<br>5. 横向协调、纵向贯通、内外联动机制不健全，一次扣 10分 | 《电网运行风险预警管控工作规范》《国家电网公司安全工作规定》 |

| 序号 | 评价项目及内容 | 标准分 | 查评方法 | 评分标准 | 参考依据 |
|---|---|---|---|---|---|
| 4.8.5 | 供用电风险管理：组织供用电合同签订，明确供用电双方承担的安全责任。做好重要、高危用户（如电铁、煤矿、冶炼、化工、医院等）的用电指导并履行供电安全风险告知，与本企业内部相关部门协调配合，强化用电安全管理 | 20 | 查阅供用电合同、文件、记录等资料，现场核查 | 1. 未明确供用电双方应承担的安全责任，扣2～5分；<br>2. 未履行供电安全风险告知，扣2～5分 | 《国家电网公司安全职责规范》 |

## 1.9　隐患排查治理

隐患排查治理共 150 分，评价标准见表 9。

表 9　　　　　　　　　　隐 患 排 查 治 理

| 序号 | 评价项目及内容 | 标准分 | 查评方法 | 评分标准 | 参考依据 |
|---|---|---|---|---|---|
| 4.9 | 隐患排查治理 | 150 | | | |
| 4.9.1 | 工作机制：建立健全安全隐患排查治理工作机制，明确各级人员工作职责和工作流程与要求，做到全覆盖 | 20 | 查阅安全隐患排查治理制度、记录、资料，现场核查 | 1. 未健全安全隐患排查治理工作机制，不得分；<br>2. 未明确和落实各级、各专业管理部门和人员隐患排查治理责任，扣5～10分 | |
| 4.9.2 | 闭环管理：1. 隐患排查治理纳入日常工作中，按照"排查（发现）—评估报告—治理（控制）—验收—销号"的流程形成闭环管理；2. 重大安全隐患的整改闭环管控应按照"签发督办单—制定管控表—上报反馈单"的流程开展 | 20 | 查阅安全隐患排查报表资料，现场核查 | 1. 隐患未形成闭环管理，一条扣5分；<br>2. 重大安全隐患整改闭环管控未落实"两单一表"（安全督办单、安全整改反馈单和安全整改过程管控表）制度，一条扣5分 | 《国家电网公司安全隐患排查治理管理办法》<br>《国网安质部关于实施"两单一表"制度强化重大安全隐患整改管控的通知》 |
| 4.9.3 | 隐患治理（控制）：安全隐患一经确定，隐患所在单位立即采取控制措施，防止事故发生，同时根据隐患具体情况和急迫程度，及时制定治理方案或措施，抓好隐患整改，按计划消除隐患，防范安全风险。安全隐患治理结合电网规划和年度电网建设、技改、大修、专项活动、检修维护等进行，做到责任、措施、资金、期限和应急预案"五落实" | 50 | 查阅安全隐患排查相关报表、记录资料，隐患治理方案，现场核查 | 1. 未立即采取控制措施，一条扣5分；<br>2. 未编写隐患治理方案，一条扣2分；<br>3. 未及时整改、按计划消除，一条扣2分；<br>4. 未做到职责范围内的"五落实"，一条扣2分 | |

续表

| 序号 | 评价项目及内容 | 标准分 | 查评方法 | 评分标准 | 参考依据 |
|------|----------------|--------|----------|----------|----------|
| 4.9.4 | 隐患验收：隐患治理完成后，隐患所在单位及时报告有关情况、申请验收。县供电企业组织对安全事件隐患治理结果进行验收。重大事故隐患治理有书面验收报告。事故隐患治理结果验收在提出申请后10天内完成 | 20 | 查阅安全隐患排查相关报表资料，现场核查 | 1. 未及时验收或申请验收，一条扣2分；<br>2. 验收资料不完善，一条扣2分 | 《国家电网公司安全隐患排查治理管理办法》《国网安质部关于实施"两单一表"制度强化重大安全隐患整改管控的通知》 |
| 4.9.5 | 承包、承租隐患管理：将生产经营项目、工程项目、场所、设备发包、出租的，与承包、承租单位签订安全生产管理协议，并在协议中明确各方对安全隐患排查、治理和防控的管理职责；对承包、承租单位隐患排查治理负有统一协调和监督管理的职责 | 20 | 查阅安全隐患排查相关报表资料、查阅与承包承租单位签订的安全协议、现场核查 | 1. 未与承包、承租单位签订安全生产管理协议，不得分；<br>2. 对承包、承租单位隐患排查治理统一协调和监督管理不到位，扣5～10分 | |
| 4.9.6 | 定期评估：全面梳理、核查各级各类安全隐患，做到准确无误。定期评估周期每月一次，结合安委会会议、安全例会等进行，定期评估报告及时录入安监管理一体化平台，按规定进行安全隐患的汇总、统计、分析、数据录入、报送等工作 | 20 | 查阅安全隐患排查相关报表资料，现场核查 | 1. 未定期梳理、核查各级各类安全隐患，一次扣2分；<br>2. 未定期评估安全隐患，一次扣2分；<br>3. 未及时将安全隐患、评估报告录入安监一体化平台，一次扣2分；<br>4. 未按规定进行安全隐患的汇总、统计、分析、数据录入、报送等，一条扣2分 | |

## 1.10 应急工作

应急工作共200分，评价标准见表10。

表 10 应 急 工 作

| 序号 | 评价项目及内容 | 标准分 | 查评方法 | 评分标准 | 参考依据 |
|------|----------------|--------|----------|----------|----------|
| 4.10 | 应急工作 | 200 | | | |
| 4.10.1 | 组织机构：成立以本企业主要负责人为组长的应急领导小组；建立由安全监督管理机构归口管理、各职能部门分工负责的应急管理体系 | 20 | 查阅应急管理组织及职责履行相关资料、文件、记录 | 1. 未成立以本企业主要负责人为组长的应急领导小组，不得分；<br>2. 未按要求明确各职能部门分工负责，扣5～10分 | 《国家电网公司安全工作规定》 |
| 4.10.2 | 应急救援队伍：建立应急救援队伍，加强应急联动机制建设，提高协同应对突发事件的能力 | 20 | 查阅应急工作文件、报表、记录，现场核查 | 1. 未建立应急救援队伍，不得分；<br>2. 未按要求与政府、上级以及同级单位建立相关应急联动机制，扣5～10分 | |

| 序号 | 评价项目及内容 | 标准分 | 查评方法 | 评分标准 | 参考依据 |
|------|----------------|--------|----------|----------|----------|
| 4.10.3 | 应急预案：应急预案体系完善（总体预案、专项预案、现场处置方案），符合"实际、实用、实效"的原则。应急预案经评审、修改后，由本单位主要负责人（或分管领导）签署发布，并向上级有关部门备案。每年至少进行一次应急预案适用情况的评估，并编制评估报告。每三年至少修订一次 | 60 | 查阅各级应急预案体系，现场核查 | 1. 应急预案体系不全，缺一项扣20分；<br>2. 未按要求组织预案评审和发布，扣20分；<br>3. 预案未向有关部门备案，一项扣10分；<br>4. 未按期评估，编制评估报告，一项扣10分；<br>5. 未按规定及时修订，一项扣20分 | 《国家电网公司安全工作规定》《国家电网公司应急工作管理规定》《国家电网公司应急预案管理办法》 |
| 4.10.4 | 应急保障：落实应急装备、应急物资，提高应急保障能力，开展应急能力评估 | 20 | 查阅应急工作文件、报表、记录，现场核查 | 1. 未落实应急装备、物资，不得分；<br>2. 未开展应急能力评估，明确改进措施，扣2～10分 | |
| 4.10.5 | 应急培训：定期开展不同层面的应急理论和技能培训，结合实际经常向全体员工宣传应急知识。制定年度应急培训计划 | 20 | 查阅培训记录和档案 | 1. 未按期开展应急培训，扣5～10分；<br>2. 应急培训和宣传内容不符合要求，扣5～10分；<br>3. 未制定年度应急培训计划，扣10分 | |
| 4.10.6 | 应急演练：每两年至少组织一次综合应急演练或社会应急联合演练，每年至少组织一次专项应急演练，每半年至少组织一次现场处置方案演练 | 20 | 查阅应急工作文件、报表、记录，现场核查 | 1. 未按要求开展综合或专项应急演练，一次扣10分；<br>2. 演练内容不符合有关要求，一处扣2分 | |
| 4.10.7 | 应急指挥中心管理：加强应急指挥中心运行管理，定期进行设备检查调试，保证应急指挥中心随时可以启用 | 20 | 查阅应急工作文件、资料、记录，现场核查 | 1. 未成立应急指挥中心，不得分；<br>2. 设备维护管理不到位，一项扣5分 | |
| 4.10.8 | 应急处置评估：突发事件应急处置工作结束后，应对突发事件应急处置情况进行调查评估，提出防范和改进措施 | 20 | 查阅应急工作文件、报表、记录，现场核查 | 1. 未对应急处置情况进行调查评估，一次扣5分；<br>2. 未提出防范和改进措施，一次扣5分 | |

## 1.11 事故调查及安全考核与奖惩

事故调查及安全考核与奖惩共 150 分，评价标准见表 11。

表 11　　　　　　　　　　　　事故调查及安全考核与奖惩

| 序号 | 评价项目及内容 | 标准分 | 查评方法 | 评分标准 | 参考依据 |
|---|---|---|---|---|---|
| 4.11 | 事故调查及安全考核与奖惩 | 150 | | | |
| 4.11.1 | 事故调查处理原则：事故调查处理坚持"四不放过"和科学严谨、依法依规、实事求是、注重实效的原则，开展事故调查，不断总结经验，提高安全水平 | 20 | 查阅事故（事件）报表、记录、报告，现场检查、核实 | 1. 未落实"四不放过"等原则要求，不得分；<br>2. 吸取事故教训、总结经验走形式，整改不力，一次扣5～20分；<br>3. 未根据事故发生、扩大的原因和责任分析，提出有针对性的防范措施，一次扣5～10分 | 《国家电网公司安全工作规定》《国家电网公司安全事故调查规程》 |
| 4.11.2 | 事故原始材料：事故发生后应如实提供现场情况，并收集整理原始材料包括：有关运行、操作、检修、试验、验收的记录文件等 | 20 | 查阅事故（事件）报表、记录，现场检查、核实 | 1. 未如实提供现场情况，不得分；<br>2. 应收集的原始材料不齐，扣5～10分 | |
| 4.11.3 | 事故报告：安全事故报告及时、准确、完整，任何单位和个人对事故不得迟报、漏报、谎报或者瞒报 | 20 | 查阅事故（事件）报表、记录，现场检查、核实 | 1. 隐瞒不报、谎报，不得分；<br>2. 报告不及时、不准确，扣5～10分 | |
| 4.11.4 | 事故责任追究和处罚：按照职责管理范围，从规划设计、招标采购、施工验收、生产运行和教育培训等各个环节，对发生安全事故（事件）的单位及责任人进行责任追究和处罚，在评先、评优、晋级等方面实行"一票否决制" | 30 | 查阅相关资料、记录，现场核查 | 1. 未按职责管理范围，对发生安全事故（事件）的单位及责任人进行责任追究和处罚，一次扣10分；<br>2. 对造成后果的单位和个人，未在评先、评优、晋级等方面实行"一票否决制"，一次扣10分 | 《国家电网公司安全工作规定》 |
| 4.11.5 | 实行安全事故"说清楚"制度：发生事故的单位在限定时间内向上级单位"说清楚" | 20 | 查阅相关文件、记录、报表，现场抽问 | 1. 对安全事故未按规定进行"说清楚"，不得分；<br>2. 未落实相关整改要求，一次扣10分 | |
| 4.11.6 | 安全生产奖励：至少每年表彰、奖励对安全工作做出突出贡献的集体和个人；表彰奖励应重点向承担主要安全责任和风险的基层单位班组生产一线人员倾斜，基层单位班组生产一线人员奖励名额所占比例不少于50% | 40 | 查阅相关文件、资料、记录 | 1. 未每年表彰、奖励在安全生产中做出突出贡献的集体和个人，扣10分；<br>2. 生产一线人员奖励比例少于50%，不得分 | 《国家电网公司安全工作规定》《国家电网公司安全工作奖惩规定》 |

## 2　电网安全（1380 分）

### 2.1　电网规划

电网规划共 160 分，评价标准见表 12。

表 12　　　　　　　　　　电　网　规　划

| 序号 | 评价项目及内容 | 标准分 | 查评方法 | 评分标准 | 参考依据 |
|------|----------------|--------|----------|----------|----------|
| 5.1 | 电网规划 | 160 | | | |
| 5.1.1 | 电网规划管理 | 120 | | | |
| 5.1.1.1 | 组织结构：电网规划组织健全、有电网规划领导小组、职责分工明确 | 20 | 查阅组织机构、领导小组及职责分工文件 | 1. 组织机构不健全，扣 10 分；<br>2. 无领导小组，扣 5 分；<br>3. 分工不明确，扣 5 分 | 《国家电网公司电网规划管理办法》《国家电网公司配电网规划管理规定》 |
| 5.1.1.2 | 电网规划时间：县级电网应有近期、中期、远期规划。其中 10kV 及以下电网应给出 2 年内的网架规划和各年度新建与改造项目，并估算 5 年的建设规模和投资规模（对县公司电网规划已纳入市公司电网规划的，可不另行规划） | 40 | 查阅规划设计文本、本企业和上级审批文件 | 1. 无相关规划内容，不得分；<br>2. 规划编制质量不高，扣 5~10 分 | 《国家电网公司配电网规划内容深度规定》 |
| 5.1.1.3 | 电网规划评估与滚动调整：配电网规划实行动态管理，每年应对配电网发展现状、负荷预测、电源发展、规划项目实施等情况开展分析、评估，针对存在的问题有计划地进行滚动调整工作 | 30 | 查阅规划原本和历年修订资料 | 未适时滚动修订，一次扣 10 分 | 《国家电网公司配电网规划管理规定》 |
| 5.1.1.4 | 结合本地区发展规划：县网规划根据本地区经济、技术条件制定，内容符合本地区电网发展、改造要求，与上级电网合理衔接，并纳入当地经济和社会发展总体规划 | 30 | 查阅规划内容 | 1. 未纳入当地经济和社会总体发展规划，不得分；<br>2. 内容不符合要求，扣 5~10 分 | |

| 序号 | 评价项目及内容 | 标准分 | 查评方法 | 评分标准 | 参考依据 |
|---|---|---|---|---|---|
| 5.1.2 | 电网规划目标 | 40 | | | |
| 5.1.2.1 | 供电可靠率（RS-1）：A类供电区域用户年平均停电时间不高于52min（≥99.990%）；B类供电区域用户年平均停电时间不高于3h（≥99.965%）；C类供电区域用户年平均停电时间不高于12h（≥99.863%）；D类供电区域用户年平均停电时间不高于24h（≥99.726%）；E类供电区域用户年平均停电时间不低于向社会承诺的指标 | 20 | 查阅质量管理系统报表、查阅电网规划内容与质量管理系统的年度、月度报表数据进行核对 | RS-1每降低0.1%，扣3分 | 《配电网规划设计技术导则》 |
| 5.1.2.2 | 综合电压合格率：A类供电区域≥99.97%；B类供电区域≥99.95%；C类供电区域≥98.79%；D类供电区域≥97.00%；E类供电区域不低于向社会承诺的指标 | 20 | 查阅调度自动化系统报表、查阅电网规划内容与综合电压管理系统的年度、月度报表 | 综合电压合格率每降低0.1%，扣3分 | |

## 2.2 电网结构

电网结构共220分，评价标准见表13。

**表13** 电　网　结　构

| 序号 | 评价项目及内容 | 标准分 | 查评方法 | 评分标准 | 参考依据 |
|---|---|---|---|---|---|
| 5.2 | 电网结构 | 220 | | | |
| 5.2.1 | 接线方式 | 70 | | | |
| 5.2.1.1 | 高压配电网：可采用N-1原则配置主变压器和高压线路（A类、B类、C类地区应满足N-1；D类地区宜满足N-1；E类地区不强制要求） | 30 | 查阅电网地理接线图、变电站接线图 | 网架布局不满足N-1原则，一处扣10分 | 《配电网规划设计技术导则》 |
| 5.2.1.2 | 中压配电网：采用线路合理分段、适度联络，以及配电自动化、不间断电源、备用电源、不停电作业等技术手段（A类、B类地区应满足N-1；C类地区宜满足N-1；D类地区可满足N-1；E类地区不强制要求） | 30 | 查阅线路资料 | 1. 中压线路分段、联络不合理，一处扣3分；<br>2. 采用的技术手段不符合实际或规范要求，扣5分 | |
| 5.2.1.3 | 低压配电网（含配电变压器）：一般采用辐射式结构，或采用双配电变压器配置或移动式配电变压器的方式（D类、E类地区不强制要求） | 10 | 查阅配网资料 | 1. 接线方式不符合规范要求，一处扣2分；<br>2. 对重要电力用户未采用双配电变压器配置或移动式配电变压器，一处扣2分 | |

续表

| 序号 | 评价项目及内容 | 标准分 | 查评方法 | 评分标准 | 参考依据 |
|------|----------------|--------|----------|----------|----------|
| 5.2.2 | 供电安全水平 | 50 | | | |
| 5.2.2.1 | 第一级供电安全水平要求：对于停电范围不大于2MW的组负荷，允许故障修复后恢复供电，恢复供电的时间与故障修复时间相同 | 15 | 查阅规划设计及运行资料 | 不满足要求，一处扣5分 | |
| 5.2.2.2 | 第二级供电安全水平要求：对于停电范围在2～12MW的组负荷，其中不小于组负荷减2MW的负荷应在3h内恢复供电；余下的负荷允许故障修复后恢复供电，恢复供电的时间与故障修复时间相同 | 15 | 查阅规划设计及运行资料 | 不满足要求，一处扣5分 | 《配电网规划设计技术导则》 |
| 5.2.2.3 | 第三级供电安全水平要求：对于停电范围在12～180MW的组负荷，其中不小于组负荷减12MW的负荷或不小于2/3组负荷（两者取小值）应在15min内恢复供电，余下的负荷应在3h内恢复供电 | 20 | 查阅规划设计及运行资料 | 不满足要求，一处扣10分 | |
| 5.2.3 | 正常负荷电流、容载比 | 40 | | | 《配电网规划设计技术导则》《配电网运行规程》 |
| 5.2.3.1 | 线路正常负荷控制：架空线路的正常负荷控制在安全电流70%以下；双射、单环电缆线路的正常方式最大负荷电流应控制在安全电流1/2以下 | 20 | 查阅线路潮流报表 | 线路正常负荷电流不符合要求，一条扣3分 | |
| 5.2.3.2 | 容载比：配电网容载比控制在1.8～2.2 | 20 | 查阅主变容量以及年度最高负荷 | 容载比低于1.8，每降低0.1扣5分 | 《配电网规划设计技术导则》 |
| 5.2.4 | 中性点接地 | 60 | | | |
| 5.2.4.1 | 35kV系统：可采用不接地、消弧线圈接地或低电阻接地方式。架空网宜采用中性点经消弧线圈接地方式；电缆网宜采用中性点经低电阻接地方式，宜将接地电流控制在1000A以下 | 20 | 查阅运行资料、现场检查 | 不符合要求，不得分 | |
| 5.2.4.2 | 10kV配网：单相接地故障电容电流在10A及以下，宜采用中性点不接地方式；10～150A，宜采用中性点经消弧线圈接地方式；达到150A以上，宜采用中性点经低电阻接地方式，将接地电流控制在150～800A范围内 | 20 | 查阅运行资料、现场检查 | 不符合要求，不得分 | 《配电网规划设计技术导则》 |
| 5.2.4.3 | 220/380V配电网：主要采用TN、TT、IT接地方式，其中TN接地方式主要采用TN-C-S、TN-S | 20 | 查阅运行资料、现场检查 | 不符合要求，不得分 | |

## 2.3　供电可靠性

供电可靠性共 80 分，评价标准见表 14。

**表 14**　　　　　　　　　　　**供 电 可 靠 性**

| 序号 | 评价项目及内容 | 标准分 | 查评方法 | 评分标准 | 参考依据 |
|---|---|---|---|---|---|
| 5.3 | 供电可靠性 | 80 | | | |
| 5.3.1 | 变电站：正常运行时各变电站应有相互独立的供电区域，供电区不交叉、不重叠；故障或检修时，变电站之间应有一定比例的负荷转供能力 | 20 | 查阅规划设计和运行资料 | 1. 供电区交叉、重叠，一处扣 5 分；<br>2. 无负荷转供能力，一处扣 5 分 | 《配电网规划设计技术导则》 |
| 5.3.2 | 中压线路：在同一供电区域内，变电站中压出线长度及所带负荷宜均衡，有合理的分段和联络；故障或检修时，中压线路具有转供非停运段负荷的能力 | 30 | 查阅规划设计和运行资料 | 1. 中压线路联络率100%，C 类供电区域分别达到 80%、D 类供电区域分别达到 60% 以上，每降低 1% 扣 5 分；<br>2. 中压线路 N−1 通过率 A 类、B 类、C 类、D 类供电区域分别达到 100%、90%、70%、40%，每降低 1% 扣 5 分；<br>3. 不具有转供非停运段负荷能力，一处扣 5 分 | |
| 5.3.3 | 分布式电源：接入一定容量的分布式电源时，合理选择接入点，控制短路电流及电压水平 | 10 | 查阅规划设计和运行资料 | 不满足要求，不得分 | |
| 5.3.4 | 配电网：配电网结构应具备高可靠性的网络重构能力，便于实现故障自动隔离；D 类、E 类供电区的配电网以满足基本用电需求为主，可采用辐射状结构 | 20 | 查阅规划设计和运行资料 | 1. 不能实现故障自动隔离，一处扣 5 分；<br>2. D 类、E 类供电区的配电网不满足基本要求，扣 5 分 | |

## 2.4　调度控制

调度控制共 800 分，评价标准见表 15。

**表 15**　　　　　　　　　　　**调 度 控 制**

| 序号 | 评价项目及内容 | 标准分 | 查评方法 | 评分标准 | 参考依据 |
|---|---|---|---|---|---|
| 5.4 | 调度控制 | 800 | | | |
| 5.4.1 | 方式计划 | 160 | | | |
| 5.4.1.1 | 电网方式管理：按照上级调控机构要求配合编制年度方式报告，并向公司主要负责领导汇报，经讨论后进行发布 | 30 | 查阅年度运行方式报告 | 1. 未配合编制配电网年度运行方式，不得分；<br>2. 内容不满足要求，每处扣 2 分，扣完为止；<br>3. 未按要求汇报，扣 15 分；<br>4. 未发布，扣 15 分 | 《国家电网公司地县级调控系统安全生产保障能力评估办法》 |

| 序号 | 评价项目及内容 | 标准分 | 查评方法 | 评分标准 | 参考依据 |
|---|---|---|---|---|---|
| 5.4.1.2 | 电厂并网运行管理（含分布式）：有电厂并网运行管理规定，其内容至少包括安全管理、调度管理、检修管理和技术管理 | 10 | 查阅并网电厂运行管理规定 | 1. 无电厂并网运行管理规定，不得分；<br>2. 缺少一项内容，扣3分 | 《电网运行准则》 |
| 5.4.1.3 | 并网小水电、自备电厂（含分布式）及双电源用户管理：自备电厂及调度管辖的双电源用户必须签订调度协议 | 20 | 查阅调度协议 | 无调度协议，缺少一份扣5分 | 《电网运行准则》《电网调度管理条例》 |
| 5.4.1.4 | 新设备投产及设备异动管理：有设备新投和设备异动管理制度，按规范执行新设备启动和设备异动流程 | 30 | 查阅文件规定及OMS系统中有关内容 | 1. 未执行新设备启动和设备异动流程，不得分；<br>2. 流程执行不规范，一处扣5分 | 《国家电网调度控制管理规程》 |
| 5.4.1.5 | 检修计划工作管理：检修计划包含年度、月度、日前停电计划；检修工作履行计划、审核、批准制度；有规范的停电统计考核工作管理办法，对管辖范围内的停电情况定期进行考核，考核至少包含以下几项内容：1. 月度停电计划完成率≥98％；2. 月度停电计划执行率≥95％；3. 月度临时停电率≤5％；4. 停电申请书（工作票）按时完成率≥95％；5. 停电申请书（工作票）按时报送率≥95％ | 30 | 抽阅停电计划；抽查部分已完工检修工作记录；查阅停电考核办法和已有考核结果；检查从查评当月起前推6个月的停电计划编制质量 | 1. 未编制年度、月度、日前停电计划，一项扣10分；<br>2. 检修工作未履行计划、审核、批准制度，一处扣5分；<br>3. 未进行停电统计考核工作，扣10分；<br>4. 缺少一项考核内容，扣5分；<br>5. 指标未达到规定标准的，一项扣3分 | 《电网运行准则》《国家电网公司地县级调控系统安全生产保障能力评估办法》 |
| 5.4.1.6 | 电力系统参数管理：建立设备参数台账并及时更新；对新建、改建工程项目的设备参数在投产前收集齐全 | 20 | 查阅设备台账 | 1. 未建立参数台账，不得分；<br>2. 台账内容不齐全，一处扣5分；<br>3. 台账未及时更新，扣5分；<br>4. 未及时收集设备参数，扣5分 | 《国家电网公司地县级调控系统安全生产保障能力评估办法》 |
| 5.4.1.7 | 自动低频减负荷及自动低压减负荷管理：自动低频、低压减负荷容量符合上级调控机构的要求；对系统低频、低压减负荷容量进行在线监测和告警；不发生容量不足情况，发生时报上级主管部门备案；按时进行低频低压减负荷统计与分析 | 20 | 查阅当年自动低频、低压减负荷方案；查阅日、月、年系统低频低压减负荷容量统计分析报表 | 1. 自动低频、低压减负荷容量小于电网可能出现的最大有功功率缺额，不得分；<br>2. 无低频低压减负荷在线监测功能，扣10分，不能发出告警信息，扣5分；<br>3. 实测容量不足、未及时上报，扣5分；<br>4. 未按时进行低频低压减负荷统计与分析，扣5分 | 《电力系统自动低频减负荷技术规定》《电网运行规则（试行）》《国家电网公司地县级调控系统安全生产保障能力评估办法》 |

续表

| 序号 | 评价项目及内容 | 标准分 | 查评方法 | 评分标准 | 参考依据 |
|------|----------------|--------|----------|----------|----------|
| 5.4.2 | 继电保护整定 | 110 | | | |
| 5.4.2.1 | 整定值要求：有定值管理制度，并认真执行；整定原则和整定值正确；定值通知单的编制、审核和批准流程符合规定；定期进行整定值的全面核对，管辖范围内继电保护正确动作率为100% | 30 | 查阅有关制度、配置说明、整定计算资料及整定单；<br>抽查定值变更的落实情况 | 1. 未认真执行制度，扣10分；<br>2. 整定值有差错或不完整，一处扣5分；<br>3. 定值通知单未履行流程，一次扣5分；<br>4. 未定期进行全面核对，扣5分；<br>5. 发生继电保护误动、越级跳闸不得分 | 《国家电网公司十八项电网重大反事故措施（修订版）》<br>《3kV～110kV电网继电保护装置运行整定规程》<br>《国网公司地县调控机构安全生产保障能力评估标准》 |
| 5.4.2.2 | 定值管理：建立微机保护软件版本台账，根据上级电网调控机构下发的年度综合电抗及对下级电网的配合要求，及时核查有关保护定值，做好分界点及母联、分段开关保护定值管理和定值调整管理要求，与管辖范围内高压大用户相互配合进行保护定值计算，整定原则协调，整定范围双方明确，大用户涉网定值报调控部门备案 | 20 | 查阅综合阻抗资料、分界点定值，查现场执行情况 | 1. 无综合电抗资料，不得分；<br>2. 无微机保护软件版本台账，不得分，台账不完善，一处扣5分；<br>3. 分界点定值不配合，母联、分段开关保护未按要求投退，大用户涉网定值未审核备案，一处扣5分；<br>4. 现场逾期或未按要求执行，一处扣5分 | |
| 5.4.2.3 | 整定资料：整定部门继电保护图纸、装置说明书、设备参数等资料齐全 | 30 | 查阅继电保护整定资料 | 资料不齐，一处扣3～5分 | 《3kV～110kV电网继电保护装置运行整定规程》<br>《国家电网公司十八项电网重大反事故措施（修订版）》<br>《微机继电保护装置运行管理规程》 |
| 5.4.2.4 | 短路电流计算分析及对策：根据上级调控机构下达的短路电流计算结果，针对超标问题逐一制定限制措施并对限制短路电流超标的措施具体安排落实（包括详尽的方案、实施步骤、完成时间等） | 30 | 查阅年度运行方式报告及相关资料 | 1. 未制定限制措施，不得分；<br>2. 措施未落实，一项扣10分 | 《电力系统安全稳定控制技术导则》<br>《电力系统设计技术规程》<br>《国家电网安全稳定计算技术规范》<br>《国家电网公司地县级调控系统安全生产保障能力评估办法》<br>《国家电网公司运行方式管理规定》 |

续表

| 序号 | 评价项目及内容 | 标准分 | 查评方法 | 评分标准 | 参考依据 |
|------|------|------|------|------|------|
| 5.4.3 | 调控运行 | 280 | | | |
| 5.4.3.1 | 制度、资料管理 | 50 | | | |
| (1) | 制度及规程：具备并执行调控规程、操作管理、运行值班管理、生产信息报送、重大事件汇报规定、持证上岗、反事故演习等各项管理制度 | 20 | 查询规章制度及制度执行情况 | 1. 缺一项制度，扣5分；<br>2. 制度未结合实际，一项扣3分；<br>3. 未严格执行制度，一次扣5分；<br>4. 所辖电网或调度管理关系发生重大变化未及时修订或制定补充规定，不得分；<br>5. 未定期开展调度系统（与调度业务联系人员）值班人员的培训和持证上岗考试，一次扣5分 | 《国家电网公司调控机构调控运行交接班管理制度》《国家电网公司调控机构安全工作规定》《国家电网公司调度系统重大事件汇报规定》《国家电网公司省级以上调控系统安全生产保障能力评估办法》 |
| (2) | 调控值班室具备的资料：继电保护及安全自动装置调度运行规定、电网一次系统图和厂站接线图、运行日志、月计划和日计划表单、调度日方式安全措施、拉闸限电序位表、继电保护定值单、年度电网运行方式、年度电网稳定规定（或上级规定）、低频低压减载方案、电网大面积停电应急处理预案、典型事故处理预案、重大事件汇报规定及相关应急联系人员名单、调度监控运行联系人员名单、厂站现场运行规程等；调控室资料及时更新，符合电网实际，满足值班需要 | 30 | 现场检查调控值班室资料 | 1. 缺一项，扣3分；<br>2. 未及时更新或不符合电网实际，一处扣2分 | 《国家电网公司省级以上调控系统安全生产保障能力评估办法》 |
| 5.4.3.2 | 调控运行管理 | 160 | | | |
| (1) | 调控值班管理：调控机构应按有关规定对调控运行场所和运行值班纪律、交接班流程进行规范化管理；交接班规范正确、内容清楚、手续完备 | 30 | 现场检查运行场所和值班纪律，抽查运行日志及交接班过程 | 调度日志、交接班手续不符合规定，一项扣3分 | 《国家电网公司调控机构调控运行交接班管理规定》《国家电网公司省级以上调控系统安全生产保障能力评估办法》 |

| 序号 | 评价项目及内容 | 标准分 | 查评方法 | 评分标准 | 参考依据 |
|---|---|---|---|---|---|
| (2) | 调度操作管理：调控值班员按调度操作规定下令操作，互报单位姓名，核对设备状态，执行操作复诵制度，负责下达操作指令的正确性 | 30 | 查看调度操作记录，抽查调度员下令操作的 10 个电话录音 | 1. 操作对系统或设备运行造成不良影响，不得分；<br>2. 未核对设备状态、未互报单位姓名、未执行操作复诵制度等情况，一次扣 3 分 | 《国家电网公司地县级调控机构安全生产保障能力评估标准》《国家电网公司配网运维管理规定》 |
| (3) | 操作票流程化管理：调控机构根据核心业务流程化管理要求，按操作票管理规定对操作票的拟票、审票、下令、操作和监护各个环节进行全过程信息化管控；每月对操作票进行统计、分析、考评 | 30 | 抽查调度操作票 20 份；查看操作票统计、分析、考评报告 | 1. 未按核心业务流程管理执行本项，不得分；<br>2. 操作票不合格，一项扣 5 分；<br>3. 操作票未按时统计、分析、考评，扣 5 分 | 《国家电网公司调度管理应用（OMS）业务流程及标准操作程序（SOP）上线管理规定》《国家电网公司地县级调控机构安全生产保障能力评估标准》 |
| (4) | 电网运行分析管理：调控值班员针对当前电网运行情况，评估日运行方式所存在的安全风险，特别关注检修计划变更等特殊运行方式，进行危险点分析，必要时做补充计算，提出运行控制要点 | 30 | 查阅电网运行风险分析资料及措施 | 1. 未进行电网运行危险点分析，不得分；<br>2. 电网运行危险点分析不全面、不准确，一处扣 5 分；<br>3. 未采取正确控制措施，一处扣 5 分 | 《国家电网公司地县级调控机构安全生产保障能力评估标准》《电网调度安全分析制度（2009 年修订版）》 |
| (5) | 调控保供电：制定保证重要用户供电的方案，制定重大活动、节假日和特殊时期调控保电方案，制定迎峰度冬、迎峰度夏方案，每年根据电网变化情况及时调整方案，并组织实施 | 20 | 查阅各项方案 | 1. 未制定保证重要用户供电、重大活动、节假日、迎峰度冬、迎峰度夏、特殊时期调控保电的方案，不得分；<br>2. 方案不符合电网和用户实际，一处扣 5 分；<br>3. 未掌握调控保供电方案，扣 5 分 | 《国家电网公司配网运维管理规定》《国家电网公司调控系统预防和处置大面积停电事件应急工作规定》《国家电网公司调控机构安全工作规定》 |

| 序号 | 评价项目及内容 | 标准分 | 查评方法 | 评分标准 | 参考依据 |
|---|---|---|---|---|---|
| (6) | 重大事件汇报管理：电网发生重大事件后，调控值班员严格执行重大事件汇报制度，汇报要及时、准确 | 20 | 查阅录音资料及运行记录 | 1. 未汇报不得分；<br>2. 重大事件汇报不及时、不准确，一次扣5分 | 《国家电网公司调度系统重大事件汇报规定》<br>《国家电网公司地县级调控机构安全生产保障能力评估标准》 |
| 5.4.3.3 | 调控应急处置 | 70 | | | |
| (1) | 典型事故现场处置方案：调控机构应根据电网薄弱环节和上级调控机构有关规定编制典型事故现场处置方案，其中至少包含调控场所突发事件、特殊时期保电、变电站重大故障（全停）、发电厂重大故障（全停）、调度自动化系统故障的现场处置方案，并根据电网结构和方式变化滚动修订；组织对方案学习、交流、演练 | 30 | 查阅1年内所编制的典型事故处理预案和演练记录；现场考问 | 1. 典型事故现场处置方案不符合电网运行实际，无指导作用，不得分；<br>2. 方案种类及数量不满足调控运行需要，缺一份扣5分；<br>3. 未及时滚动修订，一处扣3分；<br>4. 未组织方案的学习、交流、演练，扣10分；<br>5. 未掌握典型事故现场处置方案，扣5分 | 《国家电网公司调度系统故障处置预案管理规定》<br>《国家电网公司地县级调控机构安全生产保障能力评估标准》<br>《国家电网公司安全工作规定》<br>《国家电网公司调控机构安全工作规定》 |
| (2) | 反事故演习：每月至少进行一次反事故演习；按照要求参加上级部门组织的联合反事故演习 | 20 | 查阅反事故演习相关资料 | 1. 未按月进行反事故演习，一次扣5分；<br>2. 未参加上级部门组织的联合反事故演习，扣5分 | 《国家电网公司调控系统预防和处置大面积停电事件应急工作规范》<br>《国家电网公司调度系统电网故障处置联合演练工作规定》<br>《电网调度安全分析制度（2009年修订版）》 |
| (3) | 电网事故处理分析和总结：调控值班员正确处理电网事故；事故后及时进行分析评估、总结，提出改进措施 | 20 | 查阅电网事故资料以及调度日志 | 1. 电网事故处理不迅速、不正确，不得分；<br>2. 电网事故总结和分析材料不齐全，一次扣5分 | |

续表

| 序号 | 评价项目及内容 | 标准分 | 查评方法 | 评分标准 | 参考依据 |
|---|---|---|---|---|---|
| 5.4.4 | 电压无功 | 60 | | | |
| 5.4.4.1 | 无功管理：县级电网变电站，其无功配置的容量按主变压器容量的 15％～30％ 配置，并满足主变压器最大负荷时其高压侧功率因数不低于 0.95，在低谷负荷时功率因数不应高于 0.95，主变压器低压侧功率因数不低于 0.90；10（6）kV 配电网配置的无功容量符合规定；35kV 及以上的电力用户，在变压器最大负荷时，其一次侧功率因数不应低于 0.95，在任何情况下不应向电网倒送无功；100kVA 及以上 10kV 电力用户，其功率因数宜达到 0.95 以上；其他电力用户其功率因数宜达到 0.90 以上；无功补偿设备与新建、改建的变电工程项目同期投产；及时投切无功补偿设备 | 20 | 查阅电网、年度运行方式、运行相关资料 | 1. 变电站无功配置不满足标准，每降低 1％扣 2 分；<br>2. 10（6）kV 配电网无功容量不足，扣 5 分；<br>3. 未能同期投产，扣 5 分；<br>4. 无功补偿设备状态不完好、一次未及时投切扣 3 分；<br>5. 负荷最大时其高压侧功率因数低于 0.95，一次扣 3 分；<br>6. 低谷负荷时功率因数高于 0.95，一次扣 3 分；<br>7. 用户功率因数低于要求，一次扣 3 分 | 《电力系统无功补偿配置技术导则》《国家电网公司电力系统电压质量和无功电力管理规定》《农村电力网规划设计导则》《国家电网公司十八项电网重大反事故措施（修订版）》《电网运行准则》 |
| 5.4.4.2 | 电压管理：所辖电网电压监测点和电压考核点设置满足上级调控机构要求，变电站及用户端的电压监测点 A 类、B 类、C 类、D 类设置符合规定要求；及时采用电网无功电压调整的手段进行调压 | 20 | 查阅电压管理文件、运行记录 | 1. 电压监测点不全，一处扣 3 分；<br>2. 未及时调压，一次扣 3 分 | |
| 5.4.4.3 | 自动电压控制系统（AVC）运行管理：定期对 AVC 主站及现场装置安全约束、控制策略和动作效果进行分析，编制分析报告，对存在的问题制定并落实整改措施；调控值班员对装置投、退、异常等情况进行及时记录 | 20 | 查阅 AVC 资料和运行记录 | 1. 无分析报告，不得分；<br>2. 未落实整改措施，扣 10 分；<br>3. 无运行记录，扣 5 分 | 《国家电网公司省级以上调控机构安全生产保障能力评估办法》《电网调度安全风险辨识防范手册（网、省调部分）》《国家电网公司十八项电网重大反事故措施（修订版）》 |

| 序号 | 评价项目及内容 | 标准分 | 查评方法 | 评分标准 | 参考依据 |
|---|---|---|---|---|---|
| 5.4.5 | 集中监控 | 190 | | | |
| 5.4.5.1 | 集中监控覆盖率：实施集中监控的变电站设备具备"四遥"功能，并经验收合格；变电站消防、安防、交直流告警信号齐全，接至调控中心的远程控制视频、电量采集、在线监测系统运行正常 | 30 | 检查监控系统、辅助系统信息接入情况 | 1. 变电站设备"四遥"功能不齐，一站扣5分；<br>2. 变电站辅助系统未接至调控中心，一个扣3分 | 《无人值守变电站及监控中心技术导则》 |
| 5.4.5.2 | 监控信息接入、变更和验收管理：变电站监控信息接入、变更时提供申请单并组织验收；变更信息点表经审核正确后正式下发使用，对验收遗留问题制定整改计划并组织再验收 | 10 | 查阅监控信息接入、变更等相关资料 | 未执行监控信息接入、变更流程，一次扣5分 | 《调控机构变电站集中监控许可管理规定（试行）》 |
| 5.4.5.3 | 设备台账资料管理：建立集中监控变电站、配网智能开关设备台账，内容包括一次、二次、保护、自动化等设备基础信息以及运行记录、信息核对记录 | 10 | 查阅设备台账 | 1. 未建立集中监控设备信息台账，不得分；<br>2. 台账不全、维护更新不及时，一处扣3分 | 《调度管理应用（OMS）基础数据采集及应用规范（2012版）》<br>《国家电网公司省级以上调控机构安全生产保障能力评估办法》 |
| 5.4.5.4 | 集中监视管理：集中监视按照正常巡视、全面巡视、特殊巡视进行监控；调控值班员在值班期间对各类告警信息及时确认，按时将全面监视和特殊监视范围、时间、监视人员和监视情况记入运行日志和相关记录；对无法监控的设备或变电站通道中断时将监控权移交至变电运维部门 | 30 | 检查监控日志；检查交接记录 | 1. 监控日志内容不全面，一处扣5分；<br>2. 未及时确认告警信息，一处扣2分；<br>3. 特殊时期未进行特殊监视，一次扣5分；<br>4. 未履行监控业务移交，一次扣5分 | 《国家电网公司调控机构设备集中监控管理规定》 |
| 5.4.5.5 | 遥控倒闸操作管理：遥控倒闸操作按照调度下达的指令执行，实现监控操作流程管理，操作票填写合格，执行正确；操作结束后与变电运维人员核对设备状态 | 20 | 检查近三个月的操作票；查运行记录、操作录音 | 1. 操作票出现原则性错误，不得分；<br>2. 操作票未按照调度指令执行，一次扣10分；<br>3. 未与变电运维人员核对设备状态，一次扣3分 | 《调控机构设备监控远方操作管理规定（试行）》<br>《国家电网调度控制管理规程》 |

| 序号 | 评价项目及内容 | 标准分 | 查评方法 | 评分标准 | 参考依据 |
|---|---|---|---|---|---|
| 5.4.5.6 | 监控缺陷管理：经调控值班员认定的缺陷启动缺陷管理流程，通知相应设备运维部门处理，并将缺陷内容、发现日期以及处理情况及时填写在缺陷管理记录中；建立家族性缺陷管理模块并及时更新；值班监控员做好缺陷的跟踪、落实、验收工作，对遗留缺陷定期进行分类、汇总、上报 | 30 | 查阅 OMS 系统缺陷管理流程（或线下流程）；查阅缺陷记录、报表 | 1. 未建立缺陷管理相关记录，不得分；<br>2. 未建立家族性缺陷管理模块，扣 10 分；<br>3. 缺陷未记录，一次扣 5 分；<br>4. 缺陷处理过程未应用流程，一次扣 5 分；<br>5. 遗留缺陷未定期分类、汇总、上报，扣 10 分 | 《调控机构集中监控缺陷管理规定（试行）》 |
| 5.4.5.7 | 变电站监控信息处置：监控信息处置以"分类处置、闭环管理"为原则，分为信息收集、实时处置、分析处理三个阶段。对监控异常信息全面收集、认真分析，参考典型监控信息释义，按照相应的处置流程进行正确处理 | 20 | 查阅流程、记录、日报表 | 1. 未开展收集、分析，不得分；<br>2. 未编制典型监控信息释义，扣 10 分；<br>3. 对异常信息处置不及时，一次扣 3 分 | 《国家电网公司调控机构设备监控信息处置管理规定》 |
| 5.4.5.8 | 监控运行分析管理：开展监控运行定期分析和专项分析，定期分析包括月度分析和半年度、年度分析，月度分析主要内容包括监控运行总体情况、监控信息数量统计、监控信息分类分析、缺陷统计和分析等，半年度、年度分析主要内容包括周期内监控指标分析、监控信息分析等；变电站发生越级故障跳闸、保护误动、拒动等故障时及时开展专项分析并形成分析报告 | 20 | 检查监控运行分析报告 | 1. 未开展监控运行分析，不得分；<br>2. 缺少一次监控运行分析，扣 5 分；<br>3. 监控运行分析内容不全面，缺少一项内容扣 3 分 | 《调控机构设备监控运行分析管理规定》 |
| 5.4.5.9 | 监控业务评价管理：定期开展评价，指标包括设备监控能效指标和设备监控运行指标，设备监控能效指标至少包括监控变电站数量、变电站集中监控覆盖率、AVC 控制覆盖率、监控信息优化变电站数量、监控信息总量、缺陷处理率及缺陷处理及时率等，设备监控运行指标至少包括人均监控信息量、监控信息错误率、监控远方操作步骤数、监控远方操作成功率及误操作次数等 | 20 | 查阅评价报告 | 1. 未开展监控业务评价工作，不得分；<br>2. 缺少一次统计、评价，扣 5 分；<br>3. 监控业务评价不全面，缺少一项指标扣 3 分 | 《调控机构设备监控业务评价管理规定（试行）》 |

## 2.5 调度自动化运行与管理

调度自动化运行与管理共 120 分，评价标准见表 16。

表 16                                                                      调度自动化运行与管理

| 序号 | 评价项目及内容 | 标准分 | 查评方法 | 评分标准 | 参考依据 |
|---|---|---|---|---|---|
| 5.5 | 调度自动化运行与管理 | 120 | | | |
| 5.5.1 | 调度自动化系统 | 30 | | | |
| 5.5.1.1 | 稳态监视：调度自动化系统具有实用的事件告警、事件顺序记录（SOE）、事故追忆和反演（PDR）、动态网络着色、设备越限告警、事故推画面、极值潮流等功能；实现故障和事故前后的完整记录，并方便进行事件反演 | 10 | 查阅自动化系统 | 所列电网运行稳态监视各类功能任一项不具备，扣3分 | 《国家电网公司省级以上调控系统安全生产保障能力评估办法》《国网电网公司电力调度自动化系统运行管理规定》 |
| 5.5.1.2 | 运行分析：调度自动化系统实现对全网及分区低频低压减载、限电序位负荷容量的在线监测；按照电网调度运行分析制度要求，实现断面潮流越稳定限额或频率越限告警 | 10 | 查阅自动化系统 | 电网调度运行分析制度要求的各项监视功能任一项不具备，扣3分 | |
| 5.5.1.3 | 运行监控：调度自动化系统具有电网潮流图、变电站一次接线图、电压监视、设备重载等监视功能，接线、潮流正确 | 10 | 查阅自动化系统 | 1. 所列电网运行监控功能不具备，一项扣3分；<br>2. 接线、潮流数据不正确，一处扣1分 | |
| 5.5.2 | 配电自动化系统 | 30 | | | |
| 5.5.2.1 | 配电自动化系统功能要求：实现数据采集与运行监控；模型/图形管理；馈线管理；拓扑分析（拓扑着色、负荷转供、停电分析等）；配电故障研判、抢修指挥；与主网调度自动化系统、GIS、PMS2.0、营销管理系统等系统交互应用 | 10 | 查阅配电自动化系统 | 1. 未实现数据采集与运行监控功能，不得分；<br>2. 缺少一项功能，扣3分；<br>3. 接线图、数据、潮流不正确，一处扣1分 | 《国家电网公司地县级调控机构安全生产保障能力评估标准》《国网运检部关于印发配电自动化建设相关指导意见的通知》 |
| 5.5.2.2 | 配电自动化系统指标要求：配网主站月平均运行率≥99.9%；配电调度管辖范围内，各类接线图及模型覆盖率达100%；配电终端覆盖率≥80%；配电终端月平均在线率≥95% | 10 | 查阅配电自动化系统 | 指标低于标准，每降低1%扣1分 | |
| 5.5.2.3 | 配电网接线图标准化、电子化应用要求：实现配电网配网接线图标准化、电子化应用。具备完整的配电网电子接线图，具备拓扑着色功能，能通过自动采集或人工置位等手段设置遥信状态，实现"图物相符、状态一致" | 10 | 查阅配电自动化系统 | 1. 缺少一项功能，扣3分；<br>2. 接线图、数据、潮流不正确，一处扣1分 | |

| 序号 | 评价项目及内容 | 标准分 | 查评方法 | 评分标准 | 参考依据 |
|---|---|---|---|---|---|
| 5.5.3 | 基础保障 | 40 | | | |
| 5.5.3.1 | 自动化机房设备安装及机房环境要求：主站系统设备安装应牢固可靠，运行设备应标有规范的标志牌；连接各运行设备间的动力/信号电缆应整齐布线，电缆两端应有标志牌。调度控制系统所在机房环境及相应管理应满足信息安全等级保护三级要求 | 15 | 现场检查 | 1. 无标志、标志不准确或布线不整齐，一处扣1分；<br>2. 机房环境及相应管理不符合要求，一处扣5分 | |
| 5.5.3.2 | 自动化机房电源：1. 供电电源、接地主站系统应配置专用的不间断电源（UPS）装置供电，不应与信息系统、通信系统合用电源。2. UPS的交流供电电源应采用两路来自不同电源点供电。3. UPS电源应冗余配置，任一台容量在带满主站系统全部设备后，应留有40%以上的供电容量；UPS在交流电消失后，不间断供电维持时间应不小于2h。运行设备供电电源应采用分路独立开关供电。4. 相关设备应加装防雷（强）电击装置，同时应可靠接地 | 15 | 现场检查 | 1. 无两路不同电源点交流输入，扣3分；<br>2. 备用电源单独持续供电时间不满足要求，扣3分；<br>3. 运行设备供电电源未实现独立供电，扣2分；<br>4. 设备防雷接地不符合要求，一处扣2分 | 《国网电网公司电力调度自动化系统运行管理规定》<br>《国家电网公司地县级调控机构安全生产保障能力评估标准》<br>《电力监控系统安全防护规定》 |
| 5.5.3.3 | 监控系统安全防护要求：1. 调度主站的安全防护应根据安全分区原则，将各功能模块分别置于控制区、非控制区和管理信息大区；系统物理边界及安全部署应遵循《电力监控系统安全防护规定》等电力监控系统防护相关要求。配电自动化系统遥控操作应进行加密认证。2. 变电站监控系统安全防护应强化变电站边界防护，加强内部安全措施，满足安全防护相关要求；安全防护设备正常在线运行，安防设备的安全控制策略配置合理 | 10 | 现场检查及查阅资料 | 1. 主站系统未遵循《电力监控系统安全防护规定》要求实施，扣1~8分；<br>2. 现场系统设备、网络设备、网络接线与系统网络结构图、清单不一致，一处扣1分；<br>3. 配电自动化系统的遥控操作未进行加密认证，扣5分 | |

| 序号 | 评价项目及内容 | 标准分 | 查评方法 | 评分标准 | 参考依据 |
|---|---|---|---|---|---|
| 5.5.4 | 运行管理 | 20 | | | |
| 5.5.4.1 | 巡检管理：自动化设备定期检测、巡视，具有定期巡检实施细则，范围包括测控装置、时间同步装置、调度数据网设备、安全防护设备等。落实所辖设备巡检责任，资料、记录齐全 | 10 | 查阅巡检记录 | 1. 无巡检细则，不得分；<br>2. 巡视记录不全，一次扣 3 分 | 《国网电网公司电力调度自动化系统运行管理规定》 |
| 5.5.4.2 | 检修、缺陷管理：调度自动化系统设备应有检修、缺陷管理制度，自动化设备检修应严格执行"调度自动化系统和设备检修流程" | 10 | 查阅检修及缺陷记录 | 1. 无检修管理制度、设备检修流程，不得分；<br>2. 检修、缺陷记录不符合要求，扣 3 分 | |

# 3　设备安全（2200 分）

## 3.1　变电设备

变电设备共 940 分，评价标准见表 17。

**表 17　　　　　　　　变　电　设　备**

| 序号 | 评价项目及内容 | 标准分 | 查评方法 | 评分标准 | 参考依据 |
|---|---|---|---|---|---|
| 6.1 | 变电设备 | 940 | | | |
| 6.1.1 | 主变压器 | 120 | | | |
| 6.1.1.1 | 冷却系统及油温控制：各冷却器（散热器）的风扇、油泵、水泵运转正常，油流继电器工作正常，变压器油温及温升正常 | 10 | 现场检查，查阅值班日志、巡视记录、缺陷记录、测温记录等 | 1. 一般缺陷，一处扣 1 分；<br>2. 严重缺陷，一处扣 3 分；<br>3. 危急缺陷，一处扣 5 分 | 《电力变压器运行规程》《国家电网公司变电运维管理规定（试行）》 |
| 6.1.1.2 | 油箱及其他部件：油箱表面温度分布均匀，局部过热点温升不超过规定值 | 10 | 现场检查，结合测温设备，查阅值班日志、缺陷记录 | 1. 一般缺陷，一处扣 1 分；<br>2. 严重缺陷，一处扣 3 分；<br>3. 危急缺陷，一处扣 5 分 | |
| 6.1.1.3 | 温度测量装置：变压器按规定装设测温装置，现场温度计指示的温度、控制室温度显示装置、监控系统的温度基本保持一致，误差一般不超过 5℃ | 10 | 现场检查，必要时用红外测温仪测量 | 1. 未按规定装设，一处扣 2 分；<br>2. 温差超过规定，一处扣 2 分 | |

| 序号 | 评价项目及内容 | 标准分 | 查评方法 | 评分标准 | 参考依据 |
|---|---|---|---|---|---|
| 6.1.1.4 | 总体运行工况：变压器运行中无异常噪声及放电声 | 10 | 现场检查不少于5处 | 声音异常，一处扣1分 | 《电力变压器运行规程》《国家电网公司变电运维管理规定（试行）》 |
| 6.1.1.5 | 主要部件运行状况：绕组、铁芯、压紧装置内引线接头、调压开关、套管等运行正常；油色油位正常，各部位无渗油、漏油；铁芯和铁芯夹件接地引出油箱外的接地可靠；变压器外壳接地良好，中性点应有两根与主接地网不同地点连接的接地引下线且每根接地线均应符合热稳定要求。钟罩式主变压器的钟罩与底座间用导电体（片）连接良好 | 20 | 现场检查，查阅设备台账、缺陷记录 | 1. 一般缺陷，一处扣1分；<br>2. 严重缺陷，一处扣3分；<br>3. 危急缺陷，一处扣5分 | |
| 6.1.1.6 | 呼吸器运行状况：按要求更换硅胶，呼吸器运行及维护情况良好；密封性良好 | 10 | 现场检查，查阅出厂说明书及缺陷记录 | 硅胶受潮失效，一处扣2分；油封无油，存在积水，一处扣5分 | |
| 6.1.1.7 | 有载调压装置运行状况：有载调压装置运行正常，并按要求动作次数、油化试验结果或规定周期进行换油、检修和试验 | 10 | 现场检查，查阅动作记录、缺陷、修试记录 | 1. 一般缺陷，一处扣2分；<br>2. 严重或危急缺陷，一台扣5分；<br>3. 未按规定换油、检修或试验，一台扣5分 | 《国家电网公司变电检测管理规定（试行）》 |
| 6.1.1.8 | 压力释放装置：防爆膜、压力释放阀、安全气道应完好无损 | 10 | 现场检查，查阅资料 | 危急缺陷，不得分 | |
| 6.1.1.9 | 气体保护：1. 气体继电器及端子盒防水措施完好，运行正常；2. 重瓦斯保护应按要求投跳闸，因重瓦斯动作停运的变压器，在投运前应对变压器及瓦斯保护进行检查试验 | 10 | 现场检查，查阅试验报告 | 1. 防水措施不完善，一处扣2分；<br>2. 不按规定投入或试验，不得分 | 《电力变压器运行规程》 |
| 6.1.1.10 | 试验检查：试验项目齐全 | 10 | 查阅资料、设备台账、试验记录 | 项目不全，一处扣2分 | 《国家电网公司变电检测管理规定（试行）》 |
| 6.1.1.11 | 储油坑及排油管道：防火措施完善，储油坑及排油管道保持良好，不积水、无杂物 | 10 | 现场检查 | 1. 防火措施不完善，一处扣2分；<br>2. 有积水或杂物，一处扣2分 | 《电力变压器运行规程》 |

续表

| 序号 | 评价项目及内容 | 标准分 | 查评方法 | 评分标准 | 参考依据 |
|---|---|---|---|---|---|
| 6.1.2 | 母线及构架 | 40 | | | |
| 6.1.2.1 | 防污闪措施：户内外设备外绝缘爬距应符合所处污秽地区（污秽图）等级要求，应该采取防污闪措施（包括定期清扫）；户外绝缘子表面无严重污秽及放电痕迹 | 10 | 现场检查，查阅各类绝缘子爬距资料及污秽等级划分资料 | 1. 爬距不符合要求，一处扣2分；<br>2. 无污秽图或等级划分资料，不得分；<br>3. 未采取防污闪措施，一处扣2分 | 《国家电网公司十八项电网重大反事故措施（修订版）》 |
| 6.1.2.2 | 设备过热现象检查：载流量满足最大负荷要求且各类接头接触良好，各类触头无发热现象，测温有记录、有分析，及时处理发现的问题 | 10 | 现场检查、测温，查阅资料、记录 | 1. 发热超过规定值，一处扣1分；<br>2. 发热超过最高允许值，一处扣5分；<br>3. 测温记录不完善，一处扣2分 | 《高压配电装置设计技术规程》 |
| 6.1.2.3 | 绝缘子绝缘试验：支柱绝缘子和悬式绝缘子串按规定进行绝缘试验 | 10 | 查阅试验报告 | 未开展试验，一处扣2分 | 《电气装置安装工程电气设备交接试验标准》 |
| 6.1.2.4 | 安全距离：带电导线相间及对地安全距离应符合规程要求 | 10 | 现场检查 | 安全距离不合格，不得分 | 《电力安全工作规程变电部分》 |
| 6.1.3 | 高压开关设备 | 80 | | | |
| 6.1.3.1 | 断路器及隔离开关外观：断路器无渗漏油、气，油位、油压、气压正常；SF$_6$气体检测周期符合规定；室内SF$_6$断路器防护措施符合规定；隔离开关运行工况良好 | 10 | 现场检查 | 1. 一般缺陷，一处扣1分；<br>2. 严重缺陷，一处扣3分；<br>3. 危急缺陷，一处扣5分 | 《交流高压开关设备技术监督导则》 |
| 6.1.3.2 | 断路器运行工况：断路器安装牢固，遮断容量和性能满足安装地点短路容量的要求，允许开断故障次数有明确规定，在达到切断故障次数后能够及时检修 | 20 | 查阅开关台账、系统短路容量及允许切断故障次数计算资料和规定文件，开关切断故障记录、检修记录 | 1. 资料不齐全，一台扣2分；<br>2. 未及时检修，一台扣2分 | 《国家电网公司变电运维管理规定（试行）》 |
| 6.1.3.3 | 断路器基座与机构箱：断路器金属外壳、操作机构应有明显的接地标志，接地螺栓不小于M12，并接触良好；操作机构箱防水、防潮性能良好 | 10 | 现场检查 | 1. 接地标志或接地螺栓不合格，一处扣2分；<br>2. 性能不完善，一处扣5分 | 《交流高压开关设备技术监督导则》<br>《国家电网公司十八项电网重大反事故措施（修订版）》 |

续表

| 序号 | 评价项目及内容 | 标准分 | 查评方法 | 评分标准 | 参考依据 |
|---|---|---|---|---|---|
| 6.1.3.4 | 试验检查：断路器和隔离开关大修、小修和例行试验项目齐全，无漏项 | 20 | 查阅检修记录、试验报告、缺陷记录及大修计划、状态性检修评价资料 | 项目不齐全，一处扣2分 | 《输变电设备状态检修试验规程》 |
| 6.1.3.5 | 接线方式：避雷器与电压互感器必须经过隔离开关（或隔离手车）接至母线，其前面板模拟显示图必须与其内部接线一致 | 20 | 现场检查，查阅图纸 | 1. 直接接入母线，不得分；<br>2. 模拟显示图与其内部接线不一致，一处扣10分 | 《国家电网公司十八项电网重大反事故措施（修订版）》 |
| 6.1.4 | 电压、电流互感器 | 40 | | | |
| 6.1.4.1 | 外观检查：户外独立电流互感器、电压互感器有可靠防雨密封措施，如金属膨胀器等；瓷套无裂纹，无渗漏油现象，油位正常，外壳接地、保护接地良好，SF₆互感器压力指示正常 | 10 | 现场检查 | 1. 一般缺陷，一处扣1分；<br>2. 严重缺陷，一处扣3分；<br>3. 危急缺陷，一处扣5分 | 《国家电网公司十八项电网重大反事故措施（修订版）》《国家电网公司变电检测管理规定（试行）》《国家电网公司变电运维管理规定（试行）》 |
| 6.1.4.2 | 试验检查：试验项目齐全 | 20 | 查阅检测及定相报告 | 项目不齐全，一处扣2分 | |
| 6.1.4.3 | 二次接地：电压互感器的各个二次绕组（包括备用）均必须有可靠的保护接地，且只允许有一个接地点；电流互感器二次侧只允许有一个接地点 | 10 | 现场检查 | 接地点不合规，一台扣5分 | |
| 6.1.5 | 防误闭锁装置 | 40 | | | |
| 6.1.5.1 | 维护：责任制明确 | 10 | 现场检查，查阅维护管理制度 | 维护责任制不明确，不得分 | 《国家电网公司变电运维管理规定（试行）》 |
| 6.1.5.2 | 防误闭锁装置：高压电气设备都应安装完善的防误闭锁装置；闭锁装置各项功能完善可靠，"五防"规则正确 | 10 | 现场检查，查阅"五防"逻辑 | 1. 防误闭锁不全，一处扣5分；<br>2. "五防"规则不正确，一处扣2分 | |
| 6.1.5.3 | 解锁钥匙管理制度：防误操作闭锁装置的退出和解锁钥匙的使用有严格的规定；解锁钥匙应封存管理并固定存放，并有使用登记记录，评价期间未发生擅自解锁行为 | 10 | 现场检查，查阅有关规程制度 | 1. 无防误操作闭锁装置退出和解锁钥匙的使用规定，不得分；<br>2. 解锁钥匙未封存管理或使用登记记录不全，一次扣2分；<br>3. 发生擅自解锁，不得分 | |
| 6.1.5.4 | 台账：防误装置有设备台账 | 10 | 现场检查设备台账 | 台账与实际不符，一处扣1分 | |

续表

| 序号 | 评价项目及内容 | 标准分 | 查评方法 | 评分标准 | 参考依据 |
|---|---|---|---|---|---|
| 6.1.6 | 过电压保护及接地装置 | 70 | | | |
| 6.1.6.1 | 直击雷保护：避雷针（线）的防直击雷保护范围满足被保护设备、设施和建筑物要求；避雷针上无电线、电照明灯等其他设备 | 10 | 现场检查，查阅保护范围图 | 1. 保护范围不满足要求，不得分；<br>2. 避雷针上有异物，一处扣2分 | 《交流电气装置的过电压保护和绝缘配合设计规范》 |
| 6.1.6.2 | 系统中性点消弧线圈或接地电阻：按规定装设消弧线圈或接地电阻的中性点非直接接地系统，投运前后应实测电容电流，补偿方式及调整的脱谐度应合乎要求，并在现场运行规程中明确规定 | 10 | 现场检查，查阅整定、调试资料 | 1. 安装不符合规定、现场运行规程无相关内容，一台扣2分；<br>2. 投运前未实测电容电流，一处扣2分 | 《国家电网公司变电运维管理规定（试行）》《国家电网公司变电检测管理规定（试行）》 |
| 6.1.6.3 | 接地电阻测量：接地装置（含独立避雷针）接地良好；接地电阻按规定测试，且电阻值合格，接地引下线与接地网连接情况应按周期检查，运行10年以上、腐蚀严重或接地阻抗超标地区的接地网应进行开挖抽样检查及处理；构架、基础、爬梯等接地符合要求 | 20 | 查阅试验报告、记录及有关资料 | 1. 未按期测试接地电阻或电阻值超标未处理，一处扣2分；<br>2. 接地引下线、接地网检查超期，一处扣2分；<br>3. 未按要求接地，一处扣2分 | 《电力设备预防性试验规程》 |
| 6.1.6.4 | 接地装置地线：接地装置地线（包括设备、设施引下线）的截面，应满足热稳定（包括考虑腐蚀因素）校验要求 | 20 | 现场检查 | 不符合要求，一处扣5分 | 《交流电气装置的过电压保护和绝缘配合》 |
| 6.1.6.5 | 金属氧化物避雷器：开展巡视检查，严格遵守避雷器泄漏电流测试周期 | 10 | 查阅资料 | 1. 未开展泄漏电流测试，一处扣1分；<br>2. 未按期抄录，一处扣1分 | 《国家电网公司十八项电网重大反事故措施（修订版）》 |
| 6.1.7 | 设备编号、标志及其他安全设施 | 40 | | | |
| 6.1.7.1 | 设备标志、警示标志：各类标志规范、齐全、清晰；户外高压断路器、隔离开关、接地刀闸及其他设备有双重名称号牌，并安装牢固、字迹清晰；户内高压配电装置各间隔（开关柜）前后及隔离开关、接地刀闸均应有双重名称编号牌；高压变电设备及母线应有明显、规范的相色标志 | 20 | 现场检查 | 缺失或不符合要求，一处扣1分 | 《国家电网公司变电运维管理规定（试行）》 |

| 序号 | 评价项目及内容 | 标准分 | 查评方法 | 评分标准 | 参考依据 |
|---|---|---|---|---|---|
| 6.1.7.2 | 带电显示装置：开关柜出线侧应装设带电显示装置，带电显示装置应具有自检功能，并与线路侧接地刀闸实行联锁；配电间隔有倒送电源时，该间隔网门应装有带电显示装置的强制闭锁 | 20 | 现场检查 | 1. 未装带电显示装置，不得分；<br>2. 自检、联锁、强制闭锁功能不完善，一处扣5分 | 《国家电网公司十八项电网重大反事故措施（修订版）》 |
| 6.1.8 | 无功补偿设备 | 40 | | | |
| 6.1.8.1 | 电容器组的一次主接线：电容器组一次接线满足设计规范要求；中性点引线装有保安接地刀闸；电容器组每相并联台数满足封爆能量；氧化锌避雷器一次接线合理。选用的产品有关技术参数满足要求；熔断器选型、熔丝额定电流选择以及熔断器外管、弹簧尾线等安装方式（角度）满足有关规程及安装使用说明书要求 | 20 | 查阅设计、安装使用等资料，现场检查 | 1. 主接线错误，不得分；<br>2. 设备选型或安装方式不达标，一处扣3分 | 《并联电容器装置设计规范》 |
| 6.1.8.2 | 电容器运行工况：单台大容量（300kvar及以上）电容器套管及引线，串联电抗器接头处引线满足负荷电流的要求，未出现过热情况，电容器、放电线圈套管与母线的连接线符合要求；干式空芯电抗器与周围设备、网栅的间距满足厂家的要求值；网栅等处无发热现象；电抗器应满足安装地点的最大负载、工作电压等条件的要求；正常运行时，串联电抗器的工作电流应不大于其1.3倍的额定电流 | 20 | 查阅温度测试记录，现场检查，查阅厂家使用说明书、设计图纸 | 1. 设备安装不满足要求，一处扣2分；<br>2. 有发热现象，一处扣2分；<br>3. 工作电流异常，一处扣3分 | |
| 6.1.9 | 变电站站内电缆及电缆构筑物 | 50 | | | |
| 6.1.9.1 | 运行单位有下列资料：1. 全部电缆（电力、控制）清册，内容包括电缆编号、起止点、型号、电压等级、电缆芯数、截面、长度等；2. 电缆路径图或电缆布置图；3. 电缆清册需动态更新 | 10 | 查阅资料，现场抽查 | 1. 清册不全、不符合实际或更新不及时，一处扣2分；<br>2. 资料不全，一处扣2分 | 《电气装置安装工程电缆线路施工及验收规范》 |

| 序号 | 评价项目及内容 | 标准分 | 查评方法 | 评分标准 | 参考依据 |
|------|------|------|------|------|------|
| 6.1.9.2 | 电缆敷设要求：同一通道内不同电压等级的电缆，应按照电压等级的高低从下向上排列，分层敷设在电缆支架上 | 10 | 现场检查 | 不符合要求，一处扣3分 | 《国家电网公司十八项电网重大反事故措施（修订版）》 |
| 6.1.9.3 | 电缆本体及附件运行工况：电缆本体无破损和龟裂现象；电缆终端、设备线夹与导线连接部位温度无异常 | 10 | 现场检查，测温检查 | 1. 一般缺陷，一处扣1分；<br>2. 严重缺陷，一处扣3分；<br>3. 危急缺陷，一处扣5分 | 《电力电缆及通道运维规程》 |
| 6.1.9.4 | 电缆沟道：电缆沟防止积水、排水良好，电缆盖板不缺损，放置平稳，沟边无倒塌情况，支架接地良好 | 10 | 现场检查 | 不符合要求，一处扣2分 | |
| 6.1.9.5 | 电缆防火措施完好：1. 电缆穿越处孔洞用防火材料封堵严密，不过光、不透光，不能进入小动物；2. 电缆夹层、电缆沟内保持整洁、无杂物、无易燃物品；3. 电缆主通道有分段阻燃措施，特别重要电缆采用耐火隔离措施或使用阻燃电缆；4. 电缆竖井中应分层设置防火隔板，电缆沟每隔一定的距离（60m）应采取防火隔离措施 | 10 | 现场检查 | 防火措施不完善，一处扣2分 | 《火力发电厂与变电站防火设计规范》《国家电网公司变电运维管理规定（试行）》 |
| 6.1.10 | 站用电系统 | 20 | | | |
| 6.1.10.1 | 站用电系统配置情况：35kV～110kV电压等级变电站中，应装设两台可互为备用的站用变压器；站用电系统可靠，并定期切换 | 10 | 现场检查 | 1. 站用变配置不符合要求，一台扣3分；<br>2. 未定期切换，一次扣2分 | 《35kV～110kV变电站设计规范》 |
| 6.1.10.2 | 检修电源及生活用电剩余电流动作保护器：检修电源及生活用电回路明确分开，装设合格的剩余电流保护器 | 10 | 现场检查 | 1. 回路未分开，不得分；<br>2. 未装设剩余电流保护器，一处扣2分 | 《漏电保护器安装和运行》 |

| 序号 | 评价项目及内容 | 标准分 | 查评方法 | 评分标准 | 参考依据 |
|---|---|---|---|---|---|
| 6.1.11 | 继电保护及安全自动装置 | 50 | | | |
| 6.1.11.1 | 配置与选型：继电保护及安全自动装置应选择经国家电网公司组织的专业检测合格产品或电力行业认可的检测机构检测合格的产品，符合可靠性、选择性、灵敏性和速动性的要求 | 20 | 对照设备，查阅有关台账、图纸和记录资料 | 1. 主保护配置或选型不符合要求，不得分；<br>2. 后备保护配置或选型不合理，扣3分 | 《国家电网公司十八项电网重大反事故措施（修订版）》《微机继电保护装置运行管理规程》《继电保护和安全自动装置技术规程》《智能变电站继电保护技术规范》 |
| 6.1.11.2 | 继电保护及自动装置施工安装工艺要求：安装工艺良好、调试项目齐全；竣工验收程序规范、项目齐全，竣工图纸及资料完整正确，验收整改意见完成闭环 | 20 | 检查原始资料和现场查看 | 1. 工艺不符合要求，一处扣2分；<br>2. 验收意见未整改，一处扣2分；<br>3. 验收结论不合格投入运行，不得分 | 《继电保护和安全自动装置技术规程》《微机继电保护装置运行管理规程》 |
| 6.1.11.3 | 纵联保护通道：应满足有关规程规定和反措的要求。优先采用光纤通道作为纵联保护的通道方式。双回线路采用同型号纵联保护，或线路纵联保护采用双重化配置时，在回路设计和调试过程中应采取有效措施防止保护通道交叉使用 | 10 | 检查线路纵联保护通道情况 | 1. 方式选择不合理，一处扣2分；<br>2. 通道交叉使用，不得分 | 《国家电网公司十八项电网重大反事故措施（修订版）》《继电保护和安全自动装置技术规程》 |
| 6.1.12 | 直流系统 | 170 | | | |
| 6.1.12.1 | 直流系统配置及运行方式：直流系统的蓄电池，充电装置和直流母线，配电屏的配置和运行方式满足规程要求 | 20 | 现场检查 | 不符合要求，一处扣5分 | 《电力系统用蓄电池直流电源装置运行和维护技术规程》《电力工程直流电源系统设计技术规程》 |

续表

| 序号 | 评价项目及内容 | 标准分 | 查评方法 | 评分标准 | 参考依据 |
|---|---|---|---|---|---|
| 6.1.12.2 | 监测装置投入与检查：绝缘监察装置和电压监察装置正常投入，并按规定周期进行定期检查 | 20 | 现场检查，并查阅定期检验记录 | 1. 未正常投入，一处扣3分；<br>2. 未定期检查，一处扣2分 | 《电力系统用蓄电池直流电源装置运行和维护技术规程》<br>《电力工程直流电源系统设计技术规程》 |
| 6.1.12.3 | 测量表计准确性：直流屏（柜）上的测量表计准确，并按规定进行定期校验，电压、电流表的使用量程满足运行监视的要求 | 20 | 查阅校验记录或标签，并做现场检查 | 1. 表计不准确或使用错误，一处扣3分；<br>2. 未定期校验，一处扣2分 | |
| 6.1.12.4 | 绝缘与母线电压：直流系统对地绝缘状况良好，母线电压波动不应大于额定电压的10％ | 20 | 现场检查 | 1. 绝缘不符合要求，一处扣5分；<br>2. 电压波动越限，不得分 | |
| 6.1.12.5 | 充电装置性能：充电装置应满足稳压精度优于0.5％、稳流精度优于1％、输出电压纹波系数不大于0.5％的技术要求，运行工况良好 | 30 | 查阅装置说明书和检验记录，并做现场核查 | 技术要求、运行工况不达标，一项扣5分 | 《国家电网公司十八项电网重大反事故措施（修订版）》 |
| 6.1.12.6 | 电缆敷设要求：直流系统的电缆应采用阻燃电缆，两组蓄电池的电缆应分别铺设在各自独立的通道内，尽量避免与交流电缆并排铺设，在穿越电缆竖井时，两组蓄电池电缆应加穿金属套管 | 20 | 现场检查 | 1. 未采用阻燃电缆，一处扣2分；<br>2. 通道不独立或电缆未加穿金属套管，一处扣5分 | |
| 6.1.12.7 | 熔丝及空气开关选用要求：直流系统各级熔丝及空气开关应选用直流设备，定期有专人管理，并定期核对，能满足选择性动作要求，建有配置定值表 | 20 | 现场检查，查看检查记录和配置定值表 | 1. 设备选用错误，一处扣5分；<br>2. 未定期核对，一处扣1分；<br>3. 无配置定值表，一处扣2分 | |
| 6.1.12.8 | 端子箱与机构箱：现场端子箱不应交、直流混装，现场机构箱内应避免交、直流接线出现在同一段或串端子排上 | 20 | 现场检查 | 交直流安装错误，一处扣3分 | |

| 序号 | 评价项目及内容 | 标准分 | 查评方法 | 评分标准 | 参考依据 |
|------|--------------|-------|---------|---------|---------|
| 6.1.13 | 蓄电池 | 60 | | | |
| 6.1.13.1 | 蓄电池电压测量与检查：定期开展蓄电池组端电压、单体电池电压测量和检查；数据准确、记录齐全；测量表计完好合格 | 20 | 查阅测试记录，现场检查 | 1. 未定期测量，一次扣3分；<br>2. 不合格电池未及时更换，一次扣5分；<br>3. 测量表计不合格，一次扣2分 | 《电力系统用蓄电池直流电源运行与维护技术规程》 |
| 6.1.13.2 | 充放电试验：投运前三次充放电循环，运行中定期均衡充电、定期核对性放电；只有一组蓄电池的不能做全核性放电，应按规定的放电电流放出额定容量的50%并监视记录电压值，按规定对电池组进行均衡充电 | 20 | 查阅记录 | 未按规定开展充放电试验，一次扣3分 | |
| 6.1.13.3 | 蓄电池室内环境要求：蓄电池室通风良好，温度、湿度满足要求；防火、防爆措施符合规定 | 20 | 现场检查 | 1. 通风、温度、湿度不符合要求，一处扣5分；<br>2. 不满足防火、防爆措施，一处扣4分 | |
| 6.1.14 | 维护管理 | 120 | | | |
| 6.1.14.1 | 变电站巡视与维护：按要求开展例行巡视、全面巡视、专业巡视、熄灯巡视和特殊巡视，记录完整、正确、规范 | 10 | 查巡视记录 | 1. 无巡视记录，不得分；<br>2. 巡视记录缺项，一处扣1分 | |
| 6.1.14.2 | 日常维护与设备定期试验轮换：按规程要求开展，记录完整、正确、规范 | 10 | 查阅资料 | 1. 未按期开展，一处扣2分；<br>2. 记录不完整，一处扣2分 | 《国家电网公司变电运维管理规定（试行）》 |
| 6.1.14.3 | 典型操作票：每个变电站有经审批的典型操作票，典型操作票符合现场实际 | 20 | 现场检查 | 1. 无典型操作票，不得分；<br>2. 典型操作票错误，一处扣10分 | |
| 6.1.14.4 | 继电保护投入运行及压板核查：继电保护和自动装置按整定方案、调度运行规定和继电保护定值通知单投入运行，按运行规程开展保护及自动装置压板的核查 | 20 | 依据整定方案、定值通知单，现场抽查各类保护装置整定 | 1. 定值不符合要求，不得分；<br>2. 未按期开展压板核查，一次扣5分 | 《微机继电保护装置运行管理规程》 |

| 序号 | 评价项目及内容 | 标准分 | 查评方法 | 评分标准 | 参考依据 |
|---|---|---|---|---|---|
| 6.1.14.5 | 继电保护软件版本：应建立微机继电保护装置软件版本档案；软件版本变更应有说明，相关记录完整清楚；软件版本修改应具备相应的审批手续；升级完成后，应经必要的测试和传动验证后方可投入运行 | 20 | 查阅资料；现场抽查装置与台账对应 | 无软件版本档案、记录不清楚、无审批手续、未做相应试验，一处扣1分 | 《微机继电保护装置运行管理规程》 |
| 6.1.14.6 | 保护运行记录：保护定值管理、保护装置异常（缺陷）、保护的投入和退出以及动作情况的有关记录齐全、内容完整规范 | 20 | 查阅变电站及专业班组的有关记录 | 记录不齐全，内容不符合要求，一处扣2分 | |
| 6.1.14.7 | 新投入或经更改的电压、电流回路：对新安装或设备回路变动较大的装置，在投入运行以前，必须用一次电流和工作电压加以检验 | 20 | 查阅新安装、设备变更或回路更改后的检验报告及现场记录 | 未开展检验，一处扣5分 | 《继电保护和电网安全自动装置检验规程》 |

### 3.2 输配电架空线路及设备

输配电架空线路及设备共660分，评价标准见表18。

表18 输配电架空线路及设备

| 序号 | 评价项目及内容 | 标准分 | 查评方法 | 评分标准 | 参考依据 |
|---|---|---|---|---|---|
| 6.2 | 输配电架空线路及设备 | 660 | | | |
| 6.2.1 | 6kV 及以上架空线路 | 280 | | | |
| 6.2.1.1 | 线路权责：每条线路应有明确的维修管理界限，应与发电厂、变电站和相邻的运行管理单位明确划分分界点，不应出现空白点；代维线路有书面委托协议；运行维护职责明确，相关技术资料齐全、正确 | 20 | 查阅资料，现场检查 | 1. 分界点不明确或出现空白点，一处扣3分；<br>2. 代维线路无书面委托协议书，一条扣2分；<br>3. 运维职责不明确，相关技术资料不完整，一条扣2分 | 《国家电网公司架空输电线路运维管理规定》 |
| 6.2.1.2 | 线路各类标志齐全、正确、醒目：1. 应标明线路双重名称及杆塔编号；2. 平行或交叉线路有判别标志或其他区分措施；3. 在同杆架设多回线路中的每一回线路都有正确的双重称号和标志，按规定刷有色标；4. 按规程规定设置线路相序标志；5. 按电力设施保护条例和相关运行规程、规定要设置各类安全警示标志 | 20 | 查阅设备标志规定，抽查变电站进出线段和中间地段的线路标志设置情况 | 1. 未设置标志，一处扣3分；<br>2. 标志不准确，一处扣2分 | |

| 序号 | 评价项目及内容 | 标准分 | 查评方法 | 评分标准 | 参考依据 |
|---|---|---|---|---|---|
| 6.2.1.3 | 按照规程要求落实线路检测项目和主要维修项目，相关记录正确、齐全、规范：1.杆塔接地电阻测量和线路避雷器检测；2.导线弧垂、对地距离、交叉跨越距离测量；3.避雷线、杆塔及地下金属部分（金属基础、拉线装置、接地装置）锈蚀情况检查；4.复合绝缘子绝缘测试；5.导线接续金具的测试；6.绝缘子清扫；7.绝缘子盐密度测量 | 20 | 查阅检修记录、线路停役申请和工作票 | 1.遗漏检测、维修项目，一处扣2分；2.记录不准确，一项扣5分 | 《国家电网公司架空输电线路运维管理规定》 |
| 6.2.1.4 | 巡视管理：按照运行规程要求进行定期、故障、特殊、夜间、交叉以及诊断性和监察巡视，相关记录齐全、正确、规范 | 20 | 查阅巡视记录、现场核对性抽查 | 1.巡视未按规定执行，一条扣3分；2.记录不准确，一处扣1分 | |
| 6.2.1.5 | 特殊地段巡视：按运行规程要求做好线路特殊地段（山体滑坡、山洪易发区、大跨越、多雷区、重污染和重冰区）的运行维护工作；特殊地段划分明确，相关技术资料完整、正确、规范 | 20 | 查阅相关技术资料和工作记录 | 1.运维不到位，一条扣5分；2.资料不完整，一处扣2分 | |
| 6.2.1.6 | 通道维护：按照要求对线路通道进行巡视，并做好清障工作，确保线路运行正常 | 20 | 查阅巡视记录、现场核对性检查与故障事件统计簿 | 1.因通道原因引起线路停运，一次扣10分；2.未按要求巡视，一次扣2分；3.未及时清障，一处扣2分 | 《架空输电线路运行规程》 |
| 6.2.1.7 | 重点部位防范：对于易发生水土流失、洪水冲刷、山体滑坡、泥石流等地段的杆塔，应采取加固基础、修筑挡土墙（桩）、截（排）水沟、改造下边坡等措施 | 20 | 现场检查 | 未采取有效措施，一处扣5分 | 《国家电网公司十八项电网重大反事故措施》 |
| 6.2.1.8 | 恶劣天气后的特殊巡视：应对遭受恶劣天气后的线路进行特巡，当线路导、地线发生覆冰、舞动或弧垂变化时应做好观测记录，并进行杆塔螺栓松动、金具磨损变形等专项检查及处理 | 20 | 现场检查、查阅资料 | 1.未进行特巡，一次扣5分；2.检查记录不全面，一处扣1分；3.未及时处理，一处扣2分 | |

续表

| 序号 | 评价项目及内容 | 标准分 | 查评方法 | 评分标准 | 参考依据 |
|---|---|---|---|---|---|
| 6.2.1.9 | 红外测温：应用红外测温技术监测直线接续管、耐张线夹等引流连接金具的发热情况，高温大负荷期间应增加夜巡次数 | 20 | 查阅资料 | 未开展红外测温，一处扣2分 | 《国家电网公司十八项电网重大反事故措施》 |
| 6.2.1.10 | 防污闪措施落实：落实防止污闪事故的各项措施，线路各种绝缘子爬距符合相应地区（地段、点）污秽等级防污要求，建立防污闪台账（包含绝缘子台账，污区分布图等） | 20 | 对照污秽等级分布图，查阅线路绝缘子爬距 | 1. 未落实防污闪措施，一处扣2分；<br>2. 爬距不满足要求，一处扣2分；<br>3. 防污闪台账不全，一项扣2分 | 《国家电网公司十八项电网重大反事故措施（修订版）》 |
| 6.2.1.11 | 强、弱电线路同杆架设和交叉跨越：广播、通信、电视等弱电线路，未经电力企业同意、未与电力企业签订安全协议，不得与线路同杆架设；交叉跨越距离满足要求 | 20 | 现场检查 | 1. 同杆架设未采取针对性措施，一处扣1分；<br>2. 交叉跨越距离不满足要求，一处扣2分 | 《农村低压电力技术规程》<br>《10kV及以下架空配电线路设计技术规程》 |
| 6.2.1.12 | 运行单位应有的图表、资料齐全、完整：1. 地区电力系统线路地理平面图、接线图；2. 污秽区分布图；3. 设备台账；4. 线路预防性检查测试记录；5. 检修记录；6. 线路跳闸、事故及异常运行记录或统计报表；7. 线路运行工作分析总结资料，事故、异常情况分析及事故措施落实情况；运行专题分析总结；年度运行工作总结 | 20 | 查阅资料 | 资料不齐全，一项扣1分 | 《国家电网公司架空输电线路运维管理规定》 |
| 6.2.1.13 | 线路防气象灾害：防覆冰、防汛、防水、防风沙的设施完好 | 20 | 查阅检查记录、计划安排 | 防灾设施不符合规定，一处扣3分 | |
| 6.2.1.14 | 停电工作接地点设置：绝缘配电线路的首端、联络开关两侧、分支杆、耐张杆接头处及有可能反送电的分支线的末端应设置停电工作接地点 | 20 | 现场检查 | 未设置停电工作接地点，一处扣2分 | 《架空绝缘配电线路设计技术规程》 |

续表

| 序号 | 评价项目及内容 | 标准分 | 查评方法 | 评分标准 | 参考依据 |
|------|------|------|------|------|------|
| 6.2.2 | 配电变压器 | 140 | | | |
| 6.2.2.1 | 变压器四周间距要求：柱（台、架）上、顶式变压器底部离地面高度不小于2.5m〔低压综合配电箱采用吊装方式，按《国网公司配电网典型设计（2016版）》要求执行〕；落地式变压器四周安全围栏（围墙）高度不低于1.8m，围栏栏条间净距不大于0.1m，围栏（围墙）距配电变压器外廓净距不小于0.8m，变压器底座基础高于当地最大洪水位，且不低于0.3m | 20 | 现场核对性抽查 | 不符合要求，一处扣1分 | 《农村低压电力技术规程》《国家电网公司配电网工程典型设计（2016版）》 |
| 6.2.2.2 | 配电变压器技术性能、运行状况符合规程要求：1.套管无严重污染，无裂纹、损伤及放电痕迹；2.油温、油位、油色正常；3.无渗漏油；4.部件连接牢固；5.配电变压器倾斜度不大于1% | 20 | 现场核对性抽查 | 1. 一般缺陷，一处扣1分；2. 严重缺陷，一处扣3分；3. 危急缺陷，一处扣5分 | |
| 6.2.2.3 | 跌落式开关技术要求：与配电变压器配套安装的跌落式开关或其他型式的开关、刀闸、熔断器技术性能、运行状况和安装工艺符合规程要求；熔断器熔丝配置正确 | 20 | 现场核对性抽查 | 1. 一般缺陷，一处扣1分；2. 严重缺陷，一处扣3分；3. 危急缺陷，一处扣5分 | 《架空绝缘配电线路施工及验收规程》《国家电网公司配电网工程典型设计(2016版)》 |
| 6.2.2.4 | 导线及接头：导线及接头的材质规格与连接状况以及各部分电气安全间距符合规程要求；配电变压器高压引线采用电缆或架空绝缘线引下，低压综合配电箱采用悬挂式安装，进线采用架空绝缘导线或相应载流量的电缆，出线可采用架空绝缘导线或电缆引出 | 20 | 现场核对性抽查 | 不符合要求，一处扣1分 | |
| 6.2.2.5 | 防雷：变压器按规程要求装设避雷器，防雷装置完整可靠，变压器低压侧中性点以及金属外壳可靠接地 | 20 | 现场核对性抽查 | 1. 未装设避雷器或防雷装置失效，一处扣2分；2. 接地不可靠，一处扣2分 | |

| 序号 | 评价项目及内容 | 标准分 | 查评方法 | 评分标准 | 参考依据 |
|---|---|---|---|---|---|
| 6.2.2.6 | 巡视维护及试验：定期对配电变压器及台架、围栏进行巡视、检查、维护；按规程要求对配电变压器进行预防性试验，相关记录和试验报告正确、完整、规范 | 40 | 现场核对性抽查，查阅相关工作记录、试验报告和技术资料 | 1. 相关记录不全，一处扣1分；<br>2. 未按规定开展巡视或试验，一处扣2分 | 《配网设备状态检修试验规程》 |
| 6.2.3 | 柱上开关设备 | 50 | | | |
| 6.2.3.1 | 安装与运行状态：柱上开关设备安装、运行状况符合规程要求；柱上开关的额定电流、额定开断容量满足安装点的短路容量 | 20 | 现场检查 | 1. 一般缺陷，一处扣1分；<br>2. 严重缺陷，一处扣3分；<br>3. 危急缺陷，一处扣5分 | 《配电网运维规程》 |
| 6.2.3.2 | 防雷与接地措施完善：柱上开关应装设防雷装置，经常开路运行而又带电的开关的两侧均设防雷装置 | 20 | 现场检查，查阅有关资料、记录 | 防雷装置不完善，一处扣2分 | 《架空绝缘配电线路设计技术规程》 |
| 6.2.3.3 | 保护定值：计算正确并启用 | 10 | 现场检查，查阅有关资料、记录 | 定值错误，一处扣2分 | 《3kV～110kV电网继电保护装置运行整定规程》 |
| 6.2.4 | 开闭所、配电室和箱式变电站 | 70 | | | |
| 6.2.4.1 | 运行工况：定期开展设备巡视、检查、维护；开关、熔断器、变压器、无功补偿装置、母线、电缆、仪表等符合运行标准；各部接点无过热等异常现象；充油、充气设备油温、压力正常，无渗漏油、漏气现象；电气安全净距符合规定 | 30 | 现场检查 | 1. 一般缺陷，一处扣1分；<br>2. 严重缺陷，一处扣2分；<br>3. 危急缺陷，一处扣3分；<br>4. 巡视记录不完善，一处扣4分 | 《配电网运维规程》 |
| 6.2.4.2 | 编号、标志检查：开闭所、小区配电室和箱式变电站内外部名称编号和安全警示标志齐全、正确、醒目、规范 | 20 | 现场检查 | 编号、标志缺失或错误，一处扣1分 | |

| 序号 | 评价项目及内容 | 标准分 | 查评方法 | 评分标准 | 参考依据 |
|---|---|---|---|---|---|
| 6.2.4.3 | 设备周围环境：建筑物、门、窗、基础等完好无损；门的开启方向正确；室内室温正常，照明、防火、通风设施完好；周围无威胁安全运行或阻塞检修车辆通行的障碍物，有防止雨、雪和小动物从采光窗、通风窗、门、电缆沟等进入室内的措施 | 20 | 现场检查 | 不符合要求，一处扣1分 | 《配电网运维规程》 |
| 6.2.5 | 0.4kV线路及设备 | 120 | | | |
| 6.2.5.1 | 剩余电流保护装置各项制度：运行管理制度健全；台账齐全、规范；定期开展巡视、检查、维护；按规定对剩余电流保护器检测维护，相关技术资料齐全、规范；未发现将总保护和中级保护退出运行的现象，保护装置的安装率、投运率和合格率达到100％ | 20 | 查阅资料，现场检查 | 1. 制度或技术台账不齐全，一处扣1分；<br>2. 剩余电流保护退出运行，一处扣2分；<br>3. 巡视记录不完善，一处扣3分 | |
| 6.2.5.2 | 接地：采取的防雷接地、工作接地、保护接地、保护中性线及重复接地措施正确完备，符合规程规定；接地装置的接地电阻符合规程规定；接地体的材质规格以及埋设深度符合规程规定 | 20 | 查阅资料，现场核查 | 不符合要求，一处扣1分 | 《农村低压电力技术规程》 |
| 6.2.5.3 | 配电箱（室）及箱（室）内电器安装：各类产品符合国家质量标准，名称、编号、相色及负荷标志齐全，清晰、明确；配电箱（室）的进出引线采用具有绝缘护套的绝缘电线，穿越箱壳（墙壁）时加套管保护；室内、外配电箱箱底距地面高度符合规程规定 | 20 | 现场检查 | 安装不规范，一处扣1分 | |
| 6.2.5.4 | 负荷监测：定期开展负荷监测工作，配电变压器负荷控制及三相不平衡度符合规程要求，监测记录正确、完整、规范 | 20 | 查阅监测记录和相关资料 | 1. 未开展负荷监测，一处扣2分；<br>2. 记录不完整，一处扣1分 | 《配电网运维规程》 |

| 序号 | 评价项目及内容 | 标准分 | 查评方法 | 评分标准 | 参考依据 |
|---|---|---|---|---|---|
| 6.2.5.5 | 低压刀开关、隔离开关、熔断器安装牢固、接触紧密。开关机构灵活、正确，熔断器不应有弯曲、压扁、伤痕等现象 | 10 | 现场检查 | 不符合要求，一处扣1分 | 《架空绝缘配电线路施工及验收规程》 |
| 6.2.5.6 | 拉线：拉线安装及运行符合规程要求，低压线路拉线必须装设拉线绝缘子 | 10 | 现场检查 | 未装设绝缘子，一处扣2分 | 《配电网运维规程》 |
| 6.2.5.7 | 巡视维护：定期开展巡视、检查、维护，相关记录正确、完整、规范 | 20 | 查阅资料 | 1. 未定期开展运维，一处扣2分；<br>2. 记录不全面，一处扣1分 | |

## 3.3 电力电缆线路

电力电缆线路共 230 分，评价标准见表 19。

表 19                                电 力 电 缆 线 路

| 序号 | 评价项目及内容 | 标准分 | 查评方法 | 评分标准 | 参考依据 |
|---|---|---|---|---|---|
| 6.3 | 电力电缆线路 | 230 | | | |
| 6.3.1 | 分界管理规定：电缆线路与发电厂、变电站、架空线路、开闭所和临近的运行管理单位（包括用户）明确划定分界点 | 30 | 查阅设备管辖分界管理制度、分界协议书、岗位责任制文本 | 1. 无分界管理制度，不得分；<br>2. 无分界协议书，一条扣5分；<br>3. 未明确分界点，一处扣1分 | |
| 6.3.2 | 附属设备：配电线路电缆分支箱、环网柜、交叉互联箱、保护接地箱、电缆终端站等安装运行状况符合技术标准；配电箱内外各类名称、编号、相色和安全警示标志齐全、清晰、规范 | 30 | 现场核查 | 1. 不符合技术标准，一处扣1分；<br>2. 标志缺失或错误，一处扣2分 | 《电力电缆及通道运维规程》 |
| 6.3.3 | 电缆标志：电缆名称、编号标志牌齐全，挂装牢固；电缆终端相色正确；地下电缆或直埋电缆的地面标志齐全并符合有关要求；靠近地面一段电缆有安全警示标志及防护设施 | 30 | 现场核查 | 标志缺失或错误，一处扣2分 | |
| 6.3.4 | 电缆沟：电缆沟内无杂物，排水畅通，无积水，盖板齐全良好；电缆支架等金属部件防腐层完好 | 20 | 现场核查 | 1. 沟道、盖板不符合要求，一处扣1分；<br>2. 防腐层脱落，一处扣1分 | |

| 序号 | 评价项目及内容 | 标准分 | 查评方法 | 评分标准 | 参考依据 |
|------|--------------|--------|---------|---------|---------|
| 6.3.5 | 电缆防火阻燃措施：防火与阻燃所需的封堵措施、防火墙设置、防火涂料使用正确 | 20 | 现场核查 | 阻燃措施不完善，一处扣1分 | 《电力电缆及通道运维规程》 |
| 6.3.6 | 电缆沟建设应满足荷载及环境要求：禁止易燃、易爆等其他管道穿越电缆沟，电缆沟墙体应能防止可燃物经土壤渗入。电缆沟的齿口应有角钢保护，钢筋混凝土盖板应用角钢或槽钢包边，盖板间不应有明显间隙 | 20 | 现场核查 | 不符合要求，一处扣2分 | 《电力电缆及通道运维规程》 |
| 6.3.7 | 安全距离：电缆敷设和运行时最小弯曲半径、电缆支架间最小净距、电缆支架离顶板和底板最小净距、电缆沟、隧道或工井内通道净宽允许最小值满足要求 | 30 | 现场核查 | 安全距离不满足要求，一处扣2分 | 《城市电力电缆线路设计技术规定》 |
| 6.3.8 | 电缆隧道：电缆隧道内照明、通风、排水、通信、环境监控和安全监视系统齐全完备 | 30 | 现场核查 | 功能不完善，一项扣5分 | 《城市电力电缆线路设计技术规定》 |
| 6.3.9 | 巡视管理：按照运行规程要求进行定期、非定期巡视，相关记录齐全、正确、规范 | 20 | 查阅资料 | 1. 未定期开展运维，一处扣2分<br>2. 记录不全面，一处扣1分 | 《电力电缆及通道运维规程》 |

## 3.4 设备综合管理

设备综合管理共120分，评价标准见表20。

**表20** 设 备 综 合 管 理

| 序号 | 评价项目及内容 | 标准分 | 查评方法 | 评分标准 | 参考依据 |
|------|--------------|--------|---------|---------|---------|
| 6.4 | 设备综合管理 | 120 | | | |
| 6.4.1 | 图纸、资料齐全：有符合运行设备现场实际的图纸、资料，如主要设备厂家使用说明书、设备台账、修试记录、调试报告，实际设备或接线变动后应及时修改图纸或重画图纸 | 25 | 现场抽查 | 图纸、资料不齐全或与实际不符，一处扣1分 | 《国家电网公司电网设备状态检修管理规定》 |
| 6.4.2 | 计划制定：有企业年度、季度、月度检修计划 | 20 | 查检修计划 | 无年度、季度或月度检修计划，一项扣10分 | 《国家电网公司安全工作规定》 |

| 序号 | 评价项目及内容 | 标准分 | 查评方法 | 评分标准 | 参考依据 |
|------|------|------|------|------|------|
| 6.4.3 | 备品备件管理：制定有备品备件管理制度，备品备件有清册，账物相符并定期清理，班组备品备件储备量要满足处理本班组事故处理的需要 | 25 | 查阅资料 | 1. 无管理制度，不得分；<br>2. 备品备件账物不符，一处扣2分 | 《国家电网公司变电运维管理规定（试行）》 |
| 6.4.4 | 缺陷管理：缺陷发现、处理及消除及时并形成闭环管理，记录完整。对评估为安全隐患的缺陷要同时纳入隐患治理流程，实行闭环管理 | 25 | 查阅有关记录 | 1. 一般缺陷未及时消除，一项扣1分；<br>2. 严重、危急缺陷未及时消除，一项扣3分；<br>3. 未纳入安全隐患管理，一项扣3分 | 《电网设备缺陷管理规定》 |
| 6.4.5 | 检修项目与报告：检修试验项目和标准应符合有关检修试验管理的规定，并具备完善的竣工图纸、设备检修台账、检修记录、试验报告及检修结论。严格执行设备检修三级验收及评价制度，确保检修质量 | 25 | 查阅图纸、资料、验收报告 | 1. 未按规定开展检修试验工作，一处扣2分；<br>2. 记录不完善，一处扣2分；<br>3. 未按验收制度进行验收，一处扣3分 | 《国家电网公司电网设备状态检修管理规定》《输变电设备状态检修试验规程》 |

## 3.5 反事故措施

反事故措施共100分，评价标准见表21。

**表21** 　　　　　　　　　　　**反事故措施**

| 序号 | 评价项目及内容 | 标准分 | 查评方法 | 评分标准 | 参考依据 |
|------|------|------|------|------|------|
| 6.5 | 反事故措施 | 100 | | | |
| 6.5.1 | "反措"计划编制：反事故措施计划根据国家相关技术标准、规程、上级反事故措施、需要消除的重大缺陷和隐患、提高设备可靠性的技术改造及事故防范对策进行编制，"反措"计划纳入检修、技改计划 | 30 | 查阅设备缺陷、隐患排查记录等编制依据、反事故措施、年度"反措"计划和规程制度 | 1. 未编制"反措"计划，不得分；<br>2. 未纳入检修、技改计划，一处扣5分 | 《国家电网公司安全工作规定》《国家电网公司十八项电网重大反事故措施》 |
| 6.5.2 | "反措"计划"四落实"：年度"反措"计划的组织修编、立项依据、费用提取和审定符合规定，计划做到项目、完成时间、责任人（单位）和费用四落实 | 30 | 查阅"反措"计划运行和事故报告 | 1. 流程管理不到位，一项扣5分；<br>2. "四落实"不符合要求，一项扣10分 | |

| 序号 | 评价项目及内容 | 标准分 | 查评方法 | 评分标准 | 参考依据 |
|---|---|---|---|---|---|
| 6.5.3 | 班组"反措"计划落实与检查:"反措"计划下达后,班组根据"反措"计划内容,组织制定和实施本班组年度"反措"计划,每月开展一次检查,将完成情况报主管部门 | 20 | 查阅班组年度"反措"计划完成情况 | 1. 班组未制定实施计划,一项扣5分;<br>2. 未定期检查落实情况,一次扣6分 | 《国家电网公司安全工作规定》<br>《国家电网公司十八项电网重大反事故措施》 |
| 6.5.4 | 企业"反措"计划落实与检查:主管领导、安全监察及制定反事故措施计划的主管部门经常深入基层单位检查"反措"计划的执行情况,至少每季度全面检查一次 | 20 | 查阅制度、图片资料 | 检查次数不足,一次扣5分 | |

## 3.6 电力设施保护

电力设施保护共 150 分,评价标准见表 22。

**表 22**　　　　　　　　　　**电 力 设 施 保 护**

| 序号 | 评价项目及内容 | 标准分 | 查评方法 | 评分标准 | 参考依据 |
|---|---|---|---|---|---|
| 6.6 | 电力设施保护 | 150 | | | |
| 6.6.1 | 组织:组织机构健全,职责明确,逐级签订电力设施保护责任书 | 30 | 查阅资料 | 1. 未成立组织机构,不得分;<br>2. 未签订电力设施保护责任书,一处扣2分 | |
| 6.6.2 | 宣传:按要求开展电力设施保护宣传 | 20 | 查阅电力设施保护的相关管理规定、资料 | 未按要求开展宣传,一次扣10分 | |
| 6.6.3 | 重点工作内容:1. 定期组织电力设施沿线巡查;2. 定期与公安、工商等部门开展废旧回收站点的联合检查;3. 对盗窃、破坏电力设施重灾区开展巡逻;4. 与综治、公安等部门定期召开工作协调会;5. 架空线路杆塔应采用防卸螺栓、防攀爬、防撞等技防措施;6. 重要的变电站应装设安防系统、监控系统;7. 与当地政府林业和住建部门沟通,重点解决线下建房和植树问题 | 40 | 查阅资料,现场检查 | 重点工作未落实,一项扣6分 | 《国家电网公司电力设施保护管理规定》 |

| 序号 | 评价项目及内容 | 标准分 | 查评方法 | 评分标准 | 参考依据 |
|---|---|---|---|---|---|
| 6.6.4 | 划分电力设施保护就地责任区段：按"定人员、定设备、定职责"原则，将电力设施保护责任落实到具体人员，做到无漏洞、无死角，对发现危及电力设施安全的隐患，应向当事人提出整改通知书，当事人逾期未整改的，应及时报告政府电力行政管理部门，并配合处理 | 20 | 查阅资料 | 1. 责任未落实，一处扣3分；<br>2. 未下发整改通知书，一处扣3分；<br>3. 未及时报备政府，一处扣2分 | 《国家电网公司电力设施保护管理规定》 |
| 6.6.5 | 政企联合机制：建立警企联防机制，专人负责与地方政府综治办、公安部门、经信委等单位进行沟通协调 | 20 | 查阅资料，现场检查 | 1. 未建立警企联防机制，不得分；<br>2. 无专人负责，未与地方政府沟通协调，一项扣3分 | |
| 6.6.6 | 防外力破坏：加强对易受外力破坏隐患地点的巡视检查，做好防范外力破坏的措施 | 20 | 查阅资料，现场检查 | 1. 因防范措施不到位，导致发生外力破坏事件，不得分；<br>2. 巡视不到位，一处扣5分 | |

# 4　供用电安全（1000分）

## 4.1　业扩报装、计量安全

业扩报装、计量安全共 300 分，评价标准见表 23。

**表 23**　　　　　　　　　　　业扩报装、计量安全

| 序号 | 评价项目及内容 | 标准分 | 查评方法 | 评分标准 | 参考依据 |
|---|---|---|---|---|---|
| 7.1 | 业扩报装、计量安全 | 300 | | | |
| 7.1.1 | 业扩报装流程：严格业扩报装组织管理，执行公司统一的业扩报装流程。方案勘查、受电工程中间检查、受电工程竣工检验、装表、接电等工作应有统一组织。多专业参加现场工作，应明确专人负责现场组织工作 | 40 | 查阅营销SG186系统及业扩资料 | 业扩报装流程不规范，一处扣10分 | 《营销业扩报装工作全过程防人身事故十二条措施（试行）》<br>《营销业扩报装工作全过程安全危险点辨识与预控手册（试行）》 |

续表

| 序号 | 评价项目及内容 | 标准分 | 查评方法 | 评分标准 | 参考依据 |
|------|----------------|--------|----------|----------|----------|
| 7.1.2 | 受电工程单位资质：受电工程设计、施工、试验单位资质符合要求且材料齐全 | 40 | 查阅业扩资料 | 1. 未对设计、施工、试验单位资质存档，一处扣10分；<br>2. 存档资质材料不齐或资质不符合要求，一处扣10分 | 《营销业扩报装工作全过程防人身事故十二条措施（试行）》<br>《营销业扩报装工作全过程安全危险点辨识与预控手册（试行）》 |
| 7.1.3 | 安全交底：现场查勘、中间检查、竣工验收、装表、接电等工作由电力用户或施工单位现场安全交底，做好相关安全技术措施。在电力用户电气设备上从事相关工作，现场工作负责人或专责监护人在作业前必须向全体作业人员统一进行现场安全交底 | 50 | 验收现场检查交底资料及现场安全技术措施；现场询问验收人员 | 1. 未进行现场安全交底，不得分；<br>2. 现场安全技术措施不完善，一处扣10分；<br>3. 未明确设备带电部位，随意触碰、操作现场设备，不得分 | |
| 7.1.4 | 缺陷、隐患闭环管理：中间检查、竣工验收时发现的缺陷、隐患，及时出具书面整改意见，督导电力用户落实整改措施，整改资料完整，形成闭环管理 | 40 | 查阅中间检查及验收资料 | 1. 未开展中间检查（专线用户、重要用户），一项工程扣20分；<br>2. 未及时出具书面整改意见，一处（一户）扣10分；<br>3. 电力用户缺陷、隐患未闭环管理，一项扣10分 | |
| 7.1.5 | 业扩现场管理：严格执行现场勘查制度，开展现场危险点辨识与预控，根据工作内容及风险程度，合理安排工作人员，准备施工、安全工器具，严格按规定使用工作票或工作任务单（作业卡）及严格落实"双签发"制度，应用标准作业卡，严格执行个人安全防护措施 | 40 | 查阅资料、现场检查 | 1. 未开展危险点辨识与预控，不得分；<br>2. 未使用工作票或工作任务单（作业卡），不得分；<br>3. 工作票或工作任务单（作业卡），填写不规范，一处扣10分；<br>4. 现场安全工器具不合格，不得分 | |
| 7.1.6 | 计量安全：计量装置现场安装、更换或检验，严格执行安全组织措施和技术措施 | 40 | 查阅资料、现场检查 | 1. 未做安全技术措施，不得分；<br>2. 未履行工作许可、监护制度，不得分；<br>3. 安全技术措施不完善，一处扣20分；<br>4. 未按规定使用工作票、工作任务单（作业卡），一处扣10分 | 《营销业扩报装工作全过程防人身事故十二条措施（试行）》<br>《营销业扩报装工作全过程安全危险点辨识与预控手册（试行）》<br>《国家电网公司电力安全工作规程（配电部分）试行》 |

| 序号 | 评价项目及内容 | 标准分 | 查评方法 | 评分标准 | 参考依据 |
|---|---|---|---|---|---|
| 7.1.7 | 竣工验收、投运：电力用户工程应在竣工验收合格后送电。对高压供电用户侧第一断开点设备进行操作（工作），应经调度或运行维护单位许可 | 50 | 查阅业扩资料、现场检查 | 1. 新设备未竣工验收或验收不合格即投运，不得分；<br>2. 操作未经调度或运行单位许可，不得分 | 《营销业扩报装工作全过程防人身事故十二条措施（试行）》<br>《营销业扩报装工作全过程安全危险点辨识与预控手册（试行）》 |

## 4.2　用户侧安全

用户侧安全共 150 分，评价标准见表 24。

表 24　　　　　　　　　　　　用　户　侧　安　全

| 序号 | 评价项目及内容 | 标准分 | 查评方法 | 评分标准 | 参考依据 |
|---|---|---|---|---|---|
| 7.2 | 用户侧安全 | 150 | | | |
| 7.2.1 | 重要电力用户认定、电源配置及档案资料：重要电力用户认定经政府批复，报电力监管机构备案；建立健全重要电力用户用电档案、资料 | 10 | 查阅资料 | 1. 重要电力用户未备案或无政府部门批复，不得分；<br>2. 重要电力用户档案不全，一户扣 5 分 | 《关于加强重要电力用户供电电源及自备应急电源配置监督管理的意见》<br>《重要电力用户供电电源及自备应急电源配置技术规范》 |
| 7.2.2 | 重要电力用户供电电源及自备应急电源配置要求：特级具备三路电源，任何两路发生故障，第三路电源能独立正常供电；一级重要电力用户具备两路电源，当一路电源发生故障，另一路能独立正常供电；二级重要电力用户具备双回路供电，电源可来自同一变电站不同段母线；临时性重要电力用户，可以通过临时架线等方式具备双回路或以上电源供电 | 20 | 查阅重要用户档案 | 1. 未对供电电源配置不满足要求的重要电力用户履行告知义务，不得分；<br>2. 新增重要电力用户供电电源配置不符合要求，不得分 | 《关于加强重要电力用户供电电源及自备应急电源配置监督管理的意见》 |

| 序号 | 评价项目及内容 | 标准分 | 查评方法 | 评分标准 | 参考依据 |
|---|---|---|---|---|---|
| 7.2.3 | 高危及重要用户周期检查：合理制定高危及重要用户检查周期，特级、一级高危及重要用户每3个月至少检查1次。二级高危及重要用户每6个月至少检查1次。临时性高危及重要用户根据其现场实际用电需要开展用电检查工作 | 30 | 查阅用电检查周期表、备案记录 | 1. 未建立用电检查计划，扣10分；<br>2. 未按周期检查，扣10分 | 《国家电网公司关于高危及重要客户用电安全管理工作的指导意见》 |
| 7.2.4 | 重要电力用户建章立制：督促重要电力用户制定自备应急电源运行操作、维护管理的规程制度和应急处置预案，并定期（至少每年一次）进行应急演练 | 30 | 查阅电力用户资料、用电检查结果通知书 | 未督促电力用户制定自备应急电源运行操作、维护管理的规程制度及反事故演练，一户扣10分 | 《供电营业规则》<br>《关于加强重要电力用户供电电源及自备应急电源配置监督管理的意见》 |
| 7.2.5 | 电力用户缺陷、隐患管理：发现电力用户用电设备存在的缺陷或隐患，书面告知，确保做到"检查、告知、报告、服务"四到位 | 30 | 查阅书面通知 | 未进行书面告知，一户扣10分 | 《供电营业规则》<br>《国家电网公司农村用电安全工作管理办法》 |
| 7.2.6 | 临时电力用户管理：与临时电力用户签订供用电合同，明确临时用电资产隶属关系及安全管理责任 | 30 | 查阅资料、现场检查 | 1. 未签订供用电合同，不得分；<br>2. 签订合同，但未明确资产隶属关系及安全管理责任，一处扣10分 | 《供电营业规则》 |

## 4.3 农村用电安全

农村用电安全共300分，评价标准见表25。

**表25** 农 村 用 电 安 全

| 序号 | 评价项目及内容 | 标准分 | 查评方法 | 评分标准 | 参考依据 |
|---|---|---|---|---|---|
| 7.3 | 农村用电安全 | 300 | | | |
| 7.3.1 | 农村用电检查：每年根据农事、季节性用电和农村居民生活用电特点，制定农村用电安全检查计划，并组织实施 | 40 | 查阅新闻报道、资料 | 1. 未编制安全检查计划，不得分；<br>2. 计划无针对性，一处扣10分；<br>3. 未按计划开展用电检查或检查不到位，不得分 | 《国家电网公司农村用电安全工作管理办法》 |

| 序号 | 评价项目及内容 | 标准分 | 查评方法 | 评分标准 | 参考依据 |
|---|---|---|---|---|---|
| 7.3.2 | 用电检查问题整改：用电安全检查发现的问题，书面通知电力用户整改，同时报地方政府相关部门备案 | 40 | 查阅隐患整改通知书 | 1. 未书面通知电力用户整改，一户扣10分；<br>2. 未报地方政府相关部门备案，不得分 | |
| 7.3.3 | 公用配变台区保护设备：建立农村公用配变台区的总保护、中级保护（分支保护）设备台账，定期检查测试并留存记录 | 40 | 查阅台区剩余电流动作保护器装置测试、运行记录 | 1. 未建立台账，不得分；<br>2. 台账建立不全，一处扣5分；<br>3. 未定期开展检测或检测后未留记录，一处扣5分 | |
| 7.3.4 | 剩余电流动作保护装置运行：严禁随意将剩余电流动作保护装置退出运行 | 40 | 抽查现场 | 剩余电流动作保护装置退出运行，一处扣10分 | |
| 7.3.5 | 剩余电流动作保护装置检查：在电力用户配合下，对户用剩余电流动作保护器和末级剩余电流动作保护器的安装及使用情况进行检查，将检查发现的问题告知电力用户整改 | 40 | 查阅用户退出运行协议 | 1. 未对电力用户剩余电流动作保护装置进行检查，不得分；<br>2. 检查发现的问题未书面告知电力用户，一处扣10分 | 《国家电网公司农村用电安全工作管理办法》 |
| 7.3.6 | 剩余电流动作保护装置年统计：每年统计、分析剩余电流动作保护器的安装、使用情况 | 40 | 查阅剩余电流动作保护装置运行记录 | 未统计、分析剩余电流动作保护器的安装、使用情况，不得分 | |
| 7.3.7 | 农村用电安全宣传：制定农村用电安全宣传年度工作计划和方案，并组织实施 | 30 | 查阅新闻报道、方案 | 1. 未制定计划和方案，不得分；<br>2. 未按计划和方案组织实施，不得分 | |
| 7.3.8 | 临时电力用户管理：接电前，以书面形式向用户明确临时用电安全注意事项、配电箱或装接箱的安全使用注意事项，并做好临时供用电合同的签订工作，用户临时用电的电气设备，应在临时线路的首端设置末级保护 | 30 | 查阅用电申请、供用电合同 | 1. 未向电力用户明确或未以书面形式明确安全注意事项，一户扣10分；<br>2. 未签订临时供用电合同，不得分；<br>3. 未设置末级保护，不得分 | |

## 4.4 双电源、自备电源安全

双电源、自备电源安全共 150 分，评价标准见表 26。

表 26　　　　　　　　　　双电源、自备电源安全

| 序号 | 评价项目及内容 | 标准分 | 查评方法 | 评分标准 | 参考依据 |
|------|---------------|--------|----------|----------|----------|
| 7.4 | 双电源、自备电源安全 | 150 | | | |
| 7.4.1 | 与双电源、自备电源电力用户签订协议：1. 与 10kV 及以上双电源电力用户签订正式书面调度协议；2. 与有自备并网发电机组的用户签订正式书面并网调度协议；3. 供电企业应对重要用户装设自备发电机组进行备案 | 20 | 查阅协议、记录、现场检查 | 1. 未签订协议，一户扣 10 分；2. 自备电源电力用户未登记备案，一户扣 5 分 | 《关于加强重要电力用户供电电源及自备应急电源配置监督管理的意见》《重要电力用户供电电源及自备应急电源配置技术规范》 |
| 7.4.2 | 防倒送电措施：多路电源供电的重要电力用户或有自备应急电源装置的电力用户采取防止倒送电的措施（备用电源自动投入、联锁装置、调度操作等），在使用过程中不能自行拆除自备应急电源的闭锁装置或者使其失效，不发生自备应急电源向电网倒送电 | 30 | 查阅双电源统计资料、现场检查 | 1. 发现一户无防倒送电措施，不得分；2. 防止倒送电的措施不完善或防止倒送电的装置损坏未及时处理，一户扣 10 分 | |
| 7.4.3 | 重要电力用户保安负荷及自备应急电源配置标准：重要电力用户保安负荷（含设备清单）由供电企业与重要电力用户共同协商确定，并报当地监管机构备案；自备应急电源配置容量、启动时间应符合持续供电时间和供电质量的技术要求 | 20 | 查阅用户档案、政府有关部门批复，自备应急电源台账 | 1. 未与重要电力用户共同协商保安负荷，不得分；2. 未报当地监管机构备案，不得分；3. 自备应急电源配置容量、启动时间不符合规定的重要电力用户未及时报告政府部门并督导客户整改要求，一户扣 5 分 | |
| 7.4.4 | 新装自备应急电源及其业务变更：重要电力用户新装自备应急电源及其业务变更与供电企业签订自备应急电源使用协议，明确供用电双方的安全责任 | 30 | 查阅协议 | 1. 未签订自备应急电源使用协议，不得分；2. 未明确双方的安全责任，不得分 | |
| 7.4.5 | 自备应急电源变动：重要电力用户如需要拆装自备应急电源、更换接线方式、拆除或者移动闭锁装置，要向供电企业办理手续，并修订协议 | 30 | 查阅资料 | 未督促用户向供电企业办理手续的，一户扣 5 分 | |

| 序号 | 评价项目及内容 | 标准分 | 查评方法 | 评分标准 | 参考依据 |
|------|------|------|------|------|------|
| 7.4.6 | 自备应急电源检查、试验：督促重要电力用户对自备应急电源定期进行安全检查、预防性试验、启机试验和切换装置的切换试验 | 20 | 查阅用电检查结果通知书、现场检查 | 1. 未对重要电力用户进行自备应急电源安全检查，一户扣5分；<br>2. 未告知重要电力用户自备应急电源预防性试验等工作的，一户扣5分 | 《关于加强重要电力用户供电电源及自备应急电源配置监督管理的意见》《重要电力用户供电电源及自备应急电源配置技术规范》 |

## 4.5 分布式电源安全

分布式电源安全共100分，评价标准见表27。

表27　　　　　　　　　　分布式电源安全

| 序号 | 评价项目及内容 | 标准分 | 查评方法 | 评分标准 | 参考依据 |
|------|------|------|------|------|------|
| 7.5 | 分布式电源安全 | 100 | | | |
| 7.5.1 | 签订协议、合同：签订并网协议和购售电合同，合同或协议中应明确双方安全责任 | 20 | 查阅合同或协议 | 1. 未签订并网协议与合同，不得分；<br>2. 未明确安全责任，一户扣10分 | 《分布式发电暂行管理办法》《分布式电源并网相关意见和规范（修订版）》 |
| 7.5.2 | 调度管理：分布式电源涉网设备，纳入调度管理，具备条件的分布式发电在紧急情况下接受并服从电力运行管理机构的应急调度 | 20 | 查阅调度运行记录 | 发生一起不接受调度事件，不得分 | 《电网运行规则》《分布式发电暂行管理办法》《分布式电源并网相关意见和规范（修订版）》 |
| 7.5.3 | 分布式电源保护装置：分布式电源保护装置的配置和选型必须满足所辖电网的技术规范和反事故措施，其接地方式和配电网侧的接地方式相协调，并满足人身设备安全和保护配合的要求 | 20 | 查阅用户档案、台账、图纸、现场检查 | 1. 不满足技术规范或反事故措施，一处扣10分；<br>2. 接地方式与配电网侧的接地方式不协调，不得分 | 《分布式电源接入电网技术规定》 |

续表

| 序号 | 评价项目及内容 | 标准分 | 查评方法 | 评分标准 | 参考依据 |
|---|---|---|---|---|---|
| 7.5.4 | 接入电网的检测点：分布式电源接入电网的检测点为电源并网点且由具有相应资质的单位或部门进行检测，检测方案报所接入电网调度机构备案 | 30 | 现场检查，查阅文件、报告 | 1. 并网点检测单位或部门资质不符合要求，不得分；<br>2. 检测方案未在调度机构备案，一处扣10分 | 《分布式电源接入电网技术规定》<br>《分布式电源并网相关意见和规范（修订版）》 |
| 7.5.5 | 安全标识：分布式电源的并网设备或分布式电源有明显的安全标识 | 10 | 现场检查 | 1. 安全标识不清晰、不明显，一处扣5分；<br>2. 无安全标识，不得分 | 《分布式电源接入电网技术规定》 |

# 5　工程建设安全（1000分）

## 5.1　承发包、分包安全管理

承发包、分包安全管理共300分，评价标准见表28。

表28　　　　　　　　　　　　　承发包、分包安全管理

| 序号 | 评价项目及内容 | 标准分 | 查评方法 | 评分标准 | 参考依据 |
|---|---|---|---|---|---|
| 8.1 | 承发包、分包安全管理 | 300 | | | |
| 8.1.1 | 发包、分包管理：发包工程严格执行承、发包工程管理制度，规范管理流程，明确安全工作的评价考核标准和要求。按照"谁主管谁负责，管业务必须管安全"原则，建立承发包单位各负其责、业务部门管理、安质部门监督的综合管理机制 | 40 | 查阅承发包及安全工作考核资料 | 1. 发包流程不符合要求，扣5～20分；<br>2. 对承发包安全工作无考核标准和要求，扣10分；未评价考核，扣5～10分；<br>3. 未建立综合管理机制，不得分 | 《国家电网公司安全工作规定》<br>《国家电网公司业务外包安全监督管理办法》 |
| 8.1.2 | 承包单位资质审查：承包单位应具备相应的安全资质和安全生产条件。实行承包单位及其项目负责人"黑名单"和"负面清单"管理措施，并通过入网资质审查、日常检查和年终评价等制度对外包队伍进行安全动态管理 | 30 | 查阅承包单位资质、安全生产条件审查资料，及安全管理监督情况 | 1. 承包单位资质和安全生产条件未经审查、或审查不符合规定仍发包，不得分；<br>2. 未实行"黑名单"和"负面清单"管理措施，不得分；<br>3. 未进行安全动态管理，一次扣10分 | |

| 序号 | 评价项目及内容 | 标准分 | 查评方法 | 评分标准 | 参考依据 |
|---|---|---|---|---|---|
| 8.1.3 | 承发包安全协议：承发包双方在签订工程合同时，应签订安全协议，明确安全目标、安全保证金、双方安全文明施工权利和义务、安全考核标准等内容，并经安全监督管理机构审查 | 30 | 查阅承包施工合同、安全协议 | 1. 未签订安全协议，不得分；<br>2. 未在协议中明确双方权利和义务、安全保证金及安全考核标准，扣5～10分；<br>3. 未经安全监督管理机构审查，一次扣5分；<br>4. 安全协议超期使用，一次扣5分 | 《国家电网公司安全工作规定》 |
| 8.1.4 | 承发包现场管理：发包方开工前对承包方项目经理、现场负责人、技术员和安全员进行全面的安全技术交底，并应有完整的记录或资料。做好现场安全管理，承包方在电力生产区域内违反有关安全规程制度时，发包方、监理方应予制止。在有危险性的电力生产区域内作业，要求承包方制定安全措施，并配合做好相关的安全措施 | 40 | 查阅安全技术交底记录、资料，现场检查 | 1. 未进行安全技术交底，不得分；<br>2. 重要危险因素及防范措施交底不全面，扣5～10分；<br>3. 对承包方违反有关安全规程制度时，未进行考核，一次扣5分；<br>4. 对危险区域作业，未要求承包方制定安全措施，并配合做好相关安全措施，一次10分 | |
| 8.1.5 | 分包审批：专业分包、劳务分包严格履行审批手续；工程禁止转包或违规分包；主体工程或关键性工作禁止违规分包 | 40 | 查阅分包资料及审批手续 | 1. 转包或违规分包，或主体工程、关键性工作分包，不得分；<br>2. 专业分包、劳务分包审批手续不全，审批流程不规范，一次扣5分 | |
| 8.1.6 | 分包协议：施工企业在工程分包项目开工前，应与分包商签订分包合同，明确分包性质，同时签订规范的分包安全协议，并经监理审查、业主项目部批准后方能进行分包施工。劳务外包或劳务分包的承包合同，应注明承包单位需自行完成劳务作业，承包单位不得再次外包 | 40 | 查阅分包合同、安全协议 | 1. 未签订分包合同、安全协议，不得分；<br>2. 合同、安全协议不符合规范要求，一次扣5分；<br>3. 需自行完成的劳务作业，再次外包，不得分 | 《国家电网公司业务外包安全监督管理办法》《国家电网公司基建安全管理规定》 |
| 8.1.7 | 分包队伍安全管理：将分包队伍纳入施工单位统一管理、统一标准、统一培训、统一考核。核查进场人员及相关设备，不满足承包合同及安全协议有关条款规定的，不得允许进场。包括人员安全教育培训，特种作业人员及其他作业人员的劳动合同、身份信息、执业资格、持证上岗、人证一致、工伤保险和意外伤害保险办理等。专业分包商自带施工机械、工器具的准入检查，施工方案的审查备案 | 40 | 查阅安全教育培训、准入检查、施工安全检查资料，现场检查 | 1. 进场人员及相关设备，不满足承包合同及安全协议，一次扣10分；<br>2. 对分包商机械、工器具、方案、人员检查不到位，一次扣5分；<br>3. 未对施工方案备查备案，扣10分 | |

| 序号 | 评价项目及内容 | 标准分 | 查评方法 | 评分标准 | 参考依据 |
|------|--------------|--------|---------|---------|---------|
| 8.1.8 | 人员安全管理：外来工作人员应经培训、考试合格，并持证或佩戴标志上岗。从事有危险的工作时，在有经验的本企业职工带领和监护下进行，并做好安全措施。开工前监护人应将带电区域和部位、警告标志的含义向外来工作人员交代清楚，并要求其复述正确方可开工 | 40 | 查阅安全培训资料，作业书、工作票等资料，现场检查 | 1. 外来人员未经培训和考试合格，一人扣5分；<br>2. 未持证或佩戴标志上岗，一人扣2分；<br>3. 外来工作人员从事危险的工作时，未在有经验的本单位职工带领和监护下进行，一人扣10分 | 《国家电网公司安全工作规定》 |

## 5.2　业主方安全管理

业主方安全管理共 350 分，评价标准见表 29。

**表 29　　　　　　　　业主方安全管理**

| 序号 | 评价项目及内容 | 标准分 | 查评方法 | 评分标准 | 参考依据 |
|------|--------------|--------|---------|---------|---------|
| 8.2 | 业主方安全管理 | 350 | | | |
| 8.2.1 | 安全管理体系：建立工程安全管理体系和监督体系，落实安全生产责任制，项目符合条件应成立项目安全生产委员会 | 50 | 查阅工程组织机构、安委会、工程安全管理体系文件、资料 | 1. 项目符合条件，未成立项目安全生产委员会，不得分；<br>2. 工程安全管理体系不健全，未落实责任制，不得分 | 《国家电网公司安全工作规定》<br>《国家电网公司农网改造升级工程管理办法》 |
| 8.2.2 | 工程建设单位的安全职责：建设单位应明确参建单位的安全职责；参建单位应认真执行国家和公司安全管理制度，全面履行安全职责，制定施工安全管理办法和保障措施并严格落实；对于发生事故的参建单位，建设单位要按照公司安全管理规定和合同约定追究相关单位责任 | 50 | 查阅安全职责、管理机制、会议纪要 | 1. 建设单位的安全职责、管理机制不全，不得分；<br>2. 参建单位未制定并落实安全管理办法和保障措施，不得分；<br>3. 发生事故，未严格追究责任，不得分 | 《国家电网公司农网改造升级工程管理办法》 |
| 8.2.3 | 安全管理方案：按工程项目批次制定《安全质量管理总体策划方案》；批准施工项目部施工安全管理及风险控制方案、工程施工强制性条文执行计划；批准监理项目部安全监理工作方案，并监督实施。组织实施工程项目安全考核奖惩措施 | 50 | 查阅安全管理总体策划方案，及施工、监理工作方案、记录 | 1. 未按工程项目批次制定《安全质量管理总体策划方案》，不得分；<br>2. 未严格审批施工、监理工作方案，一次扣5分；<br>3. 未组织工程项目安全考核奖惩，一项扣5分 | 《国家电网公司基建安全管理规定》国网<br>《国家电网公司城乡配网建设与改造工程业主、监理、施工项目部安全管理工作规范（试行）》 |

续表

| 序号 | 评价项目及内容 | 标准分 | 查评方法 | 评分标准 | 参考依据 |
|---|---|---|---|---|---|
| 8.2.4 | 安全协调、检查：督促监理、施工项目部落实相应安全职责，常态化开展安全质量检查，监督施工单位安全措施费的使用。对两个及以上施工企业在同一作业区域内进行施工、可能危及对方生产安全的作业活动，组织签订安全协议。指定专职安全生产管理人员进行安全检查与协调 | 50 | 查阅会议纪要、安全协议，及专职安全生产管理人员安全检查与协调记录 | 1. 未常态化开展安全质量检查和监督施工单位安全措施费的使用，不得分；<br>2. 未按要求签订安全协议，不得分；<br>3. 未指定专职安全生产管理人员进行安全检查与协调，不得分 | 《国家电网公司基建安全管理规定》国网<br>《国家电网公司城乡配网建设与改造工程业主、监理、施工项目部安全管理工作规范（试行）》 |
| 8.2.5 | 安全风险管理：审批并监督执行施工项目部的《施工安全管理及风险控制方案》。组织监理、施工项目部对工程项目关键工序及危险作业开展施工安全风险识别、评价，制定针对性的预控措施，并监督落实 | 50 | 查阅风险管理文件、记录，现场检查 | 1. 未审批并监督执行施工项目部的《施工安全管理及风险控制方案》，不得分；<br>2. 未开展施工安全风险识别、评价，不得分；<br>3. 预控措施不落实，一次扣5分 | |
| 8.2.6 | 安全生产费用使用和监督：按规定计列、审批和提取工程建设安全生产费用，并监督现场使用情况 | 50 | 查阅承包方安全文明施工措施费、施工工具用具使用费使用计划、购置明细、结算发票等，实地检查 | 1. 在编制概预算书、招投标等过程中未根据实际考虑安全生产费用，不得分；<br>2. 对安全生产费用的使用监管、考核不到位，一次扣5分 | 《国家电网公司关于进一步规范电力工程安全生产费用提取与使用管理工作的通知》 |
| 8.2.7 | 现场管理：加强施工现场全过程安全管控，实行安全质量监督员制度，加强对施工现场的安全监督与管理，及时纠正施工人员的各类违章行为。认真贯彻执行工作票、安全施工作业票管理制度，严格落实"三防十要"和安全规程、规定要求，抓好安全技术交底，督促安全措施落实 | 50 | 查阅安全监督、反违章记录，实地检查 | 1. 未执行安全质量监督员制度，不得分；<br>2. 对施工人员的各类违章行为未查纠，一次扣2分；<br>3. 未落实"三防十要"和安全规程、规定要求，未抓好安全技术交底，未督促安全措施落实，一次扣5分 | 《国家电网公司农网改造升级工程管理办法》<br>《国家电网公司城乡配网建设与改造工程业主、监理、施工项目部安全管理工作规范（试行）》 |

## 5.3 监理方安全管理

监理方安全管理共 150 分，评价标准见表 30。

表 30                           监 理 方 安 全 管 理

| 序号 | 评价项目及内容 | 标准分 | 查评方法 | 评分标准 | 参考依据 |
|---|---|---|---|---|---|
| 8.3 | 监理方安全管理 | 150 | | | |
| 8.3.1 | 资质和人员：工程项目要执行工程监理制，工程监理项目部至少配备项目总监理工程师、专业监理工程师、安全监理工程师各 1 人，并配备满足监理工作需要的检测设备、工器具、办公和生活设施、交通工具，具备独立运作条件 | 20 | 查阅监理人员资质、配置情况 | 1. 配备的监理人员不满足要求，不得分；<br>2. 配备的工器具、办公和生活设施、交通工具等不满足要求，一次扣 5 分；<br>3. 监理项目部不具备独立运作条件，不得分 | 《国家电网公司城乡配网建设与改造工程业主、监理、施工项目部安全管理工作规范（试行）》《国家电网公司农网改造升级工程管理办法》 |
| 8.3.2 | 监理方案：编制工程项目《安全质量监理工作方案》，并报业主项目部审核批准后执行。根据施工进度开展文件审查、安全检查签证、旁站监理及巡视。到位情况应记入旁站记录 | 20 | 查阅监理工作方案，实地检查 | 1. 未编制报批《安全质量监理工作方案》，不得分；<br>2. 未开展文件审查、安全检查签证、旁站监理及巡视，一项扣 5 分；<br>3. 到位情况未记入旁站记录，一次扣 2 分 | 《国家电网公司城乡配网建设与改造工程业主、监理、施工项目部安全管理工作规范（试行）》 |
| 8.3.3 | 培训管理：组织项目监理人员参加安全教育培训，督促施工项目部开展安全教育培训工作 | 20 | 查阅安全教育培训记录 | 1. 监理人员未参加安全教育培训，不得分；<br>2. 未检查、督促施工项目部安全教育培训工作，一次扣 5 分 | |
| 8.3.4 | 资料审查：审查项目管理实施规划（施工组织设计）中安全技术措施或专项施工方案符合工程建设强制性标准。审查施工项目部报审的施工安全管理及风险控制方案、工程施工强制性条文执行计划等安全策划文件 | 30 | 查阅安全技术措施或专项施工方案、施工安全管理及风险控制方案 | 1. 对管理实施规划、施工安全管理及风险控制方案、强制性条文执行审查不严，存在问题，一次扣 5 分；<br>2. 对其他报审资料审查不严，一项扣 2 分 | 《国家电网公司基建安全管理规定》 |
| 8.3.5 | 安全检查签证：对工程关键部位、关键工序、特殊作业和危险作业进行旁站监理，并形成图片归档；对重要设施和重大转序进行安全检查签证。协调交叉作业和工序交接中的安全文明施工措施的落实 | 30 | 查阅安全检查签证记录、监理日志，实地检查 | 1. 旁站监理不到位，一次扣 5 分；<br>2. 未及时安全检查签证，扣 10 分；<br>3. 对交叉作业和工序交接中的安全文明施工措施的落实协调不力，一次扣 10 分 | |

| 序号 | 评价项目及内容 | 标准分 | 查评方法 | 评分标准 | 参考依据 |
|------|----------------|--------|----------|----------|----------|
| 8.3.6 | 隐患治理督查：实施监理过程中，对发现的安全事故隐患，要求施工项目部整改；必要时要求施工项目部暂时停止施工，并及时报告业主项目部，对整改情况进行跟踪，填写"监理检查记录表"或"监理通知单" | 30 | 查阅监理检查记录表、监理通知单 | 1. 对发现的安全事故隐患，未及时要求施工项目部整改，一项扣5分；<br>2. 对隐患未跟踪督办，一项扣5分 | 《国家电网公司基建安全管理规定》《国家电网公司输变电工程安全文明施工标准化管理办法》 |

## 5.4　施工方安全管理

施工方安全管理共 200 分，评价标准见表 31。

**表 31　　　　施 工 方 安 全 管 理**

| 序号 | 评价项目及内容 | 标准分 | 查评方法 | 评分标准 | 参考依据 |
|------|----------------|--------|----------|----------|----------|
| 8.4 | 施工方安全管理 | 200 | | | |
| 8.4.1 | 安全目标及机制：制定施工项目部安全管理目标，完善安全管理工作机制，建立项目安全管理台账 | 20 | 查阅安全管理目标文件、安全管理台账记录 | 1. 未制定施工安全管理目标，不得分；<br>2. 未完善安全管理工作机制，扣5～10分；<br>3. 无项目安全管理台账，扣10分 | 《国家电网公司基建安全管理规定》 |
| 8.4.2 | 安全工作例会：项目部每月至少召开一次安全工作例会，检查工程项目的安全文明施工情况，提出改进措施并闭环整改 | 20 | 查阅安全工作例会记录，实地检查 | 1. 未定期召开安全工作例会，一次扣5分；<br>2. 未分析工程项目的安全文明施工情况，提出改进措施并闭环整改，一次扣5分 | |
| 8.4.3 | 安全日活动：施工队（班组）每周开展一次安全活动，检查总结上一阶段安全工作，安排布置下一阶段的安全工作 | 20 | 查阅安全活动记录 | 1. 施工队（班组）未每周开展安全活动，一次扣5分；<br>2. 未检查总结上一阶段安全工作，安排布置下一阶段的安全工作，一次扣5分 | |
| 8.4.4 | 持证上岗：组织从业人员参加相关培训、考试合格，保证企业负责人、项目经理、专职安全生产管理人员、特种作业人员持证上岗 | 20 | 查阅培训记录及相关人员持证上岗情况，实地检查 | 1. 未组织从业人员参加相关培训并考试合格，不得分；<br>2. 相关岗位人员未取得相应资格证书，一人扣5分 | |

| 序号 | 评价项目及内容 | 标准分 | 查评方法 | 评分标准 | 参考依据 |
|---|---|---|---|---|---|
| 8.4.5 | 安全检查：施工项目部每周至少组织一次安全检查，检查方式包括例行检查、专项检查、随机检查、安全巡查等方式。及时掌握工程现场安全动态，组织对问题进行整改完善。并对检查发现的问题应形成闭环管理、有据可查 | 20 | 查阅安全检查、整改记录，实地检查 | 1. 未按要求开展安全检查，一次扣5分；<br>2. 未对问题整改完善，一次扣5分；<br>3. 未形成闭环管理，不得分 | 《国家电网公司基建安全管理规定》《国家电网公司城乡配网建设与改造工程业主、监理、施工项目部安全管理工作规范（试行）》 |
| 8.4.6 | 安全教育培训：作业人员、管理人员经培训合格后方可上岗。完善安全技术交底和施工队（班组）班前站班会机制，向作业人员如实告知作业场所和工作岗位可能存在的风险因素、防范措施以及事故现场应急处置措施 | 20 | 查阅培训记录，安全技术交底和班前会记录，实地检查 | 1. 相关人员未经培训合格即上岗，一人扣2分；<br>2. 未开展安全技术交底和班前会，一次扣10分；<br>3. 作业场所和工作岗位风险因素、防范措施等交代不清，一次扣5分 | 《国家电网公司基建安全管理规定》 |
| 8.4.7 | "三措一案"管理：所有配电网工程施工现场必须进行现场勘察。近电作业、交叉跨越、设备吊装、高边坡施工等高风险作业要制定专项安全措施。对于外包工程，工程项目部要组织施工单位、设备运维管理单位进行现场勘察，施工单位编制的"三措一案"必须经业主项目部（设备运维管理单位）审查合格后方可执行 | 20 | 查阅现场勘察记录，"三措一案"审查文件，实地检查 | 1. 未开展现场勘察，未编制"三措一案"，不得分；<br>2. 高风险作业未制定专项安全措施，不得分；<br>3. "三措一案"编制、审查不符合要求，一项扣5分 | 《国家电网公司关于加强配电网建设改造工程安全工作的通知》 |
| 8.4.8 | 作业管控：现场作业必须严格执行开工会制度，并经作业人员签字确认后方可作业。开展现场标准化作业，抓好安全交底、安全措施布置、作业过程监护等环节。实施三级及以上风险作业时，项目部主要管理人员必须到岗到位 | 20 | 查阅"两票"等记录，实地检查 | 1. 未执行开工会制度、作业人员未签字确认，一项扣5分；<br>2. 未开展现场标准化作业，一次扣5分；<br>3. 三级及以上风险作业前，项目部主要管理人员未到岗到位，一次扣20分 | 《国家电网公司关于加强配电网建设改造工程安全工作的通知》《国家电网公司输变电工程施工安全风险识别、评估及预控措施管理办法》 |

续表

| 序号 | 评价项目及内容 | 标准分 | 查评方法 | 评分标准 | 参考依据 |
|------|----------------|--------|----------|----------|----------|
| 8.4.9 | 机械安全：建立现场施工机械安全管理机构，配备施工机械管理人员，落实施工机械安全管理责任，对进入现场的施工机械和工器具的安全状况进行准入检查，并监控施工过程中起重机械的安装、拆卸、重要吊装、关键工序作业；负责施工队（班组）安全工器具的定期试验、送检工作 | 20 | 查阅施工机械安全管理资料、记录，实地检查 | 1. 未明确施工机械管理人员，未建立施工机械安全管理责任，不得分；<br>2. 现场施工机械和工器具未经准入检查试验、送检，一件扣10分；<br>3. 机械和工器具存在问题，一件扣5分 | 《国家电网公司基建安全管理规定》 |
| 8.4.10 | 专项安全技术措施：对重要临时设施、重要施工工序、特殊作业、危险作业项目，编制专项安全技术措施，报监理项目部审查，业主项目部备案，交底后实施 | 10 | 查阅专项安全技术措施、记录，实地检查 | 1. 未按要求编制专项安全技术措施，不得分；<br>2. 专项措施不符合实际，一项扣5分；<br>3. 专项措施未落实，一次扣5分 | |
| 8.4.11 | 季节性施工方案：针对冬季、雨季、高温季节、雷电、台风气候特点及野外作业等，采取防洪水、防泥石流、防雷电、防台风、防冻伤、防滑跌、防暑降温、消毒防疫、防野外动物攻击等措施，改善现场作业条件和生活环境，预防职业健康危害和群体性疫情 | 10 | 查阅季节性施工方案，实地检查 | 1. 未按要求编制季节性施工方案，不得分；<br>2. 未严格落实各项防范措施，一项扣5分 | |

# 6　作业安全（1500分）

## 6.1　作业计划

作业计划共100分，评价标准见表32。

表32　　　　　　　　　作　业　计　划

| 序号 | 评价项目及内容 | 标准分 | 查评方法 | 评分标准 | 参考依据 |
|------|----------------|--------|----------|----------|----------|
| 9.1 | 作业计划 | 100 | | | |
| 9.1.1 | 计划编制：按照月度停电计划，科学编制"月、周、日"作业计划。周计划应包括巡视维护、小型分散作业等停电和不停电作业计划，并分级审核、批准 | 30 | 查阅作业计划资料，现场检查 | 1. 作业计划编制不满足月度停电计划的基本要求，一次扣5分；<br>2. "月、周、日"作业计划未编制，一次扣5分；<br>3. "周"计划未分级审核上报，一次扣5分；<br>4. "周"计划未包括巡视维护、小型分散作业等停电和不停电作业计划，一次扣5分 | 《生产作业安全管控标准化工作规范（试行）》 |

续表

| 序号 | 评价项目及内容 | 标准分 | 查评方法 | 评分标准 | 参考依据 |
|---|---|---|---|---|---|
| 9.1.2 | 计划发布：月度作业计划统一发布，周计划明确发布流程和方式，注明作业时间、作业地址、工作负责人及联系方式、作业主要风险及预控措施等内容 | 30 | 查阅发布资料，现场检查 | 1. 作业计划未统一发布，一次扣5分；<br>2. 作业计划中未注明风险等级，一次扣5分；<br>3. 作业计划内容与现场实际不符，一次扣5分 | 《生产作业安全管控标准化工作规范（试行）》《关于印发〈国家电网公司安全生产反违章工作管理办法〉的通知》 |
| 9.1.3 | 计划管控：所有计划性作业纳入周计划管控，禁止随意更改和增减作业计划，追加或变更作业计划，履行审批手续，经分管领导批准，按照"谁管理谁负责"的原则实行分级管控，对无计划作业、随意变更作业计划实施考核 | 40 | 查阅周计划资料，现场检查 | 1. 未将所有计划性作业纳入周作业计划，一次扣5分；<br>2. 更改和增减作业计划，未经分管领导批准，一次扣5分；<br>3. 作业计划未实行分级管控、对存在的问题未进行分析，一次扣5分；<br>4. 对无计划作业、随意变更作业计划，未按照管理违章实施考核，一次扣5分 | 《生产作业安全管控标准化工作规范（试行）》 |

## 6.2　作业准备

作业准备共 200 分，评价标准见表 33。

表 33　　　　　　　作　业　准　备

| 序号 | 评价项目及内容 | 标准分 | 查评方法 | 评分标准 | 参考依据 |
|---|---|---|---|---|---|
| 9.2 | 作业准备 | 200 | | | |
| 9.2.1 | 现场勘察：组织开展现场勘察，明确现场勘察主要内容，填写现场勘察记录。勘察由工作票签发人或工作负责人组织 | 30 | 查阅现场勘察资料，现场检查 | 1. 未开展现场勘察或未填写现场勘察记录，一次扣10分；<br>2. 勘察内容不全，对于停电范围、带电部位不明确，对危险因素未提出控制意见，一处扣5分；<br>3. 工作票签发人或工作负责人未参与组织查勘，一处扣10分 | 《生产作业安全管控标准化工作规范（试行）》 |

| 序号 | 评价项目及内容 | 标准分 | 查评方法 | 评分标准 | 参考依据 |
|---|---|---|---|---|---|
| 9.2.2 | 风险评估：组织并开展风险评估工作，一般由工作票签发人或工作负责人组织，对于设备改进、大型复杂作业由作业单位、作业项目主管部门、单位组织开展相应作业的风险评估。对存在触电、高空坠落、物体打击、机械伤害、特殊环境作业、误操作等存在危险因素提出预控措施 | 30 | 查阅资料，现场检查 | 1. 未对作业开展风险评估工作，一次扣10分；<br>2. 作业单位、作业项目主管部门未开展相应作业评估工作，一次扣5分；<br>3. 危险点及预控措施针对性不强，一次扣5分 | 《生产作业安全管控标准化工作规范（试行）》 |
| 9.2.3 | 承载力分析：利用月度计划平衡会、周安全生产例会、安全日活动开展承载力分析，明确分析内容，开展承载力量化工作 | 30 | 查阅会议记录资料，现场检查 | 1. 未开展安全生产承载力分析、内容不全面，一次扣10分；<br>2. 未开展承载力量化工作，一次扣5分 | |
| 9.2.4 | 作业指导书、"三措一案"编制：1. 作业指导书、"三措一案"流程执行，各种过程记录及时完整；2. 依据作业项目编制"三措"，应有针对性和可操作性；3. 多专业、多单位的大型复杂作业项目，应由项目主管部门、单位组织相关人员编制"三措"；4. 应分级管理，经作业单位、监理单位（如有）、设备运维管理单位、相关专业管理部门、分管领导逐级审批，严禁执行未经审批的"三措" | 40 | 查阅现场作业指导书、"三措一案""三措"资料，现场检查 | 1. 作业指导书、"三措一案"未编制不得分；<br>2. "三措"针对性和可操作性不强，一次扣5分；<br>3. 大型复杂作业项目，未按规定编制，一次扣5分；<br>4. 未逐级审批，一次扣5分 | 《生产作业安全管控标准化工作规范（试行）》《国家电网公司现场标准化作业指导书编制导则（试行）》 |
| 9.2.5 | "工作票""操作票"及作业票填写：正确填用工作票、操作票及作业票，承发包工程中执行工作票"双签发"及外单位作业要求，对"两票"及作业票抽查统计分析 | 40 | 查阅有关"两票"资料，现场检查 | 1. 未正确填用"两票"及作业票，一处扣5分；<br>2. 承发包工程中工作票未执行"双签发"，一处扣10分；<br>3. 未对"两票"及作业票进行抽查统计分析，一处扣5分 | 《生产作业安全管控标准化工作规范（试行）》 |
| 9.2.6 | 班前会、班后会：班组长组织召开班前会、班后会，交代危险点、工作任务、人员分工、作业分析和安全措施，检查安全工器具、劳动防护用品、人员精神状况及总结讲评当班工作和安全情况 | 30 | 查阅班前会、班后会资料，现场抽问 | 1. 未组织召开班前会、班后会，一次扣5分；<br>2. 安全措施、危险点未交代，一次扣5分；<br>3. 安全工器具及劳动防护用品使用不当，一次扣5分；<br>4. 未总结评价，一次扣5分 | |

## 6.3　作业实施

作业实施共 200 分，评价标准见表 34。

**表 34**　　　　　　　　　　　作　业　实　施

| 序号 | 评价项目及内容 | 标准分 | 查评方法 | 评分标准 | 参考依据 |
|---|---|---|---|---|---|
| 9.3 | 作业实施 | 200 | | | |
| 9.3.1 | 倒闸操作：操作、监护人员名单由设备运维管理单位公布，制定操作中的危险点防控措施，执行倒闸操作制度和防误操作规定，不准更改操作票及随意解除闭锁装置 | 30 | 查阅操作人和监护人名单及资料，现场检查 | 1. 未公布操作、监护人员名单，一次扣 10 分；<br>2. 未制定危险点防控措施，一次扣 5 分；<br>3. 未执行倒闸操作制度，一次扣 10 分；<br>4. 不按防误操作规定，不得分 | |
| 9.3.2 | 安全措施布置：执行工作票制度，落实工作票上所列安全措施。工作许可人、工作负责人按工作职责布置、审查安全措施。安全措施布置完成前，禁止作业 | 30 | 现场检查工作票记录，现场检查 | 1. 不执行工作票制度，不得分；<br>2. 未布置、审查安全措施，一次扣 10 分；<br>3. 安全措施未布置完成前，就开始作业，不得分 | |
| 9.3.3 | 许可开工：现场履行工作许可前，工作许可人会同工作负责人共同检查现场安全措施。履行书面许可手续 | 20 | 查阅工作票记录，现场检查 | 1. 未共同检查现场安全措施，一次扣 5 分；<br>2. 未履行许可手续开工，不得分；<br>3. 签字不全，一次扣 5 分 | 《生产作业安全管控标准化工作规范（试行）》 |
| 9.3.4 | 安全交底：做好现场安全交底、危险点告知，确认签字，现场安全交底宜采用录音或影像方式 | 20 | 查阅工作票的记录资料；现场检查 | 1. 未开展现场安全交底、危险点告知，一次扣 5 分；<br>2. 双方未履行确认手续工作，一次扣 5 分；<br>3. 录音或影像资料未保存，一次扣 2 分 | |
| 9.3.5 | 现场作业：现场作业人员穿戴合格的劳动保护品，正确使用检验合格的施工机具、安全工器具，特种作业人员及特种设备操作人员应持证上岗，外来人员应经培训考试合格，现场过程资料记录及时、规范 | 25 | 查阅现场过程资料，现场检查 | 1. 作业人员穿戴不合格的劳动保护用品，不得分；<br>2. 特种作业人员及特种设备操作人员无证上岗，不得分；<br>3. 外来人员未经培训，考试合格，不得分 | |

| 序号 | 评价项目及内容 | 标准分 | 查评方法 | 评分标准 | 参考依据 |
|---|---|---|---|---|---|
| 9.3.6 | 作业监护：有触电危险，易发生事故作业增设专责监护人。工作负责人、专责监护人应履行监护职责 | 25 | 查阅记录，现场检查 | 1. 未增设专责监护人，一处扣10分；<br>2. 工作负责人、专责监护人未履行监护职责，一次扣10分 | |
| 9.3.7 | 监督考核及到岗到位：加强作业现场安全监督检查，开展现场作业反违章稽查工作，建立健全反违章工作机制，按照到岗到位制度，履行责任和工作要求 | 25 | 查阅安全监督、到岗到位记录，现场检查 | 1. 现场安全监督开展不力，一处扣10分；<br>2. 未建立反违章工作机制，不得分；<br>3. 未履行到岗到位制度，一处扣10分；<br>4. 履职不到位，一处扣10分 | 《生产作业安全管控标准化工作规范（试行）》 |
| 9.3.8 | 验收及工作终结：组织相关部门进行验收工作，严格执行验收制度，履行工作终结手续 | 25 | 查阅记录，现场检查 | 1. 未组织验收，不得分；<br>2. 未执行验收制度，一次扣5分；<br>3. 未履行工作终结手续，一次扣5分 | |

## 6.4 机具管理

机具管理共700分，评价标准见表35。

表35　　　　　机　具　管　理

| 序号 | 评价项目及内容 | 标准分 | 查评方法 | 评分标准 | 参考依据 |
|---|---|---|---|---|---|
| 9.4 | 机具管理 | 700 | | | |
| 9.4.1 | 电动工器具 | 100 | | | |
| 9.4.1.1 | 电动工具（电动扳手、砂轮机、切割机等）：1. 有产品认证标志及定期检查合格标志；2. 外壳及手柄无裂纹或破损；3. 单相电源线应采用带有PE线芯的三芯软橡胶电缆，三相电源线应采用带有PE线芯的五芯软橡胶电缆；4. 保护接地（零）连接正确（使用绿/黄双色）、牢固可靠；5. 电缆或软线完好无破损；6. 插头符合安全要求，完好无破损；7. 开关动作正常、灵活、无破损；8. 电气保护装置完好；9. 机械防护装置完好；10. 转动部分灵活可靠；11. 有检测标识；12. 绝缘电阻符合要求，有定期测量记录，未超期使用：每年测量一次绝缘电阻：I类工具不小于2MΩ，II类工具不小于7MΩ，III类工具不小于11MΩ | 40 | 按清册全数查评 | 1. 电动工具不满足要求，一件扣5分；<br>2. 无清册或与实际不符扣5分；<br>3. 不满足安全要求，一处扣5分 | 《手持电动工具的管理、使用、检查和维修安全技术规程》《国家电网公司电力安全工作规程电网建设部分（试行）》 |

续表

| 序号 | 评价项目及内容 | 标准分 | 查评方法 | 评分标准 | 参考依据 |
|---|---|---|---|---|---|
| 9.4.1.2 | 剩余电流动作保护器：手持、移动式电动工具安装和使用剩余电流动作保护器 | 30 | 现场检查 | 未安装或安装选型不符合要求不得分，一处扣5分 | 《手持电动工具的管理、使用、检查和维修安全技术规程》 |
| 9.4.1.3 | 使用方法：掌握手持和移动式电动工具正确的使用方法 | 30 | 现场考问 | 现场考问未掌握或不按规定使用，一人扣5分 | 《国家电网公司电力安全工作规程电网建设部分（试行）》 |
| 9.4.2 | 安全工器具 | 200 | | | |
| 9.4.2.1 | 职责与分工：明确安全工器具管理职责和分工，组织安全工器具需求认证，汇总、审核等全过程的实施工作 | 20 | 检查制度文本，现场考问、查看 | 1. 管理职责、分工不明确，不得分；<br>2. 未实现全过程管理，不得分 | 《国家电网公司电力安全工器具管理规定》 |
| 9.4.2.2 | 采购与验收：1. 根据年度综合计划和预算，申报安全工器具采购计划；2. 验收手续齐全 | 20 | 现场检查，查阅记录 | 1. 配置需求不满足安全生产需要，扣10分；<br>2. 验收手续不齐，一次扣10分 | |
| 9.4.2.3 | 试验及检验：1. 有资质的检验机构进行检验；2. 安全工器具使用期间应按规定做好预防性试验项目、周期和实验时间等要求；3. 试验或检验合格后，粘贴试验"合格证"标签 | 30 | 检查试验报告、相关记录，现场检查 | 1. 试验项目、周期和要求不符合相应要求，一件扣10分；<br>2. 试验或检验合格后，未贴试验"合格证"标签，一件扣5分 | |
| 9.4.2.4 | 检查及使用：1. 遵守相关规程要求；2. 运维人员、电气作业人员掌握安全工器具的正确使用和操作方法；3. 定期进行检查并填写检查记录 | 30 | 现场检查及考问 | 1. 不遵守、掌握或现场发现不按规定使用，一人扣5分；<br>2. 未定期检查并填写记录，一处扣5分 | 《国家电网公司电力安全工器具管理规定》《国家电网公司电力安全工作规程》 |
| 9.4.2.5 | 保管及存放：1. 保管及存放符合安全要求，绝缘安全工器具应存放在温度为−15～35℃、相对湿度为80%以下的干燥通风的安全工器具室（柜）内，配置适用的柜（架），并与其他物资材料、设备设施分开存放；2. 应统一分类编号，定置存放，保持账、卡、物一致 | 30 | 现场检查，查阅记录 | 1. 安全工器具的保管、存放地点温度、湿度不符合要求，一处扣5分；<br>2. 未与其他物资材料、设备设施分开存放，不得分；<br>3. 安全工器具未分类编号，未与保管场所的编号对应存放，一件扣5分 | |

| 序号 | 评价项目及内容 | 标准分 | 查评方法 | 评分标准 | 参考依据 |
|---|---|---|---|---|---|
| 9.4.2.6 | 绝缘安全工器具配置：1. 基本绝缘安全工器具包括：电容型验电器、携带型短路接地线、绝缘杆、核相器、绝缘遮蔽罩、绝缘隔板、绝缘绳和绝缘夹钳等；2. 带电作业绝缘安全工器具包括：带电作业用绝缘安全帽、绝缘服装、屏蔽服装、带电作业用绝缘手套、带电作业用绝缘靴（鞋）、带电作业用绝缘垫、带电作业用绝缘毯、带电作业用绝缘硬梯、绝缘托瓶架、带电作业用绝缘绳（绳索类工具）、绝缘软梯、带电作业用绝缘滑车和带电作业用提线工具等；3. 辅助绝缘安全工器具包括：辅助型绝缘手套、辅助型绝缘靴（鞋）和辅助型绝缘胶垫 | 30 | 按班组实际情况检查 | 配置的安全工器具不满足要求，一处不合格扣2分 | 《国家电网公司电力安全工器具管理规定》 |
| 9.4.2.7 | 登高工器具配置：脚扣、升降板（登高板）、梯子、快装脚手架及检修平台等 | 20 | 按班组实际情况检查 | 配置的登高工器具不满足要求，一处不合格扣2分 | |
| 9.4.2.8 | 安全围栏（网）和标识牌配置：安全围栏、安全围网和红布幔，标识牌包括各种安全警告牌、设备标示牌、锥形交通标、警示带等 | 20 | 按班组实际情况检查 | 配置不满足要求，一处不合格扣2分 | |
| 9.4.3 | 带电作业机具 | 150 | | | |
| 9.4.3.1 | 带电作业工器具：带电作业工器具的电气、机械性能符合安全要求 | 40 | 查阅试验报告、工具库，现场检查 | 1. 带电作业工器具的机械强度不符合现场施工作业使用要求、最小有效绝缘长度符合规定不得分；2. 未定期进行相关试验，不得分 | 《配电线路带电作业技术导则》《国家电网公司电力安全工作规程线路部分》 |
| 9.4.3.2 | 绝缘隔离带电作业防护用具：绝缘隔离带电作业防护用具电气性能、机械性能符合安全要求 | 40 | 查阅试验报告、工具库，现场检查 | 1. 绝缘隔离带电作业防护用具，如绝缘手套、绝缘鞋、绝缘服、遮蔽用具（绝缘毡、垫）等，外观检查有污渍、损伤等，每件扣10分；2. 带电作业防护用具电气性能、机械性能试验不符合相关技术要求，不得分 | 《带电作业工具、装置和设备预防性试验规程》《配电线路带电作业技术导则》 |

| 序号 | 评价项目及内容 | 标准分 | 查评方法 | 评分标准 | 参考依据 |
|---|---|---|---|---|---|
| 9.4.3.3 | 带电作业个人防护用具：带电作业个人防护用具电气试验、机械性能符合安全要求 | 40 | 查阅试验报告、工具库，现场检查 | 1. 带电作业个人防护用具不符合作业人员的穿戴要求，一人扣10分；<br>2. 屏蔽服距离最远端点之间的电阻值大于 20MΩ，屏蔽服机械强度不符合要求、各部位连接线及接头缺少等，不得分 | 《带电作业工具、装置和设备预防性试验规程》 |
| 9.4.3.4 | 带电作业工器具保管：1. 带电作业工器具防潮、通风、干燥、除湿等设施齐全；2. 按要求专人保管、统一编号、登记造册，并建立试验、检修、使用记录；3. 高架绝缘斗臂车应存放在干燥通风的车库内，其绝缘部分应有防潮措施 | 30 | 查阅试验报告、工具库，现场检查 | 未按规定保管，一件扣10分 | 《电力安全工作规程线路部分》《带电作业用工具库房》 |
| 9.4.4 | 起重机械 | 100 | | | |
| 9.4.4.1 | 汽车式、履带式起重机、手动葫芦（倒链）、千斤顶、卷扬机和绞磨、抱（拔）杆等应符合安全要求。<br>起重机：1. 禁止起重机械进行斜拉、斜吊和起吊地下埋设重物；2. 吊索与物件的夹角宜采用45°~60°，且不得小于30°或大于120°；3. 吊起 100mm 后应暂停，检查起重系统的稳定性、制动器的可靠性；4. 物件起升和下降速度应平稳、均匀，不得突然制动；5. 起吊、牵引过程中，吊臂和起吊物的下面，受力钢丝绳内角侧禁止有人逗留和通过；6. 禁止作业人员利用吊钩上升或下降；7. 禁止起重臂跨越电力线进行作业；8. 定期检验合格，有记录，未超期使用。<br>手动葫芦（倒链）：1. 铭牌上制造厂家、制造年月清楚，额定负荷标志清晰，每年一次的静力试验；2. 无负荷上升运转时有棘爪声，下降时制动正常；3. 吊钩无裂纹，无明显变形或损伤，原有的防脱钩卡子完好；4. 环链无裂纹、无明显变形，无节距伸长或直径磨损手动。<br>千斤顶：1. 油压式千斤顶的安全栓有损坏，或螺旋、齿条式千斤顶的螺纹、齿条的磨损量达 20% 时，禁止使用，每年一次的静力试验；2. 应设置在平整、坚实处，并用垫木垫平；3. 禁止超载使用。 | 30 | 现场检查 | 不符合要求，一处扣5分 | 《国家电网公司电力安全工作规程电网建设部分（试行）》 |

| 序号 | 评价项目及内容 | 标准分 | 查评方法 | 评分标准 | 参考依据 |
|---|---|---|---|---|---|
| 9.4.4.1 | 卷扬机和绞磨：1. 制动和逆止安全装置功能正常，部件无明显损伤，每年一次静力试验；2. 架构及连接部分牢固、无严重缺陷。<br>抱（拔）杆：1. 正规厂家生产的合格产品，每年一次静力试验；2. 自制的小型抱杆应由专业技术人员设计，主管领导批准，并经试验合格方可使用；3. 抱杆组件完整，无缺陷 | 30 | 现场检查 | 不符合要求，一处扣5分 | |
| 9.4.4.2 | 起重机用钢丝绳、纤麻绳（麻绳、棕绳、棉绳）、吊钩、卡环、吊环等符合要求，并按规定周期进行检查和试验：<br>吊钩：1. 吊钩不得有裂纹；2. 危险断面磨损量大于基本尺寸的5%；3. 扭转变形不得超过10°；4. 吊钩变形不得超过基本尺寸的10%；5. 危险断面或吊钩颈部不得产生塑性变形；6. 吊钩上应装有防脱钩装置。<br>钢丝绳：1. 钢丝绳无扭结、无灼伤或明显的散股，无严重磨损、锈蚀，无断股，断丝数不超过标准；2. 润滑良好；3. 定期检查和进行静拉力试验；4. 使用中的钢丝绳不与电焊机的导线或其他电线相接触；5. 通过滑轮或卷筒的钢丝绳不得有接头。<br>钢丝绳索具、钢丝绳连接、绳端固定：1. 钢丝绳端部用绳卡固定连接时，绳卡压板应在钢丝绳主要受力的一边，并不得正反交叉设置；2. 绳卡间距不应小于钢丝绳直径的6倍，连接端的绳卡数量应符合规定；3. 钢丝绳用绳卡搭接时，绳卡数量应增加50%；4. 电动葫芦若采用双钢丝绳起吊，固定在卷筒护套上的一端，采用楔铁固定时，应使用生产厂家楔铁；5. 在各式起重机卷筒上固定的钢丝绳，当吊钩在最低位置时，卷筒上最少应有5圈缠绕在滑轮及滑轮组上。<br>卷筒：1. 卷筒的直径应不少于钢丝绳直径的20倍；2. 卷筒的固定不得随意改动；3. 不得有裂纹；4. 筒壁厚度磨损不得超过原壁厚的20%。 | 30 | 现场检查 | 不符合要求，一处扣10分 | 《国家电网公司电力安全工作规程电网建设部分（试行）》 |

续表

| 序号 | 评价项目及内容 | 标准分 | 查评方法 | 评分标准 | 参考依据 |
|------|---------------|--------|----------|----------|----------|
| 9.4.4.2 | 合成纤维吊装带、棕绳（麻绳）和化纤绳（迪尼玛绳）：1. 选用符合标准的合格产品，禁止超载使用；2. 合成纤维吊装带使用前应对吊带进行试验和检查，损坏严重者应做报废处理；3. 棕绳仅限于手动操作（经过滑轮）提升物件，或作为控制绳等辅助索具使用；4. 化纤绳使用前应进行外观检查；使用中应避免刮磨或与热源接触等 | 30 | 现场检查 | 不符合要求，一处扣10分 | 《国家电网公司电力安全工作规程电网建设部分（试行）》 |
| 9.4.4.3 | 电梯符合安全要求：1. 层门、桥箱门的机械或电气连锁装置功能正常、可靠；2. 自动平层功能良好，不出现反向自平；3. 层站呼唤按钮、指层灯完好，功能正常；4. 安全防护装置功能正常；5. 电气设备有可靠的接地（零）保护；6. 电梯井道灯（每10m 1个）正常；7. 载人电梯的通信设施或紧急呼救装置齐全有效；8. 定期经地方专业检测部门检验合格 | 20 | 检查制度文本，现场检查 | 不符合要求，一处扣10分 | 《特种设备安全监察条例》 |
| 9.4.4.4 | 责任落实：执行起重机械、电梯管理制度和维修责任制；按规定定期检验，缺陷及时消除；日常检查维护责任制落实到位 | 20 | 检查制度文本，现场检查 | 1. 未执行起重机械、电梯管理制度和维修责任制，不得分；2. 未按规定定期试验，不得分；3. 检查维护不到位，扣10分 | 《特种设备安全监察条例》《国家电网公司电力安全工作规程电网建设部分（试行）》 |
| 9.4.5 | 焊接、切割机具 | 50 | | | |
| 9.4.5.1 | 交直流电焊机与切割机符合安全要求：1. 有统一、清晰的编号；2. 电源线，焊机一、二次线电焊机接线端子有屏蔽罩；3. 电焊机金属外壳有可靠的保护接地（零）；4. 一次侧电源线长度不超过5m，二次侧引出线不超过30m，接头部分用绝缘材料包好，导线的金属部分不得裸露；5. 电焊机裸露带电部位有防护罩 | 10 | 根据清册随机抽样检查。样品数为总数的10%，不少于10台，总数少于10台时全数查评 | 1. 无清册或清册与实际不符合扣2分；2. 不符合要求，一处扣5分 | 《焊接与切割安全》《国家电网公司电力安全工作规程电网建设部分（试行）》《气体焊接设备焊接、切割和类似作业橡胶软管》 |

| 序号 | 评价项目及内容 | 标准分 | 查评方法 | 评分标准 | 参考依据 |
|---|---|---|---|---|---|
| 9.4.5.2 | 责任落实：严格执行电焊机与切割机使用管理、定期检查试验制度，检查维护责任制落实 | 10 | 检查制度文本，现场检查 | 1. 未严格执行管理和定期检查试验制度，不得分；<br>2. 未按规定定期试验，不得分；<br>3. 检查维护不到位，扣2分 | |
| 9.4.5.3 | 气焊与切割管理符合要求：1. 氧气瓶、乙炔瓶应佩戴2个防振圈；气瓶阀和管接头不漏气；气瓶使用时应垂直放置并固定直立放置，不得卧放；2. 不得将气瓶与带电体接触；氧气瓶气瓶阀严禁沾染油脂；乙炔气瓶必须装设专用减压器、安装防回火装置；3. 乙炔软管为红色，氧气软管为蓝色，不得混色互用，并严禁沾染油脂；4. 施工现场的氧气瓶和乙炔之间距离不得小于5m，气瓶的放置地点不准靠近热源，应距明火10m以外并不得靠近热源；5. 禁止氧气瓶与乙炔瓶同车运输 | 20 | 现场检查 | 不符合要求，一处扣5分 | 《焊接与切割安全》《国家电网公司电力安全工作规程电网建设部分（试行）》《气体焊接设备焊接、切割和类似作业橡胶软管》 |
| 9.4.5.4 | 防护措施：1. 焊接、切割作业有害因素的防护齐全，符合要求；2. 高处焊接、切割作业安全措施符合安全要求 | 10 | 现场检查 | 1. 焊工个人防护不完善，焊接、切割作业通风措施不符合要求，一处扣2分；<br>2. 高处焊接、切割作业个人防护、地面防火、用电安全、预防物体打击等安全措施不符合安全要求，不得分 | |
| 9.4.6 | 其他工器具 | 100 | | | |
| 9.4.6.1 | 动力、照明配电箱等用电设施符合安全要求：1. 设置总配电箱、分配电箱、末级配电箱，实行三级配电；2. 高压配电装置应装设隔离开关，并有明显断开点；3. 低压配电箱的电器安装板上应分设N线端子板和PE线端子板；4. 配电箱设置地点应平整，不得被水淹或土埋，并应防止碰撞和被物体打 | 20 | 现场检查，评价样品数不少于10个，总数少于10台时全数查评 | 不符合要求，一处扣5分 | 《国家电网公司电力安全工作规程电网建设部分（试行）》《国家电网公司电力安全工作规程变电部分》 |

续表

| 序号 | 评价项目及内容 | 标准分 | 查评方法 | 评分标准 | 参考依据 |
|------|----------------|--------|----------|----------|----------|
| 9.4.6.1 | 击；5. 配电箱应坚固，金属外壳接地或接零，具备防火、防雨功能，导线端头制作规范，连接应牢固；6. 用电线路及电气设备的绝缘应良好；7. 电气设备不得超铭牌使用；8. 开关和熔断器的容量应满足被保护设备的要求；9. 多路电源配电箱宜采用密封式；10. 动力电源箱应设剩余电流动作保护器；11. 电动机械或电动工具应做到"一机一闸一保护" | 20 | 现场检查，评价样品数不少于10个，总数少于10台时全数查评 | 不符合要求，一处扣5分 | 《国家电网公司电力安全工作规程电网建设部分（试行）》《国家电网公司电力安全工作规程变电部分》 |
| 9.4.6.2 | 保护接地及接零：1. 生产及非生产电机、电气设备等应接零或接地的部分有可靠的保护接零或接地，符合标准的要求；2. 现场电气设备接地、接零保护有具体规定 | 20 | 查阅制度文本，现场检查 | 1. 一处不合格扣5分；2. 无现场电气设备接地、接零保护规定，不得分 | |
| 9.4.6.3 | 施工用电：1. 施工用电工程的380V/220V低压系统，应采用三级配电、二级剩余电流动作保护系统（漏电保护系统），末端应装剩余电流动作保护装置（漏电保护器）；2. 变压器设备10kV/400kVA及以下的变压器宜采用支柱上安装；3. 发电机组应采用电源中性点直接接地的三相五线制供电系统；4. 配电系统应设置总配电箱、分配电箱、末级配电箱，实行三级配电；5. 接零及接地保护施工用电电源采用中性点直接接地的专用变压器供电时，其低压配电系统的接地型式宜采用 TN-S 接零保护系统；6. 用电及用电设备施工用电设施应定期检查并记录，动力配电箱与照明配电箱宜分别设置 | 20 | 查阅制度文本，现场检查 | 不符合要求，一处扣5分 | 《国家电网公司电力安全工作规程电网建设部分（试行）》 |

| 序号 | 评价项目及内容 | 标准分 | 查评方法 | 评分标准 | 参考依据 |
|---|---|---|---|---|---|
| 9.4.6.4 | 脚手架及脚手板选材应符合国家、行业相关标准规范的要求：1. 脚手架安装与拆除人员应持证上岗，非专业人员不得搭、拆脚手架；2. 脚手架钢管宜采用$\phi$48.3mm×3.5mm 的钢管，禁止使用弯曲、压扁、有裂纹或已严重锈蚀的钢管；3. 脚手架搭设后应经使用单位和监理单位验收合格后方可使用，使用中应定期进行检查和维护；4. 拆除脚手架应自上而下逐层进行，不得上下同时进行拆除作业 | 20 | 现场随机抽查 | 不符合要求，一处扣5分 | 《国家电网公司电力安全工作规程电网建设部分（试行）》 |
| 9.4.6.5 | 现场搭设的脚手架符合安全要求，具有针对性：1. 地基应平整坚实，回填土地基应分层回填、夯实；2. 脚手架与主体工程进度同步搭设；3. 搭设时从一个角部开始并向两边延伸交圈搭设；4. 脚手架的立杆应垂直；5. 立杆接长，顶层顶步可采用搭接，纵向水平杆应用对接扣件接长，也可采用搭接；6. 双排脚手架应设置剪刀撑与横向斜撑，单排脚手架应设置剪刀撑；7. 脚手板的铺设应遵守作业层、顶层和第一层脚手板应铺满、铺稳、铺实；8. 脚手架的外侧、斜道和平台应设1.2m 高的护栏 | 20 | 现场随机抽查 | 不符合要求，一处扣5分 | |

## 6.5 作业环境

作业环境共 200 分，评价标准见表 36。

表 36        作 业 环 境

| 序号 | 评价项目及内容 | 标准分 | 查评方法 | 评分标准 | 参考依据 |
|---|---|---|---|---|---|
| 9.5 | 作业环境 | 200 | | | |
| 9.5.1 | 安全标志及围栏 | 30 | | | |
| 9.5.1.1 | 安全标志：1. 生产区域安全标志齐全；2. 电气设备的围栏齐全，符合要求；3. 疏散指示标志明显，生产区域车道有限速、限高标志 | 10 | 现场重点抽查 | 不符合要求，一处扣5分 | 《国家电网公司电力安全工作规程》 |

续表

| 序号 | 评价项目及内容 | 标准分 | 查评方法 | 评分标准 | 参考依据 |
|---|---|---|---|---|---|
| 9.5.1.2 | 安全标示牌：1. 安全标示牌符合安规要求；2. 配置数量符合实际工作需要；3. 分类存放，正确使用标示牌 | 10 | 现场重点抽查 | 1. 不符合要求，一处扣5分；<br>2. 不按规定使用安全标示牌不得分 | 《国家电网公司电力安全工作规程》 |
| 9.5.1.3 | 安全遮拦：1. 安全遮拦符合安全标准化要求；2. 配置数量符合实际工作需要；3. 分类存放；正确使用遮拦 | 10 | 现场重点抽查 | 1. 不符合要求，一处扣5分；<br>2. 不按规定使用遮拦不得分 | |
| 9.5.2 | 生产区域照明 | 50 | | | |
| 9.5.2.1 | 室内照明：控制室、配电室安全照明符合现场安全要求（含事故照明），室内工作面上的最低照明度符合现场作业要求、检修维护方便、灯具损坏时及时维护更换；供电可靠性高、事故照明能实现自动切换 | 20 | 现场重点抽查 | 不符合要求，一处扣5分 | 《35kV～110kV变电站设计规范》《国家电网公司电力安全工作规程变电部分》 |
| 9.5.2.2 | 室外照明：室外设备区照明符合安全要求，室外工作面上的最低照明度符合现场作业要求、检修维护方便、灯具损坏时及时更换，电缆接头处应有防水和防触电的措施 | 15 | 现场重点抽查 | 不符合要求，一处扣5分 | |
| 9.5.2.3 | 楼梯照明：楼梯照明符合要求，楼梯通道的最低照明度符合现场作业要求、检修维护方便、灯具损坏时及时维护更换 | 15 | 现场重点抽查 | 不符合要求，一处扣5分 | |
| 9.5.3 | 生产区域梯台 | 30 | | | |
| 9.5.3.1 | 钢斜梯：1. 主要构件和承受部件无变形、严重锈蚀；2. 材料、坡度、踏步高、踏步宽、扶手、安装、焊接符合国标要求 | 10 | 现场重点抽查 | 1. 不符合要求，一处扣5分；<br>2. 主要构件和承受部件变形、严重锈蚀，一处扣5分 | 《固定式钢梯及平台安全要求》 |
| 9.5.3.2 | 钢直梯：1. 主要构件和承受部件无变形、严重锈蚀；2. 材料、坡度、踏步高、踏步宽、扶手、安装、焊接符合国标要求 | 10 | 现场重点抽查 | 1. 一处不符合要求，扣5分；<br>2. 主要构件和承受部件变形、严重锈蚀，一处扣5分 | |

| 序号 | 评价项目及内容 | 标准分 | 查评方法 | 评分标准 | 参考依据 |
|------|----------------|--------|----------|----------|----------|
| 9.5.3.3 | 钢平台：1. 主要构件和承受部件无变形、严重锈蚀；2. 材料、防护栏杆、扶手、挡板、安装、焊接符合安全要求 | 10 | 现场重点抽查 | 1. 一处不符合要求扣5分；2. 主要构件和承受部件变形、严重锈蚀，一处扣5分 | 《固定式钢梯及平台安全要求》 |
| 9.5.4 | 生产厂房及楼板、地面状况 | 40 | | | |
| 9.5.4.1 | 生产厂房：生产厂房无渗漏雨、室内设备顶部无脱落墙皮及砸设备的可能 | 10 | 现场重点抽查 | 1. 有渗漏雨或顶部有剥落物不得分；2. 有一处可能砸设备扣5分 | 《35kV～110kV 变电站设计规范》《国家电网公司电力安全工作规程变电部分》 |
| 9.5.4.2 | 地面状况：地面（含楼板）孔洞的栏杆、盖板、护板齐全，符合设计及现场安全要求，临时拆除有措施 | 10 | 现场重点抽查 | 发现缺栏杆、缺盖板、护板或设计安装不符合要求，一处扣5分 | |
| 9.5.4.3 | 门窗：门窗符合消防和防小动物要求；配电站、开闭所、箱式变电站的门应朝向外开 | 10 | 现场重点抽查 | 不符合要求，一处扣5分 | |
| 9.5.4.4 | 通道：通道满足巡视、设备检修及运输的要求 | 10 | 现场重点抽查 | 不符合要求，一处扣5分 | |
| 9.5.5 | 有限空间作业 | 50 | | | |
| 9.5.5.1 | 专责监护人设置：进入井、箱、柜、深坑、隧道、电缆夹层内等有限空间作业，应在作业入口处设专责监护人 | 10 | 现场检查 | 未设置专责监护人，不得分 | 《国家电网公司电力安全工作规程电网建设部分（试行）》 |
| 9.5.5.2 | 原则：作业应坚持"先通风、再检测、后作业"的原则。进行风险辨识，分析有限空间内气体种类并进行评估监测，做好记录，出入口应保持畅通并设置明显的安全警示标志，夜间应设置警示红灯 | 10 | 现场检查 | 1. 未按作业原则进行，不得分；2. 未进行风险辨识、评估，一处扣3分；3. 未设置安全警示标志，一处扣3分 | |
| 9.5.5.3 | 含氧量监测与防护：检测人员进行检测时或者应急救援人员实施救援时，应当采取相应的安全防护措施，作业现场的氧气含量应在19.5%～23.5%；应保持通风良好，禁止用纯氧进行通风换气 | 10 | 现场检查 | 1. 未采取相应的安全防护措施，不得分；2. 现场通风不良，一处扣3分 | |

| 序号 | 评价项目及内容 | 标准分 | 查评方法 | 评分标准 | 参考依据 |
|------|----------------|--------|----------|----------|----------|
| 9.5.5.4 | 抢救器具：作业场所，应配备安全和抢救器具，器具应按要求定期检查维护 | 10 | 现场检查 | 1. 未配备安全和抢救器具，不得分；<br>2. 未定期检查维护，一处扣 3 分 | 《国家电网公司电力安全工作规程电网建设部分（试行）》 |
| 9.5.5.5 | 安全电压：作业场所应使用安全矿灯或 36V 以下的安全灯，潮湿环境下应使用 12V 的安全电压，使用超过安全电压的手持电动工具，应按规定配备剩余电流动作保护装置（漏电保护器） | 10 | 现场检查 | 1. 未使用安全灯，不得分；<br>2. 电动工具未配备剩余电流动作保护装置（漏电保护器），一处扣 3 分 | |

## 6.6 职业健康

职业健康共 100 分，评价标准见表 37。

**表 37　　职　业　健　康**

| 序号 | 评价项目及内容 | 标准分 | 查评方法 | 评分标准 | 参考依据 |
|------|----------------|--------|----------|----------|----------|
| 9.6 | 职业健康 | 100 | | | |
| 9.6.1 | 一般防护 | 50 | | | |
| 9.6.1.1 | 一般规定：有劳动保护及个体防护用品发放和使用具体规定，职工在现场正确使用 | 20 | 检查制度文本，现场检查 | 1. 无发放和使用具体规定，不得分；<br>2. 不能正确使用，一次扣 2 分 | 《劳动防护用品监督管理规定》 |
| 9.6.1.2 | 个体防护装备配置：安全帽、防护眼镜、自吸过滤式防毒面具、正压式消防空气呼吸器、安全带、安全绳、连接器、速差自控器、导轨自锁器、缓冲器、安全网、静电防护服、防电弧服、耐酸服、$SF_6$ 防护服、耐酸手套、耐酸靴、导电鞋（防静电鞋）、个人保安线、$SF_6$ 气体检漏仪、含氧量测试仪及有害气体检测仪等 | 30 | 按班组实际情况检查 | 一处不合格，扣 2 分 | 《国家电网公司电力安全工器具管理规定》 |
| 9.6.2 | 职业病防治 | 50 | | | |

续表

| 序号 | 评价项目及内容 | 标准分 | 查评方法 | 评分标准 | 参考依据 |
|------|------|------|------|------|------|
| 9.6.2.1 | 职业健康管理：建立健全职业病危害防治责任制，严禁责任不落实违法违规生产，按期组织员工体检，并建立员工职业健康档案。对从事可能危害身体健康的危险性作业的员工进行专门的安全防护知识培训，依法参加工伤保险，确保掌握操作规程、职业健康风险防范措施和事故应急处置措施 | 30 | 查阅健康档案、培训记录、事故应急处置措施，实地检查 | 1. 未建立责任制，不得分；<br>2. 未组织员工体检，或无健康档案，不得分；<br>3. 危险性作业人员未开展专门的安全防护知识培训，未依法参加工伤保险，不得分；<br>4. 员工未熟练掌握职业健康风险防范措施和事故应急处置措施，一人扣2分 | 《中华人民共和国职业病防治法》 |
| 9.6.2.2 | 职业病防治管理措施：提供个人使用的职业病防护用品，在生产成本中据实列支用于预防和治理职业病危害、工作场所卫生检测、健康监护和职业卫生培训等费用 | 10 | 查阅防护用品清册、生产费用清单 | 1. 未提供个人使用的职业病防护用品，不得分；<br>2. 未在生产成本中据实列支预防和治理职业病危害等费用，一次扣5分 | |
| 9.6.2.3 | 职业病诊断与职业病病人保障：职业病病人在卫生行政部门批准的医疗卫生机构进行职业病诊断，职业病诊断、鉴定费用由本单位承担，保障职业病病人依法享受国家规定的职业病待遇诊疗、康复费用，伤残以及丧失劳动能力的按照国家有关工伤保险的规定执行 | 10 | 查阅诊断记录，费用支出 | 1. 未在卫生行政部门批准的医疗卫生机构进行职业病诊断，一次扣5分；<br>2. 职业病病人未享受国家有关工伤保险的规定的，不得分 | |

# 7　电力通信及信息网络安全（520分）

## 7.1　电力通信安全

电力通信安全共120分，评价标准见表38。

表38　　　　　　　　　电　力　通　信　安　全

| 序号 | 评价项目及内容 | 标准分 | 查评方法 | 评分标准 | 参考依据 |
|------|------|------|------|------|------|
| 10.1 | 电力通信安全 | 120 | | | |
| 10.1.1 | 运行管理 | 40 | | | |
| 10.1.1.1 | 制度管理：具备上级颁发的通信制度、文件，结合企业实际客观需要，制定现场规章制度 | 10 | 现场查阅规章制度 | 不满足要求，一处扣3分 | 《电力通信运行管理规程》 |

续表

| 序号 | 评价项目及内容 | 标准分 | 查评方法 | 评分标准 | 参考依据 |
|------|------|------|------|------|------|
| 10.1.1.2 | 运行指标：通信设备运行稳定、故障率低、达到设备运行指标，微波电路运行率≥99.95%；光纤电路运行率≥99.95%；微波设备运行率≥99.99%；光纤设备运行率≥99.99%；网络设备运行率≥99.99%；载波设备运行率≥99.99%；行政交换设备≥99.9%；调度交换设备≥99.9% | 10 | 查网络拓扑系统运行情况、检查网管（若有）、设备台账以及故障情况 | 指标不符合要求，一项扣5分 | 《信息通信安全性评价》《电力通信运行管理规程》 |
| 10.1.1.3 | 光纤覆盖率及光缆通道、路由：35kV及以上变电站光纤覆盖率达到95%，县公司本部及调度生产大楼应具备两条及以上完全独立的光缆敷设沟道（竖井），应有两条以上独立通信路由 | 10 | 查设备台账及网络拓扑图 | 不符合要求，不得分 | 《国网公司"三集五大"体系建设通信专业评估标准》 |
| 10.1.1.4 | 应急处理：核查通信系统非正常停运及关键设备故障处理措施，具备符合实际情况的故障应急处理预案，检查通信系统故障时的应急能力 | 10 | 查阅应急预案并现场抽问 | 1. 无预案，扣5分；2. 无应急能力，扣5分；3. 回答不完备，扣3分 | 《国家电网公司信息通信应急管理办法》 |
| 10.1.2 | 设备管理 | 20 | | | |
| 10.1.2.1 | 设备运行工况：通信设备运行状态良好，无告警；设备标识准确、牢固、规范 | 10 | 现场检查 | 1. 设备运行不正常，一台扣5分；2. 无标识或标识不准确，一处扣3分 | 《电力通信运行管理规程》《电力系统通信站安装工艺规范》 |
| 10.1.2.2 | 巡检管理：通信设备定期检测、巡视，具备适合客观需求的定期巡检实施细则，落实所辖设备责任、资料、记录齐全 | 10 | 查阅巡检记录 | 1. 无巡检细则，不得分；2. 缺巡视记录，扣5分 | 《电力通信运行管理规程》 |
| 10.1.3 | 通信电源 | 20 | | | |
| 10.1.3.1 | 通信设备电源：有二路具有防止雷击及过电压保护措施的交流输入，并能实现手动和自动切换 | 10 | 现场检查并实验，查阅记录 | 1. 无二路交流输入，扣5分；2. 无防止雷击及过电压保护措施，扣5分 | 《国家电网公司信息网络机房设计及建设规范》《电力系统通信设计技术规定》 |

| 序号 | 评价项目及内容 | 标准分 | 查评方法 | 评分标准 | 参考依据 |
|---|---|---|---|---|---|
| 10.1.3.2 | 蓄电池：定期检测及做核对性充放电试验，具备蓄电池充放电记录 | 10 | 查阅运行记录 | 1. 未定期检测，扣5分；<br>2. 无充放电记录，扣5分；<br>3. 未记录蓄电池外观异常情况，扣2分 | 《电力通信系统安全检查工作规范》《国家电网公司一级骨干通信系统通信电源系统运行管理办法》 |
| 10.1.4 | 通信站防雷 | 20 | | | |
| 10.1.4.1 | 定期检查：每年雷雨季节前对防雷元器件和接地系统进行检查和维护。接地点有明显标志，接地系统连接处紧固、接触良好、接地引下线无锈蚀、接地体附近地面无异常，必要时挖开地面抽查地下隐蔽部分锈蚀情况，发现问题及时处理 | 10 | 检查记录、现场检查 | 1. 无检查记录，不得分；<br>2. 发现问题未处理，一处扣2分 | 《电力系统通信站过电压防护规程》 |
| 10.1.4.2 | 测量接地网接地电阻：每年雷雨季节前进行一次测量 | 10 | 检查测试记录 | 1. 未检查，不得分；<br>2. 接地电阻不合格，一处扣5分 | 《国家电网公司十八项电网重大反事故措施》 |
| 10.1.5 | 基础设施 | 20 | | | |
| 10.1.5.1 | 防护措施：通信站具备防火、防盗、防雷、防洪、防震、防小动物等安全措施 | 10 | 现场检查 | 缺少安全措施，一处扣5分 | 《电力通信运行管理规程》《电子信息系统机房设计规范》 |
| 10.1.5.2 | 环境控制：通信机房有环境保护控制设施，防止灰尘和不良气体侵入；室内温度、湿度符合夏季机房温度控制在（23±2）℃；冬季控制在（20±2）℃；机房湿度控制在45%～65% | 10 | 现场检查 | 1. 无环境保护控制设施，不得分；<br>2. 环境控制不满足要求，一处扣5分 | |

## 7.2 信息网络安全

信息网络安全共 400 分，评价标准见表 39。

**表 39** 信 息 网 络 安 全

| 序号 | 评价项目及内容 | 标准分 | 查评方法 | 评分标准 | 参考依据 |
|------|----------------|--------|----------|----------|----------|
| 10.2 | 信息网络安全 | 400 | | | |
| 10.2.1 | 信息管理及运检 | 90 | | | |
| 10.2.1.1 | 组织机构及职责：组织机构健全，职责明确 | 20 | 查阅安全工作委员会和信息化工作领导小组文件 | 1. 未成立网络信息系统安全工作领导机构，不得分；<br>2. 未明确职责分工，不得分 | 《信息系统安全监督检查工作规范（试行）和信息系统事件调查工作规范（试行）》 |
| 10.2.1.2 | 巡视管理：定期对信息通信设备进行巡视；定期对通信光缆进行巡视；光缆沟道封堵完好；报警信息的远程监视与推送准确及时 | 20 | 查阅巡检及测试记录 | 1. 无信息通信设备巡视记录，扣 10 分；<br>2. 巡视周期达不到规范要求或记录不全，扣 5 分；<br>3. 无通信光缆巡视记录，扣 10 分；<br>4. 巡视周期达不到规范要求或记录不全，扣 5 分；<br>5. 光缆沟道未进行封堵或封堵不严，每处扣 5 分；<br>6. 无报警信息的远程监视与推送，扣 5 分；<br>7. 有报警信息的远程监视与推送，发现不准确不及时，一处扣 1 分 | 《国家电网公司信息系统运行维护工作规范（试行）》《电力通信运行管理规程》 |
| 10.2.1.3 | 设备管理：信息及网络设备运行状态良好；设备标识准确、规范；信息设备资料台账齐全完整，及时更新 | 20 | 现场检查、查阅台账 | 1. 信息及网络设备存在未登记、上报的危急缺陷，不得分；<br>2. 信息设备未规范粘贴设备标识的，每处扣 1 分；<br>3. 未建立信息设备资料台账，扣 10 分；<br>4. 信息设备资料台账更新不及时，一处扣 1 分 | 《信息系统安全监督检查工作规范（试行）和信息系统事件调查工作规范（试行）》 |
| 10.2.1.4 | 检修管理及缺陷处置：落实公司信息系统检修"一单"两票制度，按审核定级、检修消缺、消缺验收的规范流程完成缺陷处置 | 30 | 查阅检修计划、检修过程资料、缺陷审核定级记录、消缺验收记录 | 1. 未按规定处理危急缺陷，不得分；<br>2. 未按规定执行检修"一单"两票，不得分；<br>3. 未按规定处理重大缺陷，一处扣 10 分；<br>4. 未按规定处理一般缺陷，一处扣 5 分 | |

| 序号 | 评价项目及内容 | 标准分 | 查评方法 | 评分标准 | 参考依据 |
|---|---|---|---|---|---|
| 10.2.2 | 信息安全防护 | 220 | | | |
| 10.2.2.1 | 终端设备及外设 | 150 | | | |
| 10.2.2.1.1 | 网络接入：不得使用终端直接通过互联网以 VPN 设备的方式接入信息内网；禁止使用远程移动办公系统或无线局域网接入信息内网；计算机终端的网络 IP 地址由管理员统一管理 | 30 | 现场检查 | 不符合要求，不得分 | 《信息系统安全监督检查工作规范（试行）和信息系统事件调查工作规范（试行）》《国家电网公司信息安全监督检查工作规范》 |
| 10.2.2.1.2 | 账号操作：严格用户账号及口令管理，使用强健复杂口令，定期更换口令，杜绝使用空口令，在运业务系统禁止出现共用账号及口令，禁止跨权限操作，要开启操作审计功能，确保每一步操作内容可追溯；定期清理信息系统临时账号，复查账号权限，核实安全设备开放的端口和策略。账号清理和权限复查时间间隔不得超过 3 个月 | 30 | 查阅制度、现场检查 | 1. 出现共用账号及口令，不得分；<br>2. 用户无口令，一处扣 5 分；<br>3. 操作不规范，一处扣 5 分；<br>4. 未及时清理、复查账号，一处扣 5 分 | 《信息系统安全监督检查工作规范（试行）和信息系统事件调查工作规范（试行）》《国家电网公司信息系统安全管理办法》 |
| 10.2.2.1.3 | 桌面终端：信息内外网安装桌面终端管理系统客户端。桌面终端计算机注册率和防病毒软件安装率达到 100％ | 30 | 现场检查 | 不符合要求，一处扣 5 分 | 《信息系统安全监督检查工作规范（试行）和信息系统事件调查工作规范（试行）》 |
| 10.2.2.1.4 | 文件存储：普通文件存放在交换区，涉及公司商业秘密的信息存放在信息内网计算机或安全移动存储介质的保密区，严禁涉密移动存储介质在涉密计算机和非涉密计算机及互联网上交叉使用 | 30 | 现场检查 | 不符合要求，不得分 | 《信息系统安全监督检查工作规范（试行）和信息系统事件调查工作规范（试行）》《国家电网公司信息系统安全管理办法》 |

续表

| 序号 | 评价项目及内容 | 标准分 | 查评方法 | 评分标准 | 参考依据 |
|---|---|---|---|---|---|
| 10.2.2.1.5 | 外连设备：禁止普通移动存储介质和扫描仪、打印机等计算机外设在内外网上交叉使用；禁止在内网办公计算机配置无线外部设备；禁止私自更换计算机配件 | 30 | 现场检查 | 出现违规外连的，一处扣5分 | 《信息安全监督检查工作规范》 |
| 10.2.2.2 | 网络安全 | 70 | | | |
| 10.2.2.2.1 | 网络设备身份鉴定：对登录网络设备的用户进行身份鉴别；对网络设备的管理员登录地址进行限制；口令必须字母和数字或特殊字符的混合 | 15 | 现场检查 | 1. 未对登录网络设备的用户进行身份鉴别，一处扣5分；2. 未对网络设备的管理员登录地址进行限制，一处扣5分；3. 口令未满足复杂度要求，一处扣5分 | 《国家电网公司管理信息系统安全等级保护技术验收规范》 |
| 10.2.2.2.2 | 信息内、外网隔离：信息内网、信息外网物理断开或强逻辑隔离，确保信息内、外网已部署逻辑强隔离设备，未部署的要保证物理断开 | 15 | 查阅相关管理规定、安全设计方案与网络拓扑图；现场检查 | 不符合要求，不得分 | 《信息系统安全监督检查工作规范（试行）和信息系统事件调查工作规范（试行）》 |
| 10.2.2.2.3 | 网络出口、组网：禁止私自架设互联网出口，禁止外网计算机使用上网卡上网；信息内网禁止使用无线网络组网；严禁内网电脑开启无线功能 | 15 | 现场检查 | 不符合要求，不得分 | |
| 10.2.2.2.4 | 内外网网站管理：内外网实现网站统一管理与备案。禁止建立独立内外网邮件系统，如需建立，需提前报国网公司批准 | 15 | 现场检查 | 不符合要求，不得分 | |
| 10.2.2.2.5 | 信息数据安全监测与审计：建立健全数据监测、审计机制及相关技防措施，审计日志至少留存6个月 | 10 | 查阅相关管理文件、审计日志 | 1. 未建立健全监测、审计机制及相关技防措施，不得分；2. 无审计日志或审计日志不全，不得分 | |

| 序号 | 评价项目及内容 | 标准分 | 查评方法 | 评分标准 | 参考依据 |
|------|----------------|--------|----------|----------|----------|
| 10.2.3 | 机房及电源 | 90 | | | |
| 10.2.3.1 | 机房符合下列要求：1. 机房场地不宜设在建筑物的高层，避免设在建筑物的地下室、用水设备的下层或隔壁；2. 远离粉尘、油烟、有害气体以及腐蚀性、易燃、易爆物品的工厂和堆场等；3. 避开强电磁场干扰，远离强振源和强噪声源，当无法避开强干扰、强振源或为保障信息系统设备安全运行，可采取有效的屏蔽措施；4. 机房有防小动物、防雷、防火、防水、防潮、防静电措施；5. 机房设置有温、湿度自动调节设施和越限报警系统；6. 机房应有自动灭火的气体消防系统；机房门是防火材料，并保证在危险情况下能从机房内向外打开 | 30 | 查阅机房建设文档，进行机房场地实地检查 | 1. 机房建设场地不满足要求，一处扣10分；2. 防范措施不规范，一处扣10分；3. 温、湿度控制不合格，扣10分；4. 防火与消防设置不符合要求，一处扣10分 | 《信息系统安全监督检查工作规范（试行）和信息系统事件调查工作规范（试行）》 |
| 10.2.3.2 | 门禁系统：设置机房门禁系统，加强机房安全监控，严禁机房门禁卡借与他人使用 | 30 | 查阅制度、进出人记录等；现场检查 | 1. 未设置门禁系统，不得分；2. 未规范管理门禁卡，不得分 | |
| 10.2.3.3 | 机房供电要求：1. 机房供电线路上配置稳压器和过电压防护设备；2. 提供短期的备用电力供应，至少满足主要设备在断电情况下的正常运行要求；3. 采用UPS供电，机房供电时间不得少于2h；4. 设置冗余或并行的电力电缆线路为计算机系统供电，输入电源采用双路自动切换供电方式建立备用供电系统 | 30 | 现场检查 | 1. 无稳压器或过电压保护设备，不得分；2. 其余不符合要求，一处扣10分 | 《信息系统安全监督检查工作规范（试行）和信息系统事件调查工作规范（试行）》 |

# 8 交通消防及防灾安全（600分）

## 8.1 交通安全

交通安全共100分，评价标准见表40。

表 40 交 通 安 全

| 序号 | 评价项目及内容 | 标准分 | 查评方法 | 评分标准 | 参考依据 |
|------|----------------|--------|----------|----------|----------|
| 11.1 | 交通安全 | 100 | | | |
| 11.1.1 | 组织机构、职责及预警机制：组织机构健全，职责明确，建立预案、预警机制 | 20 | 查阅文件、预案、记录，现场核实 | 1. 未健全交通安全组织机构、职责分工不明确，一处扣 10 分；<br>2. 未建立交通安全专项预案，不得分；<br>3. 未建立交通安全预警机制，不得分 | |
| 11.1.2 | 交通运输（车、舟船、飞行器具等）管理：各种交通运输设备的技术状况符合规定，安全装置完善可靠。对车辆（舟船）定期进行检修维护，在行驶前、行驶中、行驶后对安全装置进行检查，发现危及交通安全问题，及时处理，严禁"带病"行驶 | 20 | 查阅车辆（舟船）维修、保养记录，现场检查 | 1. 车辆（舟船）未定期检修维护，一处扣 5 分；<br>2. 未定期进行安全检查，扣 10 分；<br>3. 车辆（舟船）带病行驶，一处扣 5 分 | 《国家电网公司交通安全监督检查工作规范（试行）》《国家电网公司十八项电网重大反事故措施（修订版）》 |
| 11.1.3 | 人员管理：建立健全监督、考核、保障机制，落实责任制。实行"准驾证"制度，严禁无"准驾证"人员，驾驶本企业车辆（舟船），特种车辆（舟船）驾驶人员应取得行驶和操作证 | 20 | 查阅文件、记录，现场检查 | 1. 未建立健全交通安全机制，不得分；<br>2. 无"准驾证"人员驾驶本企业车辆（舟船），一次扣 10 分；<br>3. 无行驶和操作证驾驶本企业特种车辆（舟船），一次扣 10 分 | |
| 11.1.4 | 交通安全培训：定期组织驾驶员进行安全技术培训。对考试、考核不合格或经常违章肇事的不准从事驾驶员工作 | 20 | 查阅会议资料、培训记录，现场检查、考问 | 1. 未定期进行安全技术培训，扣 10 分；<br>2. 对考试、考核不合格或经常违章肇事仍从事驾驶员工作的，一人扣 5 分 | |
| 11.1.5 | 交通安全督查：企业领导督促检查所属车辆（舟船）交通安全情况，把车辆（舟船）交通安全作为重要工作纳入议事日程，并及时总结，解决存在的问题，严肃查处事故责任者，每季度至少组织开展 1 次交通安全监督检查 | 20 | 查阅交通安全文件、会议纪要、检查记录 | 1. 未将车辆（舟船）交通安全纳入议事日程，扣 5 分；<br>2. 未按要求组织开展交通安全监督检查，扣 10 分；<br>3. 未解决存在的问题，一处扣 10 分；<br>4. 未严肃查处事故责任者，一处扣 10 分 | |

## 8.2 消防安全

消防安全共 200 分，评价标准见表 41。

**表 41** 消 防 安 全

| 序号 | 评价项目及内容 | 标准分 | 查评方法 | 评分标准 | 参考依据 |
|------|----------------|--------|----------|----------|----------|
| 11.2 | 消防安全 | 200 | | | |
| 11.2.1 | 组织机构及职责：组织机构健全，职责明确 | 20 | 查阅消防文件、制度 | 1. 未建立行政正职为消防工作第一责任人的组织机构，不得分；<br>2. 未明确职责分工，不得分 | |
| 11.2.2 | 应急预案：制定灭火和应急疏散预案，至少每半年进行一次演练，及时总结经验，不断完善预案 | 20 | 查阅消防预案、文件、记录，现场检查 | 1. 未制定灭火和应急疏散预案、未演练不得分；<br>2. 未按期开展演练，一次扣10分；<br>3. 未及时总结经验，完善预案，一处扣10分 | |
| 11.2.3 | 防火检查：每日进行防火巡查，确定巡查的人员、内容、部位和频次；每月进行一次防火检查；定期进行消防安全监督检查 | 20 | 查阅检查记录，现场检查 | 1. 未开展巡查、检查不得分；<br>2. 巡查、检查不满足要求，一处扣5分 | |
| 11.2.4 | 消防器材配置：消防器材配置符合规定；消防器材做好日常管理，确保完好有效 | 20 | 查阅配置清单、合格证书，现场检查 | 1. 配置不符合规定，一处扣5分；<br>2. 消防器材存在缺陷，一处扣5分；<br>3. 未按照期限进行维护、检查，一处扣5分 | 《电力设备典型消防规程》 |
| 11.2.5 | 动火管理：执行动火工作票、工作许可制度；完善现场防火措施；一、二级动火工作票签发人、工作负责人以及动火人员应进行培训并考试合格 | 20 | 查阅动火工作票执行情况，培训、考试、取证记录，现场检查 | 1. 动火作业票不合格，一张扣5分；<br>2. 现场防火措施不完善，一处扣5分；<br>3. 对未进行培训并考试合格的一、二级动火工作票签发人、工作负责人以及动火人员，从事动火工作的，一人扣5分；<br>4. 现场有动火工作，未执行动火工作票，不得分 | |
| 11.2.6 | 消防设施：消防设施设置满足要求，消防设施应处于正常工作状态，火灾自动报警及自动灭火系统正常投入运行 | 20 | 查阅消防设施台账、运维记录，现场检查 | 1. 未按要求设置消防设施，一处扣10分；<br>2. 消防设施未正常工作，一处扣10分；<br>3. 自动报警、灭火系统未正常运行，一处扣10分 | |

| 序号 | 评价项目及内容 | 标准分 | 查评方法 | 评分标准 | 参考依据 |
|---|---|---|---|---|---|
| 11.2.7 | 防爆要求：蓄电池室、油罐室等防火、防爆重点场所的照明、通风设备采用防爆型 | 20 | 现场检查 | 不符合要求、存在消防隐患，一处扣10分 | 《电力设备典型消防规程》 |
| 11.2.8 | 消防安全重点部位要求：确定消防安全重点部位，建立消防档案；设置明显的防火标志，并在出入口位置悬挂标示牌，标示牌的内容包括消防安全重点部位的名称、消防管理措施、灭火方案及防火责任人 | 20 | 查阅资料，现场检查 | 1. 未建立消防档案、确定消防安全重点部位，扣5分；<br>2. 无明显防火标志，一处扣5分；<br>3. 出入口无标识牌，一处扣10分；<br>4. 标识牌内容不符合要求，一处扣5分 | 《电力设备典型消防规程》 |
| 11.2.9 | 消防通道要求：保障疏散通道、安全出口、消防车通道畅通，保证防火防烟分区、防火间距符合标准；人员密集场所的门窗无影响逃生和灭火救援的障碍物 | 20 | 现场检查 | 1. 消防通道不畅通，不得分；<br>2. 分区、防火间距不符合标准，不得分；<br>3. 门窗有障碍物，影响逃生或救援，不得分 | 《中华人民共和国消防法》 |
| 11.2.10 | 逃生指示和应急照明：过道和楼梯处，设逃生指示和应急照明 | 20 | 现场检查 | 1. 未设置逃生指示和应急照明，一处扣10分；<br>2. 逃生指示和应急照明不完善、损坏，一处扣5分 | 《电力设备典型消防规程》<br>《国家电网公司电力安全工作规程（配电部分）试行》 |

## 8.3　防汛安全

防汛安全共200分，评价标准见表42。

**表42　　　　　　　防汛安全**

| 序号 | 评价项目及内容 | 标准分 | 查评方法 | 评分标准 | 参考依据 |
|---|---|---|---|---|---|
| 11.3 | 防汛安全 | 200 | | | |
| 11.3.1 | 一般防汛安全 | 100 | | | |
| 11.3.1.1 | 组织机构及职责：组织机构健全，职责明确 | 20 | 查阅防汛预案 | 1. 未成立领导小组与组织机构，不得分；<br>2. 未明确职责分工，不得分 | 《国家电网公司防汛及防灾减灾管理规定》 |
| 11.3.1.2 | 防汛工作布置：汛期前提前研究防汛工作，进行防汛自查和整改，制定措施 | 20 | 查阅防汛预案，自查、整改记录，现场查询 | 1. 工作不严密，措施不全面，一处扣10分；<br>2. 汛前自查未开展，责任不明确，措施不落实，不得分 | |

| 序号 | 评价项目及内容 | 标准分 | 查评方法 | 评分标准 | 参考依据 |
|---|---|---|---|---|---|
| 11.3.1.3 | 防汛设施、物资：按要求对防灾减灾设备设施检查试验，应储备防灾减灾物资并定期检查 | 20 | 查阅防汛预案，防汛设施、设备台账，现场查询 | 1. 设备设施未检查试验，一次扣10分；<br>2. 储备防灾减灾物资，不得分；<br>3. 防灾减灾物资未定期检查，一次扣10分 | 《国家电网公司防汛及防灾减灾管理规定》 |
| 11.3.1.4 | 应急预案：针对防洪度汛、水淹厂房事故等制定专项应急预案，定期开展预案的培训和演练 | 20 | 查阅防汛预案，培训、演练记录 | 1. 未制定预案，不得分；<br>2. 预案操作性不强，有明显错误，一处扣5分；<br>3. 未开展培训和演练，扣10分 | |
| 11.3.1.5 | 防汛值班：加强汛期值班，保证信息畅通，各单位防汛值班由领导带班，有关人员轮流值班 | 20 | 查阅值班记录，现场检查值班情况 | 1. 未实行汛期值班制度，不得分；<br>2. 值班人员不在位或无法联系，一处扣10分 | |
| 11.3.2 | 小水电站安全 | 100 | | | |
| 11.3.2.1 | 安全生产管理体系：完善小水电站安全管理组织机构，将小水电站工作纳入企业安全生产管理体系，落实安全和防汛管理责任 | 20 | 查阅制度、文件，现场核实 | 1. 未将小水电站安全工作纳入安全生产管理体系，不得分；<br>2. 未落实安全和防汛管理责任，扣10分 | 《国家电网公司关于切实加强县供电企业所属小水电站安全管理工作意见的通知》 |
| 11.3.2.2 | 大坝鉴定、注册工作：按规定开展水电站水库大坝安全检查、鉴定和注册工作 | 20 | 查阅文件、记录，鉴定资料 | 1. 未按规定开展大坝鉴定和注册工作，不得分；<br>2. 未按规定开展安全检查，一次扣10分 | |
| 11.3.2.3 | 小水电站隐患排查：定期开展小水电站的隐患排查工作，对发现的隐患要及时制定整改措施，做好闭环管理 | 20 | 查阅文件、记录、隐患台账，现场检查 | 1. 未定期开展隐患排查工作，不得分；<br>2. 重要水工建筑物及其附属设备存在的安全隐患，未实现闭环管理，一处扣5分 | |

| 序号 | 评价项目及内容 | 标准分 | 查评方法 | 评分标准 | 参考依据 |
|---|---|---|---|---|---|
| 11.3.2.4 | 小水电站应急预案：建立健全应急体系，完善有关应急预案，小水电站应制定汛期调度运用计划和防洪抢险应急预案，并报有管辖权的防汛指挥机构审批后执行 | 20 | 查阅应急文件、记录、隐患台账、现场检查 | 1. 未定期修订完善有关应急预案，并与当地政府、有关责任单位建立联动的应急体系，扣5分；<br>2. 未制定汛期调度运用计划和防洪抢险应急预案，并按规定报批后执行，扣10分；<br>3. 未明确与地方政府防汛部门联系方式，扣5分 | 《国家电网公司关于切实加强县供电企业所属小水电站安全管理工作意见的通知》 |
| 11.3.2.5 | 水工建筑物安全检查：定期开展水库坝体、引水渠道、厂房、涵洞、冲砂闸泄洪设施等重要水工建筑物及其附属设备安全检查 | 20 | 查阅资料 | 1. 无安全检查记录，不得分；<br>2. 安全检查记录不完善，一处扣5分 | |

## 8.4　防气象灾害安全

防气象灾害安全共 40 分，评价标准见表 43。

表 43　　　　　　　　防 气 象 灾 害 安 全

| 序号 | 评价项目及内容 | 标准分 | 查评方法 | 评分标准 | 参考依据 |
|---|---|---|---|---|---|
| 11.4 | 防气象灾害安全 | 40 | | | |
| 11.4.1 | 组织机构及职责：组织机构健全，职责明确 | 10 | 查阅预案 | 1. 未成立应急指挥机构，不得分；<br>2. 未明确职责分工，不得分 | 《防台风应急预案编制导则》<br>《国家电网公司防汛及防灾减灾管理规定》 |
| 11.4.2 | 预警发布、预防准备：做好防台风、防雨雪冰冻等预警工作，明确指挥体系，落实责任人、预警人员和抢险队伍，准备必需的抢险物资及设备 | 10 | 查阅预案、记录、现场检查物资 | 1. 未发布台风、雨雪冰冻等预警信息，不得分；<br>2. 未明确防台风、防雨雪冰冻等指挥体系、责任人、预警人员和抢险队伍，不得分；<br>3. 未准备必需的抢险物资、设备，扣5分 | |
| 11.4.3 | 应急预案：制定完善防台风、防雨雪冰冻等专项应急预案，按要求开展预案的培训和演练 | 20 | 查阅预案，培训、演练记录 | 1. 无防台风、防雨雪冰冻等应急预案，不得分；<br>2. 未定期修订完善应急预案，预案操作性不强，有明显错误，一处扣5分；<br>3. 未开展培训和演练，扣10分 | 《国家电网公司安全工作规定》<br>《国家电网公司防汛及防灾减灾管理规定》 |

## 8.5　抗震安全

抗震安全共 60 分，评价标准见表 44。

表 44　　　　　　　　　　　　抗　震　安　全

| 序号 | 评价项目及内容 | 标准分 | 查评方法 | 评分标准 | 参考依据 |
|------|----------------|--------|----------|----------|----------|
| 11.5 | 抗震安全 | 60 | | | |
| 11.5.1 | 电力设施场地选择：电力设施场地选择在对抗震有利的地段，避开对抗震不利和危险的地段 | 10 | 查阅资料、现场检查 | 选址不符合抗震要求，不得分 | 《电力设施抗震设计规范》 |
| 11.5.2 | 电力设施抗震设防烈度：电力设施的抗震设防烈度符合规定的地震基本烈度 | 10 | 查阅资料、现场检查 | 抗震设防烈度不符合规定，不得分 | |
| 11.5.3 | 加固措施：不符合抗震设防烈度的建、构筑物采取加固措施 | 10 | 查阅资料、现场检查 | 未加固，不得分 | |
| 11.5.4 | 重要设备抗震措施：主变压器、蓄电池及其他有关设备采取抗震措施 | 10 | 查阅资料、现场检查 | 未采取措施，不得分 | |
| 11.5.5 | 应急预案：制定完善抗震专项应急预案，按要求开展预案的培训和演练 | 20 | 查阅文件、预案，培训、演练记录 | 1. 无防震应急预案或未开展应急演练，不得分；2. 未定期修订完善应急预案，预案操作性不强，有明显错误，一处扣 5 分 | 《国家电网公司安全工作规定》 |